全国农业职业技能培训教材

动物疫病防治员

修订版

农业部人事劳动司
农业职业技能培训教材编审委员会 组织编写

中国农业出版社

图书在版编目（CIP）数据

动物疫病防治员/农业部人事劳动司，农业职业技能培训教材编审委员会组织编写．—修订版．—北京：中国农业出版社，2008.1（2023.2 重印）
全国农业职业技能培训教材
ISBN 978-7-109-12488-2

Ⅰ．动…　Ⅱ．①农…②农…　Ⅲ．动物疾病－防治－技术培训－教材　Ⅳ．S858

中国版本图书馆 CIP 数据核字（2008）第 008882 号

中国农业出版社出版
（北京市朝阳区农展馆北路 2 号）
（邮政编码 100125）
责任编辑　武旭峰　颜景辰

三河市国英印务有限公司印刷　　新华书店北京发行所发行
2008 年 7 月第 1 版　　2023 年 2 月河北第 20 次印刷

开本：787mm×1092mm　1/16　　印张：23.25
字数：550 千字
定价：46.00 元

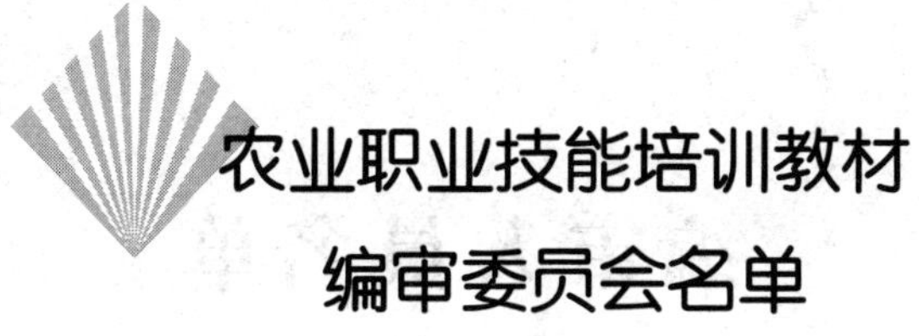

农业职业技能培训教材
编审委员会名单

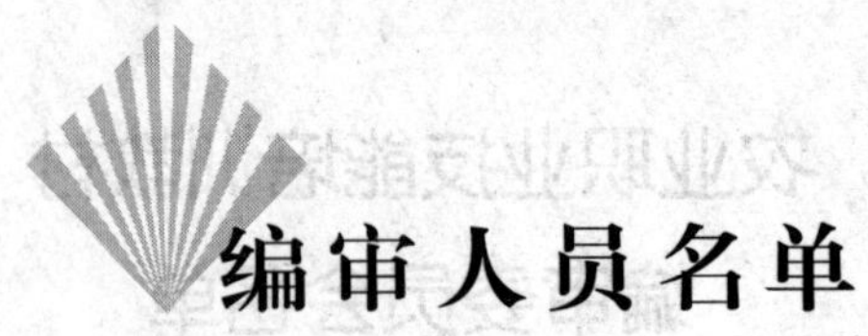

编审人员名单

主　编	徐百万			
副主编	刘素英	尤　华		
编　者	刘素英	尤　华	洪　光	池丽娟
	明智勇	周　科	孙　刚	郭秀侠
	陈　静	高　琳	虞塞明	郭昭林
	赵永华	贾文孝	李　敏	罗才文
	王贵升	兰邹然	李　春	李金海
	刘天龙	徐世文	邓茂刚	钱学智
	徐小国	周铁忠	侯安祖	邓同炜
审　稿	高得仪	陆　刚	李守军	林德贵
	佘锐萍	莫广刚	何兵存	谢　颜

序　言

中共中央、国务院《关于进一步加强人才工作的决定》指出，要加强高技能人才和农村实用人才队伍建设。农业技能型实用人才是实施人才兴农战略的重要力量，在推广农业技术、引导农业结构调整、带领农村劳动力外出务工、带动农民增收致富、活跃农村市场、解决农业生产问题等方面都发挥着十分重要的作用。实践证明，实现农业增效、农民增收和农产品竞争力增强的目标，关键在于提高农业劳动者的素质和技能。在农业行业推行职业资格证书制度，广泛开展职业技能培训和鉴定，无疑是提高农业劳动者素质和技能水平，增强就业能力的一项根本性措施。

为更好地适应农业职业技能鉴定工作的需要，提高培训质量，农业职业技能培训教材编审委员会按照劳动和社会保障部、农业部联合颁发的农业国家职业标准的规范要求，组织全国种植业、农垦、农机、渔业、畜牧、兽医、饲料工业、乡镇企业和农村能源等领域的百余名专家、教学人员和具有丰富实践经验的技术人员，共同编写了这套全国农业职业技能培训教材。这套教材针对农业各职业（工种）的特点，突出了适用性、实效性和规范性，注重总结农业生产实践中的经验，较好地反映了各职业（工种）的技术特征、现状、发展趋势和地域差异，实现了知识与技能的有机结合。并按照从业人员不同职业等级的要求，简明扼要、有针对性地介绍了所需知识，详细、具体、清晰地描述了技能要领和步骤，明确细化了重点、难点和关键内容，达到了既能使学员掌握报考职业等级的基础知识、技能，又能触类旁通，扩展知识面、提高技能水平的目的。

农业职业技能培训教材，既适用于各鉴定机构组织培训和申报农业职业技能鉴定的人员使用，又可作为农业从业人员上岗培训、转岗培训和农村劳动力转移就业培训的基本教材，对各类农业职业学校师生、相关行业技术人员也有较强的参考价值。我相信，这套教材的出版，对于推动全国农业职业技能培训和鉴定工作的开展，规范和提高培训鉴定质量，将起到积极的作用。

农业部人事劳动司司长
农业职业技能培训教材编审委员会主任　梁田庚

再版前言

随着我国畜牧业的快速发展，以及全社会对公共卫生问题的高度重视，做好动物疫病防控工作越来越重要。根据我国实际情况，国家确定了“加强领导、密切配合，依靠科学、依法防治，群防群控、果断处置”的动物防疫方针。动物疫病防治员是群防群控的主体力量，是加强动物防疫体系建设，健全兽医工作队伍的重要组成部分。

为了贯彻中共中央、国务院《关于进一步加强人才工作的决定》精神，2004年农业部人事劳动司和农业职业技能培训教材编审委员会组织编写了培训教材《动物疫病防治员》，教材经过几年的推广应用，对推动全国兽医行业技能培训和鉴定工作起到了积极的作用。随着我国兽医行业的发展，原教材的内容和形式满足不了目前动物防控工作的需要，有必要根据目前动物防疫工作的实际情况，对教材进行修订。因此，中国动物疫病预防控制中心和农业部兽医行业职业技能鉴定指导站组织专家对《动物疫病防治员》进行了修订，主要对原来的初级、中级和高级的相关内容进行了调整，使其内容与相关级别更加吻合，并且增加了相关实践技能知识，更加突出技能培训的特点，有利于推动我国基层动物防疫人员培养，提高动物疫病防疫员的技能水平和素质，从而提高防控重大动物疫病的能力。

本教材内容深入浅出、通俗易懂，文字简洁，既适用于兽医行业职业技能鉴定机构组织培训和申报技能鉴定的人员使用，也可作为相关职业院校师生参考。

编　者

2008.6

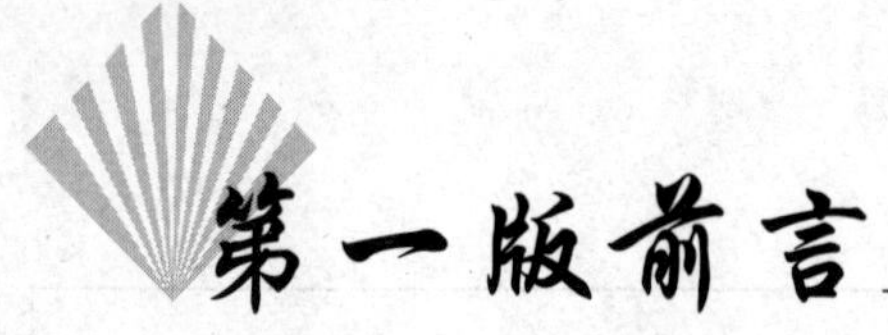

第一版前言

为推动动物疫病防治员职业培训和职业技能鉴定工作的开展，在动物疫病防治从业人员中推行国家职业资格证书制度，组织有关专家编写了《国家职业资格培训教程——动物疫病防治员》。

本书紧扣《动物疫病防治员国家职业标准》（以下简称《标准》），内容上力求体现“以职业活动为导向，以职业技能为核心”的指导思想，突出职业培训特色；结构上，针对职业活动的领域，按照模块化的方式，分初级、中级、高级3个级别进行编写。动物疫病防治员的“章”对应于《标准》的“职业功能”，“节”对应于《标准》的“工作内容”，每节中阐述的内容对应于《标准》的技能要求和“相关知识”内容。又针对《标准》中的“基本要求”，专门编写了这3个等级共用的基础知识。基础知识是3个级别从业人员的必备知识。

本书适用于对初级、中级、高级动物疫病防治员进行培训，是动物疫病防治职业技能鉴定的指定辅导用书。

本教材在编写过程中得到农业部、全国畜牧兽医总站的大力支持，在此表示感谢。

由于时间仓促，不足之处在所难免，欢迎广大读者提出宝贵的意见和建议。

编　者

目录

基础知识

初级部分

中级部分

◆高级部分

附　录

第一章　职业道德

第一节　职业道德基本知识

一、道德和社会主义道德

（一）道德

道德是一定社会为了调整人和人、个人和社会、个人和自然之间各种关系所倡导的行为规范的总和。它通过各种形式教育和社会舆论的力量，使人们具有善与恶、荣与耻、正义与非正义等概念，并逐渐形成一定的习惯和传统，以指导或控制自己的行为。

道德由一定社会的经济基础所决定，并为一定社会经济基础服务。任何道德都具有历史性，永恒不变的、适用于一切时代的道德是没有的。在有阶级的社会中，道德具有强烈的阶级性，统计阶级有统治阶级的道德，被统治阶级有被统治阶级的道德，统治阶级的道德是统治地位的道德。一切剥削阶级所提倡的道德都是维护和巩固其统治的工具。而劳动人民才是人类历史上优良道德品质的创造者。

人无德不立，国无德不兴。道德建设的好坏体现着一个国家民族的精神状态，影响着一个民族事业的兴亡盛衰。道德兴，国家兴；道德兴，民族兴。这是历史昭示的真理。

（二）社会主义道德

社会主义道德是中国人民最高利益的反映，是人类历史上最进步、最高尚的道德。社会主义道德的核心是为人民服务，这是社会主义道德区别和优越于其他社会形态道德的显著标志。社会主义道德的原则是集体主义，这是社会主义经济、政治和文化建设的必然要求。社会主义道德的基本要求是爱祖国、爱人民、爱劳动、爱科学、爱社会主义。社会主义道德还包括：大力倡导以文明礼貌、助人为乐、爱护公物、保护环境、遵纪守法为主要内容的社会公德；大力倡导爱岗敬业、诚实守信、办事公道、服务群众、奉献社会为主要内容的职业道德；大力倡导尊老爱幼、男女平等、夫妻和睦、勤俭持家、邻里团结为主要内容的家庭美德。

社会主义道德建设是发展先进文化的重要内容。在新世纪全面建设小康社会，加快改革开放和现代化建设步伐，顺利实现第三步战略目标，必须在加强社会主义法制建设、依法治国的同时，切实加强社会主义道德建设、以德治国，把法制建设与道德建设，依法治国与以德治国紧密结合起来，通过公民道德建设的不断深化和拓展，逐步形成与发展社会主义市场经济相适应的社会主义道德体系。这是提高全民族素质的一项基础性工程，对弘扬民族精神和时代精神，形成良好的社会道德风尚，促进物质文明与精神文明协调发展，全面推进建设有中国特色社会主义伟大事业，具有十分重要的意义。

二、职业道德和社会主义职业道德

（一）职业道德

职业道德就是所有从业人员在职业活动中应该遵循的行为规范和行为准则的总和。职业道德是公民道德体系的重要组成部分，是公民道德在不同职业中的具体表现，是一个社会精神文明发展程度的突出标志。一个人的职业道德品质反映着一个人整体道德水平，是人格的一面镜子。

（二）社会主义职业道德

社会主义职业道德的主要内容是爱岗敬业、诚实守信、办事公道、服务群众、奉献社会。它的基本原则是全心全意为人民服务，体现了职业活动中人与人之间、人与社会之间的一种新型关系。

1. 爱岗敬业　爱岗敬业是社会主义职业道德的基础和核心，是社会主义职业道德所倡导的首要规范，是国家对人们职业行为的共同要求。是每个从业者应当遵守的共同的职业道德，是对人们工作意志的一种普遍要求。

爱岗就是热爱自己的工作岗位，热爱本职工作。

敬业就是恪尽职守，工作兢兢业业、踏踏实实、一丝不苟、勇于开拓。

爱岗与敬业是紧密联系在一起的。爱岗是敬业的前提，敬业是爱岗情感的行动表达。只有对岗位的热爱，才能对岗位高度重视，对工作认真负责，精益求精。只有敬业，才能为社会主义事业鞠躬尽瘁，把有限的生命投入到无限的为人民服务中，为平凡的职业劳动赋予不平凡的意义。

2. 诚实守信　诚实守信是社会主义职业道德的主要内容和基本原则。诚实守信是中华民族的优良传统，也是一个人立于社会的基本准则。诚实是守信之后表现出来的品质，守信是诚实的依据和标准。诚实守信在职业行动中最基本的要求就是诚实劳动，工作尽心尽力、尽职尽责、遵纪守法、信守承诺、讲究信用、说老实话、办老实事、做老实人、言行一致、表里如一、襟怀坦白、廉洁奉公。

3. 办事公道　办事公道是社会主义职业道德最基本、最普遍的道德要求。办事公道要求每个从业人员在职业活动中要以国家和人民利益为重，坚持真理，公私分明，公开、公平、公正地为人民办实事、办好事，不徇私情，不以权谋私，光明磊落。

4. 服务群众　服务群众是社会主义职业道德区别于其他社会职业道德的鲜明特征，是为人民服务原则在职业道德方面的体现。服务群众既是职业道德要求的基本内容，又是职业活动的最终目的，我们要牢固树立全心全意为群众服务的思想，主动热情地为群众服务。

5. 奉献社会　奉献社会是社会主义道德的本质特征，是人们从事职业活动中体现出来的精神追求。奉献社会就是在处理个人与国家、个人与集体、个人与他人关系时，把国家、集体、他人利益放在首位，工作中不计较个人名誉、利益，不计较个人得失，积极主动，踏踏实实，任劳任怨工作。

第二节　职业守则

一、职业守则

1. 爱岗敬业，有为祖国畜牧业发展努力工作的奉献精神。
2. 努力学习业务知识，不断提高理论水平和操作能力。
3. 工作积极，热情主动。
4. 遵纪守法，不谋私利。

二、兽医职业守则

1. 遵守法律、法规，遵守技术操作规范。
2. 树立敬业精神，遵守职业道德，履行兽医职责。
3. 努力钻研业务，更新知识，提高专业技术水平。

三、职业守则的含义

（一）爱岗敬业，有为祖国畜牧业发展努力工作的奉献精神

动物疫病防治员要热爱自己的工作岗位，热爱本职工作；工作要踏踏实实、兢兢业业、认真负责、勇于开拓；并且要有为发展我国的畜牧业奉献一切的精神。

（二）努力学习业务知识，不断提高理论水平和操作能力

要做好动物疫病防治工作，仅凭爱岗敬业、奉献精神还不够，还必须努力学习、钻研业务知识，掌握动物疫病防治基础知识和动物疫病防治技能，才能做好动物防治工作，才能做一位称职的动物疫病防治员，才能为发展我国畜牧业做出应有的贡献。

（三）工作积极，热情主动

动物疫病防治员要积极工作，吃苦耐劳，尽心尽力，为我国动物疫病防治事业做出贡献。在动物疫病防治工作中，对待养殖场（户）要热情主动，想他们之所想，急他们之所急，设身处地地为养殖场(户)着想，把他们的困难当成自己的困难，千方百计地为他们排忧解难、保驾护航。

（四）遵纪守法，不谋私利

遵纪守法是每个公民的基本义务，是动物疫病防治员的基本义务，也是对每动物疫病防治员的基本要求。每个动物疫病防治员都要努力学习有关法律、法规，增强法制意识，自觉遵纪守法，尤其要认真贯彻执行《中华人民共和国动物防疫法》及有关法律、法规。认真做到依法治疫，执法为民，秉公执法，不徇私情，不谋私利。

[本章小结]

本章学习了职业道德的基本知识及职业守则。

[复习题]

1. 什么是社会主义道德？其核心、原则、内容是什么？
2. 职业道德的意义及内容有哪些？如何做一位有职业道德的人？

3. 职业守则的含义是什么？

第二章　专业基础知识

第一节　畜禽解剖生理基础知识

一、畜体的组织结构

畜体是由细胞、组织、器官和系统组成的一个完整的统一体，由许多部分组成，但各个部分的功能是互相联系、互相制约的，由大脑统一指挥。动物体的构造虽然复杂，但都是由细胞组成的。

细胞体积很小，由细胞膜、细胞质和细胞核组成，只有在显微镜下才能看到。其形态、大小和功能各不相同，但都具有新陈代谢、生长、感应、繁殖、衰老和死亡的生物学特性。

具有功能相同的细胞结合在一起，形成了组织。动物的组织根据构造和功能的不同，分为上皮组织、结缔组织、肌肉组织和神经组织四类。

上皮组织是由一层或多层上皮细胞紧密排列而成，细胞间有少量细胞间质。被覆在机体的表面和体内一切管状器官的内表面以及某些内脏器官的表面。具有保护（如皮肤上皮）、感觉（如嗅上皮）、分泌（如腺上皮）、生殖（如睾丸、卵巢上皮）、吸收营养（如小肠上皮）和排泄（如肾小管上皮）等作用。

结缔组织在体内分布很广，由多种多样的细胞和大量细胞间质所组成。根据结缔组织的结构和机能不同，可以分为：纤维性结缔组织（疏松结缔组织、致密结缔组织、脂肪组织、网状组织）、支持性结缔组织（软骨组织、骨组织）、营养性结缔组织（血液、淋巴），它具有联系、支持、保护及营养等作用。

肌肉组织是由肌细胞和少量结缔组织所组成。肌细胞多为长梭形或长柱状，故又称肌纤维。肌细胞具有收缩与舒张能力。根据肌细胞的形态结构和机能特点，肌组织分为横纹肌、平滑肌和心肌。横纹肌绝大部分附着在骨骼上（也叫骨骼肌），其收缩受意识支配，属随意肌，收缩力强而迅速，但易疲劳，不持久。平滑肌分布于血管和内脏（如胃、肠、膀胱等），其收缩不受意识支配，属于不随意肌，收缩弱而缓慢，但能持久。心肌为心脏所特有，是不随意肌，具有节律性收缩能力。

神经组织是由神经细胞和神经胶质细胞所构成。神经细胞也叫神经元，为高度分化的细胞。细胞体向外伸出树突和轴突，树突分枝多而短，接受外部冲动并将它传到细胞体；轴突分支少而长，将冲动由细胞体向外传出。细胞突起的外面包有神经膜和髓鞘，构成神经纤维。神经纤维的末端在器官或组织内形成神经末梢，具有接受刺激或传导中枢反应的能力。神经胶质细胞数量很多，约为神经元的10～50倍，存在于神经之间，对神经细胞具有支持、营养和保护的作用。

几种不同组织按照一定的规律联合起来，并具有一定的生理功能，称为器官。如心、肺、肝、脾、肾、肌肉、食管、胃肠、气管、膀胱、血管等。

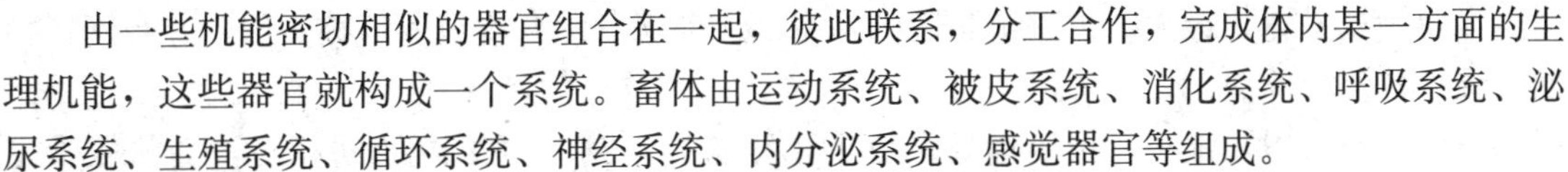

由一些机能密切相似的器官组合在一起，彼此联系，分工合作，完成体内某一方面的生理机能，这些器官就构成一个系统。畜体由运动系统、被皮系统、消化系统、呼吸系统、泌尿系统、生殖系统、循环系统、神经系统、内分泌系统、感觉器官等组成。

家畜具有运动、新陈代谢、繁殖、兴奋性和适应性等基本生理特征。

畜体分躯干和四肢两大部分，躯干又分头、颈、胸、背、腰、腹、荐臀及尾部。

二、消化系统

消化系统由口腔、咽、食道、胃、肠、肝、胰等器官组成，其生理功能是采取食物，消化和吸收其中的营养成分，并排出残渣。

口腔包括唇、齿、舌和颊。在正常情况下舌呈桃红色，无特殊气味，舌背无舌苔。唾液腺分泌唾液，直接流入口腔。口腔具有采食、咀嚼、湿润食物和形成食团的作用，另外还有辨味的机能。

咽是呼吸和消化的共同通道，有调节食物进入食道的作用。猪的咽由于软腭近于水平方位，在食道开口的背侧有一咽后隐窝，在灌药时，易进入气管到肺，引起异物性肺炎。

食道是食物的通道，前端与咽相连，后端接胃的贲门。

家畜的胃可分为单胃（猪、马、犬、兔等）和复胃（牛、羊、骆驼等）两个类型，位于腹腔内，膈的后方，前接食道，后接十二指肠。

复胃由四个胃组成。即瘤胃、网胃、瓣胃和真胃。前三个胃称为前胃，只有真胃与肠相连。

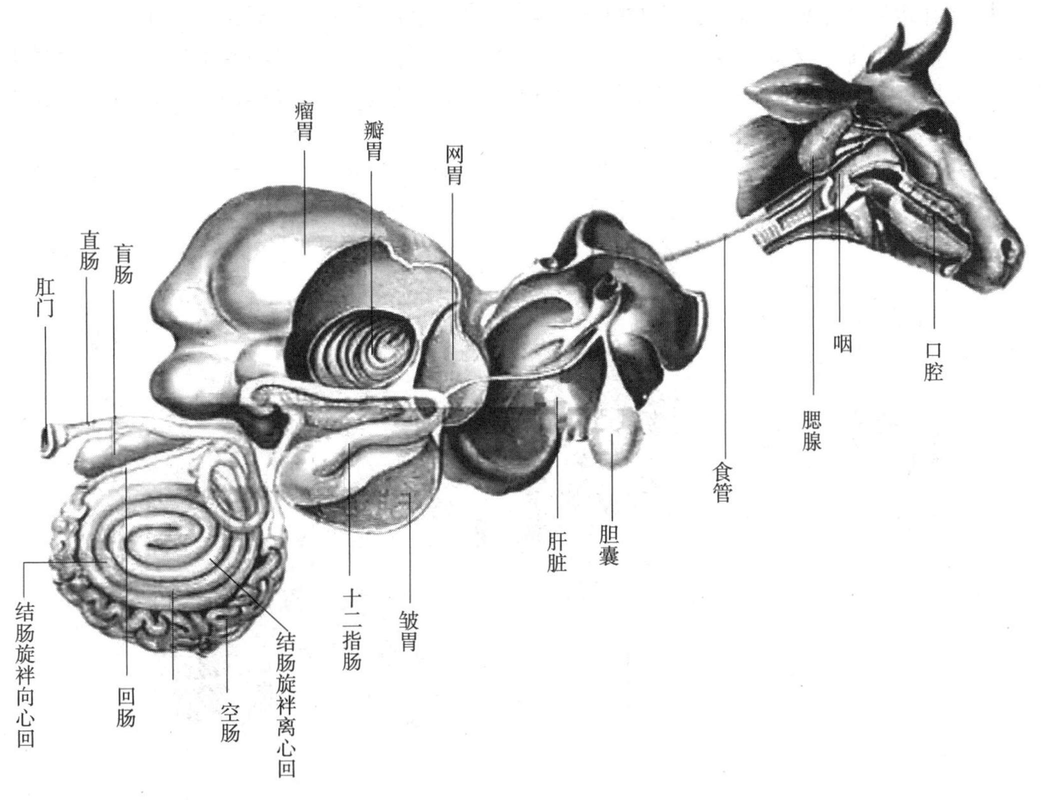

图 2-1　牛的消化系统

瘤胃为第一胃，最大，占整个腹腔的左半部。前端背侧有食道入口称贲门，并与网胃相通，该处称瘤胃前庭。

网胃为第二胃，最小，位于瘤胃前庭的前下方，与第 6 至第 8 肋间相对，剑状软骨之上。前端紧接膈肌而靠近心脏，网胃黏膜呈蜂窝状，借食道沟与食道相通，食道沟顺瘤胃前庭及网胃的右侧壁向下延伸到瓣胃。

瓣胃为第三胃，位于右季肋区的下方，与第 7～11 肋相对，在第 7～9 肋间和腹壁相接触。瓣胃黏膜形成约一百个纵形的瓣叶，所以叫百叶胃，借瓣胃口与真胃相通。

在哺乳期的幼畜食道沟很发达，吮吸乳汁时能闭合成管状，乳汁可由贲门通过食道沟流经瓣胃孔直接送到真胃进行消化。

经口腔咽下的草料，即进入瘤胃或网胃，采食以后经过一定的时间，把这些未经充分咀嚼的草料，逆呕到口腔进行充分咀嚼，并混入大量唾液，再行咽下，这一过程叫反刍。反刍可使草料得到充分咀嚼，大量唾液进入胃中，以中和瘤胃内由于发酵产生的酸。反刍还能使胃内气体排出，即嗳气，以及促进食糜向下面消化器官推行，所以反刍是牛的一个重要生理机能。经反刍咽下的草料进入瘤胃前庭，并且部分地与瘤胃的内容物拌和，再经网胃入瓣胃，最后达到真胃。因此，前胃的蠕动是十分重要的，网胃收缩使内容物一部分挤入瘤胃前庭，一部分进入瓣胃。紧接着发生瘤胃收缩，使内容物由上向下，然后由前向后推移，用手触摸左髂区可感到其收缩，正常时瘤胃蠕动保持一定速度和强度。

前胃黏膜没有真正的消化腺，所以不分泌消化液。主要对食物进行浸湿泡软，机械搅拌，并利用其中纤毛虫、微生物的发酵过程和酶的作用，将食物分解，帮助消化。

真胃为第四胃，又称皱胃。位于右季肋部和剑状软骨部，与腹腔底部紧贴。真胃的末端即幽门部，与十二指肠相接。真胃壁上具有胃腺，可对蛋白质进行初步消化，也可消化少量脂肪，在犊牛还有较强的凝乳作用。

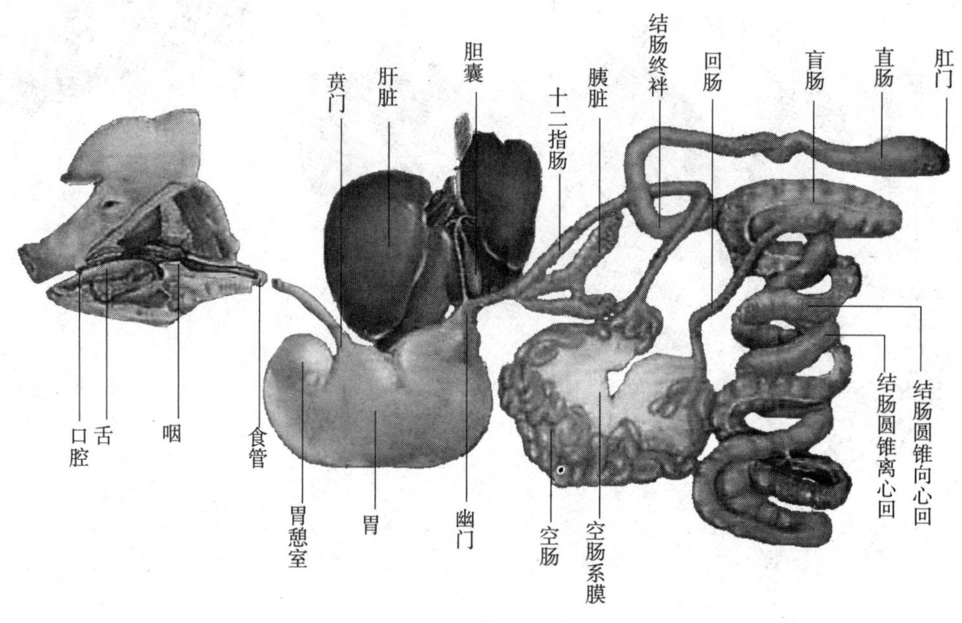

图 2-2　猪的消化系统

猪胃属单室胃，横位于腹腔前半部。前端贲门接食道，后端幽门接十二指肠。黏膜具有胃腺，分泌消化酶，进行糖类和蛋白质的分解。此外，猪胃液有很强的凝乳作用。

马胃位于腹腔前部，肝和膈的后方，大部在左季肋区，消化机能与猪胃基本相同。

小肠的最前端的一段称十二指肠，与胃相连，并有胆管和胰管的开口；十二指肠的后端连着空肠；回肠前与空肠连接，后端连盲肠，回肠入盲肠处有一开口叫回盲口。牛小肠大部分位于右季肋部、右髂部和右腹股沟部，猪小肠位于腹腔右侧及左侧的下部，马的小肠大部分在腹腔的左后方。

小肠内壁具有肠腺，分泌小肠液，小肠液里有多种消化酶，呈现碱性；胰液中的消化酶、胆汁中的胆盐，可以消化食物中和微生物体内的营养物质，并加以吸收，同时由于肠管的不断蠕动，能把剩余内容物推送到大肠。

大肠起自回盲口，止于肛门，按前后顺序分为盲肠、结肠和直肠三部分。大肠主要是吸收水分，分泌黏液，使食物残渣形成粪便，排出体外。

马的大肠管径较粗，容量较大，可较长时间贮留内容物，进行发酵、分解和吸收。盲肠分盲肠底、盲肠体和盲肠尖，盲肠底和盲肠体几乎全部占据了右髂部，密接腹壁，盲肠尖前端在剑状软骨后方一掌处。结肠分为大结肠和小结肠，大结肠口径大小不一，结构特殊，故马属动物最易发生结症。小结肠较细，位于左髂区。直肠在骨盆内脊柱下方，后通肛门。

肝位于腹前部，为动物体中最大的腺体，是整个机体代谢的枢纽，可以对血液中的营养物质进行加工、转换、储存和解毒。此外，它还分泌胆汁。胆汁是碱性，可中和胃酸，维持肠道正常的酸碱度，同时在脂肪的消化吸收过程中起着重要的辅助作用。

胰脏位于右季肋部，与十二指肠紧贴。胰腺分泌胰液，为碱性，能中和胃酸，维持肠道正常的酸碱度，并含有多种消化酶，对小肠里营养物质的消化起着重要作用。此外，胰腺的胰岛还具有内分泌功能。

腹壁的内层和腹腔内脏的表面覆盖着一层薄膜叫腹膜。腹壁内层和内脏间的空隙叫腹膜腔，腔内有少量液体，以减少摩擦。

三、呼吸系统

家畜在生命活动中，必须不断地从外界吸入氧气，也必须随时从体内呼出二氧化碳。机体与外界进行气体交换的过程叫呼吸。

呼吸系统由鼻腔、喉、气管、支气管和肺等构成。

鼻腔是呼吸器官，又是嗅觉器官。鼻腔以中隔分为左右两半，外通鼻孔，内通咽部。牛的鼻腔前部与上唇相连，称鼻镜，猪称鼻盘。都具有鼻唇腺，终年湿润而有光泽。

喉前接咽，后连气管，由几块软骨和韧带构成。喉软骨内覆黏膜，喉黏膜很敏感，当有刺激性气体或异物入喉时，立即引起咳嗽。

喉腔内有一对声带，是发音的器官。

气管位于颈部腹侧，由一系列的软骨环组成。气管在胸骨处分为左右支气管，通入该侧肺中，每个支气管进入肺内作树状反复分支，形成小叶间支气管、小叶间细支气管、呼吸性细支气管、肺泡管。肺泡管管壁突出形成肺泡。气管和支气管为呼吸道，并有吸附和排除尘埃的作用。

肺位于胸腔内，左右各一，右肺大，左肺小。肺的颜色，正常为粉红色，表面光滑、富

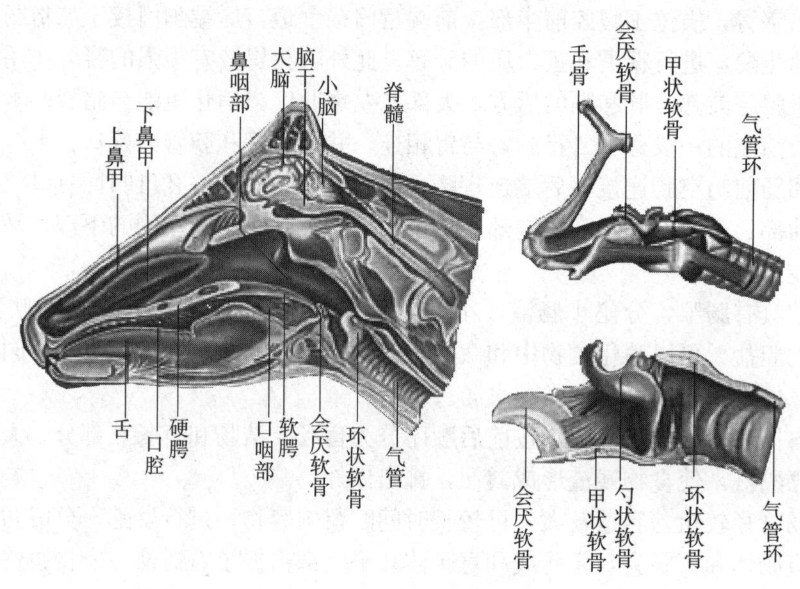

图 2-3　牛的头与喉纵部结构

有弹性，浮于水。

肺分为尖、心、膈等三叶，尖叶朝前，膈叶宽大朝后，心叶靠近心脏，在尖叶和膈叶之间。在右肺膈叶的内侧，有一不大的中间叶。肺泡是内外气体交换的主要场所。肺泡壁四周包围着毛细血管网，肺泡虽小，但数量很大。肺泡之间富有弹性组织，故吸气扩大后能自动回缩。

肺在正常时充满整个胸腔，而与胸壁紧贴。胸壁内面和肺表面都覆有胸膜。这两层胸膜之间的空隙叫胸膜腔，内有少量浆液，以保持湿润。

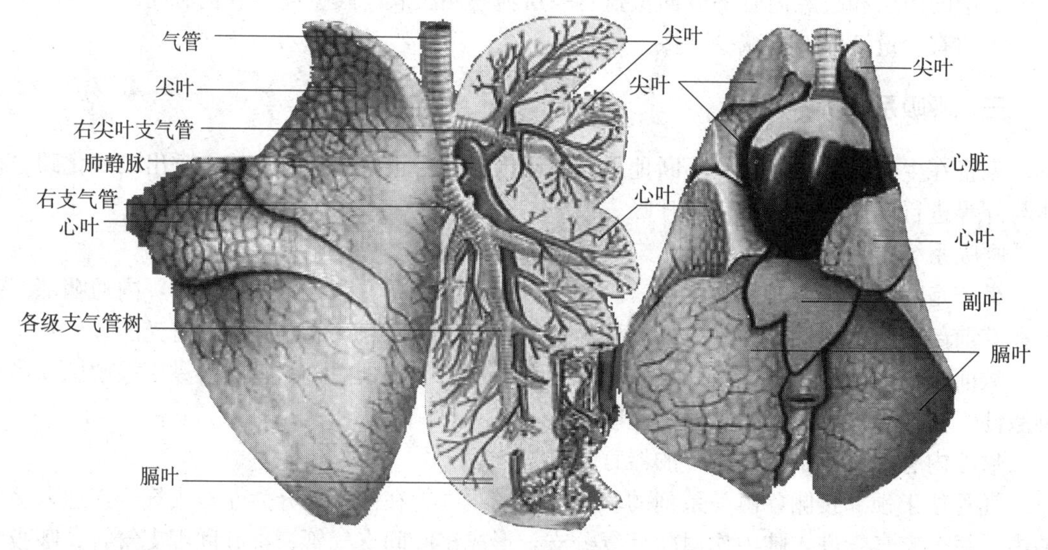

图 2-4　牛肺解剖结构

呼吸运动是由大脑和延髓呼吸中枢指挥的。主要靠肋间肌、膈肌等的收缩和松弛来完成的。吸气时由于肌肉收缩，使胸廓扩张，胸腔内压降低，吸入氧气。呼气时肌肉松弛，胸廓回缩，压缩呼出二氧化碳。从外表上可以看到胸腹部有节律的同时波动，叫做胸腹式呼吸。当胸腔有病时腹部煽动明显，严重时张口呼吸，这种现象叫腹式呼吸。当腹部器官疼痛时，肋骨前后移动明显，叫胸式呼吸。

在正常时，各种动物每分钟内有一定的呼吸次数，猪 8～18 次，牛 10～39 次，马 8～16 次。幼畜呼吸较快，吃食、使役、发热和某些疾病时，均可使呼吸加快。

四、循环系统

循环系统包括血液循环系统和淋巴循环系统两部分。通过循环系统中血液和淋巴的运转，使畜体各部分不断获得氧气和营养物质，同时带走二氧化碳及其代谢产物，以保证新陈代谢的正常进行。

1. 血液循环系统 血液循环系统由心脏和血管（动脉、静脉、毛细血管）所组成。

心脏位于胸腔两肺之间，大部分偏于体正中线左侧。心基向上接大血管和肺脏相靠，心尖向下，游离在心包内。牛心脏在第三至第五肋间，后缘的下部与膈和腹腔中的网胃紧靠；马心脏在第二至第六肋间，3/5 在胸廓左侧。

心脏由内至外，分心内膜、心肌和心外膜三层，此外还有一层心包膜，它与心外膜构成密闭的心包囊，内有少量液体。心脏里面由纵隔分成左右两半，互不相通，使左、右侧心腔的血液不致相混。左腔被二尖瓣分成上方的左心房、下方的左心室。左心房与肺静脉相连，接受肺静脉回流到心脏的血液，左心室经房室口与左心房相连，将来自左心房的血液经主动脉半月瓣送入主动脉。右腔由三尖瓣分成上方的右心房和下方的右心室，右心房与前、后腔静脉相连，接受全身回流到心脏的血液，右心室与有心房相通，将来自右心房的血液经肺动脉半月瓣送入肺动脉。这些瓣膜的作用，都是防止血液逆流。

心脏本身的血液供应来自冠状动脉，心脏的静脉血直接回流入右心房。

心脏由植物神经系统调节控制，中枢通过植物神经对心脏发挥作用，交感神经兴奋使心跳加快加强，迷走神经兴奋使心跳减慢减弱。心脏本身也具有传导传统，使心脏能按顺序、有节律地跳动。

心脏一缩一舒叫做一个心动周期。在每一个心动周期中，心脏的活动可以发出两个声音，叫做心音。心室收缩时所听到的是第一心音，又叫收缩音，音调低而长。它是由于房室瓣关闭、瓣膜与腱索振动和心室肌收缩所形成的。在心室舒张时所听到的是第二心音，又叫舒张音，音调短而高。它是由半月瓣的关闭和振动所形成的。

动脉主要是将心脏射出的血液分布于全身各器官。接近心脏的大动脉，管壁厚，有弹性，对强大的血压有缓冲的作用。由于分枝越来越细，远离心脏的小动脉管壁薄而富有平滑肌，具有较强收缩力，有调节血量分布的作用。静脉将血液导流入心脏，管壁薄而无弹性和收缩力。毛细血管是血液和组织进行物质交换的地方，介于动脉和静脉之间，通常吻合成网状，管壁仅为一层内皮，通透性较大。

血液随着心脏的收缩而被射入动脉，动脉管壁也随着心脏收缩的节奏而跳动，这就是脉搏。它可反映心脏活动的基本情况。正常家畜的脉搏与心跳次数是一致的，牛每分钟为40～80 次、猪 60～80 次、马 30～40 次。

血液循环可分为体循环和肺循环。体循环血液从左心室压入主动脉，流经全身动脉和毛

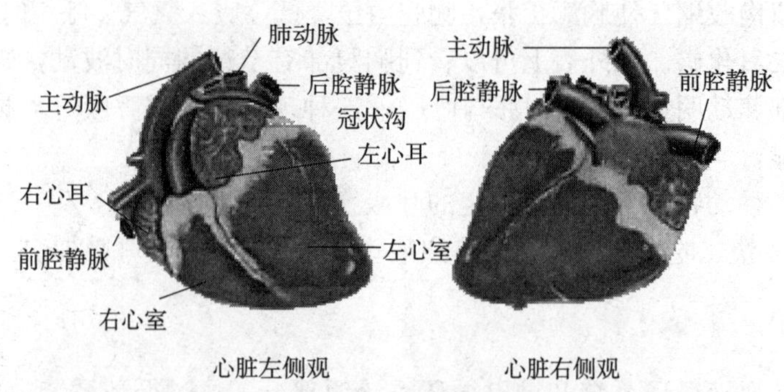

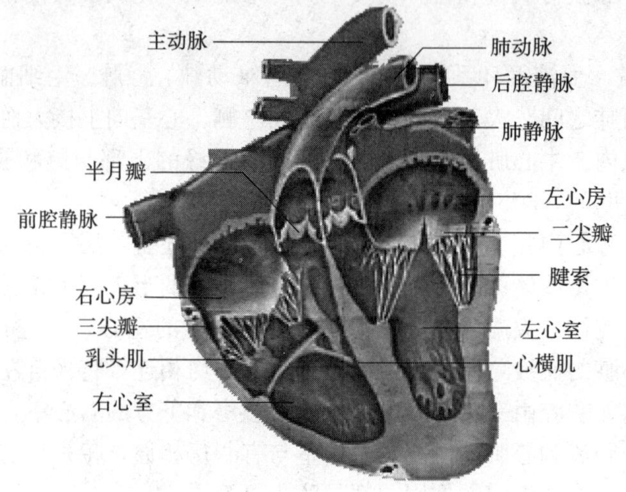

图 2-5　家畜心脏的结构

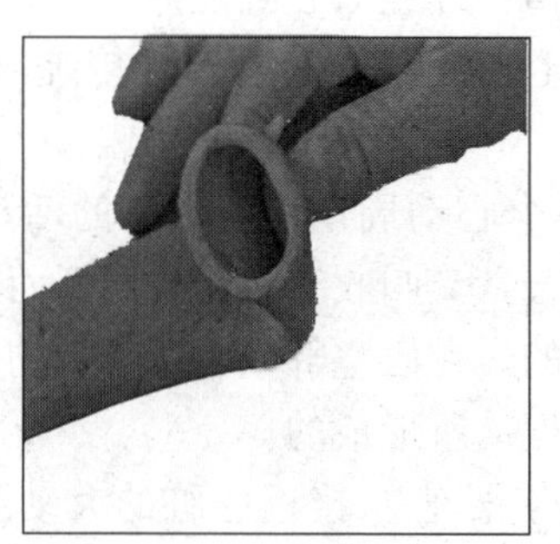

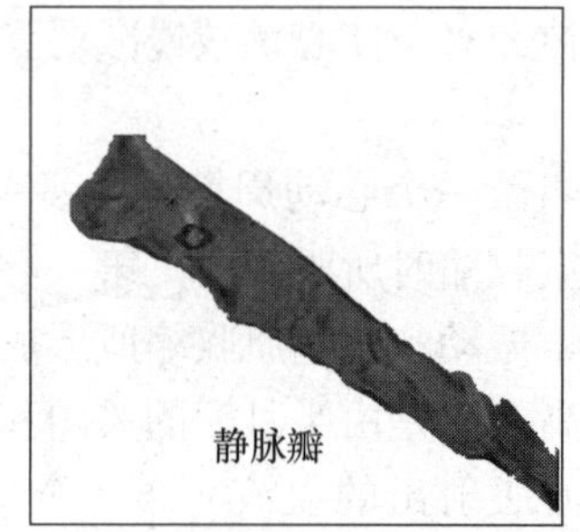

图 2-6　家畜的动、静脉血管

细血管，再流入小、中静脉，然后汇集为前、后腔静脉，最后进入右心房。将营养物质和氧供给全身各组织，而带走代谢产物和二氧化碳。

肺循环血液从右心室压入肺动脉，通过肺泡壁上的毛细血管，汇集到肺静脉，最后回到左心房。血液在肺部吸收氧气和放出二氧化碳。

2. 淋巴循环系统　淋巴循环系统由淋巴管、淋巴结和淋巴液组成。血液透过毛细血管到达组织间隙，称为组织液。组织液透过淋巴管成为淋巴，淋巴流动的方向是单一的，仅由外周流向中央，即帮助静脉使体液回流心脏，同时还有制造淋巴细胞、吞噬侵入体内的微生物和产生抗体，保护机体等功能。

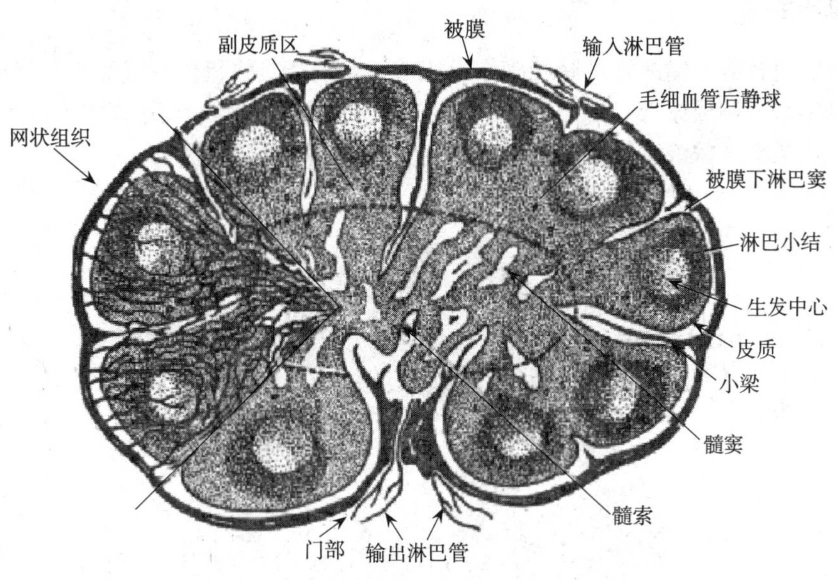

图 2-7　家畜淋巴模式图

全身组织内分布着许多毛细淋巴管，吸收组织内的体液。毛细淋巴管逐渐汇集成较大的淋巴管，淋巴管内的淋巴汇总到胸导管，最后注入前腔静脉，回到血液。

在淋巴管的径路上有许多豆形或椭圆形的淋巴结。淋巴结呈灰色或黄色，牛的呈紫红色。淋巴结能产生淋巴细胞，其中的网状内皮结构还有吞噬作用。

3. 造血器官　脾脏是吞噬并破坏衰老或不正常的红细胞和血小板的主要场所，还有贮藏血液和产生淋巴细胞等作用。牛脾脏呈椭圆形，位于瘤胃左侧前上方。猪的脾脏很长，位于胃的右侧，断面呈三角形。马的脾脏呈镰刀形。

骨髓分红、黄两种，红骨髓是造血场所。成熟的各种血细胞进入骨髓内的动脉窦，从而进入血液循环。

4. 血液　血液是由血细胞和血浆组成的，血细胞包括红细胞、白细胞和血小板。血浆主要包括血清和纤维蛋白原。

红细胞圆而扁平，两面略向内凹，成熟红细胞无细胞核，主要成分是血红蛋白。血红蛋白是携带氧气和二氧化碳的重要物质。

白细胞为无色有核的小圆球，比红细胞大。白细胞分为中性粒细胞、嗜酸性粒细胞、单核细胞和淋巴细胞。白细胞能吞噬细菌，起防御作用。

血小板为小而无核的不规则形小体。当出血时，血小板破坏释放出凝血酶活素，能促进血液凝固。因此，血小板减少可引起出血性疾病。

血细胞在骨髓内生成，淋巴细胞在脾脏和淋巴结内形成，血浆蛋白则在肝脏内合成。

同一种动物的血量是相对恒定的。在正常生理情况下，只有一部分血液在血管内循环，另一部分血液贮藏于血库中（肝、脾和皮肤）。牛的血量占体重的 8%，猪占 4.6%，马占

9.8%。当血量减少、血液浓缩、血液的酸碱度发生变化时，可引起血液循环障碍，如大出血、严重腹泻、中毒等，应迅速采取相应措施，如输血、输液等，以改善血液循环。

五、泌尿系统

泌尿系统由肾脏、输尿管、膀胱和尿道组成。其功能是将机体的代谢产物（尿素、尿酸等）和过剩的水分制成尿液，排出体外。肾脏是泌尿器官，主要作用是生成尿液。输尿管、尿道主要作用是输送尿液和排出尿液。膀胱主要作用是暂时贮藏尿液。

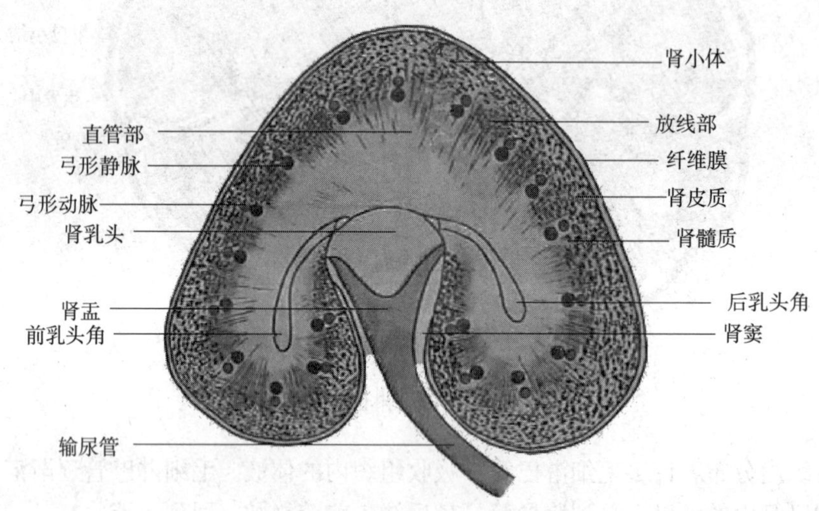

图 2-8　家畜肾脏的纵剖面

肾脏分为皮质和髓质两部分。皮质在表面，髓质在深部。皮质部是完成泌尿过程的主要地方，内含大量肾小球及肾小管。血液经过肾小球的过滤作用和肾小管选择吸收作用，形成尿液。髓质由多个肾锥体组成，锥体的尖端叫肾乳头，伸入肾盏，肾盏又汇成肾大盏（牛）或肾盂（猪、马）、出肾门，与输尿管相连。

输尿管是一对细长的管道，起自肾盂（猪）或肾大盏（牛），沿脊柱两侧后行，止于膀胱。

膀胱位于骨盆腔内。公畜在直肠下面的生殖褶下，母畜在阴道下面，开口于尿道。

尿道是膀胱向外排出尿液的管道。公畜尿道兼有排精作用，故称尿生殖道，开口于阴茎头。母畜尿道开口于阴道后方的尿生殖前庭的腹侧面。

六、生殖系统

生殖系统是产生生殖细胞、分泌性激素、繁殖后代的一个系统。分为公畜生殖系统和母畜生殖系统。

（一）公畜生殖系统

公畜的生殖系统是由睾丸、附睾、输精管、副性腺、尿生殖道、阴茎及其附属器官（精索、阴囊和包皮）组成。

睾丸有两个，呈卵圆形，位于阴囊内，它是公畜的主要生殖腺，能产生精子和雄性激素。雄性激素的生理作用是促进生殖器官的发育并维持其正常功能；促进雄性副性特征的出现并维持其正常状态；激发公畜产生性欲和性兴奋；促进精子的发育成熟并延长在附睾内的存活时间。

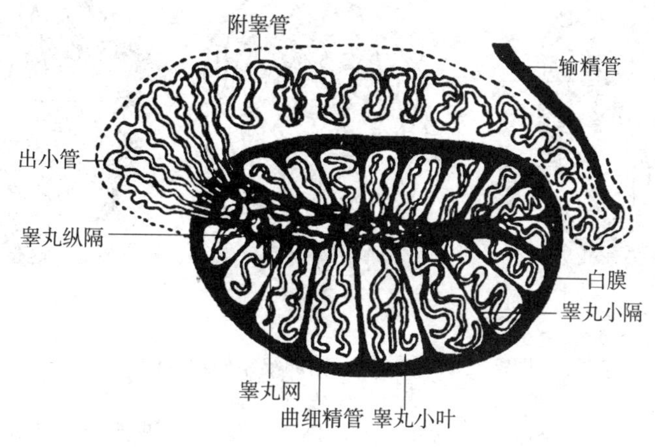

图 2-9 马睾丸结构

附睾位于睾丸的上方，与睾丸相连，是精子进一步成熟和贮存的地方。

输精管起自附睾，通至尿道的骨盆部，是输送精子的管道，并分泌少量对精子生存有保护作用的分泌物。

副性腺包括精囊腺、前列腺和尿道球腺。它们分泌液体和精子混合在一起，即成精液。这些分泌物有刺激精子活动，中和尿道酸性物质和吸收精子活动时所产生的二氧化碳，以及润滑尿道和清除尿道黏膜上残余尿液的作用，使精子不致受到危害。

阴茎主要由海绵体构成，是排尿、排精和交配器官。

睾丸囊由阴囊、睾丸提肌、睾丸鞘膜三部分组成。

阴囊是一个袋状的皮肤囊，容纳睾丸和附睾，由阴囊皮肤和肉膜构成，左右以纵隔分开。

睾丸提肌包在总鞘膜的外面，可把睾丸和附睾提到腹股沟管或腹腔中。

睾丸鞘膜分总鞘膜和固有鞘膜二层，固有鞘膜包在睾丸和附睾的外面。二层之间的空隙叫鞘膜腔，内有少量液体。

（二）母畜生殖系统

母畜生殖系统由卵巢、输卵管、子宫、阴道、尿生殖前庭及外阴部所组成。

卵巢位于腹腔内腰部的下方，成对，呈卵圆形，能产生卵子和分泌雌性激素。雌性激素的功能是：促进母畜生殖器官的生长发育；促进母畜性特征出现，并使其维持在正常状态；激发母畜的性欲和性行为；促进乳腺发育；促进输卵管黏膜增生和输卵管平滑肌的收缩，以利于精子和卵子运行等。卵巢在发情期的形状、大小及质地的变化为鉴定发情和安排输精或配种的主要依据。

输卵管是位于卵巢和子宫角之间的两条弯曲的细小管道。后端与子宫相通，前端扩大呈漏斗状，叫做输卵管漏斗，排卵时卵子通过输卵管漏斗进入输卵管内。

子宫位于骨盆腔前部及腹腔的后部，是胎儿生长发育的地方。由子宫角、子宫体和子宫颈组成。子宫角成对，前接输卵管，向后汇合为子宫体，后端突入阴道内称子宫颈，与阴道相通。

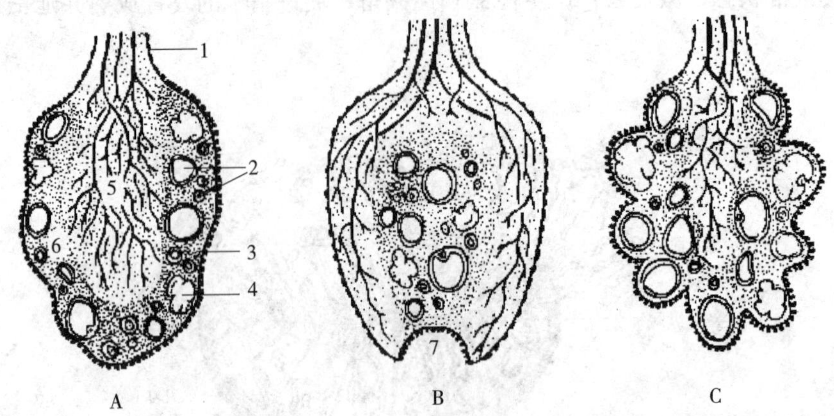

图 2-10 牛、马、猪卵巢结构示意图

A. 牛 B. 马 C. 猪

1. 浆膜 2. 卵泡 3. 生殖上皮 4. 黄体 5. 髓质 6. 皮质 7. 排卵窝

阴道为一肌肉性管道，是交配和分娩时排出胎畜的产道。位于骨盆腔内，直肠的下方，膀胱之上。

外阴部包括尿生殖前庭、阴唇和阴蒂。发情时前庭腺分泌出大量的黏液，前庭球充血勃起，使阴户稍为张开。阴唇是母畜生殖器官最末端部分，左右两片阴唇构成阴户。阴蒂位于阴唇下角内侧阴蒂凹内，主要由海绵组织构成。

（三）母畜生殖生理

家畜到了一定年龄以后，开始产生生殖细胞和分泌性激素，并出现交配欲，这叫做性成熟。但刚刚达到性成熟的家畜，身体还正在生长发育，必须等到身体发育成熟后，才能配种。

母畜在性成熟后，周期地从阴道排出黏液和出现交配欲，这种现象叫做发情。每次发情开始到发情结束，这段时间叫发情期，母畜表现兴奋不安，食欲减退，主动接近公畜，外阴部充血肿胀，卵巢内有成熟卵子排出，故这时配种才有受胎的可能。

从一次发情开始至下一次发情开始之间的间隙时间，叫做性周期或发情周期。性周期的长短受年龄、饲养管理、健康状况及气候条件等的影响。

当母畜发情并经交配后，精子进入子宫并迅速向输卵管移动，如果卵子进入输卵管 1/3 处，则与精子相遇而互相结合叫受精。受精卵移向子宫，并种植于子宫壁上，逐渐发育成胎畜。胚胎在母畜子宫内发育的整个时期叫妊娠。各种家畜的妊娠期长短不一，怀孕后期可见乳腺和腹部膨大。胎畜由母体产出叫做分娩。分娩开始时，子宫颈口张开，腹部和子宫肌肉收缩，胎膜破裂，流出羊水，胎畜接着排出体外。正常分娩为胎畜前肢挟头先出，如有其他征状，多为胎位不正，可能引起难产。

七、运动系统

运动系统由骨、骨连接（关节）和骨骼肌（肌肉）三部分组成。它们在神经系统的支配下，与其他系统密切配合，对动物体起着运动、支持和保护作用。

骨主要由骨质组成，外包骨膜，富有神经血管，内有骨髓。骨质很坚硬，但在过强的力量冲击下也会折断，叫做骨折。

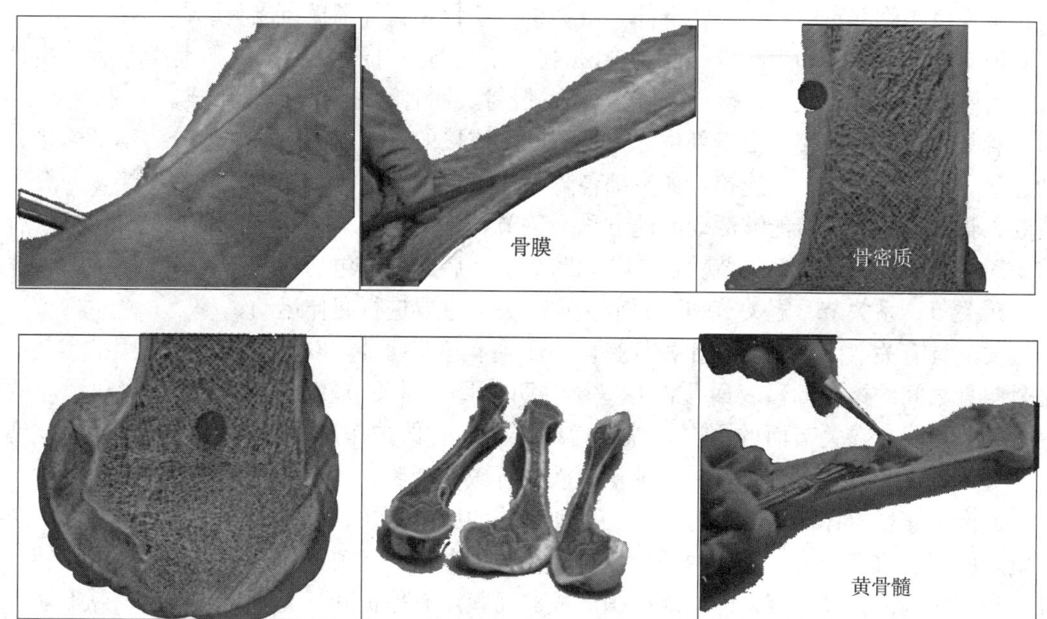

图 2-11　家畜骨骼结构

骨的机能是构成畜体支架，形成腔壁，保护重要器官，如胸廓保护心、肺等；通过肌肉完成运动的各种动作；制造红细胞，贮藏钙和磷。

全身骨骼分为头骨、躯干骨和四肢骨。

头骨包括颅骨和面骨。颅骨主要形成颅腔，其中容纳脑髓，并与面骨形成眼眶。面骨主要形成口腔、鼻腔和眼眶。

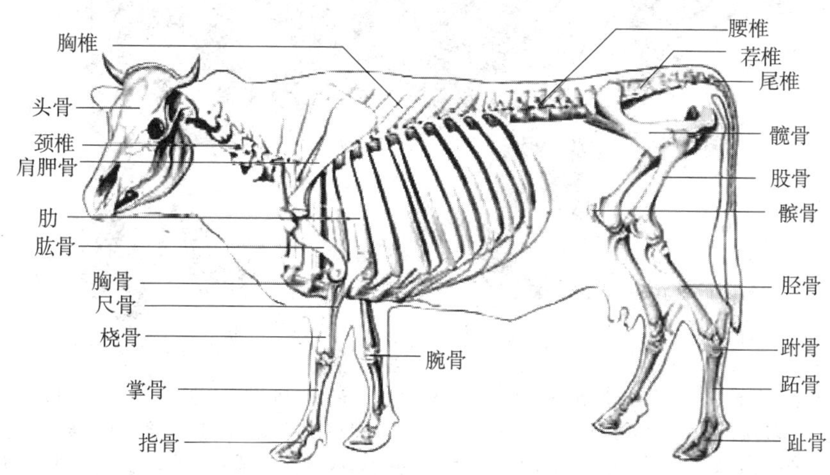

图 2-12　牛的全身骨骼

躯干骨由脊椎骨、肋骨和胸骨组成。脊椎骨构成畜体上壁的干轴，根据在畜体的不同部位，分为颈椎、胸椎、腰椎、荐椎和尾椎。整个脊椎骨中间有一椎管，内有脊髓，向前与颅腔相通；肋骨位于胸腔的两侧，形长而扁，呈半月弯曲，下端与胸骨相连，上端与胸椎相连；胸骨位于胸部正中，胸腔的下部。由胸椎、肋骨和胸骨围拢组成胸廓。

四肢骨分前肢骨和后肢骨。前肢骨由肩胛骨、肱骨、桡骨、尺骨、腕骨、掌骨、指骨组成。后肢骨由髋骨、股骨、髌骨（膝盖骨）、胫骨、跗骨、跖骨、趾骨组成。

骨与骨之间的连接，由于部位和机能不同，连接的方式也不同，一般分为不动连接、微动连接和关节三种。不动连接，如头部各骨的连接；微动连接，如椎骨间的连接，一般无关节腔；骨与骨之间连接能够活动的地方称为关节，这类连接多在四肢。前肢关节包括：肩关节、肘关节、腕关节、系关节、冠关节和蹄关节。后肢关节包括：荐髂关节、髋关节、膝关节、跗关节、系关节、冠关节和蹄关节。这些关节主要进行屈伸运动。

关节具有关节面、关节囊和关节腔，多数关节还有韧带，以增强关节的坚固性。关节面是骨与骨之间的接触面，表面覆盖有一层透明软骨，叫关节软骨，有减少摩擦和缓冲的作用；关节囊附着在关节面的周围，外层为纤维层，有保护作用；内层为滑膜层，能分泌滑液。关节囊之腔体叫关节腔，内含少量滑液，可减少摩擦。

肌肉是家畜机体活动的动力器官，运动系统的肌肉是横纹肌。每一块横纹肌分为肌腹和肌腱，肌腹有收缩能力，通过两端的腱将力传至骨骼，引起关节屈、伸、收、展或旋转。此外，还有肌肉的辅助器官，即结缔组织形成的筋膜，有保护和分隔肌肉的作用；黏液囊，有减少肌腱和骨骼的摩擦作用。

全身肌肉可分为头部肌肉、躯干肌肉和四肢肌肉。

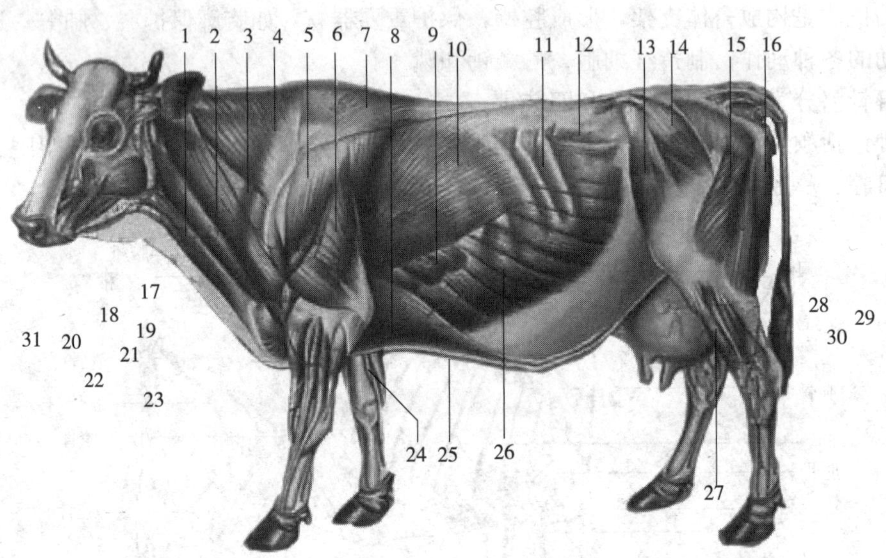

图 2-13　牛全身浅层肌

1. 胸头肌　2. 臂头肌　3. 肩胛横突肌　4. 颈斜方肌　5. 三角肌　6. 臂三头肌　7. 胸斜方肌　8. 胸深后肌　9. 胸腹侧锯肌　10. 背阔肌　11. 肋间外肌　12. 腹内斜肌　13. 阔筋膜张肌　14. 臀中肌　15. 股二头肌　16. 半腱肌　17. 臀肌　18. 胸浅肌　19. 腕桡侧伸肌　20. 腕外侧屈肌　21. 趾内侧伸肌　22. 指外侧伸肌　23. 腕斜伸肌　24. 腕桡侧屈肌　25. 腕尺侧屈肌　26. 腹外斜肌　27. 第三腓骨肌　28. 腓骨长肌　29. 趾深屈肌　30. 指外侧伸肌　31. 指总伸肌

八、神经系统

神经系统是调节体内各器官系统的功能活动，使之完整统一，调节机体与外界环境之间

统一的系统。

神经系统由神经细胞和神经纤维所组成。神经纤维分布于畜体的全身，起传递信号的作用。家畜体内各器官和系统机能的协调及家畜对外界条件的感觉与反应，都是依靠神经系统来实现的。家畜机体对外部或内部刺激引起的反应，称为反射。家畜就是依靠神经系统的复杂反射活动，保持着内外环境的协调统一。

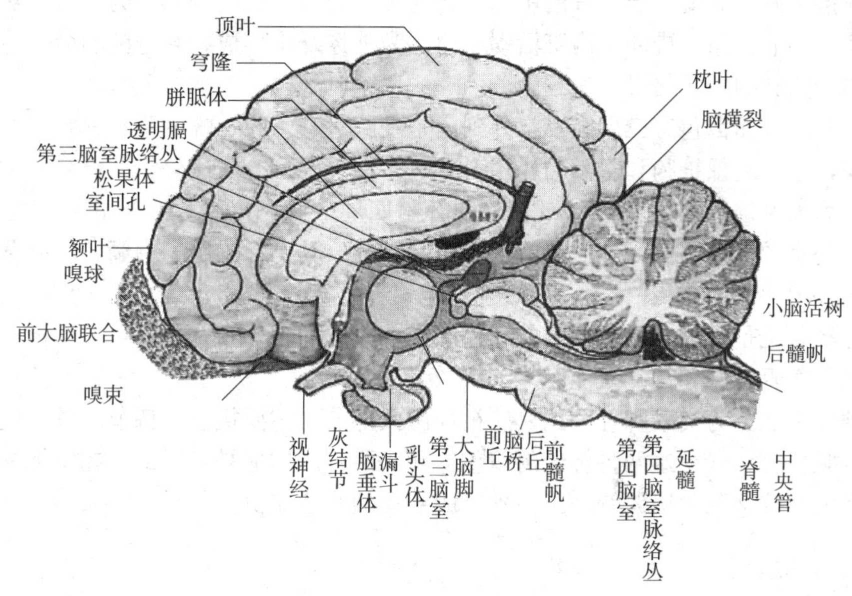

图 2-14　家畜脑髓纵断面图

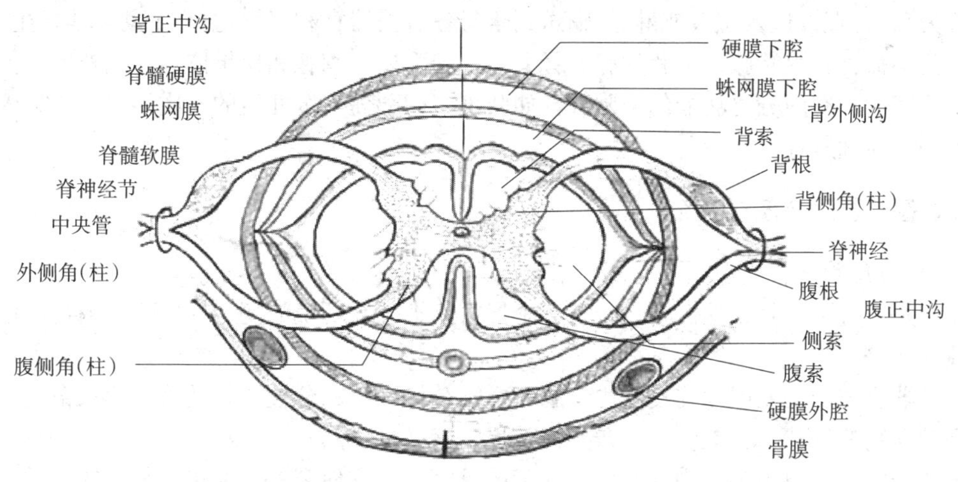

图 2-15　家畜脊髓横断面图

神经系统可分为中枢神经系统、周围神经系统和植物神经系统。

中枢神经系统包括脑和脊髓。脑位于颅腔内，由大脑、小脑和脑干组成。

大脑主要部分是大脑半球，表面覆有一层由神经细胞为主构成的灰质，叫做大脑皮层，是神经系统的高级中枢，能产生复杂的感觉和精确的动作。内面有神经纤维为主构成的白质。脑中还有空腔，叫脑室。是脑脊髓液贮留的地方。

小脑位于大脑的后方，主要机能是维持身体平衡，调节肌肉的紧张度和动作的协调。

脑干前连大脑和小脑，后经枕骨大孔与脊髓相连，包括延髓、桥脑、中脑和间脑等部。延髓向后与脊髓相连，是脑干的重要部分，其中有许多重要中枢，如呼吸、心跳、血管舒张和胃肠活动等中枢均位于此，所以延髓又称“生命中枢”，延髓受损害，动物就会死亡。此外，12 对脑神经也是由脑干发出的。

脊髓前接延髓，后端终于荐骨的中部。脊髓中央为灰质，周围部分为白质。灰质中有较低级的中枢，调节排尿、排粪等内脏活动。白质为神经纤维构成，它把脑的命令传送到躯干四肢，把躯干四肢的感觉信号传送到脑。

脑和脊髓的外面都包有三层膜，自外到内是硬脑（脊）膜、蛛网膜和软脑（脊）膜，总称脑脊髓膜，主要起保护脑和脊髓的作用。

脑脊液为无色透明的液体，分布于脑和脊髓四周的软脑（脊）膜与蛛网膜之间的空隙里。由脑室的小动脉网渗出，然后吸收进入静脉系统。具有保护脑、脊髓，供应营养，排出废物和避免外力冲击的作用。

周围神经系统是由脑和脊髓发出的神经纤维等组成的，分布全身，包括脑神经和脊神经两部分，主要掌管感觉和运动机能。

植物神经系统分为交感神经和副交感神经两大部分，主要机能是调节内脏、血管、心肌和腺体，内脏器官一般受这两种神经的双重支配。两者的功能是相反的。在中枢神经系统的控制下，互相对抗又互相协调统一，使器官的活动随时适应机体的需要。

九、内分泌系统

内分泌器官是很多种没有导管的腺体的总称。这些腺体分泌的物质是一种特殊的化学物质，称为激素，直接进入血液或淋巴，输送到全身各有关器官和组织，对整个动物体发生影响。

内分泌器官有甲状腺、甲状旁腺、肾上腺、脑垂体、胸腺和松果体等。此外还有位于非内分泌器官的具有内分泌功能的细胞群，如胰脏内的胰岛、睾丸内的间质细胞、卵巢内的卵泡细胞和黄体细胞等。

十、感觉器官与被皮系统

（一）感觉器官

家畜是通过眼、耳、鼻、舌、身这五个器官能把外界环境的变化反应给大脑，以保持内外环境的统一。

触觉器官位于皮肤内，在皮肤内有脑和脊髓神经末梢的分枝。触觉器官使家畜能够知道接触到的事物的性状，也能使家畜辨别出外界温度（冷、热）。

味觉器官位于口腔黏膜中，主要是在舌的黏膜中，它使家畜能够辨别饲料的品质。

嗅觉器官位于鼻腔的后部，家畜借嗅觉器官能够辨别饲料的品质。狗的嗅觉非常发达，借嗅觉能认清掳获物、敌人等。

耳位于头骨后，是听觉器官，同时也是平衡的器官。耳可分为外耳、中耳和内耳。外耳由耳廓和外听道组成，为集音装置。中耳借鼓膜与外耳分开，为传音装置。内耳由前庭、半规管和耳蜗组成，为感音和变音装置。声音经听神经而传入中枢。

眼是视觉器官的主要部分，位于眼眶内，后面以视神经连干脑。眼由眼球和辅助装置两部分组成。眼球由三层膜构成，外层是纤维膜，可分为角膜和巩膜，角膜是眼球前面的圆形透明膜，巩膜是眼球后部白色、不透明的膜。中层是血管膜，血管膜由前向后分为虹膜、睫状体和脉络膜三部分。虹膜就是黑眼球，中央有一孔叫瞳孔，在强弱光线的刺激下，瞳孔能开大或缩小；睫状体在虹膜的根部，和晶状体联系，能使晶状体改变厚度，起调节视力的作用；脉络膜衬在巩膜内面，富有小血管。内层是视网膜，布满神经组织，汇成视神经，通到大脑。

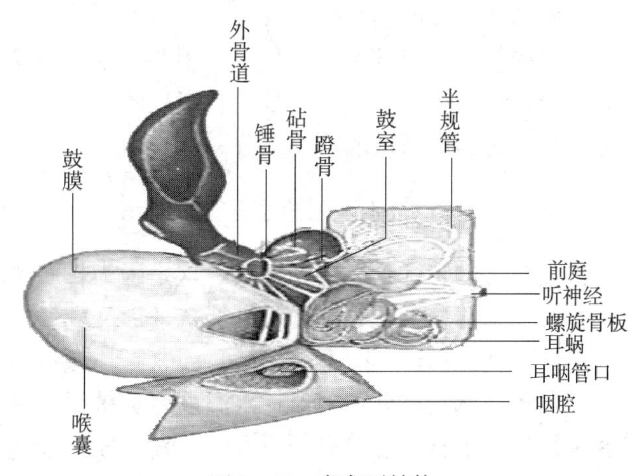

图 2-16　家畜耳结构

（二）被皮系统

皮肤由表皮、真皮和皮下组织构成。表皮为皮肤最外一层，多由角质细胞所构成，此层易脱落，表皮上有汗腺、皮脂腺及毛囊的开口。真皮位于表皮下面，由致密结缔组织构成，坚韧而富有弹性，是皮肤最主要、最厚的一层，真皮内分布有血管、淋巴管、神经、汗腺、皮脂腺和毛囊等。皮下组织位于真皮下面，由疏松结缔组织构成。疏松而有弹性，有蓄积脂肪的能力，皮下组织与肌肉或骨骼相连。

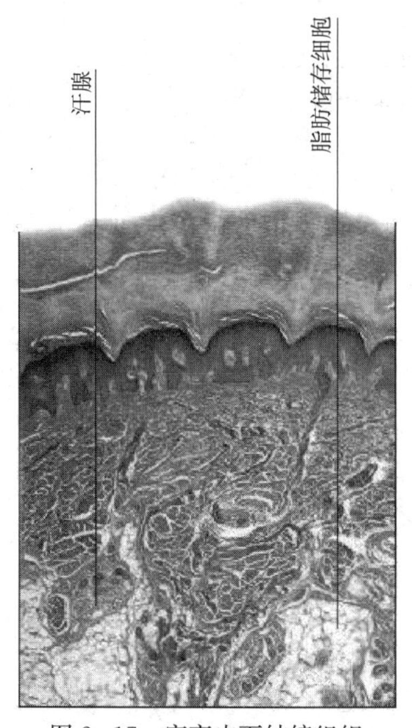

图 2-17　家畜皮下结缔组织结构示意图

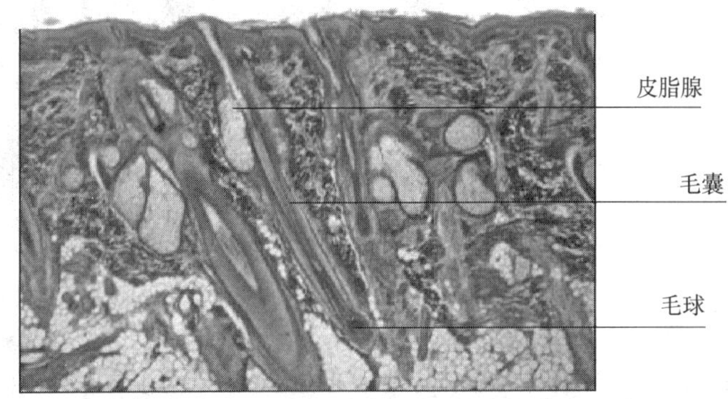

图 2-18　家畜毛发结构示意图

皮肤是畜体的保护器官，能防止微生物侵入，避免机械性损伤，防止体液散失和水分进入体内。皮肤可感受温度、疼痛、软硬及其他不同的外界刺激。此外，还有通过血液循环和汗腺分泌调节温度的作用。

皮肤的衍生物有汗腺、皮脂腺、乳腺、毛、蹄等。汗腺分泌汗液，以散发热量调节体温。皮脂腺分泌皮脂，有滋润被毛和表皮的作用。毛有保护皮肤的作用。蹄由蹄匣与肉蹄两部分构成，为运动系统的重要部分。

十一、家禽的解剖与生理特征

禽类骨骼的特征是轻便而坚固，这是因为骨质致密坚硬，有极好的承重性。成禽除翼和后肢下段外，普遍形成含气骨，既保持外形又减轻重量。

禽口腔构造简单，无上、下唇，无软腭、颊、齿，但具有特殊的采食器官——喙，鸡舌呈长三角形，味觉较差，但对饮水温度感觉敏锐。禽无颊，口可以张得更大，便于吞食。禽口腔无牙齿，采食不经咀爵便可吞咽。食管较长较宽且易于扩张，鸡食管入胸腔前形成扩大的嗉囊，能贮存食物，使食物浸湿变软。

禽胃由前部的腺胃和后部的肌胃组成，腺胃能分泌胃液，消化食物，肌胃有磨碎食物的作用。

食物主要在小肠内消化吸收，鸡的小肠为鸡体长的4～5倍、鸭和鹅为3～4倍。

大肠很短，无结肠，有两条盲肠，肠管末端膨大部叫泄殖腔，输尿管和输精管均开口其内。泄殖腔是消化、泌尿和生殖三个系统的共同通道。

禽的呼吸系统很发达，除了鼻腔、喉、气管和支气管、肺以外，还有特殊的气囊。鼻腔的外口为一对鼻孔，位于喙的基部。喉分前喉和后喉，前喉在气管前端，后喉由气管末端的嵴状软骨和两初级支气管起端的内、外鸣膜构成，为发音器。肺位于肋骨之间，并与肋骨贴合在一起，在每叶肺中均有支气管，支气管从整个肺中通过，然后进入腹气囊，由支气管向肺表面分出许多较细小的支气管，小支气管中有一部分同时也开口于气囊。

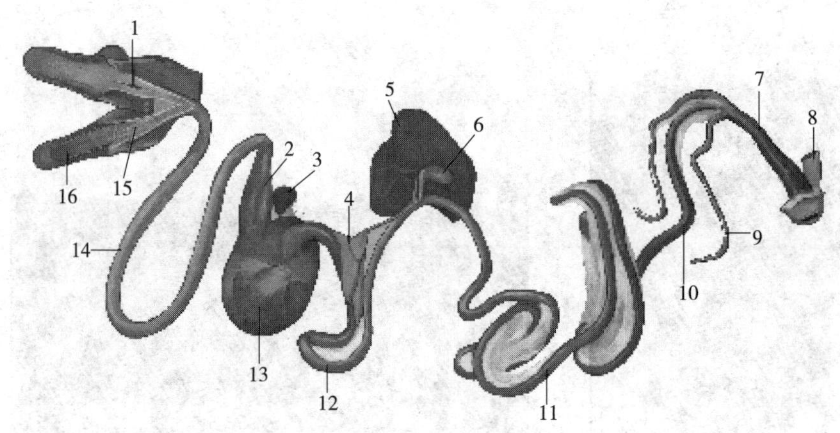

图2-19　鹅的消化系统

1. 鼻后孔　2. 腺胃　3. 脾　4. 胰腺　5. 肝　6. 胆囊　7. 直肠　8. 阴道（断头）
9. 盲肠　10. 回肠　11. 空肠　12. 十二指肠　13. 肌胃　14. 食道　15. 喉　16. 舌

气囊是禽类的特殊器官，有四个成对的和一个不成对的。分布在内脏之间、肌肉之间、骨的空隙里，而且都跟肺相通。在禽类的生命活动中气囊有着重大的作用。气囊的功能是使禽类便于飞翔和游泳。当飞翔时，肺吸进空气和排出空气主要依靠气囊进行，使肺部能充分

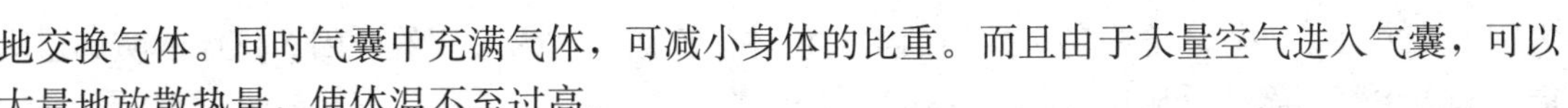

地交换气体。同时气囊中充满气体，可减小身体的比重。而且由于大量空气进入气囊，可以大量地放散热量，使体温不至过高。

禽类泌尿系统的组成与哺乳动物的主要不同之处是，无肾盂，也无膀胱。肾脏生成的尿液经输尿管直接进入泄殖腔，在泄殖腔与粪便一起排出体外。

禽类的尿是与粪一起向外排出的，啄食谷粒的禽类由于尿中含有多量游离状态的尿酸，在粪上形成白色的薄层，这与哺乳动物的尿不同。

母禽的生殖器官由左侧卵巢、左侧输卵管和输卵管的末端膨大部组成。输卵管接近卵巢的地方形成一个宽大的漏斗，已成熟的卵由此漏斗落入输卵管。交配时进入泄殖腔的精子被吸入输卵管的膨大部，然后沿输卵管前进，在运动中使相遇的卵受精。公鸡没有交配器官，交配时公鸡将泄殖腔紧压在母鸡的泄殖腔上，然后将精液射入其内。

第二节　动物病理学基础知识

一、动物疾病的概念、特征

（一）概念

动物疾病是动物机体在致病因素作用下而发生的损伤与抗损伤的复杂的相互斗争过程。在这个过程中，机体表现一系列机能、代谢和形态结构的变化，这些变化使机体内外环境之间的相对平衡状态发生紊乱，从而出现一系列的症状与体征，并造成动物的生产性能下降及经济价值降低。

（二）特征

1. 疾病是在一定条件下病因作用于机体的结果　任何疾病的发生都是有原因的，没有原因的疾病是不存在的。

2. 疾病是完整机体的反应　疾病的发生意味着机体内部器官之间和它与外界环境之间的平衡发生紊乱，并出现一系列的症状与体征，但任何变化都是完整机体的反应，并受神经系统和体液因素的影响。因此，必须克服那种只看见局部忽视整体的片面观点。

3. 疾病是一种损伤与抗损伤的相互斗争过程　当动物机体受到外界致病因素作用时，一方面动物机体受到损伤，发生病理反应，使自身正常的生理机能、代谢和形态结构发生不同程度的改变和破坏；另一个方面，机体也必然产生抗损伤的生理反应，以消除致病因素的作用以及造成的损伤。这一矛盾始终贯穿于疾病的整个过程，推动疾病发生发展。当机体抗损伤的生理作用强于致病因素作用时，机体损伤慢慢消失，与外界环境保持统一，各器官系统活动相互协调，恢复正常生命活动，直至康复。但当机体抗损伤的生理作用弱于致病因素作用时，机体所受损伤就会越来越重，最终导致死亡。

4. 生产性能的降低是动物疾病的重要标志　动物患病时，导致自身适应能力差，内部的各种机能、代谢和形态结构发生障碍或遭受破坏，必然导致动物生产性能（如劳役、体膘、产蛋、产乳、产毛、繁殖力等）下降，这是动物发生疾病的标志。

二、动物疾病发生的原因

任何疾病都是有原因的，引起疾病发生的原因是多种多样的，概括起来可以分为外因和内因两个方面。外界环境中各种致病因素对机体的作用，称为疾病的外因。机体的防御适应能力和对致病因素的反应性，称为疾病的内因。

（一）疾病发生的外因

1. 生物性致病因素 包括各种致病微生物（细菌、病毒、支原体、立克次体、螺旋体、真菌等）和寄生虫。它们可以引起动物各种传染病和寄生虫病。生物性致病因素其致病作用有以下主要特点。

（1）对机体的作用常有一定的选择性。对于侵害的动物种属有一定的选择性，有比较严格的传播途径、侵入门户和作用部位等。

（2）引起的疾病有一定特异性。引起的疾病有相对固定的潜伏期、比较规律的病程、特异性的病理变化和临床症状，以及特异性免疫反应等。

（3）侵入机体的生物性致病因子会不断地生长、繁殖并产生毒素，通过有毒产物发挥致病作用。寄生虫的致病作用主要是通过机械损伤、产生毒素、夺取营养以及引起过敏反应而对机体造成损害。

（4）生物性致病因素侵入机体后，其数量和毒力会不断发生变化，并作用于整个疾病过程。有些病原体可随排泄物、分泌物和渗出物排出体外，有传染性，会造成疾病传播。生物性致病因素的致病过程取决于机体本身的抵抗力和病原微生物的数量、毒力等。

2. 化学性致病因素 能够对动物机体产生致病作用的化学物质种类繁多，来源广泛，如有毒农药、鼠药、强酸、强碱、重金属盐类、工业废气、废水等。此外，兽药使用不当（如喹乙醇用量过大时，会引起中毒）、饲料加工不当（如闷煮白菜、萝卜等不当，引起亚硝酸盐中毒）、肾功能障碍时会引起尿毒症（内源性自体中毒）等。化学性致病因素致病作用有以下特点：

（1）化学性致病因子进入机体后，常积蓄到一定量后才引起发病。

（2）化学性致病因素在整个中毒过程中都起作用，直至被解毒。

（3）有些化学致病因素对机体的组织、器官的毒害作用有一定的选择性。如有机氯主要侵害肝脏，亚硝酸盐主要侵害血液，有机磷主要侵害神经系统等。

3. 物理性致病因素 包括高温、低温、电流、光能、电离辐射、大气压、噪音等，只要它们达到一定的强度和作用时间，都可使机体发生物理性损伤。如高温作用于全身可引起热射病、日射病，作用于机体局部可引起烧伤；低温作用于机体局部可引起冻伤，作用于全身可引起机体抵抗力降低，诱发感冒等；噪音可引起动物惊恐不安，产生应激等。

4. 机械性致病因素 一定强度的机械力作用于机体时，可使机体发生损伤。如锐器或钝器的撞击，可引起机体创伤（切伤、刺伤等）、挫伤、扭伤、骨折、脱臼等。机械性致病因素致病作用有以下特点是：

（1）对组织的作用无选择性。

（2）无潜伏期及前驱期。

（3）仅对疾病起发动作用，在大多数情况下，对疾病的进一步发展不起作用。

（4）机械力的强度、性质、作用部位和作用范围决定着疾病的性质、强度和后果，而一般不取于机体的反应特性。

5. 其他致病因素 蛋白质、脂肪、糖类、维生素、矿物质和微量元素等动物机体生命活动必需的物质，供给不足或过多，都可引起相应的疾病。如维生素 D 缺乏引起的骨软病，蛋白质过多引起的痛风等。另外，饲养管理不当，使役过度、饲料突变等也可引起疾病。

（二）疾病发生的内因

疾病发生的内因主要包括：机体防御及免疫功能降低和机体反应改变两个方面。

1. 机体防御及免疫功能降低 动物机体的防御能力、免疫功能是生物在进化过程中，为了适应外界条件而形成的一种保护能力。它能阻止和破坏致病因素致病作用，保持和恢复机体健康。只有当机体的防御能力和免疫能力降低时，或致病因素致病力过强，而机体抵抗力相对不足时，才能引起发病。

机体的防御能力、免疫功能降低可以分为外部屏障和内部屏障结构的破坏及机能障碍两部分。

（1）外部屏障结构的破坏及机能障碍动物的外部屏障包括皮肤、黏膜、皮下组织、肌肉、骨骼等，外部屏障具有保护内部重要器官免受外界物理、化学因素的损伤和阻止致病微生物侵入的功能。当其结构和功能发生障碍时，则外界致病因素就容易侵入机体，而引起重要生命活动器官的损伤，引起疾病发生。

（2）内部屏障结构的破坏及机能障碍动物的内部屏障包括淋巴结、各种吞噬细胞及免疫细胞、血脑屏障、胎盘屏障、解毒排毒器官等。

淋巴结可将进入体内的病原微生物及其异物加以滞留，防止其扩散蔓延，如果淋巴结遭受损害，就会有利于致病微生物在体内的扩散蔓延。

各种吞噬细胞及免疫细胞对进入机体的病原微生物有吞噬和杀灭作用等。因此，在吞噬细胞和免疫细胞数量减少或功能减弱时，就容易发生某些感染性疾病。

血脑屏障能阻止某些致病微生物、毒素和大分子有害物质进入脑组织内，如果血脑屏障的结构受到破坏，脑易遭受到侵害。

胎盘屏障能阻止某些致病微生物、毒物进入胎儿体内，当胎盘屏障的结构和机能破坏时，胎儿就容易受到致病因素的影响。

解毒排毒器官：肝脏是机体的主要解毒器官，能将摄入体内的各种毒物，通过生物转化过程进行分解、转化或结合成为无毒或低毒物质，从肾脏排出体外。另外消化道可以通过呕吐、腹泻的方式将有害物质排出体外。呼吸道可以通过黏膜上皮的纤毛运动、咳嗽、喷嚏等将呼吸道内的有害物质排出体外等等。当以上解毒、排毒器官的结构或功能发生破坏时，就会导致机体中毒和相应疾病发生。

2. 机体反应性改变 机体反应性是指机体对各种刺激（生理性和病理性的）能以一定方式发生反应的特性。反应性是动物在种系进化和个体发育过程中形成和发展起来的，每个动物机体的反应性不完全相同。因此，对外界致病因素的抵抗力和感受性也不同。机体的反应性主要与以下因素有关。

（1）种属不同种属的动物，对同一致病因素反应性不一样。如鸡不感染炭疽，猪不感染牛瘟，马不感染猪瘟等。

（2）年龄不同年龄的动物，对同一致病因素反应性不一样。幼龄动物由于神经系统、屏障机构、免疫功能发育不完善，一般来说抵抗力较低，容易患消化道和呼吸道疾病，而且一旦感染，病情较为严重。成年动物各方面机能发育已经成熟，故抵抗力较强。老年动物，由于各种机能减退，故抵抗力降低，易患病，且得病后一般病势较重，康复也较缓慢。

（3）性别机体性别不同，某些器官组织结构不一样，内分泌也有不同的特点，对致病因素反应性也有差异。

（4）营养状况不同个体由于营养状况不同，对外界致病因素的反应也不相同。当机体营养不良时，抵抗力降低，容易发生疾病。

（三）内因、外因相互关系

疾病的发生，既有内因，也有外因。外因是发病的条件，内因是发病的根据，外因必须通过内因才能发挥其致病作用。

三、动物疾病发生发展的基本规律

各种疾病尽管病因不同，发展过程中各有自己的特殊性，但它们之间还存在着共同的发展规律。掌握疾病发生发展的客观规律，对于正确认识疾病、预防疾病、治疗和消灭疾病有重要意义。

（一）疾病发生发展的基本机理

1. 病因在疾病发生发展中的作用

（1）致病因素只对疾病的发生发展起发动作用，造成机体损伤后即行消失，而疾病仍继续发展，甚至引起严重后果。如机械性外伤、烧伤等。

（2）致病因素在疾病过程中始终起致病作用，病因一旦被消除，机体就会很快恢复健康。如无合并症的疥癣病等。

（3）致病因素侵入机体后，最初并不损害机体，但随着致病因素数量增多，毒力增强，以及机体抵抗力的降低而引起发病。当疾病发展到一定阶段，原始致病因素作用已逐渐减弱，甚至完全消失，但疾病不一定痊愈。如结核病等传染病。

（4）致病因素作用于机体后，减弱了机体的抵抗力，或者改变了机体的反应性，因而为新的致病因素侵害创造了条件，引起新的并发疾病或继发疾病。如感冒继发肺炎等。

上述致病因素与机体之间的四种关系，在一个疾病中往往就有几种形式同时存在。如外伤感染。

2. 疾病发生发展的一般机理

（1）*组织机理*　某些致病因素或者对机体的组织产生直接的损伤作用，或者选择性地直接作用于某一组织或器官，或者在发生直接作用后沿组织或组织间隙蔓延，从而导致疾病的发生与发展的过程，称为组织机理。例如，机械外力作用引起的创伤，高温引起的烧伤，低温引起的冻伤等则属于致病因素直接作用于组织的结果。一氧化碳中毒，则是一氧化碳进入血液中与血红蛋白结合，使血红蛋白变性，失去携带氧的能力，导致机体缺氧，则属于致病因素选择性作用于组织的结果。当致病微生物侵入机体，并进而引起气管炎、支气管炎、肺炎、胸膜肺炎等，则属致病因素沿组织蔓延所致。

（2）*体液机理*　某些致病因素或病理产物通过改变体液成分的量或质，破坏机体内环境的稳定，而导致疾病发生的过程，称为体液机理。机体内环境的稳定是机体生命活动所必需的，所以当某些致病因素或病理产物影响体液成分的量或质时，可引起相应的疾病发生发展。例如，严重腹泻时，引起机体脱水和酸中毒。组织发炎时则会引起炎症介质的大量产生，导致血管通透性的改变和组织变质。蛋白质摄入不足或消耗过多时，常引血浆胶体渗透压的下降，造成营养不良性水肿等等。

（3）*神经机理*　某些致病因素或病理产物通过改变神经系统的功能而引起疾病发生的过

程，称为神经机理。神经系统的功能改变可以是致病因素直接作用的结果，也可以通过神经反射活动而引起。如中枢神经的外伤、感染（狂犬病病毒、马流行脑脊髓炎病毒等）、中毒、缺氧等都可直接引起神经调节机能的改变，而导致相应疾病的发生。饲料中毒时出现的呕吐、腹泻是通过神经反射而造成的。

（4）三种机制的关系　疾病发生发展的组织机理、体液机理和神经机理之间不是孤立的，而是互相联系的。不过在不同的疾病过程中，以及在同一疾病的不同发展阶段，它们可能同时存在或先后相继发生，各起着不同的作用。例如，创伤的发生，可以说是由于机械力的直接作用，使组织损伤的结果（组织机理为主）；但机械力同时也可以作用于感受器，或被组织损伤崩解产物作用于损伤组织周围的感受器，产生强烈的疼痛刺激，从而反射性地引起一系列的反应，甚至发生创伤性休克（神经机理作用）；此外，组织崩解产物被吸收进入血液，也可引起体液环境改变，又直接或间接地影响着神经系统或其他器官系统的机能（体液机理）等。

（二）动物疾病过程中的基本规律

1. 疾病过程中损伤与抗损伤的对立统一规律　疾病的发展过程就是损伤与抗损伤这一对矛盾的斗争过程。致病因子作用于机体后，一方面引起机能、代谢和形态结构上的各种病理性的损伤，同时，也引起机体产生各种抗损伤性的防御、代偿、适应和修复反应，双方的相互斗争和力量对比关系决定着疾病的发展方向和结局。当损伤反应占优势时，则病情恶化，甚至导致机体死亡。反之，当抗损伤反应占优势时，则疾病向有利于机体的方向发展，直至痊愈。如创伤性失血时，一方面引起组织损伤、血管破裂、血液丧失等一系列病理性损伤变化；另一方面又激起机体的各种抗损伤反应，如末梢小动脉的收缩、心跳加快和心收缩力加强，血库释放储血等。如果损伤较轻，失血量不大，则通过上述抗损伤反应和及时、适当的治疗措施，即抗损伤的一面占优势，机体便可恢复健康。反之，如果损伤过重，失血过多，抗损伤反应不足以抗衡损伤性变化，治疗又不及时、不恰当，即损伤的一面占优势，就会导致严重缺氧，失血性休克，甚至死亡。

应该指出，损伤与抗损伤是一对矛盾的两个方面，在疾病过程中并不是绝对对立的关系，在一定条件下，它们可以互相转化。如急性肠炎时常出现腹泻，这有助于排出肠腔内的细菌和毒物，是机体的抗损伤反应。但是，剧烈的腹泻又可引起机体脱水和酸中毒，而转化为损伤性反应。再如，发生骨折时，肢体的运动受到限制，这不仅可减少疼痛，还有助于止血，对骨折的愈合有利，但肢体运动长期障碍，则可引起肌肉萎缩以至关节强直。因此，对疾病过程中发生的各种反应必须认真分析，采取积极的防治措施，减弱和消除致病因素对机体的损害，保护和增强机体的抗损伤反应，促进机体康复。

2. 疾病过程中的因果转化规律与主导环节　因果转化是疾病发生发展的基本规律之一。在疾病发生发展过程中，机体各种变化之间存在着因果转化。即一个原因引起一个结果，这个结果又可以成为引起另外一些结果的原因，如此因果交替，形成一个链式的发展过程。这个链式的发展过程，可向坏的方向发展，最后形成“恶性循环”，而导致死亡；也可向好的方向发展，形成“良性循环”，最后恢复健康。另外，在许多情况下，同一原因可以引起几种结果，也可以是几个原因引起同一结果。应该指出的是，构成疾病过程中的因果转化链的各个环节的意义是不同的，其中有的是疾病深化发展的主要矛盾即主导环节，它能决定疾病的进程和影响疾病的全局。而有的则为次要矛盾，即次要环节，在临床实践中如果认识了疾病过程中矛盾斗争的各个环节的来龙去脉，探明了其中的因果关系，然后抓住各个阶段的主导环节，加以打断或削弱，就能有效地阻止疾病向恶化的方向发展，并促使疾病向痊愈的方向发展。例如，由于寒冷等病因的作用，引起肠黏膜的抵抗力降低，肠黏膜抵抗力降低，可使存在于肠道内的常在微生物乘虚大量繁殖生长并损伤肠黏膜，引起肠黏膜发炎，肠黏膜发炎的结果使肠管的蠕动增强，分泌增多和体温升高。肠管的蠕动增强、分泌增多造成的腹泻有利于炎性产物、病菌及毒素的排出；体温升高可以抑制细菌的生长繁殖，增强单核巨细胞的吞噬能力和肝脏的解毒机能，从而使炎症消退，肠黏膜损伤得到修复和痊愈，形成良性循环。反之，在肠黏膜发炎时，如病因继续作用，黏膜炎症继续发展，就会造成严重腹泻，使大量水分及碱性物质排出体外，引起机体脱水和酸中毒，进而造成血液循环和呼吸功能障碍，使病情恶化，最后导致动物死亡，形成恶性循环。

由此可见，疾病过程中的因果转化既可以向良性方向发展，也可以向恶性方向发展。另外，在这些因果转化的链条上，不是所有的环节都起着同等的作用，其中，有些环节是主导环节，如肠黏膜的抵抗力降低，肠黏膜发炎和体温升高就是肠炎发展不同阶段的主导环节。因此，在临床上就应该针对每一阶段的主导环节采取相应的有效措施，促使疾病向好的方向转化，从而使机体恢复健康。

3. 疾病过程中局部与整体的关系 动物机体是一个完整的统一体，任何疾病都是整体性的反应，局部病理变化是整体性疾病过程的一个组成部分，它受整体的影响，同时，又影响着整体，两者之间有着不可分割的关系。例如，发生皮下脓肿时，局部变化是很重要的，及时切开排脓是完全正确的；但是，如果不考虑局部脓肿对全身的影响，如发热、菌血症和脓毒败血症等，不针对这些影响而采取相应措施，也是十分危险的。又如当发生全身营养不良和某些维生素缺乏症时，组织细胞的再生能力减弱，可延缓局部创伤的愈合。因此，在医疗实践中，应当辩证地看待局部与全身的相互关系，既要注意局部病理变化，也要考虑全身的病理反应，以及两者之间的互相影响和互相转化，那种孤立看待局部变化，头痛医头、脚痛医脚或只顾全身、不顾局部的观点和做法都是片面的。

四、动物常见的局部病理变化

（一）充血

小动脉和毛细血管扩张，局部组织动脉血液含量增加的现象称动脉性充血，简称充血。反复机械性摩擦，温热或化学性物质刺激，微生物、寄生虫及其毒素等，都可引起充血。

病变特征：充血的器官组织体积肿大，颜色鲜红，温度升高，机能加强。故临床常用理疗法等引起充血，以改善局部血液循环。但长期充血，因血管营养及紧张性降低，血流逐渐缓慢，会变为淤血。

显微镜下，充血组织小动脉和毛细血管扩张，管腔内充满了红细胞。

（二）淤血

由于静脉回流受阻，血液淤积在静脉和毛细血管内，使局部组织器官静脉含血量增多的现象称为淤血。局部淤血多因静脉血管受压迫或阻塞所致。如肿瘤、炎症包块、瘢痕组织、妊娠子宫对髂静脉的压迫；肠扭转、套叠对肠系膜静脉的挤压；静脉血栓、栓塞，静脉炎时血管内膜增厚等引起血管管腔狭窄或阻塞；骨伤时绷带过紧也可造成局部静脉淤血。全身淤血（系统性淤血）多见于高血压病、肺心病、中毒、气胸、胸水、心力衰竭等原因。

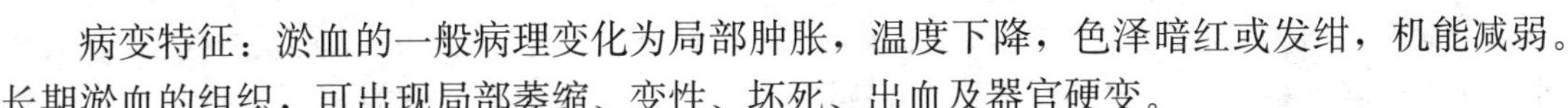

病变特征：淤血的一般病理变化为局部肿胀，温度下降，色泽暗红或发绀，机能减弱。长期淤血的组织，可出现局部萎缩、变性、坏死、出血及器官硬变。

1. 肺淤血 体积肿大，重量增加，色泽暗红，质地稍坚实，切面有多量暗红色泡沫样血液。慢性者，肺发生褐色硬化。

2. 肝淤血 体积肿大，重量增加，表面光滑，暗红色，被膜紧张，边缘钝圆，切面流出大量紫红色血液。

3. 胃肠淤血 胃肠浆膜、肠系膜静脉扩张，黏膜暗红、水肿。

（三）出血

血液（主要是红细胞）流出血管和心脏之外称出血。血液流出体外称外出血；血液流入组织或体腔内称内出血。因血管壁有明显损伤的出血称破裂性出血，多为局部性，可发生于心脏和各类血管。其原因有：各种机械损伤，溃疡、肿瘤、肺结核等对局部血管的破坏，动脉硬化、血压突然升高等心血管系统疾病。

因血管壁通透性升高，红细胞通过扩大的内皮细胞间隙和损伤的血管基底膜而漏出到血管外称漏出性出血。可见于淤血、缺氧、感染、中毒、病原体（细菌、病毒、寄生虫）及其毒素、化学毒物、过敏反应等使血管基底膜损伤，也可见于维生素缺乏症。

病变特征：破裂性出血因出血的血管不同其病变也各异。动脉出血多呈喷射状，鲜红色，量多；静脉出血一般呈线状，暗红色；毛细血管出血多表现为点状、针尖状或斑块状。血液蓄积于体腔（胸、腹、颅腔、心包腔等），则形成积血；血液弥散于组织间隙，称出血性浸润；局部多量出血，形成肿胀，则形成血肿（如脑出血、皮下血肿）；皮肤黏膜、浆膜的少量出血，可形成淤点、淤斑。

出血灶的病理变化：新鲜灶，局部紫红，红细胞散在于血管周围组织中，随后红细胞被吞噬，在巨噬细胞内分解为含铁血黄素，呈棕黄色颗粒，铁反应阳性；较大陈旧灶，被结缔组织取代，形成褐色硬变或色素囊。

短时间内出血量达血液总量的20%～25%时，可发生失血性休克，超过血液总量的2/3时，会引起心、脑缺氧而死亡。

（四）血栓

活体动物的血管或心脏内血液因某些成分作用而析出凝集或凝固形成固体质块，该固体质块称血栓。各种原因引起心血管内膜的损伤，心力衰竭、淤血等导致血流状态改变，创伤、烧伤、血脂过高、恶性肿瘤等原因引起血液的凝固性增高，都会促使血栓的形成。

病变特征：在进行动物尸体剖检时，可见血栓表面粗糙，质地脆弱易碎，无弹性，与血管紧密相连，有血栓的特殊结构，与动物死后形成的血凝块不难区别。血凝块是动物死亡后血液凝固所致，通常表面光滑、湿润、柔软、有光泽、富有弹性、与血管壁分离、呈游离状。

（五）梗死

梗死是指局部组织动脉血液供应中断，引起局部组织的缺血性坏死，亦称梗塞。引起梗死的原因有：血栓形成（如心冠状动脉血栓引起心肌梗死、脑动脉血栓引起脑梗死），动脉栓塞（多见于肾、脾、肺梗死中），肿瘤、肠扭转或套叠、嵌顿疝（动脉管腔受压迫而闭塞）等。梗死的基本病变是局部组织坏死。

病变特征：新鲜梗死灶因吸水性增强而肿胀，表面略隆起，数日后干燥、变硬，略凹陷，边缘界限清楚，有红色充血、出血反应带，稍后白细胞浸润，红细胞分解，呈棕黄色带，称为分界性炎。梗死局部温度降低，感觉丧失，切开无出血，弹性降低，指压留痕。镜检可见梗死灶原有结构模糊，仅见轮廓，周边有白细胞浸润带。

（六）水肿

过多的组织液在组织间隙或体腔中蓄积称水肿。发生于体腔的称积水，是水肿的特殊形式。实质器官功能障碍、局部淤血、炎症、营养不良等，均可引起水肿。水肿既可发生于局部，也可见于全身。

病变特征：

（1）*皮肤水肿* 局部肿胀，弹性下降，指压留痕（称凹陷性水肿），局部组织因贫血而苍白色，切开有浅黄色液体流出。镜检可见细胞和纤维结缔组织间有粉红色蛋白性液体，组织间隙增宽。肌纤维、腺上皮细胞肿大，胸浆膜内出现水疱。

（2）*黏膜水肿* 黏膜肿胀，呈半透明状胶样外观，触之波动感，局部亦可见水泡。

（3）*浆膜腔积液* 胸腔、腹腔、心包腔内可见液体增多，浆膜小毛细血管扩张充血。

（4）*肺水肿* 肺体积增大，重量增加，质地变实，被膜紧张，边缘钝圆，颜色苍白（如有淤血、出血，则暗红色），肺间质增宽，切面可见大量的白色泡沫状液体流出。镜检可见肺泡壁毛细血管扩张充血，间质增宽，肺泡、间质内可见淡红色均质蛋白性液体，如有出血，则可见红细胞。

（5）*实质器官水肿* 心、肝、肾水肿时，一般见中度肿大或肿大不明显，切口外翻，色泽苍白，镜检可见间隙增宽。

（七）萎缩

萎缩是指发育正常的组织器官由于物质代谢障碍而引起的体积缩小、功能降低的过程。某些器官组织（胸腺、睾丸、子宫、腔上囊、卵巢、乳腺等）随年龄增长而发生自然萎缩、功能减退，称生理性萎缩或年龄性萎缩。物质代谢障碍是萎缩发生的物质基础（分解>合成），体积缩小是因实质细胞体积缩小和数量减少所致。

病理性萎缩有全身性萎缩和局部性萎缩 2 种。其原因有：长期营养缺乏（如饥饿、慢性消化道疾病、结核、鼻疽、恶性肿瘤、寄生虫病等严重消耗性疾病），中枢或外周神经发炎或受损，功能障碍（如鸡马立克病），机械压迫（如动脉瘤、肿瘤、寄生虫、肾盂积尿），长期不能运动或活动限制（如动物肢体骨折、关节病），内分泌激素降低，小动脉不全阻塞引起供血不足等。

病变特征：

（1）*全身性萎缩* 病畜精神委顿，行动迟缓，体重减轻，机体严重贫血，衰弱，进行性消瘦，被毛粗乱，全身器官组织高度萎缩。脂肪萎缩明显（可减少 90%），肌肉组织可减少 45%。由于脂肪耗竭，全身脂肪处剩下淡黄色透明胶冻样物（称脂肪的浆液性萎缩或胶样萎缩）。

（2）*局部萎缩* 肉眼观察：器官保持原有形态，体积缩小，重量减轻，边缘变薄，质地坚实，被膜增厚皱缩。

（八）变性

1. 细胞颗粒变性 以实质细胞内出现大量蛋白质颗粒为特征，表现为器官肿大，失去原有光泽，故又称混浊肿胀，主要发生于实质器官。

病变特征：肉眼观察：初病变轻微不明显。严重时，体积肿大，边缘钝圆，被膜紧张，色泽变淡，混浊而无光泽，如开水烫过一样。质脆易碎，切面隆起，切口外翻，切面结构模糊不清。

2. 水疱变性 变性的细胞浆和胞核内出现大小不等的水疱，使整个细胞呈现蜂窝状，称水疱变性。多见于烧伤、冻伤、口蹄疫、猪水疱病、痘疹、中毒等情况。

病变特征：通常表现为在皮肤及黏膜上，病初局部肿胀，随后出现肉眼可见的水疱，肝、肾水泡变性时，与颗粒变性难以区别。水疱充满整个细胞，如气球样，故又称气球样变性。

3. 脂肪变性 在变性的细胞浆内，出现大小不等的游离的脂肪小滴，称脂肪变性。常见于各种传染病、长期贫血、营养不良、缺氧、中毒等。多发牛于心、肝、肾等实质器官。绝大多数实验证明，脂肪变性机制都因在内质网中的中性脂肪转变成脂蛋白质发生障碍所致。

病变特征：肉眼观察：轻度或病初不明显，仅见器官色稍黄。严重时，体积肿大，边缘钝圆，被膜紧张，表面光滑，质地松软脆弱，灰黄色，切面突起，结构模糊，触之有油腻感。

4. 透明变性 指细胞质、血管壁和结缔组织内出现一种同质、无结构的蛋白质样物质，可被伊红或酸性复红染成鲜红色，又称玻璃样变性。轻度者可以恢复，但易发生钙盐沉着，引起组织硬化。小动脉透明变性可致局部组织缺血坏死。动脉透明变性多因小动脉持续痉挛使内膜通透性升高，血浆蛋白渗入内皮并凝固而呈玻璃样。家畜血管透明变性多见于慢性肾炎时肾小动脉硬化。

病变特征：

（1）血管壁透明变性 见于小动脉壁，光镜下小动脉内皮细胞下出现红染、均质、无结构的物质，严重时波及中膜。血管管壁增厚，管腔变窄甚至闭塞。

（2）结缔组织透明变性 常见于疤痕组织、纤维化肾小球、硬性纤维瘤等。眼观结缔组织灰白色，半透明，质地致密变硬，失去弹性。光镜下，纤维细胞明显减少，胶原纤维膨胀，相互融合成片状或带状均质、玻璃样物质。

（3）细胞内透明变性 又称细胞内透明滴状变性。光镜下细胞内出现均质、红染的玻璃样圆滴。多见于肾小球肾炎时，肾小球毛细血管通透性升高，血浆蛋白大量滤出，曲细尿管上皮细胞吞噬了这些蛋白质并在胞浆内形成玻璃样圆滴。也可见于慢性炎症灶中的浆细胞，光镜下浆细胞内有椭圆形、红染、均质的玻璃样小体，核多被挤向一侧。

5. 淀粉样变性 淀粉样变性是指组织内出现淀粉样物质沉着，常见于一些器官的网状纤维、小血管壁和细胞之间。该物质可被碘染成赤褐色，再加1%硫酸呈蓝色，与淀粉遇碘时的反应相似，故称淀粉样物质。多见于肝、脾、肾、淋巴结。轻度的可恢复，重者不易恢复。

病变特征：

（1）肝脏 眼观体积肿大，棕黄色，质脆易碎，常有出血斑点，易发生肝破裂。镜检可见肝细胞索和窦状隙之间有粗细不等的粉红色均质条索，肝细胞萎缩，窦状隙受挤压而变小。

（2）脾脏 呈局灶性或弥漫性。中央动脉壁、脾髓细胞之间及网状纤维上有多量淀粉样物质，呈不规则形、条索、团块状。

(3) 肾脏 主要沉积在肾小球毛细血管基底膜内外两侧，毛细血管变窄，局部细胞萎缩或消失，严重时小球被完全取代。

6. 黏液样变性 黏液样变性指组织中出现类黏液的积聚。类黏液是体内的一种黏液物质，由结缔组织产生。正常见于关节囊、腱鞘的滑囊和胎儿的脐带。结缔组织黏液样变性见于全身性营养不良和甲状腺机能低下。

病变特征：眼观结缔组织失去原有组织形态，呈透明、黏稠的黏液样结构。光镜下结缔组织疏松，其中充满大量染成淡蓝色的类黏液和一些散在的星状或多角形细胞，这些细胞间有突起互相连接。如病变长期存在，则可引起纤维组织增生而导致硬化。

7. 纤维素样变性 纤维素样变性指间质胶原纤维和小血管壁的固有结构破坏，变为无结构、强嗜伊红染色的纤维素样物质。变性的胶原纤维断裂、崩解，实际上已发生坏死，故又称纤维素样坏死，主要见于变态反应性疾病。

病变特征：局部胶原纤维和小血管壁固有结构消失而变为颗粒状、细条状或小块状无结构的纤维素样物质，其中含有免疫球蛋白和纤维蛋白。

(九) 坏死

坏死是指动物体内局部细胞组织的病理性死亡。多数坏死是渐进发生的，这种坏死过程称渐进性坏死。任何致病因素只要达到一定的强度和时间，能使细胞组织物质代谢停止，都能引起坏死。可见于缺氧、微生物、寄生虫及毒素作用、免疫功能紊乱、强烈机械作用以及强酸强碱或过高、过低温度等。

病变特征：肉眼观察：早期较难识别。一般说，外观无光泽，较混浊；失去正常弹性，捏起或切割后，组织回缩不明显；局部因供血停止，皮温下降；摸不到血管搏动，切割时，无血液流出。

(十) 炎症

1. 变质性炎 以实质细胞发生严重的变性、坏死为特征，渗出、增生性变化较轻微的炎症，又称实质性炎。如坏死广泛，则称为坏死性炎。各种中毒、病原微生物、过敏反应等病因直接或间接（N 感受器反射）引起局部代谢障碍、细胞组织变质。

病变特征：

(1) 一般病变 器官体积肿大，质地柔软脆弱，实质细胞严重的颗粒变性、脂肪变性、坏死，可见到炎性充血、水肿和程度不等的炎性细胞浸润及间质细胞轻度增生。

(2) 变质性心肌炎 肉眼可见心肌灰暗色（煮肉样），质地松弛，局部灰黄或灰白色斑块或条纹，分布在黄红色背景上，心内外膜下都可看到。沿心冠横切时，灰黄色条纹在心肌内呈环状分布，如虎皮样花纹，称虎斑心。镜检可见肌纤维变性、坏死、断裂、崩解，间质中有一定程度的渗出、增生变化。可见于恶性口蹄疫、牛恶性卡他热等。

(3) 肝变质性炎 肿大、质脆，表面或切面灰黄色，肝细胞变性或坏死（局灶性或弥漫性），间质轻度水肿和炎性细胞浸润。肝小叶结构清楚（除猪以外，正常时不应清楚），常见于中毒性肝炎、马传染性贫血。

(4) 肾变质性炎 肿大、质脆、灰黄色，肾小管上皮变性或坏死，间质轻度充血、水肿，炎性细胞浸润。肾小球、肾小囊壁细胞轻度增生。

2. 浆液性炎 以大量浆液渗出为主的炎症。常常为纤维素性炎或化脓性炎的早期变化。

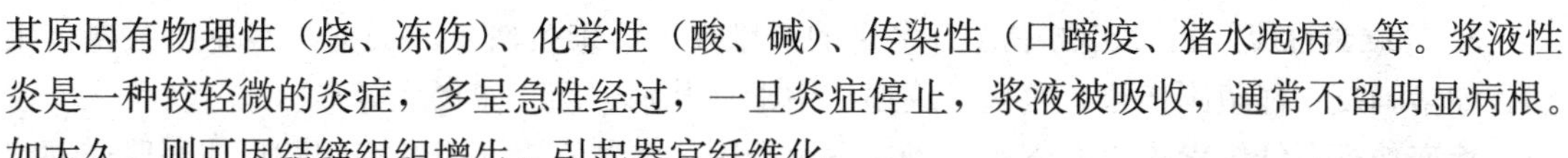

其原因有物理性（烧、冻伤）、化学性（酸、碱）、传染性（口蹄疫、猪水疱病）等。浆液性炎是一种较轻微的炎症，多呈急性经过，一旦炎症停止，浆液被吸收，通常不留明显病根。如太久，则可因结缔组织增生，引起器官纤维化。

病变特征：

（1）一般病变　可发生于全身皮肤、黏膜、浆膜。渗出的浆液含 3%～5%的蛋白质（主要为白蛋白，少量纤维蛋白）、白细胞等。初期渗出液透明无色或淡黄稀薄，久后则混浊。在体外或死后因纤维蛋白析出而凝固成半透明状胶冻样物（与漏出液相区别）。

（2）器官病变

①浆液性浆膜炎　浆膜而充血肿胀，粗糙无光泽，体腔内积液，淡黄透明或稍混浊，如胸腔积液、心包积液、腹腔积液。

②浆液性黏膜炎　黏膜充血肿胀，渗出的浆液混有黏液，如鼻炎流出鼻液，肠炎排出水样便。

③皮肤和皮下组织浆液性炎　在表皮棘细胞间或真皮乳头层。局部结节或水疱，如口蹄疫、猪水疱病、冻伤及烧、烫伤。

皮下结缔组织浆液性炎，局部水肿、切面流出多量淡黄色液体，皮下呈黄色胶冻样，如猪巴氏杆菌病颈部皮下肿胀。

④浆液性肺炎　眼观可见体积增大，重量增加，半透明状，肺胸膜光泽、湿润，小叶间质增宽，充满渗出液，挤压切面，有多量泡沫样液体流出。镜检可见肺泡腔和间质内有多量浆液及白细胞、脱落上皮细胞，如猪支原体肺炎（喘气病）早期。

3. 卡他性炎（黏液性炎）　发生于黏膜的、以黏液增多为主的渗出性炎。病因有微生物感染、刺激性气体、药液等，多发生于呼吸道、消化道。

病变特征：

（1）急性卡他性炎　眼观可见黏膜充血肿胀，表面附着多量黏液，初渗出物透明稀薄，只含少量黏液、白细胞和脱落上皮，继之黏液分泌增加，呈灰白色黏稠液。有时见斑点状、条纹状出血。若渗出液含大量白细胞和脱落的上皮细胞，则呈黄白色或浅绿色、灰黄色黏稠混浊液，如脓样。

镜检可见黏膜分泌增多，上皮坏死脱落，毛细血管充血出血，白细胞、杯状细胞增多。

（2）慢性卡他性炎　黏膜轻度充血，渗出物以淋巴细胞、浆细胞为主，局部有褐色或灰青色色素沉着（渗出物的红细胞生成的含铁血黄素与组织分解的硫化氢化合成硫化铁而成）。由于上皮脱落，腺体、肌层萎缩而呈现黏膜菲薄，表面平坦的，称萎缩性卡他；有时因腺体增殖，结缔组织增生，大量炎性细胞浸润。黏膜肥厚，表面形成皱襞，高低不一致的，称肥厚性卡他，如羊副结核病。

4. 支气管肺炎（小叶性肺炎）　支气管肺炎是畜禽肺炎的一种最基本的形式。肺泡内渗出物主要为浆液-细胞性，故也称卡他性肺炎。病变从支气管炎开始，逐渐侵害到邻近的肺泡。病灶大致在肺小叶内，完整状分布，可互相融合扩大。

病变特征：病变部灰红，质地变实，表面岛屿状，切面粗糙，灰黄或灰红色，稍突出于切面。用手轻轻挤压，即从小支气管中流出一些脓性渗出物，支气管黏膜充血水肿。

镜检可见支气管腔中有浆液性渗出物，并混有较多的中性白细胞和脱落上皮。支气管壁充血、白细胞浸润。周围肺泡腔充满浆液，并混有少量纤维素、中性粒细胞、红细胞等。

5. 纤维素性炎 指渗出物中含有多量的纤维素（纤维蛋白）的炎症。多见于某些传染病，如猪肺疫、仔猪副伤寒、鸭瘟、鸡瘟、中毒（升汞中毒、尿毒症等）。

病变特征：纤维素渗出血管后，迅速发生凝固，在器官表面或组织间隙形成假膜或网状物。器官本身充血、肿胀或出血，镜下可见组织充血、水肿，有大量红染的纤维素交织呈网状、膜状，间隙中有白细胞浸润及坏死的细胞碎屑。

（1）纤维素性浆膜炎 浆膜表面覆盖一层灰白或灰黄色纤维素形成的假膜，随炎症发展而增厚。假膜可剥离，剥离后浆膜面见充血、肿胀、出血。发生于浆膜腔（如胸腔、腹腔等）时，常积有多量渗出液，内含絮状或蛋花状纤维素凝块（如牛肺疫纤维素性胸膜炎）。心包炎时，覆盖在心外膜的纤维素性假膜，常由于心脏的搏动而呈绒毛状，故称绒毛心。

（2）纤维素性黏膜炎 渗出的纤维素、白细胞和脱落的上皮细胞，在黏膜表面形成灰白色或淡黄色纤维素假膜，故又称假膜性炎。

有时黏膜表面形成的纤维素性假膜易剥离或能自行脱落，假膜脱离后，黏膜表面充血、肿胀，浅层组织轻度损伤，此种炎症称浮膜性炎。可见于急性纤维素性胃肠炎，黏膜表面的灰白色纤维素假膜呈管状脱落，随粪便排出。鸡传染性喉气管炎、鸡痘等也可发生浮膜性炎病变。

有的因损伤严重，深达黏膜下层时，渗出的纤维素与坏死组织结合，形成较牢固的纤维素性坏死性假膜，不易剥离。若强行剥离，则下层大多形成糜烂或溃疡，则称固膜性炎。如慢性猪瘟回盲瓣处的"扣状溃疡"、慢性仔猪副伤寒的弥漫性固膜性结肠炎、鸭瘟的食管和泄殖腔及白喉型鸡痘的咽喉部均可见坏死性纤维素性假膜。

（3）纤维素性肺炎（浮膜性肺炎、大叶性肺炎） 特点为支气管、肺泡腔内充满大量凝固的纤维素渗出物，病变多涉及肺大叶或整个肺，并蔓延到胸膜表面。病肺肿大，质地坚硬，表面凹凸不平，呈岛屿状，色泽呈大理石样。根据炎症发展的不同阶段，其病变表现不一。

①充血水肿期 肺泡壁毛细血管扩张充血，肺泡内有红细胞、白细胞及淡红色浆液。肺暗红，肿大，质稍实，切面红色，按压时流出大量泡沫样液体。镜检可见肺泡壁毛细血管扩张充血，肺泡腔内有大量浆液性渗出物、少量红细胞、白细胞，切一小块肺组织置于水中，则半浮半沉。

②红色肝变期 因大量纤维素及红细胞渗出，填充于肺泡内，肺肿大明显，暗红色，质硬如肝，切面粗糙干燥，有颗粒状突起，小叶间质扩张增宽，充满半透明状胶冻样物，外观如索状。切一小块，全沉于水中。

③灰色肝变期 眼观肺灰白色，质硬如肝，切面干燥，有小颗粒状突起（由纤维蛋白、白细胞形成），全部沉入水中。镜检可见肺泡壁血管充血减轻，肺泡内红细胞溶解。

④消散期 特征为白细胞崩解，纤维素溶解及肺泡上皮再生。可见病肺体积缩小，色泽恢复正常，呈灰红色，切面湿润，质地柔软。有时因吸收不全，机化面呈肉样变。

6. 化脓性炎 渗出物中含有大量白细胞和组织液化坏死，形成脓汁的炎症。绝大多数由化脓菌引起，如葡萄球菌、链球菌、绿脓杆菌、化脓性棒状杆菌等。

病变特征：主要见局部产生脓汁，它是由大量白细胞和局部坏死液化的组织和渗出物的混合物。一般呈急性经过，皮肤、黏膜化脓性炎，可引起溃疡、深部化脓，可形成包囊。脓汁逐渐干燥，成干腐渣样，最后钙化。

局部组织中形成充满脓汁的囊腔，时间去则在脓腔周围形成结缔组织包膜，使脓肿局部化，称脓肿。如脓汁通过狭窄而有肉芽组织增生的管道不断向体外排出，临床上称为“瘘管”。

某些细菌（如溶血性链球菌）引起皮下、肌膜下、肌间的弥漫性化脓性炎，范围大，发展快，大量脓汁浸润于疏松组织间，与周围界限不明，称蜂窝组织炎。

黏膜（子宫内膜、鼻黏膜）充血肿胀，被有黄色（灰白）脓性分泌物时，称脓性卡他。可见于布氏杆菌病、马鼻疽、外伤感染等。

浆膜化脓性炎时，脓性渗出物大量蓄积于体腔，称蓄脓（积脓），如心包积脓（化脓性心包炎）、脓胸（化脓性胸膜炎）、腹腔积脓（化脓性腹膜炎、阑尾炎化脓）等。

眼观脓汁混浊稀薄或黏稠，色泽灰黄、灰白、黄绿、黄色或带有血色。一般无臭味（或略带腥臭味），如有腐败菌混合感染，则有恶臭。镜检可见脓汁中含多量处于变性、死亡过程中的中性白细胞，称为“脓细胞”。

7. 出血性炎　出血性炎是以渗出液中含有大量红细胞为特征的炎症。多见于一些急性败血性传染病，如炭疽、猪瘟、猪丹毒、球虫病、巴氏杆菌病、真菌病、中毒病等。

病变特征：炎性渗出物中含有多量红细胞，渗出物呈一定红色。病变组织呈红色针尖样、点状或斑块状出血，或见弥漫性红色，可见于各种组织。

（1）出血性淋巴结炎　淋巴结肿胀，表面暗红，切面隆起，湿润，有时呈弥漫性暗红色（急性猪丹毒、猪肺疫、炭疽），有些边缘和中间暗红，切面红白相间如大理石样花纹（猪瘟）。

（2）出血性胃肠炎　黏膜肿胀，呈弥漫性暗红色或斑点状出血，黏膜表面附有红褐色黏液或凝血（见于牛炭疽、急性猪丹毒、猪肺疫的出血性肠炎、犊牛球虫出血性肠炎）。

8. 坏疽性炎（腐败性炎）　发炎的组织感染了腐败菌而引起的炎症，多在化脓性炎、纤维素性炎、坏死性炎的基础上发生。

病变特征：组织腐败分解，其变化与“湿性坏疽”相似。局部组织呈灰色、黑色，伴有恶臭气味。临床上见于异物性肺炎或传染性胸膜肺炎并发腐败菌感染。可见发炎肺组织肿胀、坚硬，切面呈污秽的灰红褐色或灰绿色坏死斑块，边缘不齐呈锯齿状，散发恶臭气味。有时坏死灶腐败形成空腔，流出污秽恶臭液体，多继发败血症而死亡。

（十二）肿瘤

1. 乳头状瘤　牛、马、山羊、狗、兔均可发生。肿瘤大小不一，突起于表面，形如菜花样。镜检可见表皮极度增厚，真皮增生，棘细胞层中的细胞变性，呈空泡状。

2. 纤维肉瘤　好发于牛、猫、犬，多见于老年动物。主要发生于体皮肤和皮下、口鼻腔。肿瘤大小不一，外形不规则，界限不清无包膜，质地坚实，外观鱼肉状。镜下见大量分化不全、排列不整的纤维样细胞，有核分裂相。

3. 鳞状细胞癌　又称扁平细胞癌，可发生于全身皮肤。大小不一，乳头状或花椰菜样，有的形成浸润性硬结或溃疡。切面白色，质软。

4. 肾母细胞瘤　肿瘤外观白色，分叶状，有包膜。切面结构均匀、柔软，灰白色。镜检可见肿瘤内有多种组织的混合物，如结缔组织、上皮、成纤维细胞、软骨或硬骨成分等。

5. 鸡卵巢腺癌　多见于1岁以上的成年鸡。在腹腔内脏器官的膜表面生长大量灰白色、坚实、单个或融合的肿瘤，卵巢形成多个乳头状结节，有的卵巢腺癌因腺腔中含有多量液体，则形成大小不一的透明卵泡。

6. 淋巴肉瘤 通常认为由病毒引起。牛、猪、鸡多发。鸡的淋巴肉瘤又称淋巴细胞性白血病（血液中淋巴细胞或粒细胞异常增多）。淋巴结肿大，灰白色，质软或坚实，切面鱼肉样。

7. 鸡马立克氏病 由B亚群疱疹病毒引起的淋巴组织增生性传染病。分4种类型：

（1）神经型 神经肿大，水肿，灰白色，多为单侧性，不对称。可见于腹腔神经丛、臂神经丛、坐骨神经丛、内脏大神经等。病鸡呈典型的“劈叉式”姿势。

（2）皮肤型 皮肤毛囊处形成小结节，可见于全身各处皮肤。

（3）内脏型 在内脏多个器官形成结节状肿块。

（4）眼型 虹膜发生环状或斑点状褪色，有的呈弥漫性灰白色，混浊不透明，瞳孔边缘不齐，瞳孔变小如针孔状。

8. 黑色素瘤 由产黑色素细胞（主要存在于皮肤）形成，多为恶性。单发或多发，大小、硬度不一，生长快，呈深黑色，切面干燥。镜检可见瘤细胞排列致密，间质成分少，瘤细胞呈圆形、星形或梭形，胞浆嗜碱性，胞浆内充满黑色素颗粒或团块。

第三节 兽医微生物与免疫学基础知识

一、兽医微生物学基础知识

自然界中，有一大类细小的肉眼看不见而只能借助显微镜才能看到的微小生物，称为微生物。微生物种类繁多，在自然界广泛分布，包括细菌、真菌（包括霉菌和酵母菌）、放线菌、螺旋体、支原体、立克次体、衣原体和病毒。其中绝大多数微生物对人类和动植物是有益的，而且是必需的。他们对于自然界物质的分解、转化和循环，起了巨大的作用。仅有极少数微生物对人或动植物有害，可引起疾病，称为致病性微生物或病原微生物。病原微生物是动物发生疫病的根源，只有充分认识致病性微生物，才能更好地预防、控制和消灭疫病。

（一）微生物的形态和结构

1. 细菌 细菌是一类具有细胞壁的单细胞原核型微生物。个体微小，形态与结构简单，要经染色后用光学显微镜放大1 000倍左右才能看见，其大小常用微米来表示。

（1）细菌的形态 细菌的形态可分为球状、杆状和螺旋状三大类。

①球菌 呈球形或类球形。根据其分裂方向及分裂后排列的情况不同，又可分为双球菌、链球菌、葡萄球菌、四联球菌和八叠球菌。

②杆菌 一般呈圆柱形，也有的近似卵圆形。菌体两端多为钝圆，少数是平截。如菌体粗短、两端钝圆的杆菌，称为球杆菌。菌体一端或两端膨大的杆菌，称为棒状杆菌。形成侧枝或分枝的杆菌，称为分枝杆菌。大多数杆菌是单个存在，分散排列，也有的呈长短不同的链状排列。

③螺旋状菌 菌体呈弯曲或螺旋状的圆柱形，两端圆或尖突。又可分为弧菌和螺菌两种。

（2）细菌的结构

①基本结构 细菌细胞都具有细胞壁、细胞膜、细胞浆和核体等基本结构。细胞浆中还

含有核糖体、质粒、包含物等。

②特殊结构　有些细菌还有某种特殊功能的结构。

a. 荚膜：某些细菌在其生活过程中可在细胞壁的外周产生一种黏液样的物质，包围在菌体外周，称为荚膜。荚膜具有保护细菌在动物体内不易被吞噬的作用。

b. 鞭毛：某些细菌表面，长有或多或少的细长呈波状弯曲的丝状物，称为鞭毛。鞭毛具有运动功能。

c. 菌毛：大多数革兰氏阴性菌和少数革兰氏阳性菌的菌体上生长有一种较短的毛发状细丝，称为菌毛，又称纤毛或伞毛。菌毛比鞭毛数量多，只有在电子显微镜下才能看到。

d. 芽孢：有些细菌长到一定阶段，特别是遇到不良环境因素时，可在菌体内形成一个圆形或卵圆形的休眠体，称为芽孢。芽孢结构多层而且致密，含水量少，通透性低，对温热、光线、干燥和化学药品等作用有很强的抵抗力。杀灭芽孢的可靠方法是高压蒸汽灭菌或干热灭菌。

（3）细菌的染色　细菌的形态和结构须经染色后在光学显微镜下才能看见。细菌的染色方法很多，有单染色法，如美蓝染色法；复染色法，又称鉴别染色法，如革兰氏染色法、姬姆萨氏染色法和抗酸染色法等；此外，还有荚膜、鞭毛、芽孢等特殊染色法。最常用最重要的是革兰氏染色法，这种方法可将所有的细菌区分成革兰氏阳性菌和革兰氏阴性菌两大类，在鉴别细菌和选择抗菌药物等方面具有重要意义。

2. 真菌　真菌是一类真核微生物，不含叶绿素，无根、茎、叶，营腐生或寄生活，少数类群为单细胞，多数为多细胞，大多数呈分支或不分支的丝状体，能进行有性或无性繁殖。从形态上分为酵母菌、霉菌及担子菌三大类，大部分为非病原菌，对人和动物有益，少数对人或动物具有一定的致病性。如马流行性淋巴管炎囊球菌、黄曲霉菌等。

3. 放线菌　放线菌是介于细菌和真菌之间的一类原核细胞型微生物。与细菌相似处是无成形的核结构，细胞壁的化学组成近似细菌，以裂殖方式繁殖。与霉菌相似处是有分支菌丝和孢子，菌丝纤细，孢子的形状为卵圆形、圆形或柱形。根据菌丝的着生情况及孢子的形态特征，是鉴别放线菌的重要依据。放线菌种类繁多，分布广泛，多数无致病性，有些还能产生抗生素。但有些放线菌对动物有致病作用，如牛放线菌可引起牛的放线菌病。

4. 螺旋体　螺旋体是一类细长、柔软、弯曲呈螺旋状的菌体，能活泼运动，是介于细菌和原虫之间的一类单细胞微生物。革兰氏染色阴性。如感染人畜的钩端螺旋体、引起猪血痢病的猪痢疾密螺旋体等。

5. 支原体　支原体又称霉形体，是一类缺乏细胞壁构造的微生物。形态呈多形性（颗粒状、丝状、螺旋状、环状等），能通过细菌滤器，能在无生命的人工培养基上繁殖，革兰氏染色阴性。常见的有猪肺炎支原体，禽败血支原体等。

6. 立克次体　立克次体是一类依赖于宿主细胞和专性细胞内寄生的小型革兰氏阴性原核单细胞微生物。形态结构和繁殖方式等特性与细菌相似，而生长要求又与病毒相似，大小介于细菌和病毒之间，对理化因素抵抗力不强，尤对热敏感。

7. 衣原体　衣原体是一类具有滤过性，严格细胞内寄生，并经独特发育周期以二等分裂和形成包涵体的革兰氏阴性原核细胞微生物，是一类界于立克次体与病毒之间的微生物。

8. 病毒　病毒是目前所知微生物中体积最微小的生物。病毒一般以病毒颗粒或病毒子的形式存在，具有一定形态、结构以及传染性。病毒颗粒体积极其微小，以纳米来测定其大小，只有在电子显微镜下才能观察到；病毒颗粒没有完整的细胞结构，但却具有一般的生物学活性；病毒缺乏完整的酶系统，不能单独进行新陈代谢，不能在无生命的培养基上生长，只能在一定种类的活细胞内生长繁殖，专营寄生生活；病毒只含一种核酸（DNA或RNA）。

完整的病毒颗粒主要由核酸和蛋白质组成。核酸构成病毒的基因组，为病毒的复制、遗传和变异等功能提供遗传信息。由核酸组成的芯髓被衣壳包裹，衣壳与芯髓在一起组成核衣壳。衣壳的成分是蛋白质，其功能是保护病毒的核酸免受环境中核酸酶或其他影响因素的破坏，并能介导病毒核酸进入宿主细胞。衣壳蛋白具有抗原性，是病毒颗粒的主要抗原成分。

有些病毒在核衣壳外面尚有囊膜。囊膜是病毒在成熟过程中从宿主细胞获得的，含有宿主细胞膜或核膜的化学成分。有囊膜的病毒称为囊膜病毒，无囊膜的病毒称裸露病毒。

病毒的形状不一，有球形、砖形、弹形、蝌蚪形、丝形等，大小在10～300纳米之间。

（二）细菌、病毒的繁殖与培养

1. 细菌的繁殖与培养　细菌生长繁殖基本营养需要包括水分、碳源（供给能量）、氮源（供给菌体蛋白的合成）、无机盐类和生长因子等。

细菌生长繁殖除需要营养外，还需要适宜的温度，适宜的pH和气体。

用人工方法提供细菌生长繁殖需要的基本条件，使细菌生长繁殖的方法，叫做细菌的人工培养。要进行细菌的人工培养，首先要制作培养基，并掌握细菌的培养特性。人工培养细菌，是诊断细菌性传染病常用的方法。把细菌生长繁殖所需的营养物质合理地配合在一起，制成细菌的人工营养物质，称为培养基。

培养基按营养组成可分为：基础培养基、营养培养基；按物理性状可分为：固体培养基、半固体培养基及液体培养基；按功能可分为：鉴别培养基、选择培养基及厌氧培养基。

人工培养细菌的方法就是把细菌接种于适宜的培养基上，置于恒温箱中（适宜的温度），经一定时间，细菌便可生长繁殖。根据细菌在培养基上的生长状况，有助于识别细菌。

2. 病毒的繁殖与培养　病毒缺乏完整的酶系统，不能单独进行物质代谢，必须在适应的活细胞中寄生，由宿主细胞提供病毒生物合成的原料、能量和场所，而且只有在易感的、适应的活细胞中才能增殖。因而病毒的人工培养多采用接种易感的实验动物或发育的鸡胚，或接种到人工培养繁殖的动物细胞里，供病毒繁殖。

（三）外界环境因素对微生物的影响

微生物繁殖速度快，适应力强，分布广泛。因此，外界因素对微生物的影响也较其他生物更为直接和显著。在讨论外界环境因素对微生物的影响时，应先了解下列名词。

灭菌：指杀灭物体中所有病原微生物和非病原微生物及其芽孢、霉菌孢子的方法。

消毒：指杀灭物体中病原微生物的方法。消毒只要求达到消除传染性的目的，而对非病原微生物及其芽孢、孢子并不严格要求全部杀死。

防腐：指阻止或抑制微生物生长繁殖的方法。

无菌：指没有活的微生物的状态。采取防止或杜绝任何微生物进入动物机体或其他物体的方法称为无菌法。以无菌法进行的操作称为无菌技术或无菌操作。

杀菌作用：指某些物质或因素所具有的在一定条件下杀死微生物的作用。

抑菌作用：指某些物质或因素所具有的抑制微生物生长和繁殖的作用。

抗菌作用：指某些药物所具有的抑制或杀灭微生物的作用。

1. 物理因素对微生物的影响

(1) 温度 温度是微生物生长、发育、繁殖的重要条件，适当的温度利于微生物生长、发育、繁殖，但温度过低或过高都会影响微生物的新陈代谢，使之生长、发育、繁殖受到抑制，甚至使之死亡。

①高温对微生物的影响 高温对微生物有明显的致死作用，因此常用于消毒和灭菌。热力灭菌法分干热灭菌法和湿热灭菌法。

干热灭菌法包括火焰灭菌法和干热空气灭菌法。

a. 火焰灭菌法：是指以火焰直接烧灼杀死物体中的全部微生物的方法。分为灼烧和焚烧两种。灼烧主要用于耐烧物品，如用火焰喷灯消毒水泥地面、金属饲养设备等。焚烧是直接点燃或在焚烧炉中焚烧，如焚烧传染病畜尸体、垫料及污染物等。

b. 干热空气灭菌法：是指利用干热灭菌器，以干热空气灭菌的方法。适用于高温下不损坏、不变质的物品，如玻璃器皿等的灭菌。干热灭菌需在160℃维持1～2小时，才能达到杀死所有微生物及其芽孢、孢子的目的。

c. 湿热灭菌法：包括煮沸灭菌、巴氏消毒法、流通蒸汽灭菌法、高压蒸汽灭菌法。

d. 煮沸灭菌：煮沸10～20分钟可杀死所有细菌的繁殖体，但芽孢常需煮沸1～2小时才能被杀死。若在水中加入1%碳酸钠或2%～5%石炭酸，可以提高沸点，加强杀菌力，加速芽孢的死亡，灭菌效果更好。

e. 巴氏消毒法：是指以较低温度杀灭液态食品中的病原菌或特定微生物，而又不致严重损害其营养成分和风味的消毒方法。目前主要用于葡萄酒、啤酒、果酒及牛乳等食品的消毒。巴氏消毒法可分为三类，第一类为低温长时间巴氏消毒法，在63～65℃保持30分钟；第二类为高温短时间巴氏消毒法，在71～72℃保持15秒；第三类为超高温瞬间巴氏消毒法，在132℃保持1～2秒，然后迅速冷却至10℃以下，又称为冷击法，这样可进一步促使细菌死亡，也有利于鲜乳等食品马上转入冷藏保存。

f. 流通蒸汽灭菌法：是指利用蒸汽在蒸笼或流通蒸汽灭菌器内进行灭菌的方法，也称间歇灭菌法。100℃的蒸汽维持30分钟，可以杀死细菌的繁殖体，但不能杀死芽孢和霉菌孢子。故常将第一次灭菌后的物品置温箱中过夜，待芽孢萌发出芽，第二天和第三天以同样的方法各进行一次灭菌和保温过夜，以达到完全灭菌的目的。此法常用于一些不耐高温的培养基的灭菌。如将物品在70～80℃加热1小时，连续6次，既可达到灭菌目的，又可不破坏血清等。根据灭菌对象不同，使用温度、加热时间、连续次数，均可适当增减。

高压蒸汽灭菌法：是指用高压蒸气灭菌器进行灭菌的方法，是应用最广泛的、最有效的灭菌方法。通常用103.4千帕的压力，在121.3℃温度下维持15～20分钟，即可杀灭包括细菌芽孢在内的所有微生物，达到完全灭菌的目的。

②低温对微生物的影响 大多数微生物对低温具有很强的抵抗力。许多细菌在－70～－20℃下可以存活；细菌芽孢和霉菌孢子可在－195.8℃下存活半年；温度愈低病毒存活时间愈长。当微生物处于最低生长温度以下时，其代谢活动降低到最低水平，生长繁殖停止，但仍可长时间保持活力。

(2) 干燥 微生物在干燥的环境中失去大量水分，新陈代谢便会发生障碍，不能生长繁殖，逐渐导致死亡。不同种类的微生物对干燥的抵抗力差异很大。巴氏杆菌、嗜血杆菌在干燥的环境中仅能存活几天，而结核杆菌能耐受干燥90天。细菌的芽孢对干燥有强大的抵抗力，如炭疽杆菌和破伤风杆菌的芽孢在干燥条件下可存活几年甚至数十年以上。

（3）阳光　直射阳光有较强的杀菌作用，许多微生物在直射日光的照射下半小时到数小时即可死亡，但芽孢对阳光的抵抗力比较强，往往需经 20 小时以上才能死亡。日光的杀菌效力因地、因时及微生物所处环境不同而异，受温度、湿度、有机物存在等因素影响。

（4）紫外线　紫外线中波长 200～300 纳米部分具有杀菌作用，实验室通常使用的紫外线杀菌灯，其紫外线波长 253.7 纳米，杀菌力强而稳定。但紫外线穿透力不强，所以只能用于物体表面消毒，常用于实验室、无菌室、种蛋室等的空气消毒。

2. 化学因素对微生物的影响　许多化学药物都能抑制或杀死微生物，已广泛用于消毒、防腐及治疗疾病。用于杀灭病原微生物的化学药物称为消毒剂，用于抑制病原微生物生长繁殖的化学药物称为防腐剂或抑菌剂。实际上，消毒剂在低浓度时只能抑菌，而防腐剂在高浓度时也能杀菌，它们之间并没有严格的界限，统称为防腐消毒剂。用于消除宿主体内病原微生物的化学药物称为化学治疗剂。消毒剂只能外用或用于环境消毒。化学治疗剂可内服、肌肉注射、静脉注射等。

3. 生物因素对微生物的影响　自然界中能影响微生物的生命活动生物因素很多，在各种微生物之间，或是在微生物与高等植物之间，经常呈现相互影响的现象，如寄生、共生、颉颃现象等。导致颉颃的物质基础是抗生素、细菌素等细菌的代谢产物。此外，有的植物中也存在杀菌物质如黄连素等。噬菌体则是能侵袭杀死细菌等活的微生物。

（四）病原微生物的致病作用

凡能使动物患病的微生物称为病原微生物。病原微生物的致病作用取决于它的致病性和毒力。

致病性是指一定种类的病原微生物，在一定条件下，能在动物体内引起感染的能力。不同病原微生物可引起不同的疾病，表现不同的临床症状和病理变化。如猪瘟病毒能使猪患猪瘟，新城疫病毒能使鸡患鸡新城疫等。因此，致病性是病原微生物种的特征之一。

毒力是指病原微生物的致病力强弱程度。同一病原微生物的不同菌株（毒株）其毒力大小不一样，可分为强毒株、弱毒株和无毒株等。因此，毒力是菌株（毒株）的特征。病原菌毒力包括侵袭力和毒素两个方面。病毒的致病性包括：直接杀伤宿主细胞、破伤细胞膜正常功能、使细胞互相融合、形成包涵体四个方面。

病原微生物能否引起感染，取决于病原微生物本身的致病性、毒力、数量、侵入途径，动物机体的易感性、防御能力、免疫力，外界因素三个方面因素。

二、动物免疫学基础知识

（一）概述

1. 免疫的概念　免疫是指动物机体识别自己排除异己，以维护机体的生理平衡和稳定的一种生理性反应。其反应通常对机体是有利的，但在某些条件下也可以是有害的。

2. 免疫的基本功能

（1）抵抗感染　是指动物机体抵抗病原微生物的感染和侵袭的能力，又称免疫防御。动物免疫功能正常时，能充分发挥对进入动物体的各种病原微生物的抵抗能力，通过机体的非特异性和特异性免疫，将病原微生物消灭。如果机体免疫功能低下或者免疫缺陷，就可引起机体微生物的机会感染；如果免疫功能异常亢进，就可引起机体发生传染性变态反应。

（2）自身稳定　在动物的新陈代谢过程中，每天都有大量的细胞衰老和死亡，这些细胞如果积累在体内，就会毒害正常细胞的生理功能。而机体免疫系统的另一个重要功能，就是能经常不断地清除这些细胞，维护体内正常的生理活动。如果自身稳定功能失调，就会引起自身免疫性疾病。

（3）免疫监视　机体内的正常细胞常因化学、物理、病毒等致病因素的作用变成异常细胞。若动物免疫功能正常时，即可对这些细胞加以识别，然后清除，这种功能即为免疫监视。但是当机体免疫功能低下或失调时，异常细胞就会大量增殖，从而导致肿瘤发生。

3. 免疫系统　免疫系统是机体执行免疫功能的组织结构，是产生免疫应答的物质基础。它由免疫器官、免疫细胞和细胞因子等组成。

（1）免疫器官　是淋巴细胞和其他免疫细胞发生、分化成熟、定居和增殖以及产生免疫应答的场所。根据其功能的不同可分为中枢免疫器官和外周免疫器官。

①中枢免疫器官　又称初级或一级免疫器官，是淋巴细胞等免疫细胞发生、分化和成熟的场所。它包括骨髓、胸腺、腔上囊。

②外周免疫器官　又称次级（二级）免疫器官，是成熟的T细胞和B细胞定居、增殖和对抗原刺激进行免疫应答的场所。它包括脾脏、淋巴结和消化道、呼吸道、泌尿生殖道的淋巴小结等。

（2）免疫细胞　凡参与免疫应答或与免疫应答有关的细胞统称为免疫细胞。其种类很多。在免疫细胞中，接受抗原物质刺激后能分化增殖，产生特异性免疫应答的细胞，称为免疫活性细胞，主要为T细胞和B细胞，在免疫应答过程中起核心作用。单核吞噬细胞和树突状细胞，在免疫应答过程中起重要的辅佐作用，故称免疫辅佐细胞，能捕获和处理抗原以及能把抗原递呈给免疫活性细胞。

（3）细胞因子　是免疫细胞受抗原或丝裂原刺激后产生的非抗体、非补体的具有激素样活性的蛋白质分子。在免疫应答和炎症反应中有多种生物学活性作用。细胞因子的种类繁多，包括干扰素、白细胞介素、肿瘤坏死因子、集落刺激因子等四大系列十几种。

（二）抗原与抗体

1. 抗原　凡能刺激机体产生抗体或致敏淋巴细胞，并能与之发生特异性结合的物质称为抗原。由此可见，抗原具两种特性。一是刺激机体产生抗体和致敏淋巴细胞的特性，称为免疫原性；二是与相应抗体或致敏淋巴细胞发生特异性结合反应的特性，称为反应原性。两者统称为抗原性。细菌、病毒、毒素、类毒素、动物血清等都是重要的天然抗原。

2. 抗体　机体在抗原刺激下产生的能与相应抗原发生特异性结合反应的免疫球蛋白称为抗体。常以Ig表示，抗体主要存在于血液、淋巴液、黏膜分泌物和组织液中，是构成机体体液免疫的主要物质。

（三）机体的免疫力

构成机体免疫力的因素包括非特异性免疫和特异性免疫两大因素。

1. 非特异性免疫（先天性免疫）　非特异性免疫是个体出生后就具有的天然免疫力，故又称先天性免疫。这种免疫可以遗传。非特异性免疫能识别与清除一般性异物，对多种病原微生物都有一定程度的防御作用，没有特殊的针对性，所以称为非特异性免疫。在抗传染免疫中，该种免疫发挥作用最快，起着第一线的防御作用，是特异性免疫的基础和条件。

非特异性免疫主要由皮肤黏膜等组织的生理屏障功能，吞噬细胞的吞噬作用，体液因子的抗微生物作用等构成。

2. 特异性免疫（获得性免疫） 特异性免疫是机体在生长过程受到抗原物质刺激后而产生的、具有专一性作用的免疫力，又称获得性免疫。其特点是具有高度的特异性。特异性免疫包括体液免疫和细胞免疫，所有的哺乳动物和家禽都具有这种功能。

特异性免疫的抗感染作用，包括体液免疫和细胞免疫两个方面。由于每种微生物感染的特点不同，特异性免疫的抗感染作用也不尽相同。例如，对细胞外细菌感染，以体液免疫的抗感染作用为主；对于细胞内细菌感染，则以细胞免疫的抗感染作用为主；而对许多病毒感染，虽然抗体有中和病毒能力，但一般说来细胞免疫在抗病毒感染中起着主要作用。尽管如此，在一般情况下，机体内的体液免疫和细胞免疫是同时存在的，且互相配合和互相调节，以清除入侵的病原微生物，保持机体内部环境的平衡。

第四节　动物传染病防治基础知识

动物传染病是危害养殖业生产最严重的疾病，它不仅能造成大批动物死亡和产品的损失，人畜共患的传染病还严重危害人民身体健康。因此，学习、掌握动物传染病防治基础知识，做好传染病防治工作，对于发展畜牧业，保护人民身体健康都具有十分重要的意义。

一、感染和传染病的概念

1. 感染 病原微生物侵入动物机体，并在一定的部位定居、生长、繁殖，从而引起机体一系列病理反应，这个过程称为感染，又称传染。动物感染病原微生物后会有不同的临床表现，从完全没有临床症状到明显的临床症状，甚至死亡，这种不同的临床表现又称为感染梯度。这种现象是病原的致病性、毒力与宿主特性综合作用的结果。

2. 传染病 凡是由致病微生物引起的，具有一定的潜伏期和临床症状，并具有传染性的动物疾病，称为动物传染病。传染病的表现虽然多种多样，但亦具有一些共同特性。这些特性是：

（1）传染病是在一定环境条件下由病原微生物与机体相互作用所引起的　每一种传染病都有其特异的致病微生物存在，如猪瘟是由猪瘟病毒引起的，没有猪瘟病毒就不会发生猪瘟。

（2）传染病具有传染性和流行性　从患传染病的动物体内排出的病原微生物，侵入另一有易感性的健康动物体内，能引起同样症状的疾病。像这样使疾病从患病动物传染给健康动物的现象，就是传染病与非传染病相区别的一个重要特征。当环境条件适宜时，在一定时间内，某一地区易感动物群中可能有许多动物感染，致使传染病蔓延传播，形成流行。

（3）被感染的机体发生特异性反应　在传染发展过程中由于病原微生物的抗原刺激作用，被感染的机体可以产生特异性抗体和变态反应等。这种改变可以用血清学方法等特异性反应检查出来。

（4）耐过动物能获得特异性免疫　动物耐过传染病后，在大多数情况下均能产生特异性免疫，使机体在一定时期内或终生不再患该种传染病。

（5）具有特征性的临床症状　大多数传染病都具有该种疾病特征性的症状和一定的潜伏期和病程经过。

二、感染的类型

病原微生物的感染与动物机体抗感染的相互斗争是错综复杂的，是受到多方面的因素影响的。因此，感染过程表现出各种形式或类型。感染的类型列举如下。

1. 外源性和内源性感染 病原微生物从外界侵入机体引起的感染过程，称外源性感染。大多数传染病属于这一类型。如果病原体是寄生在动物机体内的条件性病原微生物，在机体正常的情况下，它并不表现其病原性。但当受不良因素的影响，动物机体的抵抗力减弱时，便可引起病原微生物的活化，大量繁殖，毒力增强，最后引起机体发病，这就是内源性感染。如猪肺疫、马腺疫等病有时就是这样发生的。

2. 单纯感染、混合感染和继发感染 由一种病原微生物所引起的感染，称为单纯感染或单一感染。大多数感染过程都是由单一种病原微生物引起的。由两种以上的病原微生物同时参与的感染，称为混合感染。动物感染了一种病原微生物之后，在机体抵抗力减弱的情况下，又由新侵入的或原来存在于体内的另一种病原微生物引起的感染，称为继发性感染。混合感染和继发感染的疾病都比较严重而复杂，给诊断和防治增加了困难。

3. 显性感染与隐性感染、顿挫型与一过型感染 动物或人被某种病原体感染并表现出相应的特有症状的称为显性感染。不呈现明显症状的感染称为隐性感染，也称为亚临床感染。有些隐性感染病畜虽然外表看不到症状，但体内可呈现一定的病理变化；有些隐性感染病畜则既不表现症状，又无肉眼可见的病理变化，一般只能用微生物学和血清学方法才能检查出来，但它们能排出病原体引起疾病传播和蔓延。这些隐性感染的病畜在机体抵抗力降低时也能转化为显性感染。

开始症状较轻，特征症状未见出现即行恢复者称为一过型（或消散型）感染。开始时症状表现较重，与急性病例相似，但特征性症状尚未出现即迅速消退恢复健康者，称为顿挫型感染。这是一种病程缩短而没有表现该病主要症状的轻病例，常见于疾病的流行后期。还有一种临诊表现比较轻缓的类型，一般称为温和型。

4. 局部感染和全身感染 由于动物机体的抵抗力较强，而侵入的病原微生物毒力较弱或数量较少，病原微生物被局限在一定部位生长繁殖，并引起一定病变的称局部感染，如化脓性葡萄球菌、链球菌等所引起的各种化脓创。如果动物机体抵抗力减弱，病原微生物冲破了机体的各种防御屏障侵入血液并向全身扩散，则发生严重的全身感染。这种感染的全身化，其表现形式主要有：菌血症、病毒血症、毒血症、败血症和脓毒败血症等。

5. 典型感染和非典型感染 在感染过程中表现出该病的特征性（有代表性）临诊症状者，称为典型感染。在传染过程中表现出的症状或轻或重，与典型症状不同者，称为非典型感染。两者均属显性感染。

6. 良性感染和恶性感染 一般常以患病动物的死亡率作为判定传染病严重性的主要指标。如果该病并不引起患病动物的大批死亡，称为良性感染。相反，如能引起大批死亡，则称为恶性感染。机体抵抗力减弱和病原体毒力增强等都是传染病发生恶性病程的原因。

7. 最急性、急性、亚急性和慢性感染 最急性感染病程短促，常在数小时或一天内突然死亡，往往没有看到明显的临床症状和病变就突然死亡。如最急性炭疽、最急性猪丹毒、绵羊快疫等，常见于疾病的流行初期。急性感染病程比较短，一般为数小时至二三周不等，往往有明显的症状，如急性炭疽、急性猪瘟等。亚急性感染的临诊表现不如急性那么显著，病程稍长，和急性相比是一种比较缓和的类型，如疹块型猪丹毒和牛肺疫等。慢性感染的病情发展缓慢，病程常在一个月以上，临诊症状常不明显或甚至不表现出来，如慢性猪气喘病、鼻疽、结核病、布鲁氏菌病等。

传染病的病程长短决定于机体的抵抗力和病原体的致病力等因素，同一种传染病的病程并不是经常不变的，一个类型常易转变为另一个类型。例如急性或亚急性猪瘟、马传染性贫血可转变为慢性经过。反之，慢性鼻疽、结核病等在病势恶化时亦可转为急性经过。

8. 病毒的持续性感染和慢病毒感染　持续性感染是指病原体长期存留在动物体内的一种感染。感染动物可长期或终生带毒，而且经常或反复地向体外排出病毒，但常缺乏临诊症状。若从此种动物采取血液或脏器感染同种健康动物时，常可成功地引起感染。

慢病毒感染，又称长程感染，是由慢病毒引起的潜伏期长、发病缓慢并呈进行性的一种感染。

总之，各种感染类型都是从某个侧面或某种角度进行分类的，因此上述各种类型都是相对的，它们之间相互联系或重叠交叉。

三、传染病病程的发展阶段

传染病的发展过程在大多数情况下具有严格的规律性，大致可以分为潜伏期、前驱期、明显（发病）期和转归期四个阶段。

1. 潜伏期　从病原体侵入机体开始至最早临床症状出现为止的期间，称为潜伏期。不同的传染病其潜伏期的长短是不相同的，就是同一种传染病的潜伏期长短也有很大的变动范围。这是由于不同的动物种属、品种或个体的易感性不同，侵入病原体的种类、数量、毒力和侵入途径、部位等不同而出现的差异。

2. 前驱期　从开始出现临床症状，到出现主要症状为止的时期，称为前驱期。其特点是临床症状开始表现出来，如体温升高、食欲减退、精神沉郁、生产性能下降等，但该病的特征性症状仍不明显。

3. 明显（发病）**期**　前驱期之后，疾病的特征性症状逐步明显地表现出来的时期称为明显期。是疾病发展的高峰阶段，这个阶段因为很多有代表性的特征性症状相继出现，在诊断上比较容易识别。

4. 转归期（恢复期）　疾病进一步发展为转归期。如果病原体的致病性增强，或动物体的抵抗力减退，则传染过程以动物死亡为转归。如果动物体的抵抗力增强，临诊症状逐渐消退，正常的生理机能逐步恢复，则传染过程以动物康复为转归。但动物机体在一定时期内仍保留免疫学特性，有些传染病在一定时期内还有带菌（毒）、排菌（毒）现象存在。

四、传染病流行过程的基本环节

动物传染病的一个基本特征是能在动物之间通过直接接触或间接接触互相传染，形成流行。病原体由传染源排出，通过各种传播途径，侵入另外易感动物体内，形成新的传染，并继续传播形成群体感染发病的过程称为动物传染病流行过程。传染病流行必须具备传染源、传播途径及易感的动物三个条件。这三个条件常统称为传染病流行过程的三个基本环节，当这三个条件同时存在并相互联系时就会造成传染病的发生。

1. 传染源　传染源（亦称传染来源）是指体内有病原体寄居、生长、繁殖，并能将其排到体外的动物。具体说传染源就是受感染的动物。

传染源一般可以分为患病动物和病原携带两种类型。

(1) 患病动物　患传染病的动物，多数在发病期能排出大量毒力强大的病原体，其传染性很强，所以是主要的传染源。但是，传染病病程的不同阶段，其作为传染源的意义也不相同。多数传染病在前驱期和发病期排出的病原体数量大、毒力强，传染性强，是重要传染源。潜伏期和恢复期的患病动物是否具有传染源的作用，则随病种不同而异。

患病动物能排出病原体的整个时期称为传染期。不同传染病的传染期长短不同。各种传染病的隔离期就是根据传染期的长短来制订的。

(2) 病原携带者　病原携带者是指体内有病原体寄居、生长和繁殖并有可能排出体外而无症状的动物或人。

病原携带者排出病原体的数量一般较患病动物少，但因缺乏症状不易被发现，有时可成为十分重要的传染源，还可以随动物的移动散播到其他地区，造成新的暴发或流行。

病原携带者一般又分为潜伏期病原携带者、恢复期病原携带者和健康病原携带者三类。

①潜伏期病原携带者　是指感染后至症状出现前即能排出病体的动物或人。在这一时期，大多数传染病的病原体数量还很少，同时此时一般没有具备排出条件，因此不能起传染源的作用。但有少数传染病如狂犬病、口蹄疫和猪瘟等在潜伏期后期能够排出病原体，此时就有传染性了。

②恢复期病原携带者　是指在临诊症状消失后仍能排出病原体的动物或人。一般来说，这个时期的传染性已逐渐减少或已无传染性了。但还有些传染病如猪气喘病、布鲁氏菌病等在临诊痊愈的恢复期仍能排出病原体。

③健康病原携带者　是指过去没有患过某种传染病但却能排出该病原体的动物或人。一般认为这是隐性感染的结果，通常只能靠实验室方法检出。这种携带状态一般为时短暂，作为传染源的意义有限，但是巴氏杆菌病、沙门氏菌病、猪丹毒和马腺疫等病的健康病原携带者为数众多，可成为重要的传染源。

病原携带者存在着间歇排出病原体的现象，因此仅凭一次病原学检查的阴性结果不能得出正确的结论，只有反复多次的检查均为阴性时才能排除病原携带状态。消灭和防止引入病原携带者是传染病防治中艰巨的主要任务之一。

2. 传播途径　病原体由传染源排出后，经一定的方式再侵入其他易感动物所经的途径称为传播途径。

传播途径可分两大类。一是水平传播，即传染病在群体之间或个体之间横向传播；二是垂直传播，即母体所患的疫病或所带的病原体，经卵、胎盘传播给子代的传播方式。

(1) 水平传播　水平传播在传播方式上可分为直接接触和间接接触传播两种。

①直接接触传播　被感染的动物（传染源）与易感动物或人直接接触（交配、舐咬等）而引起感染的传播方式，称为直接接触传播。以直接接触为主要传播方式的传染病为数不多，狂犬病具有代表性，通常只有被患病动物直接咬伤并随着唾液将狂犬病病毒带进动物体内，才有可能引起狂犬病传染。

②间接接触传播　易感动物或人接触传播媒介而发生感染的传播方式，称为间接接触传播。将病原体传播给易感动物的中间载体称为传播媒介。传播媒介可能是生物（媒介者），如蚊、蝇、虻、蜱、鼠、鸟、人等；也可能是无生命的物体（媒介物或称污染物），如饲养

工具、运输工具、饲料、饮水、畜舍、空气、土壤等。

大多数传染病如口蹄疫、牛瘟、猪瘟、鸡新城疫等以间接接触为主要传播方式，同时也可以通过直接接触传播。两种方式都能传播的传染病也可称为接触性传染病。

间接接触一般通过如下几种途径而传播：

a. 空气传播：病原体通过空气（气溶胶、飞沫、尘埃等）而使易感动物感染的传播方式称为空气传播。

经飞散于空气中带有病原体的微细泡沫而传播的传染称为飞沫传染。是呼吸道传染病的主要传播方式，如猪气喘病，鸡喉气管炎、肺结核等病畜呼吸道内往往积聚了不少渗出液，含有大量的病原体，当他们咳嗽、喷嚏、鸣叫和呼吸时，很强的气流把带有病原体的渗出液，从呼吸道中排出体外，形成飞沫，大滴的飞沫迅速落地，微小的飞沫飘浮于空气中，可被易感动物吸入而感染。

从传染源排出的分泌物、排泄物和处理不当的尸体散布在外界环境的病原体附着物，经干燥后，由于空气流动冲击，带有病原体的尘埃在空中飘扬，被易感动物吸入而感染，称为尘埃传染。能借尘埃传播的传染病有结核病、炭疽等。

b. 经污染的饲料和水传播：患病动物排出的分泌物、排泄物，或患病动物尸体等污染了饲料、饲草、饮水，或由某些污染的饲养管理用具、运输工具、畜舍、人员等辗转污染了饲料、饮水，当易感动物采食这些被污染的饲料、饮水时，便能发生感染。

c. 经污染的土壤传播：有些传染病（炭疽、气肿疽、破伤风、恶性水肿、猪丹毒等）的患病动物排泄物、分泌物及其尸体落入土壤，其病原体能在土壤中生存很长时间，当易感动物接触被污染的土壤时，便能发生感染。

d. 经活的媒介物而传播：活的传播媒介主要有：节肢动物、野生动物、人类等。

节肢动物：节肢动物中作为传播的媒介的主要是虻类、螯蝇、蚊、蠓、家蝇和蜱等。传播主要是机械性的，它们通过在病、健动物间的刺螯吸血而散播病原体。也有少数是生物性传播，某些病原体（如立克次体）在感染动物前，必须先在一定种类的节肢动物（如某种蜱）体内通过一定的发育阶段，才能致病。

野生动物：野生动物的传播可以分为两大类。一类是本身对病原体具有易感性，在受感染后再传染给家畜家禽，在此野生动物实际上是起了传染源的作用。如狐、狼、吸血蝙蝠等将狂犬病传染给家畜；鼠类传播沙门氏菌病、钩端螺旋体病、布鲁氏菌病、伪狂犬病，野鸭传播鸭瘟等。另一类是本身对该病原体无易感性，但可机械地传播疾病，如乌鸦在啄食炭疽病畜的尸体后，从粪内排出炭疽杆菌的芽孢；鼠类可能机械地传播猪瘟和口蹄疫等。

人类：饲养人员和兽医工作者等在工作中如不注意遵守卫生消毒制度，或消毒不严时，在进出患病动物和健康动物的厩舍时可将手上、衣服、鞋底沾染的病原体传播给健康动物；兽医使用的体温计、注射针头以及其他器械如消毒不彻底就可能成为马传染性贫血、猪瘟、炭疽、鸡新城疫等疫病的传播媒介。

（2）垂直传播　垂直传播从广义上讲属于间接接触传播，它包括下列几种方式。

①经胎盘传播　孕畜所患的疫病或所带的病原体经胎盘传播给胎儿，称为胎盘传播。可经胎盘传播的疾病有猪瘟、猪细小病毒感染、牛黏膜病、蓝舌病、伪狂犬病、布鲁氏菌病、弯曲菌性流产、钩端螺旋体病等。

②经卵传播　由携带有病原体的卵细胞发育而使胚胎受感染，称为经卵传播。主要见于

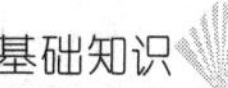

禽类。可经卵传播的疾病有禽白血病、禽腺病毒感染、鸡传染性贫血、禽脑脊髓炎、鸡白痢等。

③经产道传播　病原体经孕畜阴道，通过子宫颈口到达绒毛膜或胎盘引起胎儿感染；或胎儿从无菌的羊膜腔穿出而暴露于严重污染的产道时，胎儿经皮肤、呼吸道、消化道感染母体的病原体，称为经产道感染。可经产道传播的病原体有大肠杆菌、葡萄球菌、链球菌、沙门氏菌和疱疹病毒等。

3. 动物的易感性　动物的易感性是指动物对于某种病原体感受性的大小。畜群的易感性与畜群中易感个体所占的百分率成正比例。影响动物易感性的主要因素有：

（1）内在因素　不同种类的动物对于同一种病原体的易感性有很大差异，这是由遗传因素决定的。

（2）外界因素　饲养管理、卫生状况等因素，也能在一定程度上影响动物的易感性。如饲料质量低劣，畜舍阴暗、潮湿、通风不良等都可降低动物抵抗力，促进传染病的发生和流行。

（3）特异免疫状态　动物不论通过何种方式获得特异性免疫力，都可使动物的易感性明显降低，这些动物所生的后代，通过获得母源抗体，在幼年时期也有一定的免疫力。

五、疫源地和自然疫源地

1. 疫源地　有传染源存在或被传染源排出的病原体污染的地区，称为疫源地。它除包括传染源之外，还包括被其污染的活动场所、物体、房舍、牧地、水源，以及这个范围内有被感染的可疑动物群和储存宿主等。疫源地具有向外传播病原的条件，因此可能威胁其他地区的安全。

疫源地的范围大小主要根据传染源的分布和污染范围具体情况而定。它可能只限于个别畜栏、厩舍、场地，也可能包括整个养殖场、自然村或更大的地区。疫源地的存在有一定的时间性，但时间的长短由多方面的因素所决定。只有当最后一个传染源死亡扑杀、或痊愈后不再携带病原体，对所污染的外界环境进行彻底消毒处理，并且经过该病的最长潜伏期，不再有新病例出现，还要通过血清学检查畜群均为阴性反应时，才能认为该疫源地已被消灭。

根据疫源地范围大小，可分为疫点和疫区。疫点是指发生疫病的自然单位（圈、舍、场、村），在一定时期内成为疫源地。疫区是指疫病暴发或流行所波及的区域，疫区其范围除患病动物所在的自然单位外，还包括患病动物于发病前（在该病的最长潜伏期）后放牧、使役及活动过的地区。与疫区相邻并存在从该疫区传入疾病危险的地区称为受威胁地区。

在疫源地存在的期间，凡是与疫源地接触的易感动物，都有受感染并形成新疫源地的可能。这样，一系列疫源地的相继产生，就构成了传染病的流行过程。

2. 自然疫源地　其病原体能在自然条件下野生动物体内繁殖，在它们中间传播，并在一定条件下可传染给人或家畜家禽的疾病，称为自然疫源性疾病。存在自然疫源性疾病的地方，称为自然疫源地。自然疫源地，是一种特殊的疫源地。

只有当人、畜，从事野外作业等进入自然疫源地时（如原始森林、草原、深山等荒野地区），在一定条件下有可能感染某些自然疫源性疾病。

六、流行过程的表现形式及其特性

1. 流行过程的表现形式 在动物传染病的流行过程中，根据一定时间内发病率的高低和传染范围大小（即流行强度）可将动物群体中疫病的表现分为下列五种表现形式。

（1）散发性 病例以散在形式发生，各病例在发病时间与发病地点上没有明显的联系时，称为散发。

（2）地方流行性 某种疾病发病数量较大，但其传播范围限于一定地区，称为地方流行性，地方流行性一般认为有两方面的含义，一方面表示在一定地区、一定的时间里发病的数量较多，超过散发性。另一方面，有时还包含着地区性的意义。例如牛气肿疽、炭疽的病原体形成芽孢，污染了这个地区，成了常在的疫源地，如果防疫工作没有做好，这个地区每年都可能出现一定数量的病例。

（3）流行性 某病在一定时间内发病数量比较多，传播范围比较广，形成群体发病或感染，称为流行性。流行性疾病常可传播到几个乡、县甚至省。

（4）暴发 在一定地区或某一单位，在短时期内突然发生某种疾病很多病例，称为暴发。

（5）大流行 某种疾病在一定时间内迅速传播，发病数量很大，蔓延地区很广，可传播到全省、全国，甚至可涉及几个国家，称为大流行。在历史上口蹄疫、牛瘟和流感等都曾出现过大流行。

上述几种流行形式之间的界限是相对的，并且不是固定不变的。

2. 流行过程的季节性和周期性

（1）季节性 某些动物传染病在每年一定的季节内发病率明显升高的现象，称为流行过程的季节性。出现季节性的原因是：

①季节可以影响病原体在外界环境中的存在和散播。

②季节可以影响传播媒介（如节肢动物）的活动和孳生。

③季节可以影响动物的活动和抵抗力。

（2）周期性 某些动物传染病规律性地间隔一定时间发生一次流行的现象，称为动物传染病的周期性。

七、影响流行过程的因素

动物传染病的流行过程除受传染源、传播途径及易感动物三者的互相制约外，还受自然因素、饲养管理因素和社会因素的影响。

1. 自然因素 自然因素，主要包括地理位置、气候、植被、地质、水文等。它是通过对传染源、传播途径及易感动物的影响而发挥其作用的。

（1）作用于传染源 一定的地理条件（海、河、高山等）对传染源的转移产生一定的限制，成为天然的隔离条件；季节、气候变化，能影响致病微生物的存在和散播，从而促进或阻止传染病流行过程。如夏季气温高，不利于口蹄疫病毒在外界环境中存活，因而口蹄疫一般在夏季流行减少或平息。又如在多雨和洪水泛滥季节，可使土壤中的炭疽杆菌芽孢、气肿疽梭菌芽孢随洪水散播，因而炭疽、气肿疽的发生增多。

（2）作用于传播媒介 自然因素对传播媒介的影响非常明显。例如，夏秋季节蝇、蚊、虻等吸血昆虫大量孳生和活动频繁，凡是能由它们传播的疾病，都容易发生。洪水泛滥季

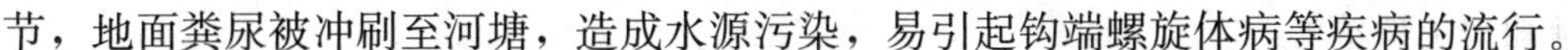

节，地面粪尿被冲刷至河塘，造成水源污染，易引起钩端螺旋体病等疾病的流行。

（3）作用于易感动物　自然因素对易感动物这一环节的影响主要是增强或减弱机体的抵抗力。例如，低温高湿的影响下，可使动物易于受凉，降低呼吸道黏膜的屏障作用，有利于呼吸道传染病的流行。在高气温的影响下，肠道的杀菌作用降低，使肠道传染病增加。长途运输、过度拥挤等，易使机体抵抗力降低，同时使动物接触机会增多，而使某些传染病（如口蹄疫、猪瘟）等易暴发流行。

2. 饲养管理因素　畜舍的建筑结构、通风设施、卫生状况、饲养管理制度等都能影响疾病的发生。例如，鸡舍养鸡密度大或通风不良，常易发生呼吸道疾病。采用“全进全出”饲养管理制度，疾病的发病率会显著下降等。

3. 社会因素　社会因素主要包括社会制度、生产力水平和人民的经济、文化、科学技术水平以及法制建设情况等。它们既可能是促进动物疾病广泛流行的原因，也可以是有效消灭和控制动物疾病流行的关键。因为，动物和它所处的环境，除受自然因素影响外，在很大程度上是受人们的社会生产活动影响的。

八、动物传染病防治措施

为预防、控制和消灭动物传染疾病的流行和发生而采取的对策和措施，称为动物传染病防治措施。

1. 动物传染病防治基本原则

（1）依法治疫　《中华人民共和国动物防疫法》是我国动物疫病防治工作的法律依据，是防疫灭病的有力武器，“依法治疫”是防治动物传染病的基本方略。

（2）认真贯彻“预防为主”的方针　动物传染病易传播蔓延，造成大批动物发病、死亡，严重危害人、畜健康。并且动物传染病一旦传播流行，控制和消灭难度很大，不仅要消耗巨大的人力、物力和财力，而且还需要相当长的时间。因此，认真贯彻“预防为主”的方针，下大力气做好预防工作，是十分重要的。

（3）采取综合性防治措施，并狠抓主导措施落实　影响动物传染病流行的因素十分复杂，任何一种防治措施都有其局限性，因此，预防、控制和消灭任何一种传染病都必须针对动物传染病流行的三个环节采取综合性措施，相辅相成，才能收到较好的效果。但是，采取综合性防治措施，也不能把针对三个环节的措施同等对待，而应根据不同的传染病、不同时期、不同地区等具体情况，经科学分析，选择最易控制和消灭动物传染病的措施为重点（这些措施称为主导措施），并狠抓落实，才能取得成效。

（4）因地制宜，持之以恒　每种动物传染病流行特点各不相同，每种传染病不同时期、不同地区流行特点也各不相同。因此，预防、控制和消灭动物传染病必须根据每种传染病的不同特点，以及在不同时期、不同地区具体特点，因地制宜，采取有针对性的措施，才能取得成效。动物传染病流行因素十分复杂，控制和消灭一种传染病，必须经过一个相当长的艰巨过程，才能取得成效。因此，必须坚持不懈、持之以恒，才能最终控制和消灭一种传染病。

2. 动物传染病防治主要措施　预防、控制和扑灭动物传染病，一方面平时应做好预防工作，另一方面一旦发生了动物传染病，应迅速采取措施，尽快扑灭。因此，动物传染病防治措施可以分为平时预防性措施和发生传染病的扑灭措施。

（1）平时预防性措施

①控制和消灭传染源

a. 隔离饲养：将动物饲养控制在一个有利于生产和防疫的地方称之为隔离饲养。隔离饲养的目的是防止或减少有害生物（病原微生物、寄生虫、虻、蚊、蝇、鼠等）进入和感染（或危害）健康动物群，也就是防止从外界传入疫病。为做好隔离饲养，动物饲养场应选择地势高燥、平坦、背风、向阳、水源充足、水质良好、排水方便、无污染的地方，远离铁路、公路干线、城镇、居民区和其他公共场所，特别应远离其他动物饲养场、屠宰场、畜产品加工厂、集贸市场、垃圾和污水处理场所、风景旅游区等。

b. 动物饲养场建设应符合动物防疫条件：动物饲养场要分区规划，生活区、生产管理区、辅助生产区、生产区、病死动物和粪便污物、污水处理区，应严格分开并相距一定距离；生产区应按人员、动物、物资单一流向的原则安排建设布局，防止交叉感染；栋与栋之间应有一定距离；净道和污道应分设，互不交叉；生产区大门口应设置值班室和消毒设施等。

c. 要建立严格的卫生防疫管理制度：严格管理人员、车辆、饲料、用具、物品等流动和出入，防止病原微生物侵入动物饲养场。

d. 要严把引进动物关：凡需从外地引进动物，必须首先调查了解产地传染病流行情况，以保证从非疫区健康动物群中购买；再经当地动物检疫机构检疫，签发检疫合格证后方可启运；运回后，隔离观察 30 天以上，在此期间进行临床观察、实验室检查，确认健康无病，方可混群饲养，严防带入传染源。

e. 定期开展检疫和疫情监测：通过检疫和疫情监测，及时揭露、发现患病动物和病原携带者，以便及时清除，防止疫病传播蔓延。

f. 科学使用药物预防：使用化学药物防治动物群体疾病，可以收到有病治病，无病防病的功效，特别是对于那些目前没有有效的疫苗可以预防的疾病，使用化学药物防治是一项非常重要的措施。

②切断传播途径

a. 消毒：建立科学的消毒制度，认真执行消毒制度，及时消灭外界环境（圈舍、运动场、道路、设备、用具、车辆、人员等）中的病原微生物，切断传播途径，阻止传染病传播蔓延。

b. 杀虫：虻、蝇、蚊、蜱等节肢动物是传播疫病的重要媒介。因此，杀灭这些媒介昆虫，对于预防和扑灭动物传染病有重要的意义。

c. 灭鼠：鼠类是很多种人、畜传染病的传播媒介和传染源。因此灭鼠对于预防和扑灭传染病有着重大意义。

d. 实行“全进全出”饲养制：同一饲养单元只饲养同一批次的动物，同时进、同时出的管理制度称为“全进全出饲养制”。同一饲养单元动物出栏后，经彻底清扫，认真清洗，严格消毒（火焰烧灼，喷洒消毒药、熏蒸等）、并空舍（圈）半个月以上，再进另一批动物，可消除连续感染、交叉感染。

e. 严防饲料、饮水被病原微生物污染。

③提高易感动物的抵抗力

a. 科学饲养：喂给全价、优质饲料，满足动物生长、发育、繁育和生产需要，增强动物体质。

b. 科学管理：动物厩舍保持适宜温度、湿度、光照、通风和空气新鲜，给动物创造一个适宜的环境，增强动物的抵抗力和免疫力。

c. 免疫接种：给动物接种疫苗，使机体产生特异性抵抗力，使易感染动物转化为不易感染动物。

（2）发生动物传染病时的扑灭措施

①迅速报告疫情　任何单位和个人发现动物传染病或疑似动物传染病时，应立即向当地动物防疫部门报告，并就地隔离患病动物或疑似动物和采取相应的防治措施。

②尽快做出正确诊断和查清疫情来源　动物防疫机构接到疫情报告后，应立即派技术人员奔赴现场，认真进行流行病学调查、临床诊断、病理解剖检查，并根据需要采取病料，进一步进行实验室诊断和调查疫情来源，尽快做出正确诊断和查清疫源。

③隔离和处理患病动物　确诊的患病动物和疑似感染动物应立即隔离，指派专人看管，禁止移动。并根据疫病种类、性质，采取扑杀、无害化处理或隔离治疗。

④封锁疫点、疫区　当发生一类动物疫病，或二、三类动物疫病呈暴发流时，当地畜牧兽医行政部门应当立即派人到现场，划定疫点、疫区、受威胁区，并报请当地政府实行封锁。封锁要"早、快、严、小"，即封锁要早、行动要快、封锁要严、范围要小。封锁区内应采取以下措施：

a. 在封锁区边缘地区，设立明显警示标志，在出入疫区的交通路口设置动物检疫消毒站；在封锁期间，禁止染疫和疑似染疫动物、动物产品流出疫区；禁止非疫区的动物进入疫区；并根据扑灭传染病的需要对出入封锁区的人员、运输工具及有关物品采取消毒和其他限制性措施。

b. 对病畜和疑似病畜使用过的垫草、残余饲料、粪便、污染物等采取集中焚烧或深埋等无害化处理措施。

c. 对染疫动物污染的场地、物品、用具、交通工具、圈舍等进行严格彻底消毒。

d. 暂停畜禽的集市交易和其他集散活动。

e. 在疫区，根据需要对易感动物及时进行紧急预防接种。

f. 开展杀虫、灭鼠工作。

g. 对病死的动物进行无害处理。

⑤受威胁区要严密防范，防止疫病传入受威胁区　要采取以下措施：

a. 对易感动物进行紧急免疫接种。

b. 管好本区人、畜，禁止出入疫区。

c. 加强环境消毒。

d. 加强疫情监测，及时进掌握疫情动态。

⑥解除封锁　在最后一头患病动物急宰、扑杀或痊愈并且不再排出病原体时，经过该病一个最长潜伏期，再无疫情发生时，经全面的、彻底的终末消毒，再经动物防疫监督机构验收后，由原决定封锁机关宣布解除封锁。

第五节　动物寄生虫病防治基础知识

一、寄生虫的概念

寄生虫是暂时或永久地寄居于另一种生物（宿主）的体表或体内，夺取被寄居者（宿主）的营养物质并给被寄居者（宿主）造成不同程度危害的动物。

二、宿主的概念与类型

（一）宿主概念

凡是体内或体表有寄生虫暂时或长期寄居的动物都称为宿主。

（二）宿主类型

寄生虫的发育过程比较复杂。大部分寄生虫适于在一定种类范围的宿主体寄生，少数则能寄生于多种宿主。有的寄生虫在一个宿主体内便能完成其发育史，有的则是幼虫和成虫阶段分别寄生于不同种类的宿主。根据寄生虫的发育特性及其对宿主的适应情况，可将宿主区分为：

1. 终末宿主 被性成熟阶段虫体（成虫）或有性繁殖阶段虫体寄生的宿主称为终末宿主。如猪是姜片吸虫的终末宿主；人是有钩绦虫的终末宿主；猫是弓形虫的终末宿虫。

2. 中间宿主 被性未成熟阶段虫体（幼虫）或无性繁殖阶段虫体寄生的宿主称为中间宿主。如猪是有钩绦虫和弓形虫的中间宿主。

3. 第二中间宿主 又称补充宿主。某些寄生虫的幼虫阶段需要在两个中间宿主体内发育，才能达到对终末宿主的感染性阶段，则其早期幼虫寄生的宿主称为第一中间宿主，晚期幼虫寄生的宿主称为第二中间宿主。如华支睾吸虫的第一中间宿主为淡水螺蛳，第二中间宿主是淡水鱼、虾。

4. 带虫宿主 又称带虫者。某种寄生虫感染宿主后，随着宿主抵抗力的增强或通过药物治疗，宿主处于隐性感染、自然康复或临诊治愈状态，不表现临诊症状，对同种寄生虫再感染有一定的免疫力，体内保留有一定数量的虫体，这样的宿主称为带虫宿主，宿主的这种现象称带虫现象。由于带虫宿主不表现明显的症状，往往易被人们忽视，但带虫宿主经常不断地向周围环境散播病原，是重要的感染来源。此外，一旦带虫宿主抵抗力下降，便可导致疾病复发。

5. 贮藏宿主 又称转续宿主或叫转运宿主。即宿主体内有寄生虫虫卵或幼虫存在，虽不发育繁殖，但保持着对易感动物的感染力，这种宿主叫做贮藏宿主。如蚯蚓是鸡异刺线虫的贮藏宿主。

6. 保虫宿主 某些主要寄生于某种宿主的寄生虫，有时也可寄生于其他一些宿主，但不那么普遍。从流行病学角度看，通常把这种不惯常被寄生的宿主称为保虫宿主。它是一种从防治该寄生虫出发，区别宿主的主次，予以不同对待的一种相对观念。例如，在防治牛羊肝片吸虫的时候，必须注意到牛羊肝片吸虫除主要感染牛羊以外，也可感野生动物，这些野生动物就是肝片吸虫的保虫宿主。在防治人体日本血吸虫时，通常把耕牛看做日本血吸虫的保虫宿主，它是人的感染来源。寄生于保虫宿主的寄生虫实质是一种多宿主寄生虫。

7. 超寄生宿主 许多寄生虫是其他寄生虫的宿主，此种情况称为超寄生。例如疟原虫在蚊子体内，绦虫幼虫在跳蚤体内。

8. 传播媒介 通常是指在脊椎动物宿主间传播寄生虫病的一类动物，多指吸血的节肢动物。媒介有的是寄生虫的中间宿主，有的是终末宿主，有的则只对寄生虫的传播起着机械性传递的作用。

三、寄生虫病的流行与危害

（一）寄生虫病的传播与流行

由于寄生虫寄生于宿主体内、外所引起的疾病，称为寄生虫病。

寄生虫病的传播和流行，必须具备传染源、传播途径和易感动物三个基本环节，切断或控制其中任何一个环节，就可以有效地防治寄生虫病的发生与流行。此外，寄生虫病的传播和流行，还受到自然因素和社会因素的影响和制约。

1. 传染源 传染源通常是指寄生有某种寄生虫的终末宿主、中间宿主、补充宿主、保虫宿主、带虫宿主及贮藏宿主等。病原体（虫卵、幼虫、虫体）通过这些宿主的血、粪、原及其他分泌物、排泄物不断排到体外，污染外界环境，然后经过发育，经一定方式或途径侵入易感动物，造成感染。

2. 感染途径 感染途径指来自传染源的病原体，经一定方式再侵入其他易感动物所经过的途径。寄生虫感染宿主的主要途径如下。

（1）经口吃入感染 即寄生虫通过易感动物采食、饮水，经口腔进入宿主体内的感染方式，如蛔虫、旋毛虫、球虫等。

（2）经皮肤感染 即寄生虫通过易感动物的皮肤进入宿主体的感染方式。如钩虫、血吸虫、猪肾虫等。

（3）接触感染 即寄生虫通过宿主之间互相：自接接触或通过用具、人员等间接接触，在易感动物之间传播流行。属于这种传播方式的主要是一些外寄生虫，如蜱、螨、虱等。

（4）经节肢动物感染 即寄生虫通过节肢动物叮咬、吸血而传给易感动物的方式。这类寄生虫主要是一些血液原虫和丝虫等。

（5）经胎盘感染 即寄生虫通过胎盘由母体感染给胎儿的方式。如弓形虫等。

（6）自体感染 有时，某寄生虫产生的虫卵或幼虫不需要排到宿主体外，即可使原宿主再次遭受感染，这种感染方式称为自身感染。例如猪带绦虫的患者呕吐时，可使孕卵节片或虫卵从宿主小肠逆行入胃，使原患者再次遭受感染。

3. 易感动物 是指某种寄生虫可以感染、寄生的动物。

4. 自然因素 包括气候条件，如温度、湿度、光照、年降雨量、土壤酸碱度等；地理条件，如经纬度、地形、海拔高低、湖泊与河流分布情况；交通状况等和动植物区系（终末宿主、中间宿主、媒介及植被）等。气候和地理不同必将影响到植被和动物区系的不同，后者又直接或间接地影响到寄生虫的分布及寄生虫病的传播与流行。

5. 社会因素 包括社会制度、经济状况、人们的生产、生活方式、风俗习惯及家畜的饲养管理条件等。社会因素对寄生虫病传播和流行的基本环节和自然因素都起着重要的作用。

（二）寄生虫病的危害

寄生虫侵入宿主或在宿主体内移行、寄生时，对宿主是一种“生物性刺激物”，是有害的，其影响也是多方面的，但由于各种寄生虫的生物学特性及其寄生部位等不同，因而对宿主的致病作用和危害程度也不同，主要表现在以下四个方面：

1. 机械性损害 吸血昆虫叮咬，或寄生虫侵入宿主机体之后，在移行过程中和在特定寄生部位的机械性刺激，可使宿主的器官、组织受到不同程度的损害，如创伤、发炎、出血、肿胀、堵塞、挤压、萎缩、穿孔和破裂等。

2. 夺取宿主营养和血液 寄生虫常以经口吃人或由体表吸收的方式，把宿主的营养物质变为虫体自身的营养，有的则直接吸取宿主的血液或淋巴液作为营养，造成宿主的营养不良、消瘦、贫血、抗病力和生产性能降低等。

3. 毒素的毒害作用 寄生虫在生长、发育和繁殖过程中产生的分泌物、代谢物、脱鞘液和死亡崩解产物等，可对宿主产生轻重程度不同的局部性或全身性毒性作用，尤其对神经系统和血液循环系统的毒害作用较为严重。

4. 引入其他病原体，传播疾病 寄生虫不仅本身对宿主有害，还可在侵害宿主时，将某些病原体如细菌、病毒和原虫等直接带入宿主体内，或为其他病原体的侵入创造条件，使宿主遭受感染而发病。

四、寄生虫病的诊断与防治

（一）寄生虫病的诊断

寄生虫病的诊断是在流行病学调查基础上，通过临床观察、实验室检查、解剖检查，发现虫卵、幼虫或成虫，方可确诊。但是，在有些情况下，即使生前诊断或尸体解剖检查到病原体，也不能确定该疾病就是由寄生虫感染所引起的。因此，在判定某种疾病是否由寄生虫感染引起时，应结合流行病学资料、临床症状、病理变化和虫卵、幼虫或虫体计数结果等情况综合判断。

1. 临床症状观察 动物寄生虫病，除少数呈现典型症状外，多数在临床上仅表现为消化机能障碍、消瘦、贫血和发育不良等慢性、消耗性疾病的症状，虽不具特征，但可作为早期发现疾病的参考。

2. 流行病学调查 调查寄生虫病的流行因素、发病情况、寄生虫病的传播和流行情况，为确立诊断提供依据。

3. 实验室诊断 在各种病料中查找病原体，这是诊断寄生虫病的最主要手段。包括采集粪便、尿液、血液、痰液和鼻液等病料查找病原体和进行免疫学诊断等。

4. 尸体剖检 尸体剖检可分为全身性剖检、个别系统剖检及个别器官剖检等。

尸体剖检可以查明动物所有器官组织中的寄生虫，包括生前诊断所不能查出的虫体（不排虫卵的雄虫、幼虫）等，并可做到寄生虫的计数与种类鉴别，因此，是寄生虫病确诊的重要依据，也是常用的寄生虫病流行病学调查和药物疗效考核的主要方法。通过尸体剖检，观察病理变化，查找病原体，判定感染的寄生虫种类和危害程度，分析致病和死亡原因，从而达到确诊的目的。

5. 治疗性诊断 在初步怀疑的基础上，选用特效药物进行驱虫试验，观察疾病是否好转，然后再做出诊断。

（二）寄生虫病防治

寄生虫病防治是个极其复杂的问题，寄生虫病的发生和传播同环境卫生、动物饲养卫生、饲养管理制度、人的卫生习惯等有密切的联系。只有认真贯彻执行“预防为主”的方针，采取综合性防治措施，才能收到成效。综合防治措施的制定需以寄生虫发育史、流行病学特征等为基础。

1. 控制和消灭传染源 有计划地定期进行预防性驱虫是控制和消灭传染源的重要方法；

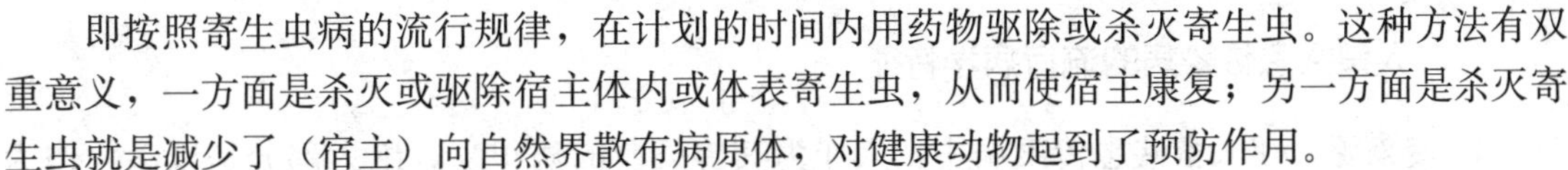

即按照寄生虫病的流行规律，在计划的时间内用药物驱除或杀灭寄生虫。这种方法有双重意义，一方面是杀灭或驱除宿主体内或体表寄生虫，从而使宿主康复；另一方面是杀灭寄生虫就是减少了（宿主）向自然界散布病原体，对健康动物起到了预防作用。

驱虫时，一要注意药物的选择，要选择高效、低毒、广谱、价廉、使用方便的药物。二要注意驱虫时间的确定，一般应在“虫体性成熟前驱虫”，防止性成熟的成虫排出虫卵或幼虫，污染外界环境。或采取“秋冬季驱虫”，此时驱虫有利于保护畜禽安全过冬；另外，秋冬季外界寒冷，不利于大多数虫卵或幼虫存活发育，可以减少对环境的污染。三要在有隔离条件的场所进行驱虫。四要在驱虫后应及时收集排出的虫体和粪便，用“生物热发酵法”进行无害化处理，防止散播病原；五要在组织大规模驱虫、杀虫工作前，先选小群动物做药效及药物安全性试验，在取得经验之后，再全面开展。

2. 切断传播途径 杀灭外界环境中的病原体，包括虫卵、幼虫、成虫等，防止外界环境被病原体污染；同时，杀灭寄生虫的传播媒介和无经济价值的中间宿主，防止其传播疾病。主要方法有：

（1）生物法 最常用的方法是粪便堆积发酵和沼气发酵，利用生物热杀灭随粪便排出的寄生虫虫卵、幼虫、绦虫节片和卵囊等，防止病原随粪便散播。

（2）物理法 逐日打扫厩舍，清除粪便，减少宿主与寄生虫卵、幼虫、中间宿主、传播媒介的接触机会，减少虫卵、幼虫、中间宿主、传播媒介污染饲料、饮水的机会；保持动物厩舍空气流通，光照充足，干燥，动物厩舍和活动场地做成水泥地面，破坏寄生虫及中间宿主的发育、孳生地。也可人工捕捉中间宿主、传播媒介和外寄生虫。

（3）化学法（药物法） 用杀虫药喷洒动物圈舍、活动场地及用具等，杀灭各发育阶段的虫体、传播媒介和中间宿主等。

（4）加强肉品卫生检验 对于经肉传播的寄生虫病，特别是肉源性人兽共患寄生虫病，如旋毛虫病、猪囊虫病等，应加强肉品卫生检验，对检出的寄生虫病病肉，要严格按照规定，采取高温、冷冻或盐腌等措施无害化处理，杀灭病原体，防止病原散播及感染人畜。

3. 保护易感动物 保护易感动物是指提高动物抵抗寄生虫感染的能力和减少动物接触病原体、免遭寄生虫侵袭的一些措施。

提高动物抵抗力的措施有：科学饲养，饲喂全价、优质饲料，增强动物体质；人工免疫接种等。

减少动物遭受寄生虫侵袭的措施有：加强饲养管理，防止饲料、饮水、用具等被病原体污染；在动物体上喷洒杀虫剂、驱避剂，防止吸血昆虫叮咬等。

第六节 人畜共患传染病防治基础知识

一、人畜共患传染病的定义和分类

根据国际卫生组织和粮农组织共同成立的人畜共患病专家委员会的意见，人畜共患传染病的定义为：由共同病原体引起的，在流行病学上有关联的人和动物的疾病。

人畜共患传染病分为两类，一类为病毒性人畜共患传染病。如口蹄疫、禽流感、狂犬病等；另一类为细菌性人畜共患传染病。如布鲁氏菌病、结核病等。

二、人兽共患传染病的流行病学特征

1. 传染源　在人畜共患传染病中，人作为其传染源的病很少，绝大部分是以动物作为传染源。

（1）*动物作为传染源*　不同种动物传染源引起的危害程度不同，如家鼠作为鼠疫的传染源，初发病例往往是数人，而以旱獭作为传染源时，初发病例常是一人。鸟类作为传染源时，在流行病学上意义更大，尤其是某些鸟类随气温变化而迁移栖息地域时，能将病原体及其体外寄生的节肢动物从一个地区带至另一个地区，扩散人兽共患病的流行区域。动物作为传染源的危险程度，主要取决于人们与受染动物接触的机会和接触的密切程度，取决于是否有传播该病的适宜条件。另外与传染源动物的密度、年龄组成等有关。

（2）*人作为传染源*　在人畜共患传染病中，人作为传染源的病例较为少见。主要的有结核、炭疽和血吸虫病等。就开放性结核病而言，生活在其周围的动物极易被感染。此外，人类的皮肤炭疽病灶，在治疗时如不注意，污染了动物的草料和饮水，也常引起动物炭疽的发生。总之，人畜共患传染病的传染源就是指病畜、病禽等患病动物、带菌（保菌）动物和病人。

2. 传播途径　主要是经呼吸道、消化道、皮肤接触和节肢动物传播。

生存在病畜（禽）、带菌（毒）动物和病人呼吸道表面的病原体，在正常呼吸时，一般不排出，当在呼出气流强度较大时（如咳嗽、嚎叫等），病原体随同黏液或渗出物的小滴喷出体外，以飞沫、飞沫核或气溶胶的形式较长时间的悬浮于空气中。较大的颗粒在空气中短暂停留，然后落于地面，与尘土混合形成尘埃。当人或动物吸气时，就可能把含有病原体的飞沫吸入体内而感染。如流行性感冒病毒、炭疽杆菌、布鲁杆菌等。

以消化道为其侵入门户的病原体，通常不能单独侵入，需伴随水和食物等媒介物侵入。人兽共患病的病原体从传染源排出后，有相当部分直接的或间接的存在于水中。也常见有病原体排在土壤表层，其后随雨水流入水中。有些病原体在水中处于静止状态，一遇宿主即侵入其体内；也有的需在水中借助于中间宿主，完成一定的发育阶段后再进入终末宿主体内，如经饮水传播的病原体很多，常见的有致病性大肠杆菌、痢疾杆菌、沙门氏菌等。

经饮水传播的人畜共患传染病与水源类型、污染程序、饮水量的多少以及病原体在水中存活时间的长短等因素有关。

携带人畜共患病病原体的食品主要是动物性食品，如动物奶、禽蛋和肉类等。许多动物肠道内的沙门氏菌，常以污染的形式在罐头、腊肠、火腿中生存繁殖，产生内毒素。人摄入后可引起肉毒中毒。当人们生吃或半生吃了患结核或布鲁杆菌病的牛的奶，患沙门氏杆菌病的畜禽肉和蛋以及带有感染性的寄生虫的水生物时即被感染发病。由皮肤接触传播可分为直接和间接两种。即直接接触传播和间接接触传播。直接接触传播主要是与患病动物接触。如被患狂犬病的犬咬伤，与狗、猫接吻或被狗、猫舐、抓伤而感染。接羔员处理布鲁氏菌病流产羔羊、牛犊等可被感染，抚摸玩弄鹦鹉等鸟类可被衣原体感染。此外，啮齿类动物（鼠和蝙蝠）也是人类直接感染的主要媒介；间接接触传播多见于接触疫水而感染。当人在被人畜共患病病原体浸染的水中劳动、洗澡和游泳时，病原体可经皮肤或黏膜侵入体内（如钩端螺旋体）。其次见于接触土壤而感染，如破伤风、炭疽杆菌等。

节肢动物中的蚊、蝇、蟑螂、蜱、虻、虱和蚤等在共患病的传播中起着主要作用。其传播方式分两类，即机械性传播和生物学传播。机械性传播的主要方式叮咬人和动物时，即将

病原体带入新的易感机体。如牛虻在传播野兔热，蝇子传播炭疽等；生物学传播是指病原体进入节肢动物体后，在其肠腔或体腔内经过一定时间的发育或繁殖，才能感染易感机体。

3. 人与家畜的易感性 人畜共患传染病对人和家畜都有相同的侵袭力。同时，人和家畜（禽）也都有不同程度的感受性。由于人和动物的进化程序不同，受感染后所表现的临床特征也不同。有相当多的人兽共患传染病，动物感染后仅呈隐性感染，而人则不然，常表现出明显的临床症状。易感性的高低与病原体的种类、毒力强弱和易感机体的免疫状态等因素有关。如啮齿动物感染森林脑炎等病毒后常不表现异常，而人感染该病毒后则出现严重的临床症状。

三、人畜共患传染病的防治原则

人兽共患传染病也和其他疾病一样，有着各自发生、发展和消亡的过程。人类干预后，可以加速其消亡。总的防治原则有以下 5 项：

1. 做好动物的人畜共患病监测工作 动物的人畜共患病的监测即为定期的动物检疫工作。这项工作主要由兽医部门来完成。经验证明，做好动物的人兽共患病的监测工作，即能有效地控制共患病的发生与流行。因为，很多共患病都是先在动物群中发生和流行，如流行性感冒，动物群比人间发生早一个多月时间。

2. 控制和消灭感染动物 对检出的感染动物及其产品，必须按国家规定进行处理，不能因为经济等原因而放任不管。

3. 检查和治疗人群中的病例 牧民、饲养员、兽医、动物性食品加工人员、卫生防疫人员、地质工作者和军队有关人员以及从事实验室的医学工作者，是人畜共患病的高危人群，他们应该作为检查和治疗的重点。

4. 切断由动物传染至人群的途径 消灭媒介动物，加强人畜粪便及动物废弃物的管理，搞好饮食品的卫生监督是切断由动物传染至人群的途径的重要措施。

5. 提高免疫力 给人群和动物群提供相应的免疫接种可提高其免疫力。

第七节 常用兽药基础知识

一、兽药的概念

兽药是指用于预防、治疗和诊断动物疾病，或有目的地调节动物生理机能、促进动物生长、繁殖和提高生产效能的物质。

兽药根据其来源可分为天然药物，如植物性药物、动物性药物、矿物性药物、抗生素类药物；合成药物，如化学药物、人工合成抗生素类药物、生物技术药物等。

兽药根据其性质可分普通药，即安全范围大，治疗量与中毒量差距大的兽药；剧药，即治疗量与中毒量差距小的兽药；毒药，即毒性作用非常强的兽药；麻醉药，即能使动物感觉暂时消除，特别是使痛觉消除，以利于进行外科手术的药物。

二、药物的作用

药物的作用是指药物与机体之间的相互影响，即药物对机体（包括病原体）的影响或机体对药物的反应。药物对机体的作用主要是引起生理机能的加强（兴奋）或减弱（抑制），如尼可刹咪兴奋呼吸中枢（加强作用），可用于麻醉药过量或严重疾病引起的呼吸抑制的解救；咳必清具有轻度抑制咳嗽中枢作用（减弱作用），可用于剧烈干咳的对症治疗。药物对病原体的作用，主要是通过干扰其代谢而抑制其生长繁殖，如四环素、红霉素通过抑制细菌蛋白质的合成而产生抗菌作用；或破坏病原体的结构组成和功能而具有杀灭作用，如某些消毒药物。此外，补充机体维生素、氨基酸、微量元素等的不足，或增强机体的抗病力等都属药物的作用。

1. 药物作用的类型

（1）*局部作用和吸收作用*　根据药物作用部位的不同，在用药部位呈现作用的，称为局部作用，如普鲁卡因的局部麻醉作用。在药物吸收进入血液循环后呈现作用的，称为吸收作用或全身作用，如肌内注射安乃近后所产生的解热镇痛作用。

（2）*直接作用和间接作用*　从药物作用的顺序来看，药物进入机体后首先发生的原发性作用，称为直接作用。由于药物直接作用所产生的继发性作用，称为间接作用。例如，强心苷能直接作用于心脏，加强心肌的收缩力（直接作用）；由于心脏机能活动加强，血液循环改善，肾血流量增加，从而间接产生利尿作用（间接作用）。

（3）*药物作用的选择性*　药物进入机体后对各组织器官的作用并不一样，在适当剂量时对某一或某些组织或器官的作用强，而对其他组织或器官作用弱或没有作用，此即药物作用的选择性。例如，麦角新碱可选择性兴奋子宫平滑肌，而对支气管平滑肌没有作用。

选择性高的药物，往往不良反应较少，疗效较好，可有针对性地选用来治疗某些疾病。如抗感染药可选择性地抑制或杀灭侵入动物体内的病原体（如细菌或寄生虫），而对动物机体没有明显的作用，故可用来治疗相应的感染疾病。而选择性低的药物，往往不良反应多，毒性较大。如消毒药选择性很低，可直接破坏动物机体组织中的原生质，只能用于体表、环境、器具的消毒，不能体内应用。

2. 药物作用的两重性　药物进入机体之后，既可产生防治疾病的有益作用，也会产生与防治疾病无关、甚至对机体有毒性的作用，前者称为治疗作用，后者则称为不良反应。

（1）*治疗作用*　可分为对因治疗作用和对症治疗作用。

①对因治疗　消除疾病的病因的治疗作用，称对因治疗。例如使用抗菌药物、抗寄生虫药物等杀灭、抑制侵入动物机体的病原菌、寄生虫；补充氨基酸、维生素等治疗某些代谢病等都属于对因治疗。

②对症治疗　改善疾病症状的治疗作用，称对症治疗。例如：解热镇痛药解热镇痛，止咳药减轻咳嗽，利尿药促进排尿等都属于对症治疗。对症治疗不能从根本上消除病因，但在某些危重症状，如休克、心力衰竭、窒息、惊厥等出现时，应首先对症治疗，以解除危急症，再对因治疗。

（2）*不良反应*　大多数药物都或多或少地有一些不良反应，包括副作用、毒性作用、过敏反应、继发性反应等。

①副作用　药物在治疗剂量时出现的与治疗目的无关的作用，称为副作用。一般反应较轻，常可预知并可设法消除或纠正。

②毒性反应　是指药物对机体的损害作用，称为毒性作用。通常是由于使用不当，如剂量过大或使用时间过长引起，故应特别注意避免。

③过敏反应　是指某些动物个体对某种药物表现出的特殊不良反应，称为过敏反应。如用药后动物出现皮疹、皮炎、发热、哮喘及过敏性休克等异常免疫反应，一般只发生于少数个体。

④继发反应　由于药物治疗作用的结果，而间接带来的不良反应，称为继发性反应。例如长期应用广谱抗生素，抑制了许多敏感菌株，而某些抗药性菌株和真菌却大量繁殖，使肠道正常的菌群平衡被破坏，引起消化紊乱，继发肠炎或真菌病等新的疾病，这一继发性反应亦称为“二重感染”。

三、合理用药

兽医临床用药，既要做到有效地防治动物的各种疾病，又要避免对动物机体造成毒性损害或降低动物的生产性能，故必须全面考虑动物的种属、年龄、性别等对药物作用的影响，选择适宜的药物、适宜的剂型、给药途径、剂量与疗程等，科学合理地加以使用。

（一）注意动物的种属、年龄、性别和个体差异

1. 种属差异　动物种属不同，对同一药物的反应存在一定差异，多为量的差异，少数表现为质的差异。如扑热息痛对羊、兔等动物是安全有效的解热药，但用于猫即使很小剂量也会引起明显的毒性反应；此外，家禽对、喹乙醇、敌百虫等敏感，牛对汞制剂比较敏感，马属动物对盐霉素、莫能菌素比较敏感，必须十分注意。

2. 年龄、性别差异　不同的年龄、性别、怀孕或哺乳期动物，对药物的反应亦有差异。一般说来，幼龄、老龄动物对药物的敏感性较高，用药量应适当减少；母畜比公畜对药物的敏感性要高，特别是对妊娠期和哺乳期母畜，使用药物必须考虑母畜的生理特性。对妊娠动物要尽量避免使用泻药、利尿药、子宫兴奋药及其他刺激性强的药物，以免引起流产、早产等。对泌乳期动物要慎用或禁用可通过乳汁危害人体健康药物，如给奶牛、奶羊肌肉注射青霉素后，可分布于牛奶、羊奶中，人食用后可引起过敏反应，故应禁用。

3. 个体差异　同种动物中的不同个体，对药物的敏感性也存在差异，称为个体差异。如青霉素等药物可引起某些动物的过敏反应等，临床用药时应予注意。

4. 动物营养、机能状态差异　家畜营养不良，体质衰弱，劳役过度等，对药物的敏感性一般会增高，不良反应也较强烈，临床用药时应注意。

（二）注意给药途径、剂量与疗程

1. 给药途径　不同的给药途径可直接影响药物的吸收速度和血中的药物浓度（简称血药浓度）的高低，从而决定着药物作用出现的快慢、维持时间长短和药效的强弱，有时还会引起药物作用性质的改变。故临床上应根据病情缓急、用药目的及药物本身的性质来确定适宜的给药途径。对危重病例，宜采用注射给药；治疗肠道感染或驱除肠道寄生虫时，宜内服给药。

2. 剂量　药物的剂量是决定药物效应的关键因素，用药量小达不到治愈目的，用量过大则会引起中毒甚至死亡，必须严格掌握药物的剂量范围，并按规定的时间和次数用药。

3. 疗程　为达到治愈疾病的目的，大多数药物都要连续或间歇性地反复用药一段时间，称之为疗程。疗程的长短取决于动物疾病性质和病情需要。一般而言，对症治疗药物如解热药、利尿药、镇痛药等，一旦症状缓解或改善，可停止使用或进一步作对因治疗；而对动物感染细菌、病毒、支原体等传染病时，一定要治疗彻底，疗程要足够，一般要用药 3～5 天。

疗程不足或症状改善即停止用药，一是易导致病原体产生耐药性，二是疾病易复发。

（三）注意药物的配伍禁忌

临床上为了提高疗效，减少药物的不良反应，常需同时或短期内先后使用两种或两种以上的药物，称联合用药。

几种药物配伍使用，会使药物作用发生变化，表现为：

（1）协同作用　两种药物合并应用，使药效增强或不良反应减轻的称为协同作用。

（2）颉颃作用　两种药物合并应用后，使药效降低或消失的，称为颉颃作用。

（3）配伍禁忌　两种或两种以上药物配合在一起时，会产生不应有的不良变化的，称为配伍禁忌。

兽医工作者应选择具有明确协同作用的药物联用，如磺胺药配伍抗菌增效剂；不宜随意将两种或多种药物联合使用。通常使用一种药物可以的，不应使用多种药物，少用几种药物可以的，不必使用许多药物进行治疗，即做到少而精、安全有效，避免盲目配伍。

（四）注意药物在动物性产品中的残留

药物残留是指给动物应用兽药或饲料添加剂后，药物的原型及其代谢物蓄积或贮存在动物的组织、细胞、器官或可食性产品中。兽药残留间接危害人体健康。如人们食用残留有药物的肉用食品后，可引起耐药性传递、中毒、过敏、致畸或致癌等不良反应。

为保证人类的健康，国家对用于食品动物的抗生素、合成抗菌药、抗寄生虫药、激素等，规定了最高残留限量和休药期，对有些药物，还提出有应用限制，故给食品动物用药时，必须注意有关药物的休药期和应用限制等规定。

四、常用兽药

常用兽药包括消毒防腐药、抗微生物药、抗寄生虫药等，详见附录二。

五、兽用生物制品

（一）兽用生物制品的概念

兽用生物制品是指用天然的或人工改造的微生物、寄生虫、生物毒素或生物组织及代谢产物为原材料，采用生物学、化学、生物化学或分子生物学等技术制成的生物活性制品，用于预防、治疗和诊断动物疾病。

（二）兽用生物制品分类

狭义兽用生物制品包括疫苗、免疫血清和诊断制剂，广义的生物制品还包括各种血液制剂、肿瘤免疫、移植免疫及自身免疫病等非传染性疾病的免疫诊断、治疗及预防制剂以及提高动物机体非特异性抵抗力的免疫增强剂等生物制品。

1. 疫苗　用于人工主动免疫的生物制品，称为疫苗。

（1）常规疫苗

①灭活疫苗　又称死疫苗或灭能疫苗。是指用标准强毒菌种、毒种或免疫原性良好的弱毒株，经人工大量培养后，用物理、化学的方法将其杀死（灭活）而制成的疫苗。如鸡新城疫灭活疫苗、猪丹毒灭活疫苗等。灭活疫苗的优点是研制、生产方便，使用安全，易于保存、运输；缺点是接种剂量较大，免疫效力较差，免疫期较短。灭活疫苗又由于所用佐剂不同，又有不溶性铝盐胶体佐剂（氢氧化铝胶、明矾等）、油水乳佐剂、蜂胶佐剂等不同剂型

灭活苗。

②活疫苗　又称弱毒疫苗。是指应用通过人工诱变获得的弱毒株或者是筛选的自然减弱的天然弱毒株或丧失毒力的无毒株所制成的疫苗。如，猪瘟活疫苗、鸡新城疫低毒力活疫苗等。活疫苗的优点是可用较少的免疫剂量诱导动物机体产生坚强的免疫力，免疫期长；缺点是：有的可能散毒，贮存和运输要求条件较高。

活疫苗又可以分为同源疫苗和异源疫苗。用引起某种传染病的病原微生物或该种病源微生物的减毒或无毒的变种制成的疫苗，以预防该种传染病的疫苗称为同源疫苗。例如，猪瘟活疫苗、鸡新城疫活疫苗等。用与所要预防的传染病的病原微生物具有共同保护性抗原不同种的病原微生物制成的疫苗称为异源疫苗。例如，鸡马立克氏病火鸡疱疹病毒活疫苗，是采用火鸡疱疹病毒株制成的用于预防鸡马立克氏病的。

（2）*亚单位疫苗*　利用微生物的一种或几种亚单位或亚结构制成的疫苗称为微生物亚单位疫苗或亚结构疫苗。亚单位疫苗可免除全微生物疫苗的一些副作用，保证了疫苗的安全性。

（3）*分子生物技术疫苗*　是指利用分子生物技术制备的疫苗。包括：基因工程疫苗、合成肽疫苗、抗独特型疫苗、核酸疫苗等。

（4）*多价苗与联合苗*

①多价疫苗　是指将同种微生物不同血清型的病原微生物混合而制成的疫苗。例如，仔猪大肠埃希氏菌病三价活疫苗、鸡马立克氏病双价活疫苗等。

②联合疫苗　是指由两种以上不同种的病原微生物联合制成的疫苗，一次免疫可达到预防几种疾病的目的。如猪瘟、猪丹毒、猪多杀性巴氏杆菌病三联活疫苗，羊快疫、猝狙、肠毒血症三联灭活疫苗等。

2. 免疫血清　动物经反复多次注射同一种病原微生物或疫苗等抗原物质后，机体的体液中，尤其是血清中就产生大量抗此抗原的抗体，采取此种动物的血液分离的血清，称为免疫血清、高免血清、抗血清等，用于治疗或紧急预防由特定病原引起的传染病。免疫血清可以分为：

（1）*抗毒素*　是指用毒素或类毒素为抗原多次免疫动物（马）而获得的免疫血清，称为抗毒素。如破伤风抗毒素等。

（2）*抗血清*　是指用病原微生物或疫苗等抗原物质多次免疫动物而获得的免疫血清，称抗血清。如抗猪瘟血清等。

（3）*高免卵黄*　是指用病原微生物或疫苗等抗原物质多次免疫鸡，收取所产的蛋，经加工制备成的高免卵黄注射液。如鸡法氏囊高免卵黄注射液、鸡新城疫高免卵黄注射液等。

3. 诊断液　运用免疫学抗原与抗体特异性结合的原理，利用微生物、寄生虫或其代谢产物，或含有特异性抗体的血清制成的，专供诊断动物传染病、寄生虫病或检测动物免疫状态及鉴定病原微生物的生物制品称为诊断制剂或诊断液。

诊断液包括诊断抗原和诊断抗体（血清）两大类。

（1）*诊断抗原*　又分为变态反应抗原，如鼻疽菌素、结核菌素等；血清反应性抗原，如凝集反应抗原、沉淀反应抗原、补体结合反应抗原等。

（2）*诊断抗体（血清）*　又分为多价诊断血清，即含有多个血清型抗体的血清；单价诊断血清又称因子血清、分型血清，即只含一个血清型抗体的血清；标记抗体，即具有示踪效应的化学物质与抗体结合物，如荧光素标记抗体、酶标记抗体等；此外还有单克隆抗体等。

（三）兽用生物制品贮藏

兽用生物制品是一种特殊商品，其贮藏需要一定的条件，否则将影响生物制品的质量，降低生物制品的效力，甚至失效。为了保障兽用生物制品的质量和使用效果，生物制品的生产、经营、使用单位均应作好生物制品的贮藏工作，避免在贮藏过程中使兽用生物制品的效力发生变化。

1. 建立必要的贮藏设施 生物制品生产、经营、使用者必须设置相应的冷藏设备，如能自动调节温度冷藏库、活动冷藏库、冰柜、液氮罐、冰箱、冷藏箱、地下室等。贮藏生物制品的地方应放置温度计，固定专人负责，每日检查并记录贮藏温度，发现温度过高过低时，均应迅速采取措施。

2. 严格按规定的温度贮藏 温度是影响生物制品效力的主要因素。每种生物制品的合理贮藏温度，标签和说明书上都有明确规定，生产、经营、使用者要严格按照每种疫苗规定的贮藏温度进行贮藏。活疫苗一般要求－15℃以下贮藏，但鸡马立克病活疫苗必须在－196℃液氮中贮藏。灭活疫苗、免疫血清、诊断液等一般要求2～8℃贮藏，温度不能过高，也不能低于0℃，不能冻结。如果超越此限度，温度愈高影响愈大。如鸡新城疫中等毒力活疫苗在－15℃以下贮藏，有效期为2年；在0～4℃贮藏，有效期为8个月；在10～15℃贮藏，有效期为3个月；在25～30C贮藏，有效期为10天。猪瘟活疫苗，在－15℃贮藏，有效期为12个月；在0～8℃贮藏，有效期为6个月；8～25℃贮藏，有效期为10天。如已在－15℃贮藏一段时间后移入8℃贮藏，其保存时间应减半计算。

生物制品贮藏期间，温度忽高忽低，生物制品反复冻结及溶解危害更大，更应注意。

需要说明的是冻干苗的贮藏温度与冻干保护剂的性质有密切关系，一些冻干苗可以在4～6℃贮藏，因为用的是耐热保护剂。

3. 避光贮藏 光线照射，尤其阳光的直射，均有损生物制品的质量，所有生物制品都应严防日光暴晒，贮藏于冷暗干燥处。

4. 防止受潮 环境潮湿，易长霉菌，可能污染生物制品，并容易使瓶签字迹模糊和脱落等。因此，应把生物制品贮藏于干燥或有严密保护及除湿装备的地方。

5. 分类贮藏 兽用生物制品应按品种和有效期分类贮藏于一定的位置，并加上明显标志，以免混乱而造成差错和不应有的损失。超过规定贮藏时间或已过失效期的生物制品，必须及时清除及销毁。

6. 包装要完整 在贮藏过程中，应保证兽用生物制品的内、外包装完整无损，以防被病原微生物污染及无法辨别其名称、有效期等。

（四）兽用生物制品运输

1. 生物制品在运输过程中要采取降温、保温措施。根据运输生物制品要求的温度和数量，选用冷藏车、保温箱、冰瓶、液氮罐等设备，保证在适宜温度下运输，特别要防止温度变化无常而引起生物制品反复冻融。如果在夏季运送，应采取降温设备，冬季运送灭活疫苗，则应防止制品冻结。

2. 要用最快的运输方法（飞机、火车、汽车等）运输，尽量缩短运输时间。

3. 要采取防震减压措施，防止生物制品包装瓶破损。

4. 要避免日光暴晒。

（五）兽用生物制品使用

经营和使用单位收到生物制品后应立即清点，尽快放到规定的温度下贮藏，如发现运输条件不符合规定，包装不符合规格，或者货、单不符，批号不清等异常现象时，应及时与生产企业联系解决。

使用生物制品必须在兽医指导下进行；必须按照兽用生物制品说明书及瓶签上的内容及农业部发布的其他使用管理规定使用；对采购、使用的兽用生物制品必须核查其包装、生产单位、批准文号、产品生产批号、规格、失效期、产品合格证、进货渠道等，并应有书面记录；在使用兽用生物制品的过程中，如出现产品质量及技术问题，必须及时向县级以上农牧行政管理机关报告，并保存尚未用完的兽用生物制品备查；订购的兽用生物制品，只许自用，严禁以技术服务、推广、代销、代购、转让等名义从事或变相从事兽用生物制品经营活动。

（六）兽用生物制品的废弃与处理

1. 废弃 兽用生物制品有下列情况时应予废弃：无标签或标签不过完整者；无批准文号者；疫苗瓶破损或瓶塞松动者；瓶内有异物或摇不散凝块者；有腐败气味或已发霉者；颜色改变、发生沉淀、破乳或超过规定量的分层、无真空等性状异常者；超过有效期者。

2. 处理 不适于应用而废弃的灭活疫苗、免疫血清及诊断液，应倾于小口坑内，加上石灰或注入消毒液，加土掩埋；活疫苗，应先采用高压蒸汽消毒或煮沸消毒方法消毒，然后再掩埋；用过的活疫苗瓶，必须采用高压蒸汽消毒或煮沸消毒方法消毒后，方可废弃；凡被活疫苗污染的衣物、物品、用具等，应当用高压蒸汽消毒或煮沸消毒方法消毒；污染的地区，应喷洒消毒液。

第八节　动物卫生防疫基础知识

一、动物饲养场场址选择的动物防疫条件要求

动物饲养场应根据饲养动物的种类、品种、用途和当地地理、气候等条件，按照有利防疫、方便生产的原则，选择饲养场的地址，在选择场址时应基本符合以下条件。

1. 饲养场要选择地势较高、平坦、干燥，水源充足、水质良好、排水方便、无污染、供电和交通方便的地方。

2. 距离铁路、公路（国道、省道等干线）、城镇、居民区、学校、公共场所和水源1 000米以上。

3. 距离医院、屠宰场、动物饲养场、动物产品加工厂、垃圾场及污水处理场等2 000米以上。

4. 无或不直接受工业“三废”及农业、城镇生活、医疗废弃物的污染。距离危害动物健康的大型化工厂、厂矿等3 000米以外。

5. 动物饲养场周围环境，空气质量应符合《畜禽场环境质量标准》（NY/T388—1999）。

二、动物饲养场建筑布局的防疫要求

动物饲养场的建筑应当按照保护人畜健康，人员、动物、物资运转单一流向，利于防

疫，便于饲养，节约用地的原则，结合当地自然条件，按人、畜、污的顺序，因地制宜地进行建筑。

1. 要分区规划。职工生活区、行政管理区、辅助生产区、生产区、病死动物和粪便污水处理区应当分开，相距一定距离并有隔离带或墙，特别是生活区和生产区要严格分开。

2. 要根据主导风向和地形地势，按照职工生活区、生产管理区、生产区、病死动物和粪便污水处理区的顺序由上风头、地势较高处往下风头、地势较低处排列。生产区应位于最安全的位置，生活区应位于不受污染的位置，病死动物和粪便污水处理区应位于下风向、地势较低处，距离生产区 50 米以上。

3. 动物饲养厂生产区入口处要建宽于门口、长于汽车轮一周半的水泥结构的消毒池（车辆消毒通道）和值班室（严格管理出入人员），以及更衣、淋浴、消毒室（人员消毒通道，该室应单一流向，出、入口分开）。

4. 畜（禽）舍入口要建宽于门口、长 1.5 米的消毒池。

5. 动物饲养场四周要建筑围墙或其屏障，防止人和动物进入场内。

6. 有条件的饲养场要自建深水井或水塔，用管道将水直接送至畜（禽）舍或使用自动饮水装置。

7. 要建立贮料库。贮料库要建在紧靠围墙处，外门向生产区外，用于卸料；内门向生产区，用场内运料车将料运送至畜（禽）舍。或使用自动送料设备更好。贮料库要有良好的防鼠、防鸟设施，具备熏蒸消毒条件。

8. 栋舍之间距离应符合防火和防疫要求，一般应为檐高的 3～5 倍。

9. 道路建筑应污道和净道分设，互不交叉。

三、建筑物的卫生防疫要求

畜（禽）舍要隔热、保温、通风良好，要有良好的防鸟、防鼠设施；地面要坚实、平整、不积水、不渗透、耐酸碱，室内应比室外高 20 厘米；墙面要平整、光滑、不渗透、不脱落、耐酸碱；道路要坚硬、不渗透、平坦、不积水；畜（舍）周围 2 米以内应硬化，便于消毒。

四、饲料及饲养卫生

饲料是动物生长、发育、繁殖、生产必需的营养物质，其质量直接影响动物健康和其产品质量。

1. 要根据饲养动物种类、品种、用途、生长发育阶段等动物的营养需要，饲喂全价配合饲料，满足动物生长、发育、繁殖、生产的需要。

2. 要保证饲料清洁卫生。饲料加工、贮存场所要做好防鸟、杀虫、灭鼠工作，防止在饲料加工、运输、贮存过程中被鸟（麻雀等）、鼠的粪便等污染；饲料库要通风、防潮，防止饲料发霉和变质。

3. 饲料质量应符合“饲料卫生标准”。

4. 饲料从场外运至贮料库，要进行熏蒸消毒后，方可使用。

5. 料槽、饲养用具要经常洗刷、消毒；饲养员要保持清洁卫生，喂料前应用消毒液洗手，防止污染饲料。

6. 禁止饲喂发霉、变质、污染的饲料。

五、饮水卫生

水是动物生长、发育、繁殖、生产的重要物质，水的质量直接影响动物健康和其产品的质量。

1. 饮水供给要充足。

2. 饮水要清洁、卫生，质量应符合《畜禽饮用水水质》标准（NY5027－2001）。

3. 要经常清洗、消毒饮水设备，避免病原微生物孳生，污染饮水。

六、环境卫生

搞好环境卫生，对保障动物健康是非常重要的。饲养场的环境卫生包括畜（禽）舍卫生和生产区卫生。

（一）畜（禽）舍卫生

为了杀灭畜（禽）舍内的病原微生物，保证动物健康，必须建立畜（禽）舍卫生、消毒制度并认真贯彻执行。

每天清扫畜（禽）舍的走道、工作间、用具、设备、地面等；及时清除粪便等；每天清扫、洗刷、消毒料槽、水槽；经常进行带畜（禽）消毒；饲养人员要坚守岗位，不得串栋；畜（禽）舍内用具要有标记，固定本舍使用，不得串用；饲养人员在接触动物、动物产品（蛋）、饲料、饮水等前必须用消毒水洗手；定期进行全面彻底的清扫和消毒；坚持“全进全出”饲养管理制度，每批动物出栏后，畜（禽）舍必须经彻底清扫、认真冲洗、喷洒消毒药、熏蒸消毒，并空舍一定时间，方可再饲养动物；实行纵向通风和正压过滤通风；畜（禽）要温度、湿度适宜、通风良好、光照适宜，饲养密度适宜，有利于动物生长发育；做好防鸟、杀虫、灭鼠。

（二）生产区卫生

生产区必须经常保持清洁卫生，划分责任区，固定专人负责，定期进行清扫、消毒；净道只能运输饲料、产品（蛋等）等，污道只能运输粪便、垃圾、病死动物等；粪便、污水、病死动物、废弃物等禁止乱堆、乱扔，必须堆放在指定地点，并进行无害化处理；场区应绿化，场内禁止饲养其他动物和禁止场外动物进入；场内食堂不得在外面随意购买动物产品；做好杀虫、灭鼠工作。

七、用具车辆消毒

生产区内、外车辆、用具必须严格分开，生产区内车辆、用具只限在生产区内使用，不准出生产区；生产区外车辆、用具不准进入生产区，必须进入时，需经主管领导批准，经认真消毒后方准进入。

八、人员卫生

生产人员必须定期进行健康检查，患人畜共患传染病者不得直接从事生产；凡进入生产区的人员（包括生产区人员外出重返工作岗位时），必须经淋浴、消毒、更换消毒工作衣、鞋、帽方可进入（工作衣、鞋、帽要定期消毒）；谢绝外来人员进入生产区，必须进入时，需经主管领导批准，并经淋浴、消毒、更换消毒工作衣、鞋、帽，在场内人员陪同下，方可进入；进入畜（禽）舍要脚踏消毒池（或消毒盆）和用消毒水洗手后方可进入；生产区人员家中不得饲养同本场相同的动物；维修工或其他工作人员需要由一栋转移到另一栋时，要重新经消毒、更换消毒工作衣、鞋、帽方可转移。

第九节　畜禽标识识别及佩带

畜禽标识（农业部规定全国统一使用二维码牲畜耳标，以下简称牲畜耳标）是追溯体系建设的基本信息载体。牲畜耳标采用了二维码技术，用于标识牲畜个体身份，为信息采集提供快速通道。牲畜耳标的核心部分是二维码和编码。二维码是采用加密技术的行业专用码，具有贮存、防伪等多种功能；编码由 1 位牲畜种类编码＋6 位县级区划编码＋8 位标识顺序流水号共计 15 位数字组成。

一、牲畜耳标样式

（一）耳标组成及结构

牲畜耳标由主标和辅标两部分组成。主标由主标耳标面、耳标颈、耳标头组成。辅标由辅标耳标面和耳标锁扣组成。

（二）耳标形状

1. 猪耳标　圆形。主标耳标面为圆形，辅标耳标面为圆形。

2. 牛耳标　铲形。主标耳标面为圆形，辅标耳标面为铲形。

图 2-20　猪耳标示意图

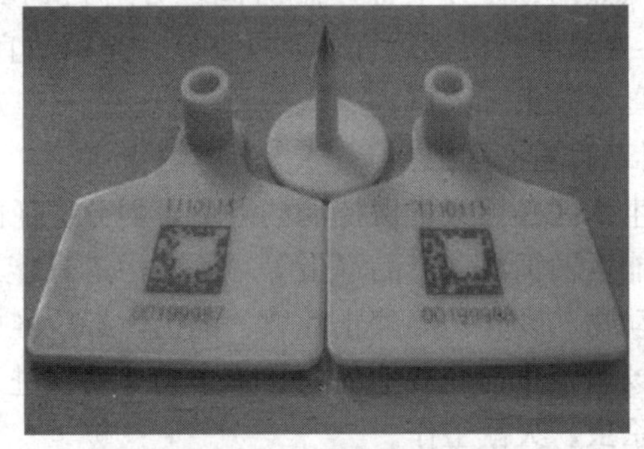

图 2-21　牛耳标示意图

3. 羊耳标　半圆弧的长方形。主标耳标面为圆形，辅标耳标面为带半圆弧的长方形。

（三）牲畜耳标颜色

猪耳标为肉色，牛耳标为浅黄色，羊耳标为橘黄色。

（四）耳标编码

耳标编码由激光刻制，猪耳标刻制在主标耳标面正面，排布为相邻直角两排，上排为主编码，右排为副编码。牛、羊耳标刻制在辅标耳标面正面，编码分上、下两排，上排为主编码，下排为副编码。专用条

图 2-22　羊耳标示意图

码由激光刻制在主、副编码中央。

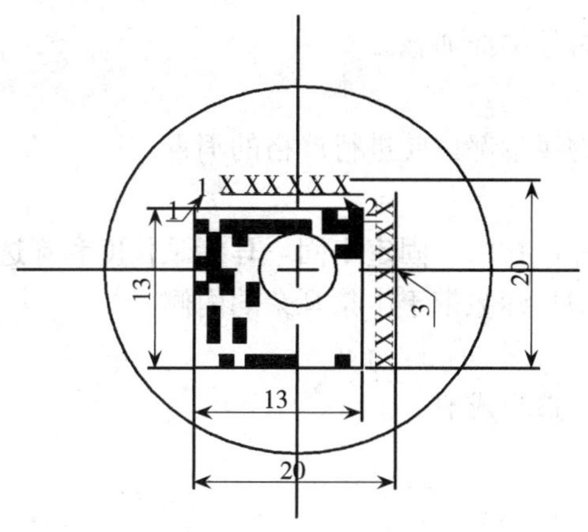

图 2-23　猪耳标编码示意图
1. 代表猪　2. 县行政区划代码　3. 动物个体连续码

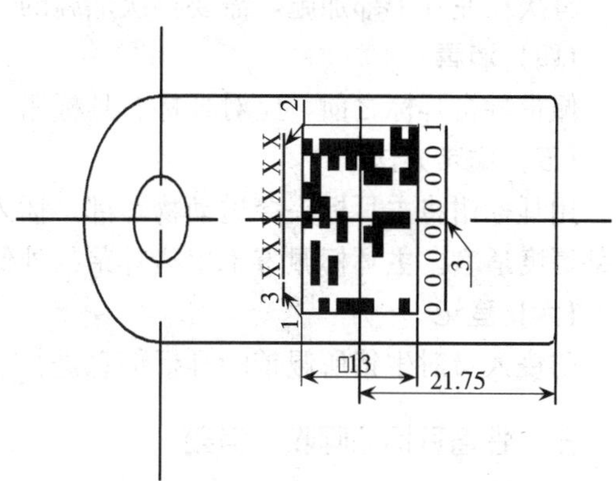

图 2-24　羊耳标编码示意图
1. 代表羊　2. 县行政区划代码　3. 动物个体连续码

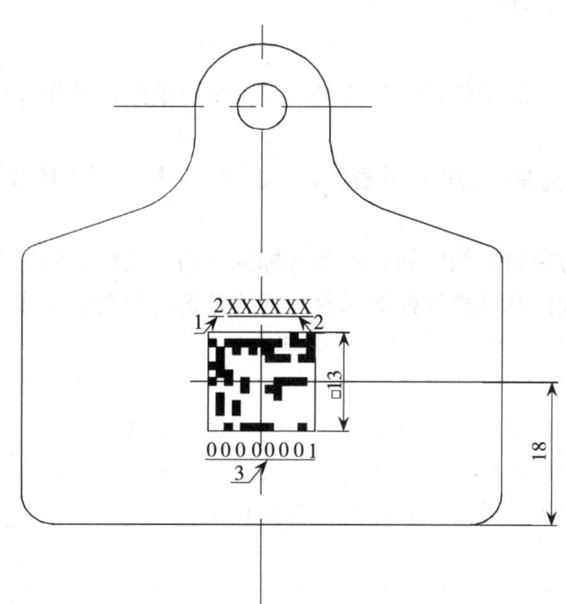

图 2-25　牛耳标编码示意图
1. 代表牛　2. 县行政区划代码　3. 动物个体连续码

二、牲畜耳标的佩带

（一）佩带时间

新出生牲畜，在出生后 30 天内加施牲畜耳标；30 天内离开饲养地的，在离开饲养地前加施；从国外引进的牲畜，在到达目的地 10 日内加施。牲畜耳标严重磨损、破损、脱落后，应当及时重新加施，并在养殖档案中记录新耳标编码。

（二）佩带工具

耳标佩带工具使用耳标钳，耳标钳由牲畜耳标生产企业提供，并与本企业提供的牲畜耳标规格相配备。

（三）佩带位置

首次在左耳中部加施，需要再次加施的，在右耳中部加施。

（四）消毒

佩带牲畜耳标之前，应对耳标、耳标钳、动物佩带部位要进行严格的消毒。

（五）佩带方法

用耳标钳将主耳标头穿透动物耳部，插入辅标锁扣内，固定牢固，耳标颈长度和穿透的耳部厚度适宜。主耳标佩带于生猪耳朵的外侧，辅耳标佩带于生猪耳朵的内侧。

（六）登记

防疫人员对生猪所佩带的耳标信息进行登记，造户成册。

三、牲畜耳标的回收与销毁

（一）回收

猪、牛、羊加施的牲畜耳标在屠宰环节由屠宰企业剪断收回，交当地动物卫生监督机构，回收的耳标不得重复使用。

（二）销毁

回收的牲畜耳标由县级动物卫生监督机构统一组织销毁，并作好销毁记录。

（三）检查

县级以上动物卫生监督机构负责牲畜饲养、出售、运输、屠宰环节牲畜耳标的监督检查。

（四）记录

各级动物疫病预防控制机构应做好牲畜耳标的订购、发放、使用等情况的登记工作。各级动物卫生监督机构应做好牲畜耳标的回收、销毁等情况的登记工作。

[本章小结]

本章主要学习了畜禽解剖生理基础知识，动物病理学基础知识，兽医微生物与急救学基础知识，动物传染病防治基础知识，动物寄生虫病防治基础知识，人畜共患传染病防治基础知识，常用兽药基础知识及动物卫生防疫基础知识等。

[复习题]

1. 畜体由哪些系统构成，各系统的主要功能是什么？
2. 家禽的解剖与生理特征有哪些？
3. 动物常见的局部病理变化有哪些？
4. 微生物的种类有哪些？外界环境因素对微生物的影响有哪些？
5. 简述免疫的概念和基本功能？
6. 简述动物传染病的概念、传播途径和防治措施。
7. 简述动物寄生虫的概念和防治措施。
8. 简述人畜共患传染病的定义、分类和防治原则。
9. 简述兽药的概念、作用和科学合理使用兽药的注意事项。
10. 简述动物饲养管理各环节的卫生防疫要求和具体消毒方法。

第三章 相关法律、法规知识

第一节 《中华人民共和国动物防疫法》知识

《中华人民共和国动物防疫法》于1997年7月3日第八届全国人民代表大会常务委员会第二十次会议通过，1997年7月3日中华人民共和国主席令第八十七号公布，自1998年1月1日起施行。它是我国动物防疫工作的第一部法律，为动物防疫工作提供了法律保障。它对动物疫病的预防、动物疫病的控制和扑灭、动物和动物产品的检疫、动物防疫监督及其违反本法应当承担的法律责任作了详尽的规定。为了更好地预防和控制重大动物疫病，保障公共卫生安全和社会稳定，2007年8月30日，中华人民共和国第十届全国人民代表大会常务委员会第二十九次会议对《中华人民共和国动物防疫法》进行了修订并获得通过，国家主席胡锦涛签署第七十一号主席令予以公布，自2008年1月1日起施行。

一、立法目的

为了加强对动物防疫活动的管理，预防、控制和扑灭动物疫病，促进养殖业发展，保护人体健康，维护公共卫生安全，制定本法。

二、适用范围

本法适用于在中华人民共和国领域内的动物防疫及其监督管理活动。进出境动物、动物产品的检疫，适用《中华人民共和国进出境动植物检疫法》。

三、调整对象

本法从动物、动物产品、动物疫病、动物防疫四个方面对调整对象作了规定。

本法所称动物，是指家畜家禽和人工饲养、合法捕获的其他动物。

本法所称动物产品，是指动物的肉、生皮、原毛、绒、脏器、脂、血液、精液、卵、胚胎、骨、角、头、蹄、筋以及可能传播动物疫病的奶、蛋等。

本法所称动物疫病，是指动物传染病、寄生虫病。

本法所称动物防疫，包括动物疫病的预防、控制、扑灭和动物、动物产品的检疫。

四、主要内容

本法针对现实生活中的突出问题，总结实践经验，按照预防为主、从严管理，促进养殖业生产、保护人体健康的精神，修订完善了一系列相应的制度和措施，主要是：

1. 规定了国家对动物防疫工作实行预防为主的方针

2. 规定了动物防疫工作的管理体制 国务院兽医行政管理部门主管全国的动物防疫工作。县级以上地方人民政府兽医行政管理部门主管本行政区域内的动物防疫工作。县级以上人民政府其他部门在各自的职责范围内做好动物防疫工作。县级以上人民政府所属的动物卫生监督机构依照本法规定，负责动物、动物产品的检疫工作和其他有关动物防疫的监督管理执法工作。县级以上地方人民政府建立的动物疫病预防控制机构，承担动物疫病的监测、检测、诊断、流行病学调查、疫情报告以及其他预防、控制等技术工作。

3. 规定了动物疫病有关预防措施

（1）完善了强制免疫制度　明确规定国家对严重危害养殖业生产和人体健康的动物疫病实施强制免疫，饲养动物的单位和个人应当履行动物疫病强制免疫义务，做好强制免疫工作。

（2）健全了疫情监测和预警制度　规定国务院兽医主管部门应当制定国家动物疫病监测计划。省、自治区、直辖市人民政府兽医主管部门应当根据国家动物疫病监测计划，制定本行政区域的动物疫病监测计划。动物疫病预防控制机构应当按照国务院兽医主管部门的规定，对动物疫病的发生、流行等情况进行监测；从事动物饲养、屠宰、经营、隔离、运输以及动物产品生产、经营、加工、贮藏等活动的单位和个人不得拒绝或者阻碍。国务院兽医主管部门和省、自治区、直辖市人民政府兽医主管部门应当根据对动物疫病发生、流行趋势的预测，及时发出动物疫情预警。地方各级人民政府接到动物疫情预警后，应当采取相应的预防、控制措施。

（3）对相关活动实施行政许可制度　明确规定动物饲养场（养殖小区）和隔离场所，动物屠宰加工场所，以及动物和动物产品无害化处理场所，应当符合规定的动物防疫条件，兴办动物饲养场（养殖小区）和隔离场所，动物屠宰加工场所，以及动物和动物产品无害化处理场所，应当向县级以上地方人民政府兽医主管部门提出申请。

（4）规定了动物疫情的报告、通报和公布制度　明确了疫情报告主体。规定从事动物饲养、屠宰、诊疗等活动的单位和个人发现动物染疫、疑似染疫的，要立即向当地兽医主管部门、动物卫生监督机构或者兽医技术机构报告，任何单位和个人都不得瞒报、谎报、迟报，也不得阻碍他人报告。明确了疫情认定程序。规定动物疫情由县级以上兽医主管部门认定，其中重大动物疫情要经过省级以上兽医主管部门认定，必要时由农业部认定。规范了疫情公布制度。规定农业部应当及时向社会公布动物疫情，也可以根据需要授权省级兽医主管部门公布当地的动物疫情，其他任何单位和个人不得发布动物疫情。

（5）对动物疫病的控制和扑灭作出了明确规定　规定了发生一、二、三类动物疫病时，应当采取的措施。当发生一类动物疫病时，当地县级以上地方人民政府兽医主管部门应当立即派人到现场，划定疫点、疫区、受威胁区，调查疫源，及时报请本级人民政府对疫区实行封锁。疫区范围涉及两个以上行政区域的，由有关行政区域共同的上一级人民政府对疫区实行封锁，或者由各有关行政区域的上一级人民政府共同对疫区实行封锁。必要时，上级人民政府可以责成下级人民政府对疫区实行封锁。县级以上地方人民政府应当立即组织有关部门和单位采取封锁、隔离、扑杀、销毁、消毒、无害化处理、紧急免疫接种等强制性措施，迅速扑灭疫病。在封锁期间，禁止染疫、疑似染疫和易感染的动物、动物产品流出疫区，禁止非疫区的易感染动物进入疫区，并根据扑灭动物疫病的需要对出入疫区的人员、运输工具及有关物品采取消毒和其他限制性措施。

4. 动物和动物产品的检疫规定　明确规定了由官方兽医具体实施动物、动物产品检疫。屠宰、出售或者运输动物以及出售或者运输动物产品前，货主应当按照国务院兽医主管部门的规定向当地动物卫生监督机构申报检疫。实施现场检疫的官方兽医应当在检疫证明、检疫

标志上签字或者盖章，并对检疫结论负责。

5. 动物诊疗制度

(1) 规定从事动物诊疗活动的机构，应当具备与动物诊疗活动相适应并符合动物防疫条件的场所；有与动物诊疗活动相适应的执业兽医；有与动物诊疗活动相适应的兽医器械和设备；有完善的管理制度。

(2) 设立从事动物诊疗活动的机构，应当向县级以上地方人民政府兽医主管部门申请动物诊疗许可证。受理申请的兽医主管部门应当依照本法和《中华人民共和国行政许可法》的规定进行审查。经审查合格的，发给动物诊疗许可证；不合格的，应当通知申请人并说明理由。申请人凭动物诊疗许可证向工商行政管理部门申请办理登记注册手续，取得营业执照后，方可从事动物诊疗活动。

(3) 国家实行执业兽医资格考试制度。具有兽医相关专业大学专科以上学历的，可以申请参加执业兽医资格考试；考试合格的，由国务院兽医主管部门颁发执业兽医资格证书；从事动物诊疗的，还应当向当地县级人民政府兽医主管部门申请注册。执业兽医资格考试和注册办法由国务院兽医主管部门商国务院人事行政部门制定。

(4) 经注册的执业兽医，方可从事动物诊疗、开具兽药处方等活动。但是，本法第五十七条对乡村兽医服务人员另有规定的，从其规定。

6. 保障措施

(1) 县级以上人民政府应当将动物防疫纳入本级国民经济和社会发展规划及年度计划。县级人民政府和乡级人民政府应当采取有效措施，加强村级防疫员队伍建设。县级人民政府兽医主管部门可以根据动物防疫工作需要，向乡、镇或者特定区域派驻兽医机构。县级以上人民政府按照本级政府职责，将动物疫病预防、控制、扑灭、检疫和监督管理所需经费纳入本级财政预算。县级以上人民政府应当储备动物疫情应急处理工作所需的防疫物资。对在动物疫病预防和控制、扑灭过程中强制扑杀的动物、销毁的动物产品和相关物品，县级以上人民政府应当给予补偿。具体补偿标准和办法由国务院财政部门会同有关部门制定。因依法实施强制免疫造成动物应激死亡的，给予补偿。具体补偿标准和办法由国务院财政部门会同有关部门制定。

(2) 对从事动物疫病预防、检疫、监督检查、现场处理疫情以及在工作中接触动物疫病病原体的人员，有关单位应当按照国家规定采取有效的卫生防护措施和医疗保健措施。

第二节 《畜禽标识和养殖档案管理办法》知识

为了规范畜牧业生产经营行为，加强畜禽标识和养殖档案管理，建立畜禽及畜禽产品可追溯制度，有效防控重大动物疫病，保障畜禽产品质量安全，依据《中华人民共和国畜牧法》、《中华人民共和国动物防疫法》和《中华人民共和国农产品质量安全法》等，制定的《畜禽标识和养殖档案管理办法》于 2006 年 6 月 16 日农业部第 14 次常务会议审议通过。

一、免疫标识概念

本办法所称畜禽标识是指经农业部批准使用的耳标、电子标签、脚环以及其他承载畜禽信息的标识物。

二、适用范围

在中华人民共和国境内从事畜禽及畜禽产品生产、经营、运输等活动，应当遵守本办法。

三、主管部门

农业部负责全国畜禽标识和养殖档案的监督管理工作。

县级以上地方人民政府畜牧兽医行政主管部门负责本行政区域内畜禽标识和养殖档案的监督管理工作。

四、主要内容

包括免疫标识和养殖档案等相关内容，详见《畜禽标识和养殖档案管理办法》。

第三节 《兽药管理条例》知识

一、立法目的

为了加强兽药管理，保证兽药质量，防治动物疾病，促进养殖业的发展，维护人体健康，制定本条例。自 2004 年 11 月 1 日起施行。

二、适用范围

在中华人民共和国境内从事兽药的研制、生产、经营、进出口、使用和监督管理，应当遵守本条例。

三、主管部门

国务院兽医行政管理部门负责全国的兽药监督管理工作。县级以上地方人民政府兽医行政管理部门负责本行政区域内的兽药监督管理工作。

四、主要内容

包括兽药和兽用生物制品管理等相关内容，详见《兽药管理条例》。

第四节 《重大动物疫情应急条例》知识

《重大动物疫情应急条例》于 2005 年 11 月 16 日国务院第 113 次常务会议通过，自公布之日起施行。

一、概念

本条例所称重大动物疫情，是指高致病性禽流感等发病率或者死亡率高的动物疫病突然发生，迅速传播，给养殖业生产安全造成严重威胁、危害，以及可能对公众身体健康与生命安全造成危害的情形，包括特别重大动物疫情。

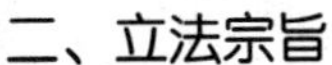

二、立法宗旨

为了迅速控制、扑灭重大动物疫情，保障养殖业生产安全，保护公众身体健康与生命安全，维护正常的社会秩序，根据《中华人民共和国动物防疫法》，制定本条例。

三、指导方针

重大动物疫情应急工作应当坚持加强领导、密切配合，依靠科学、依法防治，群防群控、果断处置的方针，及时发现，快速反应，严格处理，减少损失。

四、主要内容

包括应急准备、应急处理、法律责任等相关内容，详见《重大动物疫情应急条例》。

[本章小结]

本章主要学习了《中华人民共和国动物防疫法》、《畜禽标识和养殖档案管理办法》、《兽药学管理条例》、《重大动物疫情应急条例》等法律法规知识。

[复习题]

1.《中华人民共和国动物防疫法》的立法目的、适用范围、调整对条和主要内容有哪些？

2.《畜禽标识和养殖档案管理办法》的适用范围和主要内容有哪些？

3.《兽药管理条例》的立法目的、适用范围和主要内容有哪些？

4.《重大动物疫情应急条例》的立法宗旨、指导方针和主要内容有哪些？

第四章　动物保定

保定是为了使动物易于接受诊断或治疗，保障人、畜安全所采取的一种保护性措施。

第一节　猪的保定

（一）提起保定

1. 正提保定

（1）适用范围　适用于对小猪的耳根部、颈部作肌肉注射等。

（2）操作方法　保定者在正面用两手分别握住猪的两耳，向上提起猪头部，使猪的前肢悬空。

2. 倒提保定

（1）适用范围　此法主要适用于小猪的腹腔注射。

（2）操作方法　保定者用两手紧握猪的两后肢胫部，用力提举，使其腹部向前，同时用两腿夹住猪的背部，以防止猪摆动。

（二）倒卧保定

1. 侧卧保定

（1）适用范围　适用于生猪的注射、去势等。

（2）操作方法　一人抓住一后肢，另一人抓住耳朵，使猪失去平衡，侧卧倒下，固定头部，根据需要固定四肢。

2. 仰卧保定

（1）适用范围　适用于前腔静脉采血、灌药等。

（2）操作方法　将猪放倒，使猪保持仰卧的姿势，固定四肢。

第二节　马的保定

（一）鼻捻棒保定

1. 适用范围 适用于一般检查和治疗。

2. 操作方法 将鼻捻子的绳套套于一手（左手）上并夹于指间；另手（右手）抓住笼头，持有绳套的手自鼻梁向下轻轻抚摸至上唇时，迅速有力地抓住马的上唇，此时另手（右手）离开笼头，将绳套套于唇上，并迅速向一方捻转把柄，直至拧紧为止。

（二）耳夹子保定

1. 适用范围 适用于一般检查和治疗。

2. 操作方法 先将一手放于马的耳后颈侧，然后迅速抓住马耳，持夹子的另一只手迅即将夹子放于耳根部并用力夹紧，此时应握紧耳夹，以免因马匹骚动、挣扎而使夹子脱手甩出，甚至伤人等。

图 4-1 马鼻捻棒保定法示意图

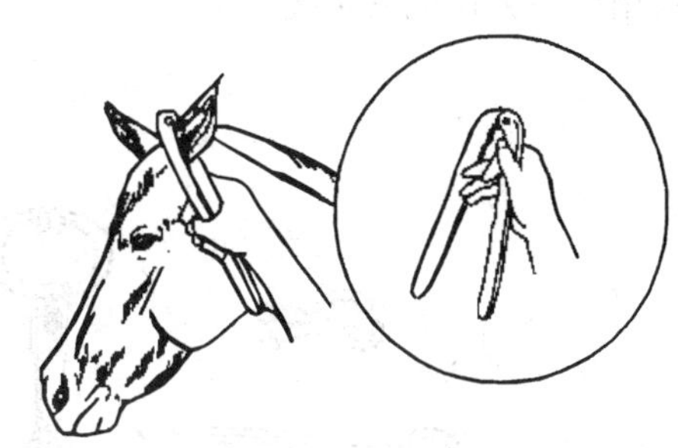

图 4-2 马耳夹子保定法示意图

（三）两后肢保定

1. 适用范围 适于马直肠检查或阴道检查。

2. 操作方法 用一条长约 8 米的绳子，绳中段对折打一颈套，套于马颈基部，两端通过两前肢和两后肢之间，再分别向左右两侧返回交叉，使绳套落于系部，将绳端引回至颈套，系结固定之。

（四）柱栏内保定

1. 二柱栏内保定

（1）适用范围 适用于临床检查、检蹄、装蹄等。

（2）操作方法 将马牵至柱栏左侧，缰绳系于横梁前端的铁环上，用另一绳将颈部系于前柱上，最后缠绕围绳及吊挂胸、腹绳。

2. 四柱栏及六柱栏内保定

（1）适用范围 适用于一般临床检查及治疗。

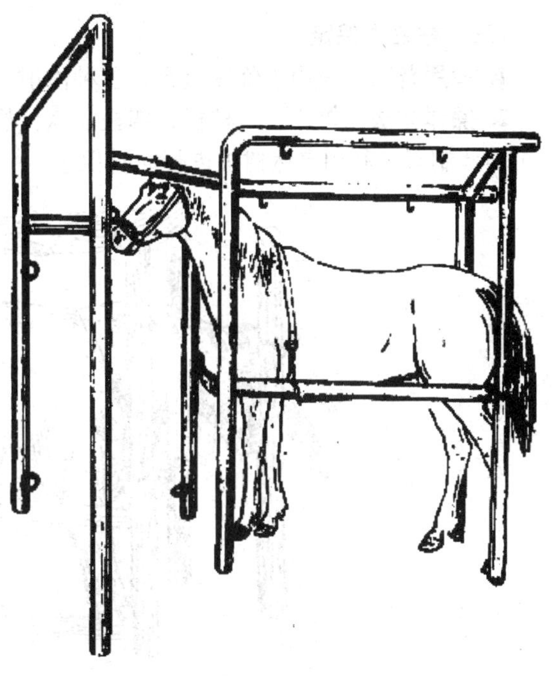

图 4-3 马六柱栏内保定法示意图

（2）操作方法　保定栏内应备有胸革、臀革（或用扁绳代替）、肩革（带）。先挂好胸革，将马从柱栏后方引进，并把缰绳系于某一前柱上；挂上臀革；最后压上肩革。

第三节　牛的保定

（一）徒手保定

1. 适用范围　适用于一般检查、灌药、肌肉及静脉注射。

2. 操作方法　先用一手抓住牛角，然后拉提鼻绳、鼻环或用一手的拇指与食指、中指捏住牛的鼻中隔加以固定。

（二）牛鼻钳保定

1. 适用范围　适用范围与徒手法相似。

2. 操作方法　将鼻钳的两钳嘴抵住两鼻孔，并迅速夹紧鼻中隔，用一手或双手握持，亦可用绳系紧钳柄固定之。

图 4-4　牛鼻钳保定法示意图

（三）柱栏内保定

1. 适用范围　适用于临床检查、各种注射及颈、腹、蹄等部疾病治疗。

2. 操作方法　单栏、二柱栏、四柱、六柱栏保定方法、步骤与马的柱栏保定基本相同。亦可因地制宜，利用自然树桩进行简易保定。

图 4-5　牛柱栏内保定法示意图

（四）倒卧保定

主要适用于去势及其他外科手术。

1. 背腰缠绕倒牛保定

（1）套牛角　在绳的一端做一个较大的活绳圈，套在牛两个角根部；

（2）做第一绳套　将绳沿非卧侧颈部外面和躯干上部向后牵引，在肩胛骨后角处环胸绕一圈作成第一绳套；

（3）做第二绳套　继而向后引至臀部，再环腹一周（此套应放于乳房前方）作成第二绳套；

（4）倒牛　由两人慢慢向后拉绳的游离端，由另一人把持牛角，使牛头向下倾斜，牛立即蜷腿而慢慢倒下。

（5）固定　牛倒卧后，要固定好头部，防止牛站起。一般情况下，不需捆绑四肢，必要时再固定之。

图 4-6　背腰缠绕倒牛法示意图

2. 拉提前肢倒牛保定

（1）保定牛头　由三人倒牛、保定，一人保定头部（握鼻绳或笼头）。

（2）保定方法　取约 10 米长的圆绳一条，折成长、短两段，于转折处做一套结并套于左前肢系部；将短绳一端经胸下至右侧并绕过背部再返回左侧，由一人拉绳保定；另将长绳引至左髋结节前方并经腰部返回绕一周、打半结，再引向后方，由二人牵引。

（3）固定　令牛向前走一步，正当其抬举左前肢的瞬间，三人同时用力拉紧绳索，牛即先跪下而后倒卧；一人迅速固定牛头，一人固定牛的后躯，一人速将缠在腰部的绳套向后拉并使之滑到两后肢的蹄部而拉紧之，最后将两后肢与左前肢捆扎在一起。

第四节　羊的保定

（一）站立保定

1. 适用范围　适用于临床检查或治疗。

2. 操作方法　两手握住羊的两角，骑跨羊身，以大腿内侧夹持羊两侧胸壁即可保定。

（二）倒卧保定

1. 适用范围　适用于治疗或简单手术。

2. 操作方法　保定者俯身从对侧一手抓住两前肢系部或抓一前肢臂部，另一手抓住腹肋部膝襞处扳倒羊体，然后改抓两后肢系部，前后一起按住即可。

第五节　犬的保定

（一）口网保定

1. 适用范围　适用于一般的检查。

2. 操作方法 用皮革、金属丝或棉麻制成口网，装着于犬的口部，将其附带结于两耳后方项部，防止脱落。口网有不同规格，应依犬的大小选择应用。

（二）扎口保定

1. 适用范围 适用于一般的检查。

2. 操作方法 用绷带或布条，做成猪蹄扣套在鼻面部，使绷带的两端位于下颌处并向后引至项部打结固定，此法较口网法简单且牢靠。

图 4-7 犬扎口法示意图

（三）犬横卧保定

1. 适用范围 适用于临床检查和治疗。

2. 操作方法 先将犬作扎口保定，然后两手分别握住犬两前肢的腕部和两后肢的蹠部，将犬提起横卧在平台上，以右臂压住犬的颈部，即可保定。

第六节 猫的保定

（一）保定架保定

1. 适用范围 适用于测体温、注射、洗胃和灌肠等诊疗操作。

2. 操作方法 用金属或木材做成，上部活动部分可用竹筒，下部支架可用木材或金属制成。用保定架保定猫方便、安全。

（二）小猫保定

1. 适用范围 适用于一般的检查。

2. 操作方法 保定小猫时，先将一只手放于小猫的胸腹下用手掌托起，再用另一只手扶住头颈部即可；也可用右手抓住猫的颈背部皮肤，左手托起猫的臀部，使猫的大部分体重落在左手上，这样既安全又方便。

（三）夹猫钳保定

1. 适用范围 适用于一般的检查。

2. 操作方法 对于野性大的猫，可用夹猫钳夹住猫的颈部，使猫不能前后移动，然后再由一人用双手分别固定猫的前后肢。

[本章小结]

本章主要学习了猪、马、牛、羊、犬、猫的保定操作技术等。

[复习题]

1. 猪的保定方法有哪些？如何操作？
2. 马的保定方法有哪些？如何操作？
3. 牛的保定方法有哪些？如何操作？
4. 羊的保定方法有哪些？如何操作？
5. 犬的保定方法有哪些？如何操作？
6. 猫的保定方法有哪些？如何操作？

第五章　动物卫生消毒

消毒是指用物理的、化学的或/和生物的方法清除或杀灭畜禽体表及其生存环境和相关物品中的病原微生物的过程。

消毒的目的是切断传播途径，预防和控制传染病的传播和蔓延。各种传染病的传播因素和传播途径是多种多样的，在不同情况下，同一种传染病的传播途径也可能不同，因而消毒对各类传染病的意义也各不相同。对经消化道传播的疾病的意义最大，对经呼吸道传播的疾病的意义有限，对由节肢动物或啮齿类动物传播的疾病一般不起作用。消毒不能消除患病动物体内的病原体，因而它仅是预防、控制和消灭传染病的重要措施之一，应配合隔离、免疫接种、杀虫、灭鼠、扑杀、无害化处理等措施才能取得成效。

第一节　消　　毒

一、物理消毒

物理消毒是指应用机械的方法或高温的方法清除、抑制或杀灭病原微生物的消毒方法。常用的物理消毒方法有机械消毒、焚烧消毒、火焰消毒和高温高压消毒等。

（一）机械消毒

机械消毒是指用清扫、洗刷、通风和过滤等手段机械清除病原体的方法，是最普通、最常用的消毒方法。它不能杀灭病原体，必须配合其他消毒方法同时使用，才能取得良好的杀毒效果。

1. 操作步骤

（1）*器具与防护用品准备*　扫帚、铁锹、污物筒、喷壶、水管或喷雾器等，高筒靴、工作服、口罩、橡皮手套、毛巾、肥皂等。

（2）*穿戴防护用品*

（3）*清扫*　用清扫工具清除畜禽舍、场地、环境、道路等的粪便、垫料、剩余饲料、尘土、各种废弃物等污物即为清扫。

①清扫前喷洒清水或消毒液，避免病原微生物随尘土飞扬。

②应按顺序清扫棚顶、墙壁、地面，先畜舍内，后畜舍外。清扫要全面彻底，不留死角。

（4）*洗刷*　用清水或消毒溶液对地面、墙壁、饲槽、水槽、用具或动物体表等进行洗刷，或用高压水龙头冲洗，随着污物的清除，也清除了大量的病原微生物。冲洗要全面彻底。

（5）*通风*　一般采取开启门窗、天窗，启动排风换气扇等方法进行通风。通风可排出畜舍内污秽的气体和水汽，在短时间内使舍内空气清洁、新鲜，减少空气中病原体数量，对预防那些经空气传播的传染病有一定的意义。

(6) 过滤 在动物舍的门窗、通风口处安置粉尘、微生物过滤网，阻止粉尘、病原微生物进入动物舍内，防止动物感染疫病。

2. 注意事项

(1) 清扫、冲洗畜舍应先上后下（棚顶、墙壁、地面），先内后外（先畜舍内，后畜舍外）。清扫时，为避免病原微生物随尘土飞扬，可采用湿式清扫法，即在清扫前先对清扫对象喷洒清水或消毒液，再进行清扫。

(2) 清扫出来的污物，应根据可能含有病原微生物的抵抗力，进行堆积发酵、掩埋、焚烧或其他方法进行无害化处理。

(3) 圈舍应当纵向或正压、过滤通风，避免圈舍排出的污秽气体、尘埃危害相邻的圈舍。

(二) 焚烧消毒

焚烧是以直接点燃或在焚烧炉内焚烧的方法。主要是用于传染病流行区的病死动物、尸体、垫料、污染物品等的消毒处理。

1. 操作步骤

(1) 器械与防护用品准备 扫帚、铁锹、焚烧炉等；隔离衣、口罩、隔离帽、手套等。

(2) 穿戴防护用品

(3) 选择焚烧地点 自然焚烧地点应当选择远离学校、公共场所、居民住宅区、动物饲养和屠宰场所、村庄、饮用水源地、河流等；或选择焚烧炉焚烧。

(4) 焚烧

①用不透水的包装物包裹需焚烧的物品。

②挖掘焚烧坑，坑深应保证堆入焚烧物后，被焚烧物距离坑面有 50 厘米以上距离，坑底应先覆盖一层生石灰。

③将焚烧物品直接运至焚烧地点，卸入焚烧坑内。

④加入足量助燃剂，点燃火把投入焚烧坑内，进行焚烧。

⑤观察、翻转，保证焚烧彻底。

⑥焚烧完毕后，表面撒布消毒剂。

⑦填土高于地面，场地及周围消毒，设立警示牌，看管。

2. 注意事项

(1) 焚烧产生的烟气应采取有效的净化措施，防止一氧化碳、烟尘、恶臭等对周围大气环境的污染。

(2) 进行自然焚烧时应注意安全，须远离易燃易爆物品，如氧气、汽油、乙醚等。燃烧过程不得添加乙醇，以免引起火焰上窜而致灼伤或火灾。

(3) 运输器具应当消毒。

(4) 焚烧人员应做好个人防护。

(三) 火焰消毒

火焰消毒是以火焰直接烧灼杀死病原微生物的方法，它能很快杀死所有病原微生物，是一种消毒效果非常好的一种消毒方法。

1. 操作步骤

(1) 器械与防护用品准备 火焰喷灯、火焰消毒机等。工作服、口罩、隔离帽、手套等。

(2) 穿戴防护用品

(3) 清扫(洗)消毒对象　清扫畜舍水泥地面、金属栏和笼具等上面的污物。

(4) 准备消毒用具　仔细检查火焰喷灯或火焰消毒机，添加燃油。

(5) 消毒　按一定顺序，用火焰喷灯或火焰消毒机再进行火焰消毒。

2. 注意事项

(1) 对金属栏和笼具等金属物品进行火焰消毒时不要喷烧过久，以免将被消毒物品烧坏。

(2) 在消毒时还要有一定的次序，以免发生遗漏。

(3) 火焰消毒时注意防火。

二、化学消毒

化学消毒是指应用各种化学药物抑制或杀灭病原微生物的方法。是最常用的消毒法，也是消毒工作的主要内容。常用化学消毒方法有洗刷、浸泡、喷洒、熏蒸、拌和、撒布、擦拭等。

(一) 操作步骤

1. 器械与防护用品准备　喷雾器、天平、量筒、刷子、抹布、容器等。高筒靴、防护服、口罩、护目镜、橡皮手套、毛巾、肥皂等。消毒药品应根据污染病原微生物的抵抗力、消毒对象特点，选择高效低毒、使用简便、质量可靠、价格便宜、容易保存的消毒剂。

2. 穿戴防护用品

3. 配制消毒药液　根据消毒对象、消毒面积或空间大小，正确计算出溶质和溶剂的用量，按要求进行配制。

4. 刷洗　用刷子蘸消毒液进行刷洗，常用于饲槽、饮水槽等设备、用具等的消毒。

5. 浸泡　将需消毒的物品浸泡在一定浓度的消毒药液中，浸泡一定时间后再拿出来。如将食槽、饮水器等各种器具浸泡在0.5%～1%新洁尔灭中消毒。

6. 喷洒　喷洒消毒是指将消毒药配制成一定浓度的溶液（消毒液必须充分溶解并进行过滤，以免药液中不溶性颗粒堵塞喷头，影响喷洒消毒），用喷雾器或喷壶对需要消毒的对象（畜舍、墙面、地面、道路等）进行喷洒消毒。

(1) 根据消毒对象和消毒目的，配制消毒药。

(2) 清扫消毒对象。

(3) 检查喷雾器或喷壶。喷雾器使用前，应先对喷雾器各部位进行仔细检查，尤其应注意橡胶垫圈是否完好、严密，喷头有无堵塞等。喷洒前，先用清水试喷一下，证明一切正常后，将清水倒干，然后再加入配制好的消毒药液。

(4) 添加消毒药液，进行舍喷洒消毒。打气压，当感觉有一定压力时，即可握住喷管，按下开关，边走边喷，还要一边打气加压，一边均匀喷雾。一般以“先里后外、先上后下”的顺序喷洒为宜，即先对动物舍的最里面、最上面（顶棚或天花板）喷洒，然后再对墙壁、设备和地面仔细喷洒，边喷边退；从里到外逐渐退至门口。

(5) 喷洒消毒用药量应视消毒对象结构和性质适当掌握。水泥地面、顶棚、砖混墙壁等，每平方米用药量控制在800毫升左右；土地面、土墙或砖土结构等，每平方米用药量

1000～1200 毫升左右；舍内设备每平方米用药量 200～400 毫升左右。

（6）当喷雾结束时，倒出剩余消毒液再用清水冲洗干净，防止消毒剂对喷雾器的腐蚀，冲洗水要倒在废水池内。把喷雾器冲洗干净后内外擦干，保存于通风干燥处。

7. 熏蒸 常用福尔马林配合高锰酸钾进行熏蒸消毒。此方法的优点是消毒较全面，省工省力，但要求动物舍能够密闭，消毒后有较浓的刺激气味，动物舍不能立即使用。

（1）*配制消毒药品* 根据消毒空间大小和消毒目的，准确称量消毒药品。如固体甲醛按每立方米 3.5 克；高锰酸钾与福尔马林混合熏蒸进行畜禽空舍熏蒸消毒时，一般每立方米用福尔马林 14～42 毫升、高锰酸钾 7～21 克、水 7～21 毫升，熏蒸消毒 7～24 小时。种蛋消毒时福尔马林 28 毫升、高锰酸钾 14 克、水 14 毫升，熏蒸消毒 20 分钟。杀灭芽孢时每立方米需福尔马林 50 毫升；过氧乙酸熏蒸使用浓度是 3%～5%，每立方米用 2.5 毫升，在相对湿度 60%～80%条件下，熏蒸 1～2 小时。

（2）*清扫消毒场所，密闭门窗、排气孔* 先将需要熏蒸消毒的场所（畜禽舍、孵化器等）彻底清扫、冲洗干净，有机物的存在影响熏蒸消毒效果。关闭门窗和排气孔，防止消毒药物外泄。

（3）*按照消毒面积大小，放置消毒药品，进行熏蒸* 将盛装消毒剂的容器均匀的摆放在要消毒的场所内，如动物舍长度超过 50 米，应每隔 20 米放一个容器。所使用的容器必须是耐燃烧的，通常用陶瓷或搪瓷制品。

（4）*熏蒸完毕后，进行通风换气*

8. 拌和 在对粪便、垃圾等污染物进行消毒时，可用粉剂型消毒药品与其拌和均匀，堆放一定时间，可达到良好的消毒目的。如将漂白粉与粪便以 1∶5 的比例拌和均匀，进行粪便消毒。

（1）称量或估算消毒对象的重量，计算消毒药品的用量，进行称量。

（2）按《兽医卫生防疫法》的要求，选择消毒对象的堆放地址。

（3）将消毒药与消毒对象进行均匀拌和，完成后堆放一定时间即达到消毒目的。

9. 撒布 将粉剂型消毒药品均匀地撒布在消毒对象表面。如用消石灰撒布在阴湿地面、粪池周围及污水沟等处进行消毒。

10. 擦拭 是指用布块或毛刷浸蘸消毒液，在物体表面或动物、人员体表擦拭消毒。如用 0.1%的新洁尔灭洗手，用布块浸蘸消毒液擦洗母畜乳房；用布块蘸消毒液擦拭门窗、设备、用具和栏、笼等；用脱脂棉球浸湿消毒药液在猪、鸡体表皮肤、黏膜、伤口等处进行涂擦；用碘酊、酒精棉球涂擦消毒术部等，也可用消毒药膏剂涂布在动物体表进行消毒。

（二）注意事项

1. 注意选择消毒药 消毒药对微生物有一定的选择性，并受环境温度、湿度、酸碱度的影响。因此，应针对所要杀灭的病原微生物特点、消毒对象的特点、环境温度、湿度、酸碱度等，选择对病原体消毒力强，对人畜毒性小，不损坏被消毒物体，易溶于水，在消毒环境中比较稳定，价廉易得，使用方便的消毒剂。如要杀灭革兰氏阳性菌应选择季铵盐类等杀灭革兰氏阳性菌效果好的消毒剂；如果杀灭细菌芽孢，应选择杀菌力强，能杀灭细菌芽孢的消毒剂；如果杀灭病毒，应选择对病毒消毒效果好的碱性消毒剂；如消毒地面、墙壁等时，可不考虑消毒剂对组织的刺激性和腐蚀性，选择杀菌力强的烧碱；如消毒用具、器械、手指时，应选择消毒效果好，又毒性低、无局部刺激性的洗必泰等；消毒饲养器具时，应选择氯

制剂或过氧乙酸，以免因消毒剂的气味影响饮食或饮水；消毒畜禽体表时，应选择消毒效果好而又对畜禽无害的0.1%新洁尔灭、0.1%过氧乙酸等。如室温在16℃以上时，可用乳酸、过氧乙酸或甲醛熏蒸消毒；如室温在0℃以下时可用2%～4%次氯酸钠加2%碳酸钠熏蒸消毒。

2. 注意选择消毒方法 根据消毒药的性质和消毒对象的特点，选择喷洒、熏蒸、浸泡、洗刷、擦拭、撒布等适宜的消毒方法。

3. 注意消毒剂的浓度与剂量 一般来说，消毒剂的浓度和消毒效果成正比，即消毒剂浓度越大，其消毒效力越强（但是70%～75%酒精比其他浓度酒精消毒效力都强）。但浓度越大，对机体、器具的损伤或破坏作用也越大。因此，在消毒时，应根据消毒对象、消毒目的的需要，选择既有效而又安全的浓度，不可随意加大或减少药物的浓度。喷洒消毒时，应根据消毒对象、消毒目的等计算消毒液用量，一般是每平方米用1升消毒液，使地面、墙壁、物品等消毒对象表面都有一层消毒液覆盖。熏蒸消毒时，应根据消毒空间大小和消毒对象计算消毒剂用量。

4. 注意环境温度、湿度和酸碱度 环境温度、湿度和酸碱度对消毒效果都有明显的影响，必须加以注意。一般来说，温度升高，消毒剂杀菌能力增强。例如温度每升高10℃，石炭酸的消毒作用可增加5～8倍，金属盐类消毒剂消毒作用可增加2～5倍。

湿度对许多气体消毒剂的消毒作用有明显的影响。这种影响来自两个方面：一是湿度直接影响微生物的含水量。用环氧乙烷消毒时，若细菌含水量太多，则需要延长消毒时间；细菌含水量太少时，消毒效果亦明显降低；完全脱水的细菌用环氧乙烷很难将其杀灭。二是每种气体消毒剂都有其适应的相对湿度范围，如用甲醛熏蒸消毒时，要求相对湿度大于60%为宜。用过氧乙酸消毒时，要求相对湿度不低于40%，以60%～80%为宜。直接喷洒消毒干粉剂消毒时，需要有较高的相对湿度，使药物潮解后才能充分发挥作用。

酸碱度可以从两个方面影响杀菌作用，一是对消毒剂作用，可以改变其溶解度、离解程度和分子结构。如酚、次氯酸、苯甲酸在酸性环境中杀菌作用强，戊二醛、阳离子表面活性剂在碱性环境中杀菌作用强等；二是对微生物的影响，微生物生长的适宜pH范围为6～8，pH过高或过低对微生物生长均有影响。

5. 注意把有机物清除干净 粪便、饲料残渣、污物、排泄物、分泌物等，对病原微生物有机械保护作用和降低消毒剂消毒作用的作用。因此，在使用消毒剂消毒时必须先将消毒对象（地面、设备、用具、墙壁等）清扫、洗刷干净，再使用消毒剂，使消毒剂能充分作用于消毒对象。

6. 注意要有足够的接触时间 消毒剂与病原微生物接触时间越长，杀死病原微生物越多。因此，消毒时，要使消毒剂与消毒对象有足够的接触时间。

7. 消毒操作规范 消毒剂只有接触病原微生物，才能将其杀灭。因此，喷洒消毒剂一定要均匀，每个角落都喷洒到位，避免操作不当，影响消毒效果。

三、生物消毒

生物消毒时利用动物、植物、微生物及其代谢产物杀灭或去除外环境中的病原微生物。主要用于土壤、水和生物体表面消毒生物处理。目前，在兽医临床中常用的是生物热消毒。

生物热消毒本法是利用微生物发酵产热以达到消毒目的的一种消毒方法，常用的有发酵池法、堆粪法等。常用于粪便、垫料等的消毒。下面简要介绍发酵池消毒法。

（一）操作步骤

1. 器械与防护用品准备 垃圾车、扫帚、铁锹、高筒靴、口罩、橡皮手套、毛巾、肥皂等。

2. 穿戴防护用品

3. 准备发酵池 一般发酵池应远离居民区、河流、水井等的地方，距离饲养场200～250米以外，挖成圆形或方形，池的边缘与池底用砖砌后再抹以水泥，使其不渗漏。如果土质干固，地下水位底，也可不用砖和水泥。

4. 池底铺垫料 可用草、干粪等在池底铺一层，这样有利于发酵地进行。

5. 装入消毒物质 将预消毒物质一次、定期或不定期卸入消毒池内，直至快满为止，一般距离池口20～30厘米。

6. 封盖 装完后，在表面在铺盖一层干粪或杂草，上面再用一层泥土封好，如条件许可，可用木板盖上，以利于发酵和保持卫生。

7. 清池 经1～3个月，即可进行清池。清池后可继续使用。

（二）注意事项

1. 注意生物热发酵的适用对象。

2. 选址应远离学校、公共场所、居民住宅区、动物饲养和屠宰场所、村庄、饮用水源地、河流等，防止发生污染。

3. 发酵池应牢固，防止渗漏。

第二节 消毒药的配制

消毒药是指能迅速杀灭病原微生物的药物。主要用于环境、畜舍、动物排泄物、用具和器械等表面的消毒。

消毒剂种类很多，根据作用机理不同，归纳起来有以下三种：

1. 使菌体蛋白质变性、凝固，发挥抗菌作用。例如酚类、醇类、醛类消毒剂。

2. 改变菌体浆膜通透性。有些药物能降低病原微生物的表面张力，增加菌体浆膜的通透性，引起重要的酶和营养物质漏失，使水向内渗入，使菌体溶解或崩解，从而发挥抗菌作用。例如表面活性剂等。

3. 干扰病原微生物体内重要酶系统，抑制酶的活性，从而发挥抗菌作用。例如重金属盐类、氧化剂和卤素类。

一、消毒药溶液浓度表示方法

1. 以“百分数”表示 溶液浓度的百分数用“%”符号表示。溶质为固体或气体时，系指100毫升溶液中含有溶质的克数。溶质为液体时，系指100毫升溶液中含有溶质的毫升数。

2. 以“比例”表示 溶质1份相当于溶液的份数，以比例表示，例如溶液所记示1∶10，系指固体（或气体）溶质1克或液体溶质1毫升加溶媒配成10毫升的溶液。

3. 以“饱和”表示 在一定温度下，溶质溶于溶媒中达到最大量时，则该溶液即达饱和浓度。饱和溶液的含量随着温度的变化和物质的种类而不同。配制时可根据该药物的溶解

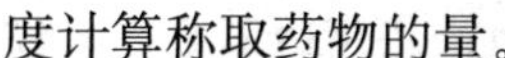

度计算称取药物的量。

4. 摩尔浓度 是用1升（1 000毫升）溶液中所含溶质的摩尔数来表示的溶液浓度。通常用“摩尔/升（mol/L）”表示。物质的量用摩尔做单位来表示，1摩尔在数值上与该物质的分子量相同。

5. 高浓度溶液配制低浓度溶液的方法 高浓度溶液配制低浓度溶液一般采用稀释法，可用下列公式计算：

$$X=(V\times B)\div A$$

其中：X为需要浓溶液的量；V为稀溶液的量；B为稀溶液的浓度；A为浓溶液的浓度。

二、常用消毒药的配制

（一）操作步骤

1. 器械与防护用品准备

（1）量器的准备 量筒、天平或台秤、称量纸、药勺、盛药容器（最好是搪瓷或塑料耐腐蚀制品）、温度计等。

（2）防护用品的准备 工作服、口罩、护目镜、橡皮手套、胶靴、毛巾、肥皂等。

（3）消毒药品的选择 依据消毒对象表面的性质和病原微生物的抵抗力，选择高效、低毒、使用方便、价格低廉的消毒药品。计算消毒药用量依据消毒对象面积（如场地、动物舍内地面、墙壁的面积和空间大小等）计算消毒药用量。

2. 配制方法

（1）70%酒精溶液的配制 用量器称取95%医用酒精789.5毫升，加蒸馏水（或纯净水）稀释至1 000毫升，即为75%酒精，配制完成后密闭保存。

（2）5%氢氧化钠的配制 称取50克氢氧化钠，装入量器内，加入适量常水中（最好用60～70℃热水），搅拌使其溶解，再加水至1 000毫升，即得，配制完成后密闭保存。

（3）0.1%高锰酸钾的配制 称取1克高锰酸钾，装入量器内，加水1 000毫升，使其充分溶解即得。

（4）3%来苏儿的配制 取来苏儿3份，放入量器内，加清水97份，混合均匀即成。

（5）2%碘酊的配制 称取碘化钾15克，装入量器内，加蒸馏水20毫升溶解后，再加碘片20克及乙醇500毫升，搅拌使其充分溶解，再加入蒸馏水至1 000毫升，搅匀，滤过，即得。

（6）碘甘油的配制 称取碘化钾10克，加入10毫升蒸馏水溶解后，再加碘10克，搅拌使其充分溶解后，加入甘油至1 000毫升，搅匀，即得。

（7）熟石灰（消石灰）的配制 生石灰（氧化钙）1千克，装入容器内，加水350毫升，生成粉末状即为熟石灰，可撒布于阴湿地面、污水池、粪地周围等处消毒。

（8）20%石灰乳的配制 1千克生石灰加5千克水即为20%石灰乳。配制时最好用陶瓷缸或木桶等。首先称取适量生石灰，装入容器内，把少量水（350毫升）缓慢加入生石灰内，稍停，使石灰变为粉状的熟石灰时，再加入余下的4 650毫升水，搅匀即成20%石灰乳。

（二）注意事项

1. 天平使用注意事项

（1）托盘天平使用注意事项

①托盘天平应放在平稳的平台上，用前须检查天平是否准确和灵敏；若两边不平衡，应调节杠杆上的螺丝，使天平处于平衡状态。

②应根据被称药物重量和天平的最大载重量选用天平，勿使称重大于天平的最大载重量，否则容易损坏天平。

③在称重时，应用镊子夹取砝码。

④天平不用时，应使天平处于休止状态，即将两托盘放于一边支架上，不要让其自由摆动；砝码应放入砝码盒内。

（2）电子天平使用注意事项

①电子天平应置于稳定的工作台上，避免振动、气流及阳光照射。

②在使用前调整水平仪气泡至中间位置。

③称量易挥发和具有腐蚀性的物品时，要盛放在密闭的容器中，以免腐蚀和损坏电子天平。

④经常对电子天平进行自校或定期外校，保证其处于最佳状态。

2. 量器的使用注意事项

（1）选用适宜大小的量器，量少量液体避免用大的量器，以免造成误差。

（2）操作时应保持量器垂直，使液面与眼睛视线平行；读数时，以液面凹面为标准，不透明或暗色液体则按弯月面的表面为准。

（3）不能盛装热的溶液，以免炸裂。

3. 容器使用注意事项

配制消毒药品的容器必须刷洗干净，以防止残留物质与消毒药发生理化反应，影响消毒效果。

4. 消毒药液配制的注意事项

（1）配制好的消毒液放置时间过长，大多数效力会降低或完全失效，因此，消毒药应现配现用。

（2）某些消毒药品（如生石灰）遇水会产热，应在搪瓷桶、盆等耐热容器中配制为宜。

（3）配制有腐蚀性的消毒液（如氢氧化钠）时，应使用塑料、搪瓷等耐腐蚀容器配制、储存，禁止用金属容器配制和储存。

（4）做好个人防护，配制消毒液时应戴橡胶手套、穿工作服，严禁用手直接接触，以免灼伤。

第三节　器具消毒

一、诊疗器械的消毒

（一）操作步骤

1. 一般诊疗用品的清洗

一般患畜用过的诊疗用品在重复使用前可先清洗后消毒；若是传染病畜禽用过的，应先消毒后清洗，使用前再消毒。

2. 一般诊疗用品的消毒

（1）体温计用后应清洗，然后用70%酒精浸泡消毒，作用时间15分钟以上，不宜用擦

拭法，且酒精应定期更换。

(2) 开口器可用蒸馏水煮沸或流动蒸汽20分钟或压力蒸汽灭菌，也可用0.2%新洁尔灭进行浸泡消毒。

(3) 听诊器、叩诊器等用质量分数为0.2%～0.5%新洁尔灭擦拭。若有传染性疾病如犬瘟热、传染性肝炎、猪瘟病毒等污染，则应用2%酸性强化戊二醛或0.5%过氧乙酸擦拭消毒。

(4) 注射器、注射针头每次使用完毕后，应进行蒸煮消毒。

(二) 注意事项

1. 注意消毒药品的时效性 长期使用的消毒药品，要定期更换，如消毒体温计用的酒精，使用一定时间后要及时更换，保证其消毒的有效性。

2. 注意选择消毒药品和消毒方法 根据消毒对象的不同，应选用不同的消毒药品和消毒方法。

二、饲养器具的消毒

饲养用具包括食槽、饮水器、料车、添料锹等，所用饲养用具定期进行消毒。

(一) 操作步骤

1. 根据消毒对象不同，配制消毒药

2. 清扫（清洗）饲养用具 如饲槽应及时清理剩料，然后用清水进行清洗。

3. 消毒 根据饲养用具的不同，可分别采用浸泡、喷洒、熏蒸等方法进行消毒。

(二) 注意事项

1. 注意选择消毒方法和消毒药 饲养器具用途不同，应选择的不同消毒药，如笼舍消毒可选用福尔马林进行熏蒸，而食槽或饮水器一般选用过氧乙酸、高锰酸钾等进行消毒；金属器具也可选用火焰消毒。

2. 保证消毒时间 由于消毒药的性质不同，因此在消毒时，应注意不同消毒药的有效消毒时间，给予保证。

三、运载工具的消毒

运载工具主要是车辆，一般根据用途不同，将车辆分为运料车、清污车、运送动物的车辆等。车辆的消毒主要是应用喷洒消毒法。

(一) 操作步骤

1. 准备消毒药品 根据消毒对象和消毒目的不同，选择消毒药物，仔细称量后装入容器内进行配制。

2. 清扫（清洗）运输工具 应用物理消毒法对运输工具进行清扫和清洗，去除污染物，如粪便、尿液、撒落的饲料等。

3. 消毒 运输工具清洗后，根据消毒对象和消毒目的，选择适宜的消毒方法进行消毒，如喷雾消毒或火焰消毒。

(二) 注意事项

1. 注意消毒对象，选择适宜的消毒方法。

2. 消毒前一定要清扫（洗）运输工具，保证运输工具表面黏附的有机物污染物的清除，这样才能保证消毒效果。

3. 进出疫区的运输工具要按照动物卫生防疫法要求进行消毒处理。

第四节　防治操作消毒

一、动物皮肤、黏膜的消毒

动物皮肤黏膜消毒主要用于肌肉注射、静脉注射、皮内注射、手术和穿刺及一般外科处置的消毒。

（一）动物皮肤、黏膜的消毒

1. 操作步骤

（1）准备消毒用具和消毒药　根据消毒目的和消毒部位不同，可准备按常规清洁皮肤后选用以下消毒方法。2%碘酊、0.5%碘伏、0.5%洗必泰酒精溶液、0.02%过氧乙酸或0.01%～0.02%高锰酸钾水溶液，棉签、水盆等。

（2）手术部位皮肤消毒

①用2%碘酊，用浸透碘酊的棉签由手术部位中心部向周围涂擦一遍待干，然后用70%酒精擦拭两遍。

②用0.5%碘伏，方法同碘酊。

③用0.5%洗必泰酒精溶液，方法同上。

（3）静脉注射、穿刺部位皮肤消毒　与手术部位皮肤消毒方法基本相同，消毒皮肤范围不小于5厘米×5厘米。

（4）口、鼻、肛黏膜消毒

①用0.1%～0.2%洗必泰涂擦或冲洗，作用5分钟。

②用0.02%过氧乙酸擦拭，作用5分钟。

（5）阴道黏膜冲洗消毒

①用0.5%～0.1%洗必泰水溶液冲洗3分钟。

②用0.01%～0.02%高锰酸钾水溶液冲洗3分钟。

③用0.02%～0.05%碘伏溶液冲洗3分钟。

（6）微生物污染皮肤的消毒　受细菌繁殖体污染，可用0.5%洗必泰乙醇溶液擦拭作用5分钟。对于破损皮肤则可用0.05%～0.1%洗必泰水溶液冲洗。

2. 注意事项

（1）注意消毒药品的选择　黏膜消毒一定要选择无刺激性或刺激性小的消毒药，如新洁尔灭等。

（2）注意消毒范围　消毒范围要足够大，如注射消毒时消毒皮肤范围不小于5厘米×5厘米。

（3）注意消毒方法　消毒时要遵循一定的消毒次序，即应由中心向周围逐渐进行消毒。

二、防治员手的消毒

手的消毒根据目的不同，可分为外科洗手消毒和卫生洗手消毒。

（一）操作步骤

1. 外科洗手消毒

(1) 剪短指甲，取下饰物，用肥皂—流水刷洗双手的指尖、指间及双臂2分钟。清水冲淋残余肥皂或洗涤剂。

(2) 用无菌刷蘸取0.3%～0.5%碘伏或0.1%～0.5%洗必泰溶液刷洗上述各部位。

(3) 手腕部用无菌水冲洗，然后，用无菌毛巾擦干。

2. 卫生洗手消毒

(1) 对于无明确病原体污染的手部可用肥皂—流水冲洗，即可达到减少手部80%的细菌。

(2) 对于明确受某种微生物污染时可选用0.2%～0.5%洗必泰-乙醇溶液或0.5%碘伏等消毒剂擦拭，作用1～3分钟后，用清水冲洗。考虑有真菌污染，可选用500毫克/升的二氧化氯或含氯消毒剂。

(二) 注意事项

1. 消毒时要细致全面，指甲必须剪短，饰物必须摘掉，洗刷全面细致。
2. 手消毒后保持正确姿势，禁止接触任何未消毒的物体。

[本章小结]

本章主要学习了消毒的概念与分类，消毒药的配制方法，器具消毒方法和防治操作消毒方法等。

[复习题]

1. 举出5种常用消毒药，并说明如何配制，注意事项是什么？
2. 消毒的概念及其如何分类？
3. 消毒的种类有几种？各是什么？
4. 如何进行畜（禽）舍的物理消毒？注意事项是什么？
5. 如何进行畜禽舍空舍时消毒？
6. 化学消毒有哪些方法，如何操作？
7. 化学消毒的注意事项是什么？
8. 如何使用喷雾器？

第六章 预防接种

第一节 免疫接种的准备

1. 制订免疫接种工作计划 根据当地动物传染病的流行情况和流行特点，制订免疫接种工作计划，包括接种动物、疫苗种类、接种数目、接种途径和方法、接种日期等。

2. 准备器械、防护物品和药品

(1) 器械 注射器、针头、镊子、剪毛剪、体温计、煮沸消毒器、搪瓷盘、疫苗冷藏箱、耳标钳、保定用具等。

（2）防护物品　毛巾、防护服、胶靴、工作帽、护目镜、口罩等。

（3）药品　疫苗、稀释液、75%酒精、2%～5%碘酊、急救药品等。

（4）其他物品　免疫接种登记表、免疫证、免疫耳标、脱脂棉、纱布、冰块等。

3. 器械消毒

（1）冲洗　将注射器、点眼滴管、刺种针等接种用具用清水冲洗干净。

①玻璃注射器　将注射器针管、针芯分开，用纱布包好。

②金属注射器　应拧松活塞调节螺丝，放松活塞，用纱布包好；将针头用清水冲洗干净，成排插在多层纱布的夹层中；镊子、剪子洗净。

（2）灭菌　将洗净的器械高压灭菌 15 分钟；或煮沸消毒：放入煮沸消毒器内，加水淹没器械 2 厘米以上，煮沸 30 分钟。

（3）冷却备用　待冷却后放入灭菌器皿中备用。

（4）注意事项

①器械清洗一定要保证清洗的洁净度。

②灭菌后的器械一个周内不用，下次使用前应重新消毒灭菌。

③禁止使用化学药品消毒。

4. 消毒和防护

（1）消毒　免疫接种人员剪短手指甲，用消毒液洗手。

（2）个人防护　穿工作服、胶靴，戴橡胶手套、口罩、帽等。

（3）注意事项

①不可使用对皮肤能造成损害的消毒液洗手。

②在进行气雾免疫和布病免疫时应戴护目镜。

5. 检查待接种动物健康状况　为了保证免疫接种动物安全及接种效果，接种前应了解预定接种动物的健康状况。

（1）检查动物的精神、食欲、体温，不正常的不接种，必要时可以测量体温。

（2）检查动物是否发病；是否瘦弱的。

（3）检查是否存在幼小的、年老的、怀孕后期的动物，这些动物应不予接种或暂缓接种（注意登记，以便以后补种）。

6. 检查疫苗外观质量　检查疫苗外观质量，凡发现疫苗瓶破损、瓶盖或瓶塞密封不严或松动、无标签或标签不完整（包括疫苗名称、批准文号、生产批号、出厂日期、有效期、生产厂家等）、超过有效期、色泽改变、发生沉淀、破乳或超过规定量的分层、有异物、有霉变、有摇不散凝块、有异味，无真空等，疫苗质量与说明书不符者，一律不得使用。

7. 详细阅读使用说明书　详读疫苗使用说明书，了解疫苗的用途、用法、用量和注意事项等。

8. 预温疫苗　使用前，从冰箱中取出疫苗，置于室温（25℃左右）2 小时左右，平衡疫苗温度。

9. 稀释疫苗

（1）按疫苗使用说明书规定的稀释方法、稀释倍数和稀释剂，稀释疫苗。

①无特殊规定可用蒸馏水（或无离子水）或生理盐水。

②有特殊规定可用规定的专用稀释液稀释疫苗。

（2）稀释时先除去稀释液和疫苗瓶封口的火漆或石蜡。

（3）用酒精棉球消毒瓶塞。

（4）用注射器抽取稀释液，注入疫苗瓶中，振荡，使其完全溶解。

（5）补充稀释液至规定量。

注意：如原疫苗瓶盛不下，可另换一个已消毒的大瓶盛之。

10. 吸取疫苗

（1）轻轻振摇，使疫苗混合均匀。

（2）排净注射器、针头内水分。

（3）用75%酒精棉球消毒疫苗瓶瓶塞。

（4）将注射器针头刺入疫苗瓶液面下，吸取疫苗。

第二节　免疫接种

一、免疫接种

（一）禽颈部皮下连续注射免疫接种

1. 适用范围　幼禽。

2. 保定　左手握住幼禽。

3. 选择注射部位　幼禽宜在颈背部下1/3处，用大拇指和食指捏住颈中线的皮肤并向上提起，使其形成一囊。

4. 注射　12号针头，从颈部下三分之一处，针孔向下与皮肤呈45°角从前向后方向刺入皮下0.5～1厘米，推动注射器活塞，缓缓注入疫苗，注射完后，快速拔出针头。

5. 注意事项

（1）注射过程中要经常检查连续注射器是否正常。

（2）捏皮肤时，一定要捏住皮肤，而不能只捏住羽毛。

（3）注射时不可因速度过快而把疫苗注到体外。

图6-1　幼禽颈部皮下注射示意图

（二）大动物皮下免疫接种

1. 适用范围　大家畜（牛、马）宜在颈侧中1/3部位，猪宜在耳根后或股内侧，犬、羊宜在股内侧，兔宜在耳后。

2. 选择注射部位　皮下注射部位，宜选择皮薄、被毛少、皮肤松弛、皮下血管少的部位。

3. 保定动物　用鼻钳保定好动物。

4. 注射部位消毒　用2%～5%碘酊棉球

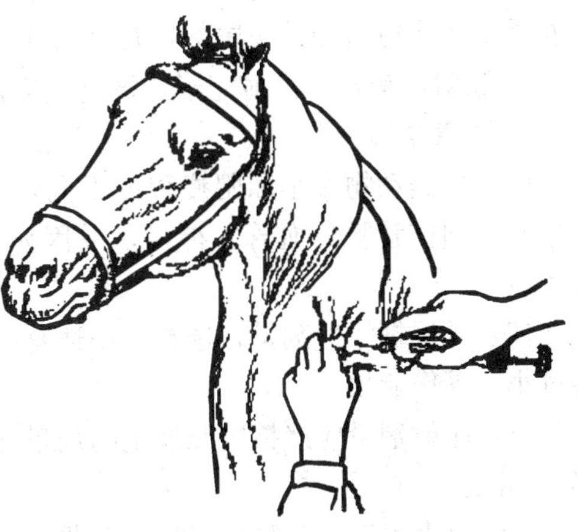
图6-2　大家畜颈部皮下注射示意图

由内向外螺旋式消毒接种部位，最后用挤干的75%酒精棉球脱碘。

5. 注射 左手食指与拇指将皮肤提起呈三角形，右手持注射器，沿三角形基部刺入皮下约2厘米；左手放开皮肤（如果针头刺入皮下，则可较自由地拨动），回抽针芯，如无回血，然后再推动注射器活塞将疫苗徐徐注入。

6. 注射完消毒 注射后，用酒精棉球按住注射部，将针头拔出，最后涂以5%碘酊消毒。

7. 注意事项

（1）保定好动物，注意人员安全防护。

（2）接种活疫苗时不能用碘酊消毒接种部位，应用75%酒精消毒，待干后再接种。

（3）避免将疫苗注入血管。

（三）肌肉免疫接种

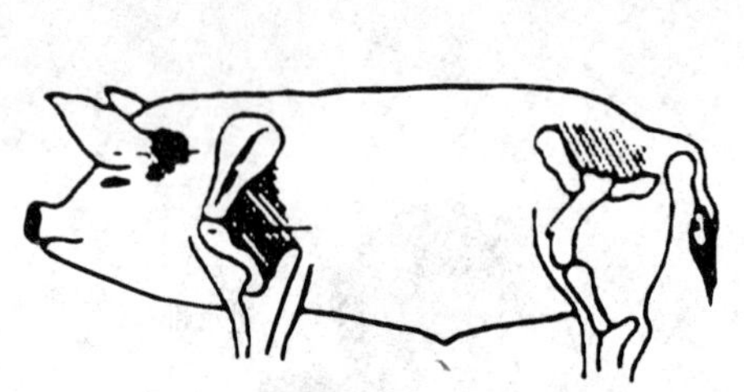

图6-3 猪肌肉注射部位示意图

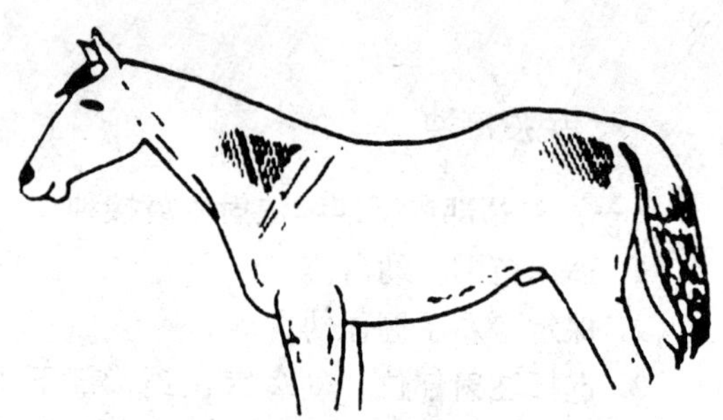

图6-4 马属动物肌肉注射部位示意图

1. 适用范围 猪、牛、马、羊、犬、兔、鸡等。

2. 注射部位选择 应选择肌肉丰满，血管少，远离神经干的部位。大家畜宜在臀部或颈部；猪宜在耳后、臀部、颈部；羊、犬、兔宜在颈部；鸡宜在翅膀基部或胸部肌肉。

3. 保定动物 保定好动物。

4. 注射部位消毒 注射部位按前述方法消毒。

5. 注射 对中、小家畜可左手固定注射部位皮肤，右手持注射器垂直刺入肌肉后，改用左手挟住注射器和针头尾部，右手回抽一下针芯，如无回血，即可慢慢注入药液。

6. 注射后消毒 注射完毕，拔出注射针头，涂以5%碘酊消毒。

7. 注意事项

（1）根据动物大小和肥瘦程度不同，掌握刺入不同深度，以免刺入太深（常见于瘦小畜禽）而刺伤骨膜、血管、神经，或因刺入太浅（常见于大猪）将疫苗注入脂肪而不能吸收。

（2）要根据注射剂量，选择大小适宜的注射器。注射器过大，注射剂量不易准确；注射器过小，操作麻烦。

（3）注射剂量应严格按照规定的剂量注入，禁止打“飞针”，造成注射剂量不足和注射部位不准。

（4）对大家畜，为防止损坏注射器或折断针头，可用分解动作进行注射，即把注射针头取下，以右手拇指、食指紧持针尾，中指标定刺入深度，对准注射部位用腕力将针头垂直刺

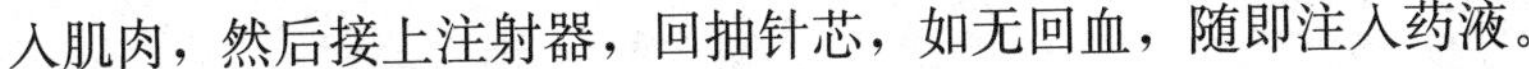

入肌肉，然后接上注射器，回抽针芯，如无回血，随即注入药液。

（5）给家畜（牛、马、猪、羊、骆驼、犬、猫、鹿等）注射，每注射一畜，必须更换一个针头；给农村散养家禽注射，每注射一户，必须更换一个针头；给规模饲养场家禽注射，每注射 100 只，更换一个针头。

（四）禽肌肉注射免疫接种

1. 适用范围 禽。

2. 选择免疫部位 胸肌或腿肌。

3. 注射 调试好连续注射器，确保剂量准确。注射器与胸骨成平行方向，针头与胸肌成 30°～45°角，在胸部中 1/3 处向背部方向刺入胸部肌肉。也可于腿部肌肉注射，以大腿无血管处为佳。

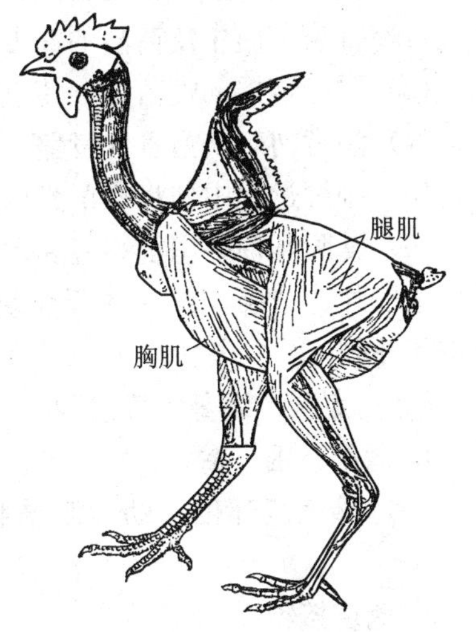

图 6-5 家禽肌肉注射部位示意图

4. 注意事项

（1）针头与胸肌的角度不要超过 45°角，以免刺入胸腔，伤及内脏。

（2）注射过程中，要经常摇动疫苗瓶，使其混匀。

（3）注射时不要图快，以免疫苗流出体外。

（4）使用连续注射器，每注射 500 只禽，要校对一次注射剂量，确保注射剂量准确。

（五）皮内注射免疫接种

1. 适用范围 仅适用于绵羊痘活疫苗和山羊痘活疫苗等个别疫苗接种。

2. 注射部位选择 皮内注射部位，宜选择皮肤致密、被毛少的部位。马、牛宜在颈侧、尾根、肩胛中央，猪宜在耳根后，羊宜在颈侧或尾根部，鸡宜在肉髯部位。

3. 保定动物 保定好动物。

4. 消毒注射部位 按前述方法进行注射部位消毒。

5. 注射 用左手将皮肤捏起一皱褶或以左手绷紧固定皮肤，右手持注射器，将针头在皱褶上或皮肤上斜着使针头几乎于皮面平行地轻轻刺入皮内约 0.5 厘米左右，放松左手；左手在针头和针筒交接处固定针头，右手持注射器，徐徐注入药液。如针头确在皮内，则注射时感觉有较大的阻力，同时注射处形成一个圆丘，突起于皮肤表面。

6. 注射后消毒 注射完毕，拔出针头，用酒精棉球轻压针孔，以避免药液外溢，最后涂以 5%碘酊消毒。

7. 注意事项

（1）皮内注射时，注意把握，不要注入皮下。

（2）选择部位尤其重要，一定要按要要求的部位选择进针。

（3）皮内注射保定动物一定要严格，注意人员安全。

（六）刺种免疫接种

1. 适用范围 家禽。

2. 选择接种部位 禽翅膀内侧三角区无血管处。

3. 保定动物 保定好动物。

4. 免疫接种 左手抓住鸡的一只翅膀，右手持刺种针插入疫苗瓶中，蘸取稀释的疫苗液，在翅膀内侧无血管处刺针。拔出刺种针，稍停片刻，待疫苗被吸收后，将禽轻轻放开。再将刺针插入疫苗瓶中，蘸取疫苗，准备下次刺种。

5. 注意事项

（1）为避免刺种过程中打翻疫苗瓶，可用小木块，上面钉四根成小正方形的铁钉，固定疫苗瓶。

（2）每次刺种前，都要将刺种针在疫苗瓶中蘸一下，保证每次刺针都蘸上足量的疫苗。并经常检查疫苗瓶中疫苗液的深度，以便及时添加。

（3）要经常摇动疫苗瓶，使疫苗混匀。

（4）注意勿刺伤血管和骨骼。

（5）刺种过程中勿将疫苗溅出或触及鸡只接种区以外任何部位。

（6）翼膜刺种多用于鸡痘和禽脑脊髓炎疫苗，一般在刺种后7～10天，在刺种部位会出现轻微红肿、结痂，14～21天痂块脱落。这是正常的疫苗反应。无此反应，说明免疫失败，应重新补刺。

（七）点眼、滴鼻免疫接种

1. 适用范围 禽。

2. 选择免疫部位 幼禽眼结膜囊内、鼻孔内。

3. 免疫接种

（1）*准备疫苗滴瓶* 将已充分溶解稀释的疫苗滴瓶装上滴头，将瓶倒置，滴头向下拿在手中，或用点眼滴管吸取疫苗，握于手中并控制好胶头。

（2）*保定动物* 左手握住幼禽，食指和拇指固定住幼禽头部，幼禽眼或一侧鼻孔向上。

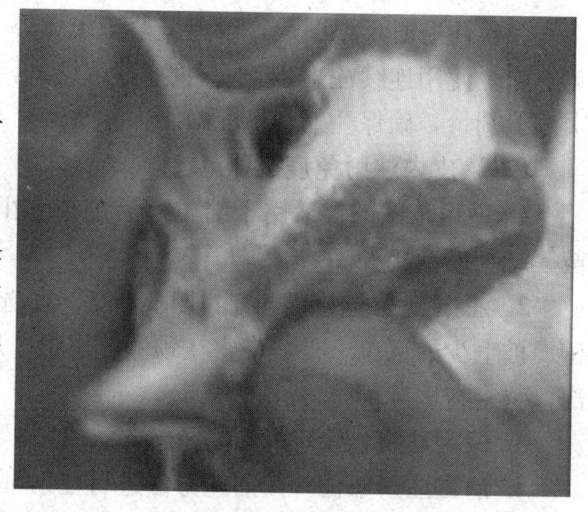

图6-6 幼禽点眼、滴鼻免疫接种示意图

（3）*滴疫苗* 滴头与眼或鼻保持1厘米左右距离，轻捏滴管，滴1～2滴疫苗于鸡眼或鼻中，稍等片刻，待疫苗完全吸收后再放开鸡。

4. 注意事项

（1）滴鼻时，为了便于疫苗吸入，可用手将对侧鼻孔堵住。

（2）不可让疫苗流失，注意保证疫苗被充分吸入。

（八）饮水免疫接种

1. 适用范围 家禽。

2. 准备免疫 鸡群停止供水1～4小时，一般当70%～80%的鸡找水喝时，再饮水免疫。

3. 稀释疫苗 饮水免疫时，饮水量为平时日耗水量的40%，使疫苗溶液能在1～1.5小时内饮完。一般4周龄以内的鸡每千只12升，4～8周龄的鸡每千只20升，8周龄以上的鸡

每千只 40 升。计算好疫苗和稀释液用量后，在稀释液中加入 0.1%～0.3%脱脂奶粉搅匀，疫苗先用少量稀释液溶解稀释后再加入其余溶液于大容器中，一起搅匀，立即使用。

4. 饮水免疫 将配制好的疫苗水加入饮水器，给鸡饮用。给疫苗水时间一致，饮水器分布均匀，使同一群鸡基本上同时喝上疫苗水。并于 1～1.5 小时内喝完。

5. 注意事项

（1）炎热季节里，应在上午进行饮水免疫，装有疫苗的饮水器不应暴露在阳光下。

（2）饮水免疫禁止使用金属容器，一般应用硬质塑料或搪瓷器具。

（3）免疫前应清洗饮水器具。将饮水器具用净水或开水洗刷干净，使其不残留消毒剂、铁锈、赃物等。

（4）免疫后残余的疫苗和废（空）疫苗瓶，应集中煮沸等消毒处理，不能随意乱扔。

（5）疫苗稀释时应注意无菌操作，所用器材必须严格消毒。稀释液（饮用水）应清洁卫生，不含氯离子、重金属离子、抗生素和消毒药（一般用中性蒸馏水、凉温开水或深井水）。

（6）疫苗用量必须准确，一般应为注射免疫剂量的 2～3 倍。

（7）应有足够的饮水器，确保每只鸡都能饮到足够的疫苗水。

（九）气雾免疫接种

1. 羊气雾免疫接种

（1）*配制疫苗* 根据羊只数量计算疫苗和稀释液用量，疫苗用量＝免疫剂量×畜禽舍容积×1 000/免疫时间×常数×疫苗浓度常数为 3～6（羊每分钟吸入空气量约为3 100～6 000 毫升，故以 3～6 作为羊气雾免疫的常数）。根据计算结果配制疫苗。

（2）*免疫接种* 将动物赶入畜舍，关闭门窗，操作者把喷头由门窗缝伸入室内，使喷头与动物头部同高，向室内四面均匀喷雾。喷雾完毕后，动物在圈内停留 20～30 分钟即可放出。

2. 鸡群气雾免疫接种

（1）*估算疫苗用量* 一般 1 日龄雏鸡喷雾，每1 000只鸡的喷雾量为 150～200 毫升，平养鸡 250～500 毫升，笼养鸡为 250 毫升。根据用量制好疫苗。

（2）*免疫接种* 将雏鸡装在纸箱中，排成一排，喷雾器在距雏鸡 40 厘米处向鸡喷雾，边走边喷，往返 2～3 遍，将疫苗喷完；喷完后将纸箱叠起，使雏鸡在纸箱中停留半小时。

（3）*注意事项* 平养鸡喷雾方法，应在清晨或晚上进行，当鸡舍暗至刚能看清鸡只时，将鸡轻轻赶靠到较长的一面墙根，在距鸡 50 厘米处时进行喷雾；边走边喷，至少应喷 2～3 遍，将疫苗均匀喷完。成年笼养鸡喷雾方法与平养鸡基本相似。

3. 气雾免疫注意事项

（1）充分清洗手提式喷雾器或背负式喷雾器或气雾机，用清水试喷一下，以掌握喷雾的速度、流量和雾滴大小。

（2）气雾免疫应选择安全性高，效果好的疫苗。

（3）气雾免疫时疫苗的用量应适当增加，以保证免疫效果，通常用量加倍。

（4）气雾免疫的当天不能带鸡消毒。

（5）气雾免疫时，要求房舍湿度适当。湿度过低，灰尘较大的鸡场，在喷雾免疫前后可用适量清水进行喷雾，降低舍内尘埃，防止影响免疫效果。

(6) 免疫前后在饲料或饮水中加入适当的抗菌药物，可以防止诱发疾病。

(7) 稀释疫苗应用去离子水或蒸馏水，最好加0.1%的脱脂奶粉。

(8) 雾粒大小要适中，一般要以喷出的雾粒中有70%以上直径在5～15微米（成鸡）或30～50微米（雏鸡）为最好；雾粒过大，在空气中停留时间短，进入呼吸道的机会少或进入呼吸道后被滞留；雾粒过小，则易被呼气排出。

(9) 进行气雾免疫时，房舍应密闭，关闭排气扇或通风系统；减少空气流动，喷雾完毕20分钟后才能开启门窗，打开排气扇或通风系统。

(10) 用过的疫苗空瓶，应集中煮沸等消毒处理，不能随意乱扔。

(11) 气雾接种人员应注意个人安全防护。

二、免疫接种的注意事项

1. 注意个人消毒和防护 免疫接种时，免疫接种人员注意无菌操作和个人防护，免疫接种中不准吸烟或吃食物。

2. 选择疫苗 应注意准备免疫预防的疫病有无血清型的区别，若有血清型的区别，应选择与准备免疫预防的疫病血清型相同的疫苗或多价疫苗。

3. 观察动物健康状况 在免疫疫苗前应注意观察动物的健康情形，挑选出不宜接种疫苗的动物和需慎重选择疫苗的动物（如孕畜），并做好登记，要特别慎重使用副作用比较强烈的疫苗。

4. 认真阅读疫苗瓶签和疫苗使用说明书 必须严格按照疫苗说明书的规定使用或稀释疫苗，不可随便替换稀释液。不可使用金属容器稀释疫苗。

5. 注意疫苗的使用时间 根据气温高低和疫苗不同，稀释完的疫苗使用时间有所差异。通常，疫苗稀释后，活疫苗应在3～6小时内尽快用完，灭活疫苗应当天用完，且最好在早上或晚上天气阴凉时进行接种。如猪瘟活疫苗稀释后，气温在16℃以下时，6小时内用完；气温在15～27℃以上时，则应在3小时内用完。鸡马立克氏病活疫苗稀释后，应在1小时内用完。超过规定时间未用完的疫苗，应当废弃。

6. 防止污染 一次吸不完的疫苗，疫苗瓶塞上应固定一个消毒针头，专供吸取疫苗，吸取疫苗后不要拔出针头，用干酒精棉球包裹，以便再次吸取疫苗。严禁用未消毒的针头吸取疫苗，防止污染疫苗。

7. 注射器、针头大小要适宜 应根据接种剂量大小，选择大小适宜的注射器。注射器过大，注射剂量容易不准确；注射器过小，操作麻烦。应根据接种对象的大小和肥瘦，选择适宜的针头。针头过短、过粗，注射后拔出针头时，疫苗易顺着针孔流出，或将疫苗注入脂肪层，未能注入肌肉内；针头过长，易伤及骨膜、脏器；针头过细，会使注射速度过慢。一般2～4周龄猪使用16号针头（2.5厘米长），4周龄以上猪使用18号针头（4.0厘米长）；牛使用20号针头（4.0厘米长）；绵羊和山羊使用18号针头（4.0厘米长）；家禽使用12号针头。

8. 防止散毒 排出针头、针管内气体时，溢出的疫苗应吸积于酒精棉球上，并将其收集于废物瓶内；用过的酒精棉球也应放入专用瓶内，禁止随意乱扔；用过的疫苗瓶，待免疫接种结束后，统一收集，一并无害化处理。

9. 注意接种部位消毒 注射接种时，应首先剪毛，再用2%～5%碘酊棉球由内向外螺旋消毒接种部位，最后用75%酒精棉球脱碘，待干后接种。

10. 注意无菌操作 给家畜（牛、马、猪、羊、犬等）注射实行注射一畜，更换一次针头；给农村散养家禽注射，实行注射一户更换一次针头；给养禽场的禽注射，实行注射一笼换一次针头，但最多不超过1 000只，必须更换一次针头。

11. 注意接种剂量准确 应严格按疫苗使用说明书规定的接种剂量接种，不得随意增减，保证接种剂量准确。

12. 注意疫苗存放条件 疫苗在使用过程中应始终放在疫苗冷藏箱中，避免日光照射，只有在吸取疫苗时方可取出。

13. 接种活菌苗时的注意事项 接种对象在接种前后10天，禁止使用和在饲料中添加抗生素、磺胺类药物。

三、免疫接种后续工作

1. 清理器材 将注射器、针头、刺种针、滴管等器械洗净、煮沸消毒、备用。

2. 处理疫苗 开启和稀释后的疫苗，当天未用完者应废弃。未开启和未稀释疫苗，放入冰箱，在有效期内下次接种时首先使用。

3. 整理免疫接种登记表

4. 处理废弃物 用完的疫（菌）苗瓶，用过的酒精棉球、碘酊棉球等废弃物应消毒后深埋。

5. 观察反应 免疫接种后，在接种反应时间内，动物防疫人员要对被接种动物进行反应情况检查，详细观察饮食、精神、大小便等情况，并抽查体温，对有副反应的动物应予以登记，对接种后副反应严重或发生过敏反应的应及时抢救、治疗，并应向畜主解释清楚。一般经过7～10天没有反应时，可以停止观察。

6. 开展免疫监测 免疫接种前后应抽取一定比例免疫接种动物，进行免疫抗体监测，了解免疫效果。

四、畜禽标识

畜禽标识是指经农业部批准使用的耳标、电子标签、脚环以及其他承载畜禽信息的标识物。国家实施畜禽标识及养殖档案信息化管理，实现畜禽及畜禽产品可追溯。

（一）协助建立养殖档案

畜禽养殖场应当建立养殖档案，载明以下内容：

1. 畜禽的品种、数量、繁殖记录、标识情况、来源和进出场日期。

2. 饲料、饲料添加剂等投入品和兽药的来源、名称、使用对象、时间和用量等有关情况。

3. 检疫、免疫、监测、消毒情况。

4. 畜禽发病、诊疗、死亡和无害化处理情况。

5. 畜禽养殖代码。

6. 农业部规定的其他内容。

（二）协助建立防疫档案

县级动物疫病预防控制机构应当建立畜禽防疫档案，载明以下内容。

1. 畜禽养殖场 名称、地址、畜禽种类、数量、免疫日期、疫苗名称、畜禽养殖代码、畜禽标识顺序号、免疫人员以及用药记录等。

2. 畜禽散养户 户主姓名、地址、畜禽种类、数量、免疫日期、疫苗名称、畜禽标识顺序号、免疫人员以及用药记录等。

（三）畜禽标识

1. 畜禽标识编码由畜禽种类代码、县级行政区域代码、标识顺序号共15位数字及专用条码组成。猪、牛、羊的畜禽种类代码分别为1、2、3。

编码形式为：×（种类代码）—××××××（县级行政区域代码）—××××××××（标识顺序号）。

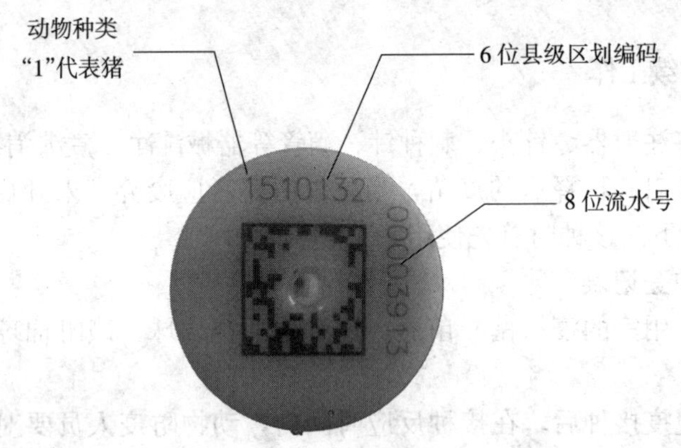

图6-7 家畜耳标编码示意图

2. 畜禽养殖者应当向当地县级动物疫病预防控制机构申领畜禽标识，并按照下列规定对畜禽加施畜禽标识。

（1）新出生畜禽，在出生后30天内加施畜禽标识；30天内离开饲养地的，在离开饲养地前加施畜禽标识；从国外引进畜禽，在畜禽达目的地10日内加施畜禽标识。

（2）猪、牛、羊在左耳中部加施畜禽标识，需要再次加施畜禽标识的，在右耳中部加施。

3. 佩戴耳标步骤

（1）要对耳标（公标、母标）、耳标钳（主要是耳针、耳标钳钳夹部位）进行严格消毒；要对家畜耳朵上适合佩带耳标的部位进行严格消毒。

（2）将消毒过的公标套在耳针上。

（3）将耳标卡片弹起，把消毒过的母标放在耳标钳的槽内，再将耳标卡片压住消毒过的母标。

（4）将套有公、母标的耳际钳夹在家畜耳朵上已消毒过的部位，手用力握钳柄，卡上后，公标就会套在母标上；放松钳柄，耳针自然脱离公标。

4. 佩戴耳标注意事项

（1）到当地动物防疫机构购买耳标，免疫后按照《动物免疫标识管理办法》规定佩带免疫耳标。

（2）不同的厂家生产的耳针规格不同，使用时要注意耳针和耳标的配套，松紧要适宜。免疫耳标必须一次性使用，免疫耳标和耳标钳使用时须严格消毒。

（3）免疫耳标首次佩带在牲畜左耳。从县境外调入的饲养动物，需再次实施强制免疫的，免疫耳标佩带在右耳。

五、生物制品的出入库管理

（一）入库验收

1. 入库的生物制品应符合以下基本条件

（1）国内产品应为国内合法兽药企业所生产的，进口产品应为国外企业依法在国内设立的机构所销售。

（2）国内产品应具有合法批准文号，进口产品应为有《进口兽药注册证书》。

（3）有法定质量标准。

（4）包装、标签及说明书符合有关规定和储运要求。

2. 应对生物制品进入验收，对不合格产品应予以拒收。

（二）仓储

1. 兽用制品应按其规定的温度、湿度条件陈列和储存，特殊管理的产品应按国家规定陈列和储存。

2. 仓储保管员要对储存库的环境条件进行有效的监控，并及时对相关设备进行养护。

（三）出库

1. 兽用生物制品出库应遵循“先产先出”和按批号发货的原则。

2. 兽用生物制品出库应进行质量查验并记录。

3. 运输

（1）兽用生物制品的调运应根据季节温度变化和运程采取必要保温或冷藏措施，满足产品的冷链要求。

（2）搬运、装卸时应轻拿轻放，严格按照外包装图标要求堆放和采取防护措施。

（3）特殊产品应按有关规定办理。

（四）填写生物制品入库和出库记录

1. 生物制品入库记录的信息如下表：

XXX 单位生物制品入库单

品名	规格	单位	数量	生产批号	有效期至	生产厂家	保管人

单位负责人

2. 生物制品出库记录的信息如下表：

XXX 单位生物制品出库单

品名	规格	单位	数量	生产批号	有效期至	生产厂家	领用人

单位负责人

[本章小结]

本章主要学习了生物制品的基础知识，免疫接种的准备、方法和注意事项，畜禽免疫档案及免疫标识。

[复习题]

1. 免疫接种前应做哪些准备工作？
2. 如何进行大家畜（马、牛）、猪、羊肌肉注射？
3. 如何进行禽肌肉注射？
4. 如何进行大家畜（马、牛）、猪、羊、禽皮下、皮内注射？
5. 如何进行家禽刺种、点眼滴鼻免疫？
6. 如何进行饮水免疫？应注意哪些问题？
7. 如何进行气雾免疫？应注意哪些问题？
8. 免疫接种后应做哪些工作？
9. 畜禽标识是如何编码的？
10. 如何填写免疫档案？
11. 免疫接种应注意哪些事项？
12. 如何佩戴耳标？

第七章　监测、诊断样品的采集与运送

第一节　监测、诊断样品采样前的准备

一、监测、诊断样品的种类

监测、诊断样品的种类繁多，主要包括血液样品、脏器样品、分泌物及排泄物样品等。

1. 血液样品　血液样品分两类，一类是添加抗凝剂，制备的血液样品为全血；另一类是不添加抗凝剂，制备的血液样品为血清。

2. 脏器样品　脏器样品包括心、肝、脾、肺、肾、淋巴结、扁桃体、皮肤、肠管、脑、脊髓等。

3. 分泌物及排泄物样品　这类样品包括泄殖腔拭子、咽喉拭子、鼻腔拭子、胆汁、唾液、乳汁、粪便、水泡液、眼分泌物、尿液、胸水、腹水、心包液和关节囊液等。

4. 其他样品　包括骨骼、胎儿、生殖道样品（胎儿、胎盘、阴道分泌物、阴道冲洗液、阴茎包皮冲洗液、精液、受精卵）、胃肠内容物等。

二、采样前的准备工作

（一）器具

1. 器具的准备 动物检疫器械箱，保温箱或保温瓶，解剖刀，剪刀，镊子，锯，酒精灯，酒精棉，碘酒棉，注射器及针头。

2. 样品容器及辅助器材的准备 据采样要求准备样品容器（如西林瓶，平皿，离心管及易封口样品袋，塑料包装袋等）。试管架，塑料盒（1.5 毫升小塑料离心管专用），铝饭盒，瓶塞，无菌棉拭子，胶布，封口膜，封条，冰袋等。

（二）器具的消毒

1. 刀、剪、镊子、锯等用具煮沸消毒 30 分钟，使用前用酒精擦拭，用时进行即时火焰消毒。

2. 器皿（玻制、陶制等）经 103 千帕高压 30 分钟，或经 160℃干烤 2 小时灭菌；或放于 0.5%～1%的碳酸氢钠（$NaHCO_3$）水中煮沸 10～15 分钟，水洗后，再用清洁纱布擦干，保存于酒精、乙醚等溶液中备用。

3. 注射器和针头放于清洁水中煮沸 30 分钟。一般要求使用“一次性”针头和注射器。

4. 检查过传染性海绵状脑病的器械要放在 2 摩尔/升的氢氧化钠（NaOH）溶液中浸泡 2 小时以上，才可再使用。

5. 采取一种病料，使用一套器械与容器，不可用其再采其他病料或容纳其他脏器材料。采过病料的用具应先消毒后清洗。

（三）试剂

待检样品保存液、抗凝剂等。

（四）记录

不干胶标签、签字笔、圆珠笔、记号笔、采样单、记录本等。

（五）防护用品

口罩、一次性手套、乳胶手套、防护服、防护帽、胶靴等。

三、样品记录

采样同时，填写采样单，做好样品标记。

1. 采样单的信息 包括畜主姓名和畜禽场地址；畜禽（农）场里饲养动物品种及数量；被感染动物或易感动物种类及数量；始发病例和继发病例的日期；感染动物在畜禽群中的分布情况；死亡动物数、出现临床症状的动物数量及年龄；临床症状及其持续时间，包括口腔、眼睛和腿部情况，产奶或产蛋记录，死亡情况和时间，免疫和用药情况，采样数量，样品名称，样品编号，采样人和被采样单位签章等。

2. 填写要求 采样单应用钢笔或签字笔逐项填写，一式三份。样品标签和封条应用签字笔填写，保温容器外封条应用钢笔或签字笔填写，小塑料离心管上可用记号笔作标记。应将采样单和病史资料装在塑料包装袋中，并随样品送实验室。样品信息除了采样单要求的信息外，应包括：饲养类型和标准，包括饲料；送检样品清单和说明，包括病料种类、保存方法等；动物治疗史；要求做何种试验或检测；送检者的姓名、地址、邮编和电话；送检日期。

采样单样式：

<table>
<tr><td>场　名</td><td colspan="3"></td><td colspan="4">级别　　□原种　□祖代　□父母代　□商品代</td></tr>
<tr><td>通讯地址</td><td colspan="5"></td><td>邮编</td><td></td></tr>
<tr><td>联系人</td><td colspan="5"></td><td>电话</td><td></td></tr>
<tr><td>栋　号</td><td>畜（禽）名</td><td>品种</td><td>日龄</td><td>规模</td><td>采样数量</td><td>样品名称</td><td>编　号</td></tr>
<tr><td></td><td></td><td></td><td></td><td></td><td></td><td></td><td></td></tr>
<tr><td></td><td></td><td></td><td></td><td></td><td></td><td></td><td></td></tr>
<tr><td></td><td></td><td></td><td></td><td></td><td></td><td></td><td></td></tr>
<tr><td></td><td></td><td></td><td></td><td></td><td></td><td></td><td></td></tr>
<tr><td></td><td></td><td></td><td></td><td></td><td></td><td></td><td></td></tr>
<tr><td>免疫情况</td><td colspan="7">（免疫程序、时间、疫苗种类、疫苗生产厂家、批号、免疫剂量等）</td></tr>
<tr><td>临床表现</td><td colspan="7"></td></tr>
<tr><td>既往病史</td><td colspan="7"></td></tr>
<tr><td>其它</td><td colspan="7"></td></tr>
<tr><td colspan="4">被检单位盖章或签名
年　月　日</td><td colspan="4">采样单位盖章或签名：
年　月　日</td></tr>
</table>

第二节　血液样品的采集、保存与运送

血液样品的采集是常见的样品采集方法，在做样品采集前要首先观察动物的健康状况。发病动物，应据动物症状，首先排除炭疽等烈性传染病，再决定采血与否。

血液样品的采集方法较多，现介绍部分常用的方法。

一、采血方法

（一）耳静脉采血

1. 适合对象　猪、兔等，适于样品要求量比较小的检验项目。

2. 操作步骤

（1）将猪、兔站立或横卧保定，或用保定器具保定。

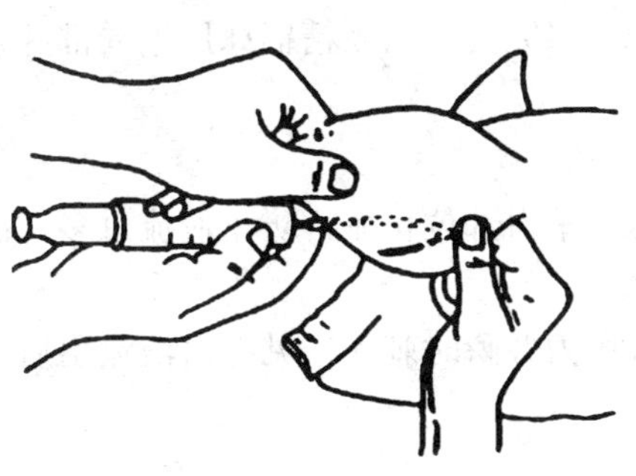

图 7-1　猪耳静脉采血示意图

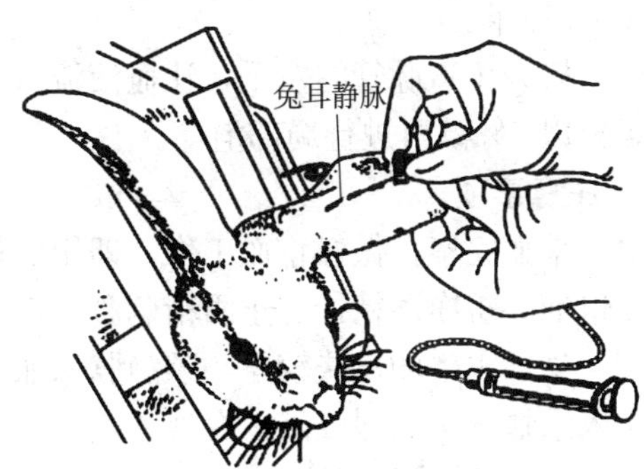

图 7-2　兔耳静脉采血示意图

（2）耳静脉局部按常规消毒处理。

（3）1 人用手指捏压耳根部静脉血管处，使静脉充盈、怒张（或用酒精棉反复局部涂擦以引起其充血）。

（4）术者用左手把持耳朵，将其托平并使采血部位稍高。

（5）右手持连接针头的采血器，沿静脉管使针头与皮肤呈 30°～45°角，刺入皮肤及血管内，轻轻回抽针芯，如见回血即证明已刺入血管，再将针管放平并沿血管稍向前伸入，抽取血液。

（二）颈静脉采血

1. 适合对象　马、牛、羊等大家畜。能满足常见的检测项目的要求。

2. 操作步骤

（1）保定好动物，使其头部稍前伸并稍偏向对侧。

（2）对颈静脉局部进行剪毛、消毒。

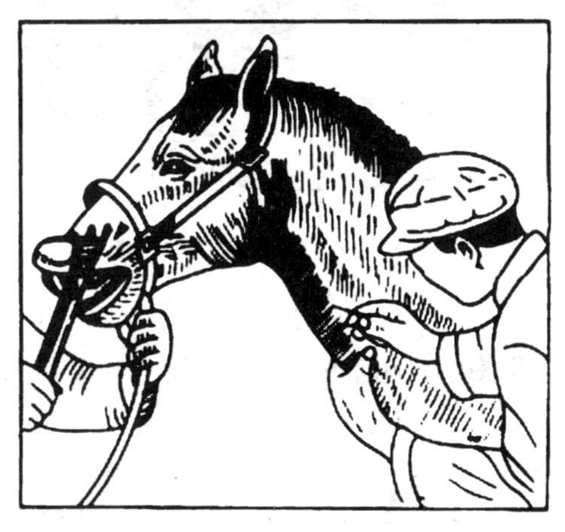

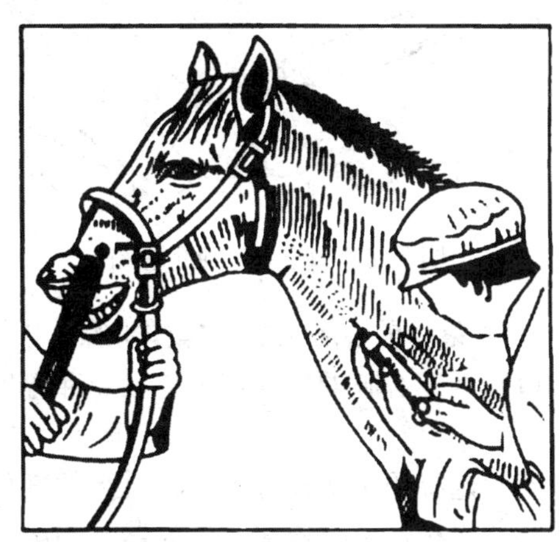

图 7-3　马属动物颈静脉采血示意图

（3）看清颈静脉后，术者用左手拇指（或食指与中指）在采血部位稍下方（近心端）压迫静脉血管，使之充盈、怒张。

（4）右手持采血针头，沿颈静脉沟与皮肤呈 45°角，迅速刺入皮肤及血管内，如见回血，即证明已刺入；使针头后端靠近皮肤，以减小其间的角度，近似平行地将针头再伸入血管内 1～2 厘米。

(5) 撤开压迫脉管的左手，让血液流入采血容器。采完后，以酒精棉球压迫局部并拔出针头，再以 5%碘酊进行局部消毒。

3. 注意事项

(1) 采血完毕，做好止血工作，即用酒精棉球压迫采血部位止血，防止血流过多。酒精棉球压迫前要挤净酒精，防止酒精刺激引起流血过多。

(2) 牛、水牛的皮肤较厚，颈静脉采血刺入时应用力并瞬时刺入，见有血液流出后，将针头送入采血管中，即可流出血液。

(三) 前腔静脉采血法

1. 适合对象 多用于猪只的采血，适合于大量采血用。

2. 操作步骤

(1) 仰卧保定，把前肢向后方拉直。

(2) 选取胸骨端与耳基部的连线上胸骨端旁 2 厘米的凹陷处，消毒。

(3) 用装有 20 号针头的注射器刺入消毒部位，针刺方向为向后内方与地面呈 60°角刺入 2～3 厘米，当进入约 2 厘米时可一边刺入一边回抽针管内芯；刺入血管时即可见血进入管内，采血完毕，局部消毒。

(四) 心脏采血

1. 适合对象 禽类、家兔、鼠等个体比较小的动物的采血。

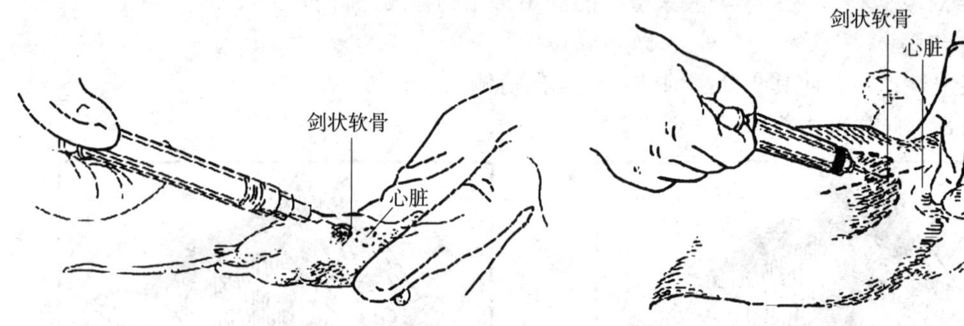

图 7-4 鼠心脏采血示意图

图 7-5 兔心脏采血示意图

2. 家兔和鼠心脏采血的操作步骤 以家兔为例：

(1) 确定心脏的生理部位。家兔和豚鼠的心脏部位约在胸前由下向上数第三与第四肋骨间。

(2) 选择用手触摸心脏搏动最强的部位，去毛消毒。

(3) 将稍微后拉栓塞的注射器针头由剑状软骨左侧呈 30°～45°刺入心脏，当家兔略有颤动时，表明针头已穿入心脏，然后轻轻地抽取，如有回血，表明已插入心腔内，即可抽血；如无回血，可将针头退回一些，重新插入心腔内，若有回血，则顺心脏压力缓慢抽取所需血量。

小鼠采血（图 7-5 示），可以先麻醉，采血方法与兔子相似。

3. 禽类心脏采血操作步骤 雏鸡和成年禽类的心脏采血步骤略有差异。

(1) 雏鸡心脏采血 左手抓鸡，右手手持采血针，平行颈椎从胸腔前口插入，回抽见有

回血时，即把针芯向外拉使血液流入采血针。

(2) 成年禽类心脏采血　成年禽类采血可取侧卧或仰卧保定。

①侧卧保定采血　助手抓住禽两翅及两腿，右侧卧保定，在触及心搏动明显处，或胸骨脊前端至背部下凹处连线的1/2处消毒，垂直或稍向前方刺入2～3厘米，回抽见有回血时，即把针芯向外拉，使血液流入采血针。

②仰卧保定采血　胸骨朝上，用手指压离嗉囊，露出胸前口，用装有长针头的注射器，将针头沿其锁骨俯角刺入，顺着体中线方向水平穿行，直到刺入心脏。

4. 注意事项

(1) 确定心脏部位，切忌将针头刺入肺脏。

(2) 顺着心脏的跳动频率抽取血液，切忌抽血过快。

(五) 翅静脉采血

1. 适合对象　禽类等有翅膀类的动物，多用于家禽、水禽、鹌鹑等的采血。采血量少时多采用该法。

2. 操作步骤

(1) 侧卧保定禽只，展开翅膀，露出腋窝部，拔掉羽毛，在翅下静脉处消毒。

(2) 拇指压迫近心端，待血管怒张后，用装有细针头的注射器，由翼根向翅方向平行刺入静脉，放松对近心端的按压，缓慢抽取血液。或者，从无血管处向翅静脉丛刺入，见有血液回流，即把针芯向外拉使血液流入采血针。

3. 注意事项　采血完毕及时压迫采血处止血，避免形成淤血块。

(六) 后肢外侧面小隐静脉采血法和前肢内侧头静脉采血法

1. 适合对象　狗等被毛比较薄的动物。

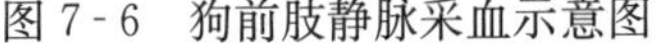

图7-6　狗前肢静脉采血示意图

图7-7　猫后肢静脉采血示意图

2. 后肢外侧面小隐静脉采血操作步骤

(1) 将狗侧卧，保定好。

(2) 确定后肢外侧面小隐静脉：在后肢胫部下1/3的外侧浅表皮下的，用胶皮带绑在狗股部，或由助手用手紧握股部，即可明显见到此静脉。

(3) 局部剪毛、消毒。

(4) 右手持连有5号半针头的采血器，将针头向血管旁的皮下先刺入，而后与血管平行刺入静脉，回抽针芯，如有回血，放松对静脉近心端的压迫，并将针头顺血管再送入少许，然后便可采出血液。

3. 前肢内侧头静脉采血操作步骤 此静脉在前肢内侧皮面皮下，靠前肢内侧外缘，采血方法同前述的后肢小隐静脉采血法。

4. 注意事项

(1) 采集少量血液时，在针孔插入血管后，接住滴下的血液即可，如做血常规检验等。

(2) 采集多量血液时，先解除静脉上端加压的手或胶皮管，用采血器缓慢抽取，若抽吸速度过快，易使针口吸着血管内壁，血液不能进入采血器。

(3) 采完血后注意及时、正确的止血。

(七) 后肢内侧面大隐静脉采血法

1. 适合对象 猫等被个体比较小的动物动物。猫也常用前肢内侧头静脉采血方法。

2. 操作步骤

(1) 将猫背卧后固定，伸展后肢向外拉直，暴露腹股沟三角区。

(2) 后肢内侧面大隐静脉在后肢膝部内侧浅表的皮下。用左手中指、食指探摸股动脉跳动部位，在其下方剪毛消毒。

(3) 右手取连有5号半针头的采血器，针头由跳动的股动脉下方直接刺入大隐静脉管内，即可采血。

3. 注意事项

(1) 确定采血部位，确定股动脉，切忌将针刺入股动脉。

(2) 采集完血液后注意止血。

(八) 眼睛采血法

分为摘眼球法和眼眶后静脉丛采血法。

1. 适合对象 多用于鼠类的采血。

2. 操作步骤

(1) 摘眼球法 可以先麻醉动物，一手抓住鼠，拇指和食指尽量将鼠头部皮肤捏紧，使眼球突出，另一手用镊子从鼠眼球根部将眼球摘出，倒置鼠血液从眼眶内流出。

(2) 眼眶后静脉丛采血法

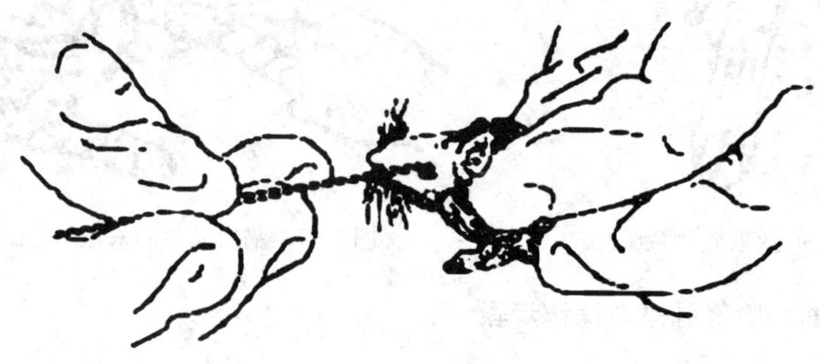

图7-8 鼠眼眶后静脉丛采血示意图

①采血时，左手拇指及食指抓住鼠两耳之间的皮肤使鼠固定，并轻轻压迫颈部两侧，阻碍静脉回流，使眼球充分外突。

②右手持取血管（细端内径为1.0～1.5毫米），将其尖端插入内眼角与眼球之间，轻轻向眼底方向刺入，当感到有阻力时即停止刺入，旋转取血管以切开静脉丛，血液即流入取血管中。

③采血结束后，拔出取血管，放松左手，出血即停止。将取血管浸入1%肝素溶液，干燥后使用。

二、血液采集注意事项

1. 采血场所有充足的光线；室温夏季最好保持在25～28℃，冬季15～20℃为宜。

2. 应严格遵守无菌操作规程，对所有采血用具、采血部位，均应认真进行消毒。

3. 采血针头、注射器必须洁净、干燥，如有水气可引起溶血。

4. 怀疑传染病时，采血过程应防止血液流散，检验后的残余血液及所用器皿亦应进行消毒处理。

5. 采血完毕，局部消毒并及时止血。

三、血液样品的保存与运送

1. 血清样品的要求 制备血清的样品不能添加抗凝剂，要求无菌操作。制备好的血清样品应是澄清、透明、略带微黄色。猪血清可能会有轻微的红色，是红细胞破碎所致。

2. 分离血清的操作步骤

(1) 装有待分离血液的容器必须留有一定的未占用空间，即血液液面上方有一定量的空气层。

(2) 在室温（25℃左右）下倾斜放置2～4小时（防止暴晒），待血液凝固自然析出血清。或用无菌剥离针剥离血凝块，将样品放在装有25～37℃温水的杯内或37℃温箱内1小时，或置4℃冰箱过夜，待大部分血清析出后取出血清。

在血清析出比较慢或急需用血清时，可用离心机离心，选择1 500～2 000转/分钟离心5分钟，分离血清。

(3) 将血清移到另外的洁净容器中，密封，贴标签。通常是4℃冷藏。须长期保存时，应置于−20℃冷冻，注意避免反复冻融。

3. 血清分离的注意事项

(1) 用于分离血清的血液不能加抗凝剂。

(2) 采集的血液在凝集之前尽量避免振动，以防溶血。

(3) 采集的血清根据需要进行保存，冷冻保存的血清应进行分装，尽量避免反复冻融。

[本章小节]

本章主要学习了监测、诊断样品的种类及采集原则；血液样品的采集及注意事项，血液样品的保存与运送；血清的分离和保存方法，采集样品的记录；常用抗凝剂的配制及使用原则。

[复习题]

1. 监测、诊断样品的种类有哪些？

2. 采取监测、诊断样品的准备工作有哪些？
3. 简述猪、兔的耳静脉采血方法。
4. 简述家畜的颈静脉采血方法。
5. 简述心脏采血方法？
6. 简述前肢静脉、后肢静脉采血方法。
7. 简述禽翅静脉采血方法。
8. 血液采集应注意哪些问题？
9. 监测、诊断样品应记录哪些内容？
10. 血清分离的步骤及注意事项有哪些？

第八章　疫苗、药品与医疗器械的使用

第一节　药品与医疗器械的保管

学习目标：能贮存与保管普通药品和医疗器械。

一、常用兽用药品的保管

药品的贮存保管要做到安全、全理和有效。首先应将外用药与内服药分开贮存；对化学性质相反的如酸类与碱类、氧化剂与还原剂等药品也要分开贮存。其次，要了解药品本身理化性质和外来因素对药品质量的影响，针对不同类别的药品采取有效的措施和方法进行贮藏保管。兽用药品种类很多，应按兽药使用说明书中该药“贮藏”项下的规定条件，妥善贮藏与保管。

（一）基本操作步骤

1. 阅读兽药使用说明书，明确该药的贮藏事项。
2. 选择清洁干燥容器，盛放药品。
3. 加盖密封容器。
4. 贴药品标签，注明药品名称，封存日期，有效期等。
5. 放于通风干燥的贮藏地点。
6. 在药品保管台账上，记录药品的名称、入库日期、存放地点、经办人等。
7. 定期检查，防止失效。
8. 按照“先进先出”和“失效期近的先出”的原则出库。
9. 及时淘汰过期失效药品。

（二）注意的事项

1. 药品在保存过程中应注意干燥、避光、防潮、防虫（鼠）。
2. 易挥发药品保管应用蜡封口。
3. 易受光线影响药品应放于棕色瓶内避光保存。
4. 易受温度影响的药品必须注意保存温度，应根据每种药物说明书的最适宜保存温度贮藏。

5. 危险品、麻醉药、剧毒药的保管应专人、专柜、专账，加锁保管，加明显标记、出入药品严格登记。

6. 药品管理应建立药房管理台账进行药品保管管理。

（三）药房管理

1. 操作步骤

（1）建立药品保管出入库台账（表 8-1、表 8-2），保证账目与药品相符。

（2）根据药品的性质、剂型，并结合药房的具体情况，采取“分区分类存放，货位编号”的方法妥善保管。

（3）对有毒有害药品、危险药品的保管要专人、专柜、专账，加锁保管。

（4）经常检查，定期盘点。

2. 注意事项

（1）注意外用药与内服药要分别存放，性质相反的药（如强氧化剂与还原剂，酸与碱）以及名称易混淆的药物均要分别存放。

（2）药房、药库应该经常保持清洁卫生，并采取有效措施，防止发霉、虫蛀和鼠咬。

（3）加强防火、防盗等安全措施，确保人员与药品的安全。

表 8-1　药品入库记录表（格式）

药品通用名	生产批号	生产企业	购入单位	单位	数量	验收人	入库时间

表 8-2　药品出库记录表（格式）

出库时间	药品通用名	生产批号	生产企业	单位	数量	销往单位	发货人

（四）易受湿度影响药品的保管

有的药物易受湿度的影响，药品吸潮后易变质，如阿司匹林、青霉素粉剂、胃蛋白酶等；有的药物受潮后则自行潮解（溶解），如氯化钠、碘化钾、氯化铵、溴化钠、氯化钙等；有的药物在空气较干燥的时候，易失去结晶水而变成粉末状态（风化），如硫酸钠、硫酸镁、硼砂、吐酒石和咖啡因等；中草药受潮则易发霉等。对这类药品保管的操作步骤为：

（1）贮存于密闭容器内。

（2）放于干燥处。

（3）注意通风防潮。

（4）定期检查。

（5）填写出入库记录和检查记录。

（五）易挥发药品的保管

易挥发性的药品如氨溶液、氯仿、乙醚、薄荷、樟脑等应该密闭保存，必要时还应当用蜡或其他物质封口保存。

（六）易受光线影响药品的保管

阳光能引起不少药物发生化学变化，使药物变质。如盐酸肾上腺素在光的作用下即分解，由白色（或淡棕色）变成红色；硝酸银受紫外线的照射后能被还原放出游离状态的银，由白色变为灰色或黑色；硫酸阿托品注射液、维生素C注射液、肾上腺素注射液、脑垂体后叶注射液、过氧化氢等药物，阳光照射均能使其发生化学反应。对这类药品保管的操作步骤为：

（1）将易受光线影响的药品装在有色（棕色或蓝色）的瓶内或黑纸包裹的容器内；

（2）存放于避光处。

（3）填写出入库记录和检查记录。

（七）易受温度影响药品的保管

温度过低或过高都可对药物的质量产生一定的影响，特别是温度较高时，能使药物的某些性质发生变化，例如各种生物制剂（疫苗、血清等）、激素制剂、抗生素制剂等，贮存在较高的温度下，药物的效价会迅速降低或完全失效；含脂肪和油类的药物若遇过高的温度，则易发生酸败。对这类药品保管的操作步骤为：

（1）按使用说明书要求的贮藏温度对药品进行分别保存。

（2）填写出入库记录。

（3）定期检查保存的温度是否合乎要求。

（八）危险药品的保管

危险品是指遇光、热、空气等易爆炸、自燃、助燃或有强腐蚀性、刺激性的药品，应贮存于危险品库内分类单独存放，并间隔一定距离，禁止与其他药品混放。对这类药品保管的操作步骤为：

（1）氧化剂保存：避免高温、日晒、潮湿及搬动中摩擦和撞击。

（2）易燃易爆药品保存：如乙醇、乙醚等，远离火源、热源，严密封口，并配备消防设备。

（3）强腐蚀性药品保存：密封保存，避免泄漏。

（九）麻醉药、毒药及剧药的保管

麻醉药系指连续使用以后有成瘾性的药品，如吗啡、杜冷丁等，不包括外科用的乙醚、普鲁卡因等。毒药系指药理作用剧烈、安全范围小，极量与致死量非常接近，容易引起中毒或死亡的药品，如洋地黄毒苷、硫酸阿托品等。剧药系指药理作用剧烈，极量与致死量比较接近，对机体容易引起严重危害的药品，如溴化新斯的明、盐酸普鲁卡因等。对这类药品保管的操作步骤为：①专人、专柜、专账，加锁保管；②加上明显标记；③出入药品严格登记。

（十）中草药的保管

中草药保管的操作步骤为：①保存于干燥通风处；②经常翻晒，尤其是在梅雨季节更应勤晒；③勤检查，以防发霉、虫蛀和被鼠咬。

（十一）易过期失效药品的保管

易过期失效药品保管的操作步骤为：①按有效期分类存放于一定位置；②加上明显标记，注明有效日期。失效期短的放在外边；③定期检查，防止失效；④按照“先进先出”和“失效期近的先出”的原则出库；⑤凡超过有效期的药品，都不得再用。

二、常用医疗器械的保管

（一）金属医疗器械的保管

金属医疗器械保管的具体操作步骤为：

1. 清洗消毒

（1）清点使用后的医疗器械。

（2）放入冷水或消毒液中浸泡：①有锋刃的锐利器械（如刀、剪等）最好拣出另外处理，以免与其他器械互相碰撞，使锋刃变钝；②能拆卸的器械最好拆开进行洗刷；③洗刷时用指刷或纱布块仔细擦净污迹，特别要注意洗刷止血钳、持针钳的齿槽，外科手术刀的柄槽和剪、钳的活动轴；④被脓汁、化脓创等严重污染的器械，应先用消毒液浸泡消毒，然后再进行清洗。

2. 干燥 清洗后的器械应及时使其干燥。可用清洁干布擦干，也可用吹风机吹干或放在干燥箱中烘干。

3. 分类整理保存 将器械分类、整齐地排列在器械柜内，器械柜内应保持清洁、干燥，防止器械生锈。不经常使用的器械在清洁干燥后，可涂上凡士林或液体石蜡保存。

（二）玻璃器皿的保管

玻璃器皿保管的操作步骤为：①使用后应及时清洗、灭菌；②根据用途分类存放；③小心存取、避免碰撞。

（三）橡胶制品的保管

橡胶制品保管的操作步骤为：①使用后及时清洗，干燥；②存放在阴凉、干燥处；③避免压挤、折叠、暴晒或沾染松节油、碘等化学药品。

保存橡胶手套时，必须在其内外撒布滑石粉。橡胶制品使用后应及时消毒、清洗、灭菌，再按上述方法保管。

（四）其他诊疗器材保管

应妥善保管，节约使用。注射器使用后及时冲洗针筒、针头，然后消毒，保存备用；缝合针应清洗、消毒、干燥后分类贮存于窗口布什或插在纱布上备用；耳夹子、牛鼻钳、叩诊板、叩诊锤、体温计、听诊器、药勺、保定绳等均应分类存放，设立明显标识。

第二节　药品及医疗器械的使用

学习目标：能正确使用普通药品和医疗器械。

一、影响药物疗效的因素

兽医临诊用药时，一方面要掌握各种常用药物固有的药理作用，另一方面还必须了解影响药物作用的各种因素，才能正确使用药物防治疾病，取得较好的防治效果。影响药物疗效的因素有以下几点。

（一）生理因素

1. 种属、品系和个体 动物种属不同，其解剖结构、生理机能均有较大的差异，不同种属动物对同一药物的反应往往也有很大差异。如吗啡对犬可出现昏睡状态，猫则表现一种以兴奋过度和攻击行为为特征的狂躁反应，而猪、山羊、绵羊、牛、马通常都为吗啡所兴奋。

同种动物的不同品系对同一药物的反应也存在差异。如不同品系的实验用小鼠对环己烯巴比妥作用的持续时间（平均睡眠时间），有的达 48 分钟，有的仅达 18 分钟。

同种属和同品系的不同个体动物对药物的反应也存在差异，在量的差异方面表现为少数个体对药物特别敏感，可称为高敏感；对药物特别不敏感的称为耐受性。在质的差异方面则表现为变态反应和遗传上生理缺陷造成的特殊反应等。个体差异的原因比较复杂，已知与个体对药物的吸收、分布、生物转化和排泄的差异有关。

2. 年龄与性别 不同年龄、性别、怀孕或哺乳期动物对同一药物的反应往往有一定差异，这与机体器官组织的功能状态不同有密切关系。因此，对幼龄、老龄、怀孕、哺乳动物的用药要考虑到以上生理特点，特别对妊娠母畜要谨慎用药，以防引起流产和毒害胎畜（包括致畸胎等）。

3. 营养状况 动物营养状况对药物的代谢、分布和作用的影响比较显著。营养不良的病畜不仅体重相对较轻，而且对药物也比较敏感。动物患病期间更要注意合理的营养管理，使药物能更好地发挥作用，减轻或避免不良反应。

（二）药物因素

1. 药物的剂量和剂型 同一药物在不同剂量或浓度时，其作用强度有量的差异。如乙醇按质量计算在70%（按容积计算约75%）时杀菌作用最强，浓度增高反而降低杀菌效力。水合氯醛随剂量的逐渐增加可产生镇静、催眠和麻醉作用。药物的剂型可影响药物的吸收及消除，如内服时的吸收速率：水溶液>散剂>片剂。同一药物剂量相同而剂型不同，甚至同一药厂不同批号的制剂，在内服后其血药浓度可相差数倍之多，这是由于药物颗粒、赋形剂、制造工艺等因素影响药物的生物利用度所致。

2. 给药途径 不同的给药途径可影响药物吸收的速度和数量，因而影响药效出现的快慢和强度。以药物发挥全身作用而言，静脉注射可立即产生作用，其次为肌肉注射，再次为皮下注射。吸收气体、挥发性药物和气雾剂吸收很快，有时仅次于静脉注射。内服吸收最差，有时还受消化道内容物的影响，常缓慢而不规则。给药途径不同对某些药物还会影响其作用性质，如硫酸镁内服仅有导泻作用，而注射则能抗惊厥。

3. 给药的时间和次数 一般饲前服药的吸收速度和显效的时间均比饲后服药的快，但刺激性药物宜在饲后服用。用药次数应根据病情需要和药物在体内的消除速率而定，对毒副作用大或消除慢的药物还要按规定的每日用量和疗程使用。长期用药应注意避免体内药物的量或功能蓄积而引起的慢性中毒。

4. 联合用药时药物产生的相互作用 联合使用两种或两种以上药物可使药物作用增强或减弱。作用增强的称协同作用，如将三种磺胺药合并成三磺合剂，可使抗菌效应相加（相加作用），因而可以减少单个磺胺药的剂量，降低其对肾脏的毒性；甲氧苄胺嘧啶与磺胺药联用可明显增强磺胺药的抗菌效应（增强作用）。但联合用药时协同作用过强，产生毒性反应者也是应当避免的配伍禁忌。两种药物作用相反，合用后药效减弱的称为颉颃作用，如磺胺药与普鲁卡因合同，可降低磺胺药的抗菌效能；抗生素与吸附药配合，可使抗生素疗效下降。颉颃作用是联合用药时应当避免的作用，一般属配伍禁忌。有时临床上有意利用药物的颉颃作用，以减轻或避免某一药物产生的副作用或解除某一药物的毒性作用，例如中枢神经兴奋药士的宁中毒，可应用水合氯醛对抗解毒；用阿托品对抗乙醚作吸入麻醉时引起的支气管腺分泌增加的副作用等。

药物相互作用多半是药物在吸收、分布、生物转化、排泄及作用原理上互相干扰所致。它直接影响药物的疗效，也可能产生不良反应或毒性，因此要注意药物的合理和正确地联合应用，一般一种药物能发挥疗效的绝对不要用多种药物，特别在不了解药物是否产生相互作用时，不应在一张处方上开列多种药物，盲目地配合应用。

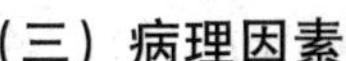

（三）病理因素

病畜的机能状态可影响药物的作用，如解热镇痛药只对发热病畜有退热作用，对正常体温无影响；尼可刹米对呼吸受抑制的患畜才有明显的呼吸兴奋作用。肝脏是药物的主要生物转化器官，肝炎、硬化和肝坏死，会降低葡萄糖醛酸的结合代谢，使肝脏生物转化能力减弱；肾脏是药物的主要排泄器官，肾功能下降时则药物在体内蓄积。因此，当肝、肾功能严重障碍时，药物的作用会加强或减弱，对肝、肾病的患畜不能应用对肝、肾有毒的药物；对肾功能不全的患畜，在应用青霉素、庆大霉素等由肾排泄的药物时，要减少用药剂量和延长给药的间隔时间，以免蓄积中毒。

药物在连续应用一段时间后，有时会使机体产生对该药物的耐受性，需加大剂量才能出现药效。耐受性均可在停药一段时间后自行消失，而机体又恢复原有的正常反应。病原微生物对抗菌药物产生的耐受性，称为耐药性（抗药性），是化学治疗中普遍存在的严重问题。耐药性使许多常用药疗效大为降低或完全消失。寄生虫对抗寄生虫药也会产生耐药性，有些还相当严重。

（四）环境因素

环境因素包括温度、湿度、通风和饲养管理条件等。药物的作用与环境有密切的关系。许多消毒药的抗菌作用都受温度、湿度和作用时间以及环境中有机物多少等条件的影响。环境因素也影响动物对药物的敏感性。凡经皮肤或呼吸道吸收的药物在高温环境中可加快吸收，伴随高温的高湿环境更加速经皮肤吸收。动物在低温中可增加士的宁、阿托品、马拉硫磷等的毒性。有些药物在阳光下受紫外线作用生成有害物质，如四氯化碳与三氯乙烯形成氯化氢等。

二、合理用药的原则

在充分考虑影响药物作用各种因素的基础上，正确选择药物，制定对动物和病情都合适的给药方案。以下是几个应该考虑到的原则。

1. 正确诊断　任何药物的合理应用的先决条件是正确的诊断，对动物发病过程无足够的认识，药物治疗便是无的放矢，非但无益，反而有可能延误诊断，耽误疾病的治疗。

2. 用药要有明确的指征　要针对患畜的具体病情，选用药效可靠、安全、方便、价廉易得的药物制剂。反对滥用药物，尤其不能滥用抗菌药物。

3. 了解药物对靶动物的药动学知识　根据药物的作用和对动物的药动学特点，制定科学的给药方案。

4. 预期药物的疗效和不良反应　几乎所有的药物不仅有治疗作用，也存在不良反应，临床用药必须牢记疾病的复杂性和治疗的复杂性，对治疗过程作好详细的用药计划，认真观察将出现的药效和毒副作用，以便随时调整用药方案。

5. 避免使用多种药物或固定剂量的联合用药　在确定诊断以后，要选择有效、安全的药物进行治疗，一般情况下不应同时使用多种药物（尤其是抗菌药物），因为多种药物治疗极大地增加了药物相互作用的概率，也给患畜增加了危险。

6. 正确处理对因治疗与对症治疗的关系　治病必求其本，急则治其标，缓则治其本。

三、禁用的兽医药品

为保证动物源性食品安全，维护人民身体健康，根据《兽药管理条例》的规定，2002

年农业部制定了《食品动物禁用的兽药及其它化合物清单》（农业部公告第193号），对清单所列的药物，严禁生产、销售和使用。禁用的兽用药品详见附录三。

四、药物的残留及停药期规定

长期使用化学药物防治疫病，其蛋、肉、乳产品中会有一定的药物残留，被人食用后，影响人类的身体健康。为了加强兽药使用管理，保证动物性产品质量安全，2003年5月22日农业部公告第278号公布了202种兽药的停药期规定。停药期是指食品动物从停止给药到许可屠宰或它们的产品（蛋、乳）许可上市的间隔时间。弃蛋期是指蛋鸡从停止给药到它们所产的蛋许可上市的间隔时间。弃奶期是指奶牛从停止给药到它们所产的奶许可上市的间隔时间。有些兽药不需要停药期。具体详见附录四。

五、医疗器械的使用

（一）注射器

1. 金属注射器　主要由金属支架、玻璃管、橡皮活塞、剂量螺栓等组件组成，最大装量有10毫升、20毫升、30毫升、50毫升等4种规格，特点是轻便、耐用、装量大，适用于猪、牛、羊等中大型动物注射。

（1）使用方法

①装配金属注射器　先将玻璃管置金属套管内，插入活塞，拧紧套筒玻璃管固定螺丝，旋转活塞调节手柄至适当松紧度。

②检查是否漏水　抽取清洁水数次；以左手食指轻压注射器药液出口，拇指及其余三指握住金属套管，右手轻拉手柄至一定距离（感觉到有一定阻力），松开手柄后活塞可自动回复原位，则表明各处接合紧密，不会漏水，即可使用。若拉动手柄无阻力，松开手柄，活塞不能回原位，则表明接合不紧密，应检查固定螺丝是否上正拧紧，或活塞是否太松，经调整后，再行抽试，直至符合要求为止。

③针头的安装　消毒后的针头，用医用镊子夹取针头座，套上注射器针座，顺时针旋转半圈并略施向下压力，针头装上，反之，逆时针旋转半圈并略施向外拉力，针头卸下。

④装药剂　利用真空把药剂从药物容器中吸入玻璃管内，装药剂时应注意先把适量空气注进容器中，避免容器内产生负压而吸不出药剂。装量一般掌握在最大装量的50%左右，吸药剂完毕，针头朝上排空管内空气，最后按需要剂量调整计量螺栓至所需刻度，每注射一头动物调整一次。

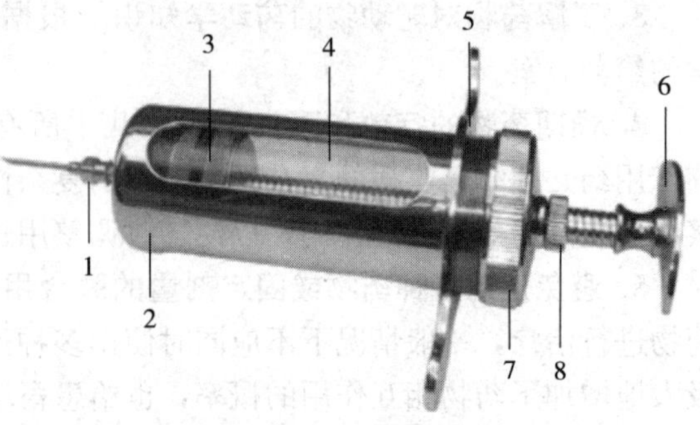

图8-1　金属注射器

1. 注射器头　2. 金属套筒　3. 活塞　4. 玻璃管　5. 夹持手柄　6. 活塞调节手柄　7. 套筒玻璃管固定螺丝　8. 容量调节螺丝

（2）注意事项

①金属注射器不宜用高压蒸汽灭菌或干热灭菌法，因其中的橡皮圈及垫圈易于老化。一般使用煮沸消毒法灭菌。

②每打一头动物都应调整计量螺栓。

2. 玻璃注射器　玻璃注射器由针筒和活塞两部分组成。通常在针筒和活塞后端有数字号码，同一注射器针筒和活塞的号码相同。

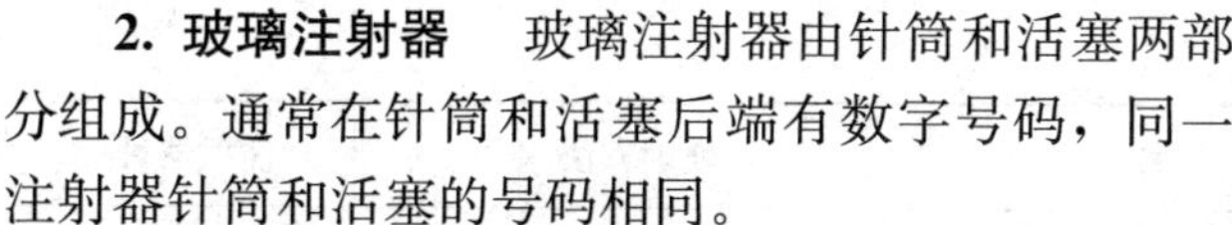

使用玻璃注射器的注意事项：

①使用玻璃注射器时，针筒前端连接针头的注射器头易折断，应小心使用；

②活塞部分要保持清洁，否则可使注射器活塞的推动困难，甚至损坏注射器。

③使用玻璃注射器消毒时，要将针筒和活塞分开用纱布包裹，消毒后装配时针筒和活塞要配套安装，否则易损坏或不能使用。

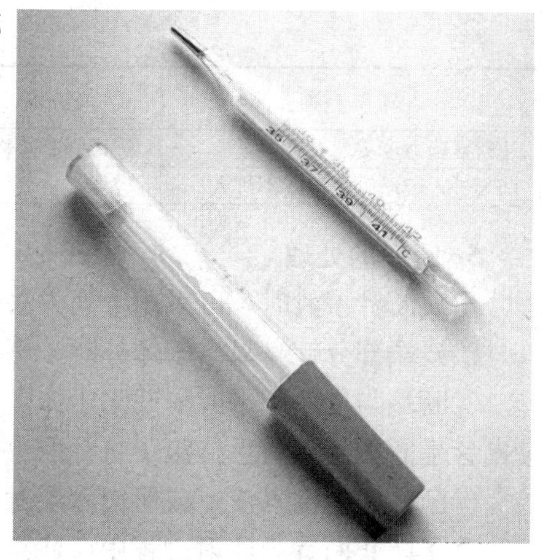

图 8-2　体温计示意图

3. 连续注射器

（1）*构成*　主要由支架、玻璃管、金属活塞及单向导六阀等组件组成。

（2）*作用原理*　单向导流阀在进、出药口分别设有自动阀门，当活塞推进时，出口阀打开而进口阀关闭，药液由出口阀射出，当活塞后退时，出口阀关闭而进口阀打开，药液由进口吸入玻璃管。

（3）*特点*　最大装量多为 2 毫升，特点是轻便、效率高，剂量一旦设定后可连续注射动物而保持剂量不变。

（4）*适用范围*　适用于家禽、小动物注射。

（5）*使用方法及注意事项*

①调整所需剂量并用锁定螺栓锁定，注意所设定的剂量应该是金属活塞情厚意东的刻度数。

②药剂导管插入药物容器内，同时容器瓶再插入一把进空气用的针头，使容器与外界相通，避免容器产生负压，最后针头朝上连续推动活塞，排出注射器内空气直至药剂充满玻璃管，即可开始注射动物。

③特别注意，注射过程要经常检查玻璃管内是否存在空气，有空气立即排空，否则影响注射剂量。

4. 注射器常见故障的处理

故　　障	原　　因	处理方法	注射器种类
药剂泄露	装配过松	拧紧	金属、连续
药剂反窜活塞背后	活塞过松	拧紧	金属
推药时费劲	活塞过紧 玻璃盖磨损	放松 更换	金属 金属
药剂打不出去	针头堵塞	更换	金属、连续
活塞松紧无法调整	橡胶活塞老化	更换	金属
空气排不尽（或装药时玻璃管有空气）	装配过松 出口阀有杂物 导流管破洞 金属活塞老化	拧紧 清除 更换 更换活塞和玻璃换	连续 连续 连续 连续

（续）

故　障	原　因	处理方法	注射器种类
注射推药力度突然变轻	进口阀有杂物，药剂回流	清除	连续
药剂进入玻璃管缓慢或不进入	容器产生负压	更换或调整容器上空气枕头	连续

5. 断针的处理

出现断针事故时，可采用下列方法处理。

①残端部分针身显露于体外时，可用手指或镊子将针取出。

②断端与皮肤相平或稍凹陷于体内者时，可用左拇指、食二指垂直向下挤压针孔两侧，使断针暴露体外，右手持镊子将针取出。

③断针完全深入皮下或肌肉深层时，应进行标识处理。

为了防止断针，注射过程中应注意以下事项：

①在注射前应认真仔细地检查针具，对认为不符合质量要求的针具，应剔出不用。

②避免过猛、过强的行针。

③在进针行针过程中，如发现弯针时，应立即出针，切不可强行刺入。

④对于滞针等亦及时正确地处理，不可强行硬拔。

（二）体温计

1. 玻璃体温计　体温计是由球部、毛细套管、刻度板及顶部组成，在球部与毛细管之间有一窄道（图 8－3）。温度升高时，球部水银体积膨胀，压力增大，这种压力足以克服窄道的摩擦力，迫使水银进入温度表的毛细管内；当温度降低时水银收缩的内聚力小于窄道的摩擦力，毛细管内的水银不能回到球部，窄道以上段水银柱顶端就保持着过去某段时间内感受到的最高温度。要使毛细管中水银柱降低时，应紧握体温计身，球部下向下甩动几下即可。

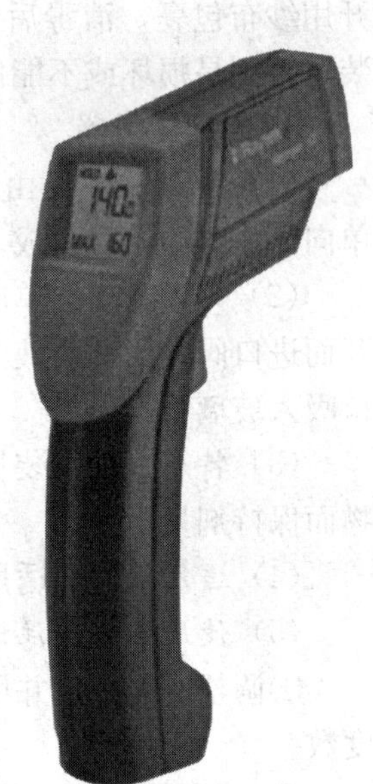

图 8－3　红外测温仪

测量体温通常用体温计在家畜的直肠内测量（禽在翼下测温）。

（1）操作步骤

①测量体温前手握体温计刻度的高端部分，用力朝外甩体温计，将体温计的水银柱读数甩至 35℃以下。

②用酒精棉球消毒，将有水银那端放到测温处并接触（测直肠温度应涂润滑剂），保留 3～5 分钟。

③取出体温计，用酒精棉球擦净体温计表面粪便或黏液。

④对光旋转体温计观察读数即可。

⑤测温完毕，将水银柱甩下，用酒精棉彻底擦拭干净，放于盛有消毒液的瓶内，以备再用。

（2）注意事项

①测量家畜体温时，应使家畜适当休息后再测量其体温。

②测量家畜体温时，要防止体温计插入粪便中，以免影响测量结果。

③体温计为玻璃制品，易碎裂，应轻拿轻放。

2. 红外测温仪 红外测温仪的操作步骤：

（1）选择距离 将被测动物与红外仪表的距离控制在 30～50 厘米以内。

（2）选择动物体表测温部位。

（3）扣动扳机，使红外仪表的激光光斑对准测温部位，保持 3 秒钟。

（4）读取数据。

（5）根据使用说明书校正数据。

（三）听诊器

听诊器由听头、胶管和接耳端构成，听头有膜式和钟形两种。

听诊器使用的操作步骤：

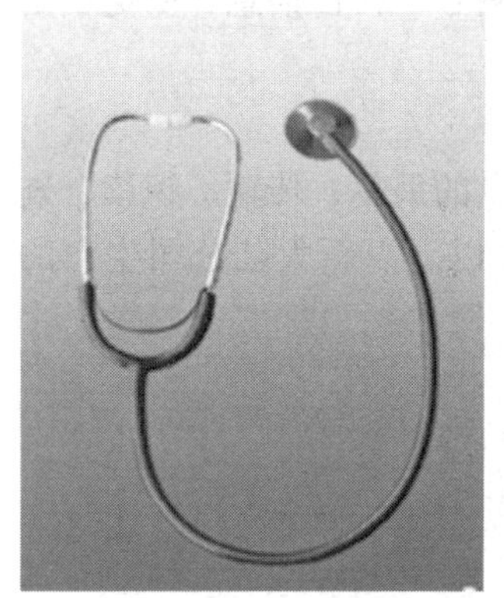

图 8-4 听诊器

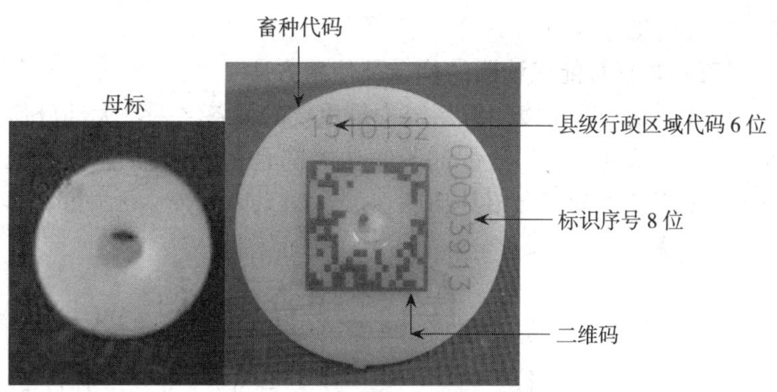

图 8-5 牲畜耳标结构示意图

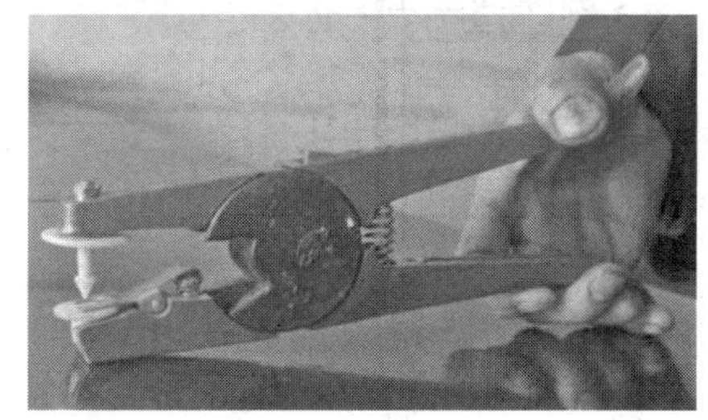

图 8-6 耳标钳

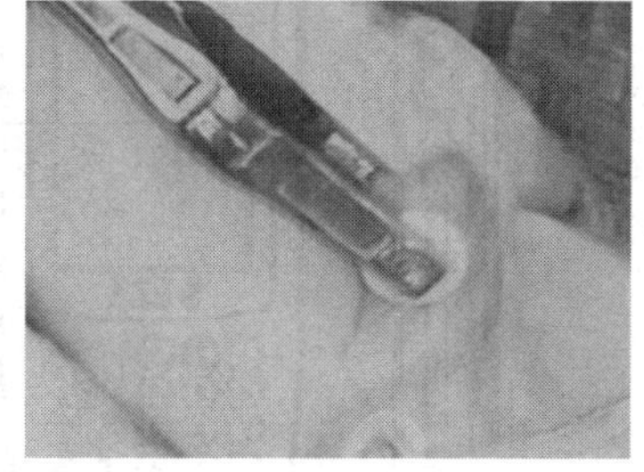

图 8-7 佩戴牲畜耳标

（1）戴上接耳端。注意松紧适当，胶管不能交叉。

（2）把听头平稳地放在听音部位。要与皮肤接触良好，避免产生杂音。

（3）听音。听诊环境应保持安静，注意力集中。

（四）牲畜耳标及耳标钳的使用

牲畜耳标编码由牲畜种类代码（1 位）、县级行政区域代码（6 位）、标识顺序号（8 位）共 15 位数字及专用二维码组成。猪、牛、羊的种类代码分别为 1、2、3。编码形式为：×（种类代码）－××××××（县级行政区域代码）－××××××××（标识顺序号）。

1. 耳标的佩戴

（1）新出生牲畜，在出生后 30 天内加施牲畜耳标；30 天内离开饲养地的，在离开饲养地前加施牲畜耳标；从国外引进牲畜，在牲畜到达目的地 10 日内加施牲畜耳标。

（2）猪、牛、羊在左耳中部加施牲畜耳标，需要再次加施牲畜耳标的，在右耳中部加施。

（3）牲畜耳标严重磨损、破损、脱落后，应当及时加施新的耳标，并在养殖档案中记录新耳标编码。

（4）牲畜耳标实行一次性使用，不得重复利用。

（5）加施牲畜耳标时，须进行严格消毒，戴耳标前须用酒精棉球对耳标及耳标钳针消毒后方可进行操作。

（6）佩带耳标时使用专用耳标钳将耳标钉穿入牲畜耳中部。耳标编码面应位于方便读取部位。

2. 上传耳标及相应的免疫信息

持有移动智能识读器的防疫人员在对牲畜加施牲畜耳标后，需按规定上传该耳标信息及相应的免疫情况，内容包括：畜主姓名、牲畜数量、耳标编码、圈号、村社信息、所免疫苗名称、疫苗批号等。

（五）耳标智能识读器的构造及使用方法

识读器是动物防疫溯源系统中最重要的设备之一，大部分信息的采集、传输、识读、查询以及机打检疫证明和消毒证明等功能都是在识读器上进行的。以下以新大陆公司生产的PT900型识读器为例介绍其功能。

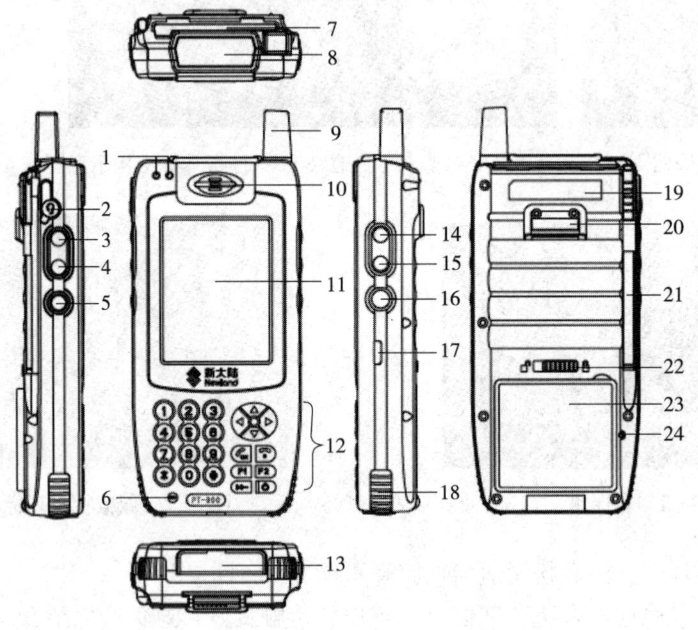

图 8-8 耳标识读器

1. 指示灯 2. 耳麦插口 3. 扫描键 4. 扫描键 5. 预留功能键 6. 话筒
7. IC卡插槽 8. 识读窗口 9. 天线 10. 听筒 11. 触摸液晶屏 12. 主键盘
13. 通讯、充电口 14. 扫描键 15. 扫描键 16. 预留功能键 17. 红外通讯口 18. 保护橡胶
19. 机器编号 20. 手带上扣 21. 手写笔 22. 电池盖锁 23. 电池盖 24. 复位孔

1. 开关机及休眠方法

（1）开机 长按（约3秒）识读器的电源键，到机器屏幕开启，稍后进入待机画面，系

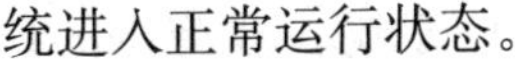

统进入正常运行状态。

（2）关机

①长按（约 3 秒）识读器的电源键，界面出现关机确认框，点击【确认】后，屏幕完全熄灭，此时电源处于完全关闭状态。

②点击【开始】菜单，再点击【关机】，界面出现关机确认框后点击【确认】，关机完毕。

（3）休眠　在开机状态下，短按一下电源键，机器进入休眠状态，机器右指示灯会闪烁；在休眠状态下再次短按电源键，机器停止休眠进入正常运行。

2. 登录溯源系统　点击桌面上“溯源系统”图标后，进入到登录方式选择界面（图 8-9）。在此界面下，您可选择“使用用户名登录”，也可选择“使用 IC 卡登录”。选择您所需要的登录方式后，点击【确认】软键，进入到登录系统的身份验证界面。

（1）使用用户名登录　在使用用户名登录（图 8-10）的界面下，输入您使用该机器的用户名账号和密码，确认无误后，点击【系统进入】软键，若此时网络连接成功，服务器验证用户名与密码信息无误后，登录溯源系统操作将成功；若此时网络连接失败，系统将在本机用户信息中进行验证，验证用户名与密码信息无误后，登录溯源系统操作将成功。在网络不通时，通过本机验证的方式登录系统的用户，在成功登录后先要进行时间校对操作。

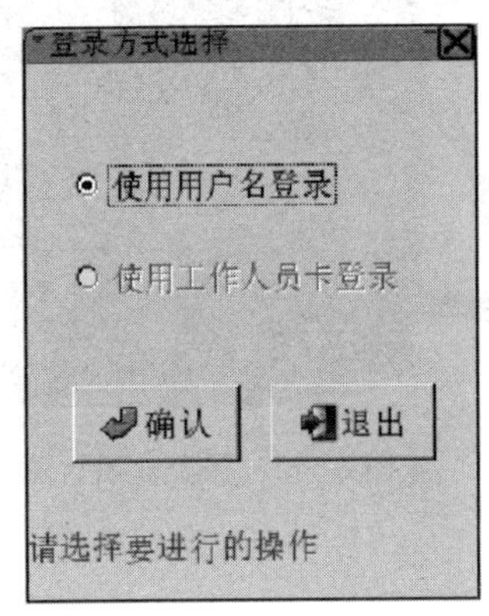

图 8-9　登录方式选择界面

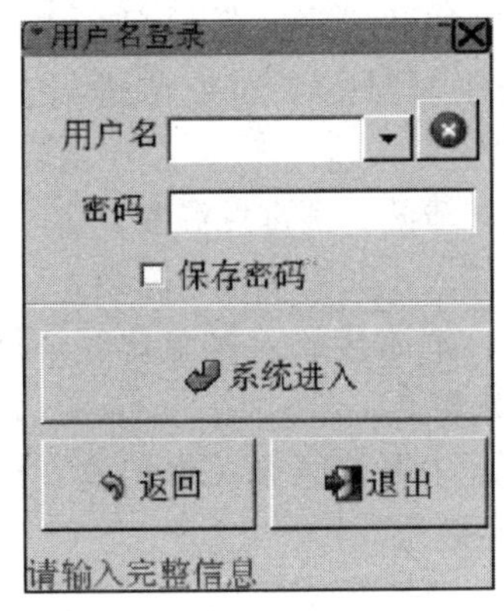

图 8-10　用户各登录界面

注：本机用户信息验证只对在本机中储存有该用户的信息时，才可验证通过，若本机中无该用户信息，即使提供的用户名与密码无误也无法验证通过。

系统会将在本机上登录成功过的用户名账号自动保存，在下次使用登录时，点击“用户名”栏的【▼】软键，选择您的用户名即可，无需每次登录时重复输入。点击【⊗】软键，可删除保存在本栏的用户名信息。

点击【返回】软键，界面将退回到上一步的操作界面（“登录方式选择界面”）。

若要取消以上操作，点击【退出】软键，将退出溯源系统回到主菜单桌面。

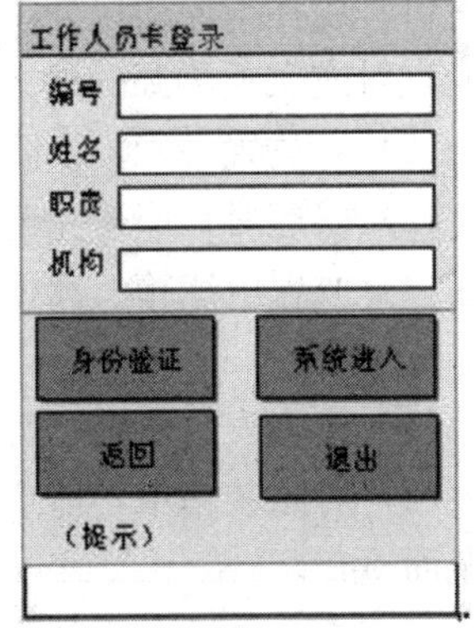

图 8-11　工作人员卡登录界面

若要对用户的登录密码进行修改，在登录系统后点击界面右下角的【▶】，在弹出的列表中点击【密码修改】软键盘，即可进行密码修改。

(2) 使用IC卡登录

若进入本界面前，您的工作人员卡已正确插于IC卡槽，“姓名、编号、职责、机构”信息已自动填齐，确认信息无误后，点击【系统进入】软键，登录溯源系统操作将成功。

若进入本界面前，您的工作人员卡还未插入，“姓名、编号、职责、机构”栏信息为空，请将您的工作人员卡插入IC卡槽后，点击【身份验证】软键，“姓名、编号、职责、机构”栏信息将自动填齐，确认信息无误，点击【系统进入】软键，登录溯源系统操作将成功。

注：插入工作人员卡，点击【身份验证】软键后，本界面的“姓名、编号、职责、机构”四项信息仍为空，并在提示栏出现错误提示，此时请检查您的员工卡是否已正确插入IC卡槽。

3. 免疫等信息的录入和传输 持有移动智能识读器的防疫人员在对牲畜加施牲畜耳标后，需按规定上传该耳标信息及相对应的免疫情况。

（六）保温盒

保温盒是冷链体系中一个重要环节，它是利用预先制冷冻结的冰袋来降低保温盒内的温度。常用于农村免疫注射时需要对疫苗进行的冷藏保温处理。

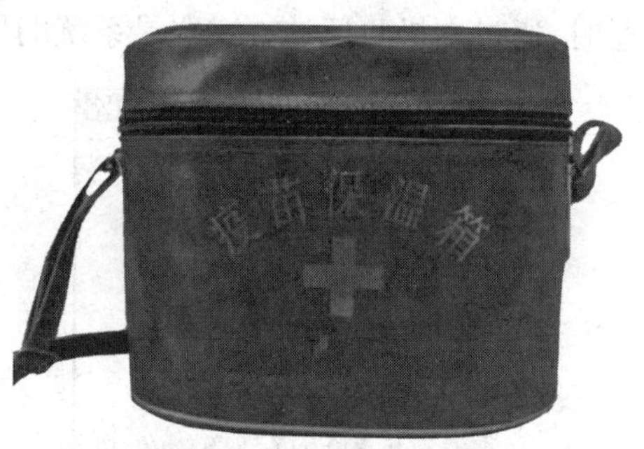

图8-12 保温盒示意图

1. 使用前，清洗、消毒保温盒。

2. 把冰袋放入−20℃冰柜中冻结。

3. 使用时，把冰袋放入保温盒底，再放入需要保存的疫苗在冰袋上。

4. 使用过程中要注意勤关保温盒，以免外界高温进入影响冷藏效果。

5. 使用后，消毒保温箱。

（七）冰箱、冰柜

1. 保管

(1) 放在干燥通风处，四周应留有10厘米左右的空隙，以利冷凝器散热。不要放在受阳光直射或靠近热源的地方。

(2) 要放置平稳，以防产生振动和噪音。

(3) 搬运时，应避免碰撞或剧烈振动；箱体倾斜角不得大于45°，以免损坏制冷系统。

(4) 放置电冰箱、冰柜的环境不能有可燃气体。

2. 使用

(1) 检查安放位置是否符合要求。

(2) 对照装箱单，清点附件是否齐全。详细阅读产品使用说明书，按照说明书的要求进行全面检查。

(3) 检查电源电压是否符合要求。必须使用单独的三孔插座并配置适当的电度表及保险丝，三孔插座的接地端应有可靠的接地线。

(4) 检查无误后，电冰箱、冰柜静置半小时后，接通电源，仔细听压缩机在启动和运行时的声音是否正常，是否有管路互相碰击的声音，如果噪音过大，检查产品是否摆放平稳，各个管路是否接触，并做相应的调整。若有较大的异常声音，应立即切断电源，与专业的修理人员联系。

(5) 使用时将温度调节旋钮旋至所需温度刻度，先空载运行一段时间，等箱内温度降低后，再放入物品。电冰箱门应尽量少开；箱内物品不可放置过多过密，以免影响空气流动；箱内不可放置腐蚀性物品；菌种和病理标本等污染物品，应包装严密，单独隔离存放；高于室温的物品，必须冷却后才能放入。

3. 维修保养

(1) 冰箱、冰柜要保持清洁，定期应用吸尘器、软毛刷清除冷凝器翅片上的灰尘等，以保持良好的散热条件。

(2) 要经常除霜。当蒸发器上结箱过厚（达 10 毫米时）时，就会影响制冷剂吸收冷藏室内热量，这时就应停机一段时间，使霜自行溶化。除霜时切勿用金属刃器刮削也不能用热水洗刷。

(3) 清洗冷冻箱内壳或外壳时，应使用无腐蚀性的中性洗涤剂，不可用有机溶剂。清洗后，用干布擦干净。

(4) 发现冰箱、冰柜有异常音响或电动机频繁启动，应停机检查故障原因。

(5) 冷冻箱长期停用时，应将内壳清洗、擦净、充分干燥。

(八) 消毒液机（次氯酸钠发生器）

消毒液发生器（也有称消毒液机）是以盐和水为原料，通过电化学方法生产高效、广谱、强力消毒液的新型设备。产生的消毒液主要成分为次氯酸钠。所生产的消毒液不同于传统方法制取的次氯酸钠产品，具有广谱高效、低毒等特点，适合用于对畜禽养殖场、屠宰场、运输动物的车船，以及发生疫情的病原污染区的大面积消毒。

图 8-13 消毒液机示意图

1. 操作步骤

(1) 严格按规定比例配制盐水浓度。

(2) 接通电源，开始工作，可观察到电极周围有气泡产生。

(3) 电解完成后，机器报警，完成指示灯亮。

(4) 关机，放出消毒液。

(5) 及时清洗电极。

(6) 作好使用记录。

2. 注意事项

(1) 开机后电极周围没有气泡产生，可能原因是：没有放盐。

(2) 开机后电极周围没有气泡产生，报警指示灯常亮，并发出连续报警声，可能原因是：①盐浓度过高；②电极间有杂物，引起电源短路保护；③电源损坏。

(3) 连接电源线后“电源”指示灯不亮，可能原因是：①插座没有电；②电源线没有插好；③电源损坏。

(4) 到制药结束时间时机器没有报警，“电源”指示灯亮，“完成”指示灯未亮，可能原因是：中途停电。

第三节　医疗器械消毒

学习目标：能够对医疗器械进行高温消毒和药物消毒。

一、煮沸消毒法

（一）操作步骤

1. 消毒前将要消毒的器械和物品（耐煮沸的物品）洗净，分类包好，并做标记；
2. 放在煮沸消毒锅内或其他容器内煮沸，水沸后保持15～30分钟。
3. 消毒好的器械按分类有秩序地放在预先灭过菌的有盖盘（或盒）内。

（二）注意事项

1. 金属注射器消毒时，应拧松固定螺丝，抽出活塞，取出玻璃管，并用纱布包裹进行煮沸消毒。
2. 玻璃注射器消毒时，应将针筒、针芯分开，有纱布包好进行煮沸消毒。

二、药物消毒

药物消毒的操作步骤：

1. 医疗器械使用后，先洗刷干净。
2. 选择消毒液，并按比例配置所需量的消毒液。常用消毒液有75％酒精、0.1％新洁尔灭等。
3. 将洗净的医疗器械浸泡在消毒液中，浸泡时间长短可依据污染情况而定，可以几分钟直至过夜。

[本章小结]

本章主要学习了药品、器械的保管方法，药品的正确使用，注射器、体温计、听诊器、牲畜耳标、耳标钳、智能识读器、保温盒、冰箱、冰柜、消毒液机的使用方法以及医疗器械煮沸消毒、药物消毒方法。

[复习题]

1. 常用药品如何保管？
2. 常用医疗器械如何保管？
3. 影响药物疗效的因素有哪些？
4. 合理用药的原则有哪些？
5. 违禁药品有哪些？
6. 什么是药物停药期？
7. 如何使用注射器、体温计、听诊器、牲畜耳标、耳标钳、智能识读器、保温盒、冰箱、冰柜、消毒液机？

第九章　临床观察与给药

第一节　动物流行病学调查

学习目标：能够收集、整理动物流行病学资料。

一、收集动物流行病学资料

（一）操作步骤

1. 询问调查　询问饲养员、防疫员、兽医和当地有关人员。通过询问、座谈等方式，查明传染来源和传播媒介等。

2. 现场调查　仔细观察发病场（户）的一般兽医卫生状况、地理情况、地形特点和气候条件等，以便进一步了解疫病流行发生的经过和原因。在现场观察时，可根据不同种类的疫病进行重点项目的调查。

3. 填写动物流行病学调查表（表 8－1）　动物流行病学调查表（表 8－1）主要内容如下：

（1）发病场（户）的名称及地址

（2）发病场（户）的一般特征　包括地理情况，地形特点，气候（季节、天气、雨量等），发病场（户）技术水平和管理水平，饲养畜禽种类、品种、数量、用途和发病、死亡数量。

（3）发病场（户）的流行病学情况

①发病场（户）存栏畜禽的情况、检疫情况。

②免疫接种情况（免疫程序、疫苗名称、生产厂家、供应商、批号、接种方法、剂量等）。

③使用药物情况（日期、药物名称、生产厂家、供应商、批号、使用方法、剂量等）。

④发病场（户）畜禽既往患病情况，防治情况。

⑤饲料的品质和来源地，其保存、调配和饲喂的方法。

⑥饮水类型（水井、水池、小河、自来水等）和饮水方式等情况。

⑦发病场（户）畜舍及场区的卫生状况。

（4）发病场（户）周边环境的兽医卫生特性

①有无蚊、蝇、蜱等媒介昆虫存在。

②粪便的清理及其贮存场所的位置和状况。

③污水处理及排出情况。

④尸体的处理、利用和销毁的方法。

⑤临近场（户）有无类似疫病的发生及流行情况。

表 8-1 动物流行病学调查表

发病场（户）名		地 址	
联系人		电话号码	
悉知疫情时间		调查时间	
发病场（户）基本情况			
地理环境、场区条件污水排向			
本次典型发病情况（发病特点、临床症状、病理变化等）			
免疫情况			
用药情况			
本场（户）曾发生的疫病及周边疫情			
补充资料			
调查结论			
建议措施			

调查人员签字： 年 月 日

二、整理动物流行病学资料

（一）操作步骤

将有关调查或登记记录资料按畜群、地区、时间等不同特征进行分组，找出其特征，进一步进行统计、分析和整理，计算其发病率、死亡率、患病率等，并进行分析比较，以分析疾病发生的规律性。

在动物流行病学分析中常用的整理指标有：

1. 发病率 是指在一定时期内某动物群发生某病新病例的频率。发病率＝某期间内某病的新病例数/同期内该动物的平均数×100％。

2. 感染率 是指用各种诊断方法检查出来的所有感染的动物的头数占被检查动物总头数的百分比。感染率＝感染某传染病的动物头数/检查总头数×100％。

3. 患病率 是指在某一指定的时间动物群中存在某病病例数的比率。患病率＝在某一时期动物群种存在某病病例数/同时期某群动物总头数×100％。

4. 死亡率 是指某动物群体在一定时间内因某病例死亡动物数占该群体同期动物平均总数的百分比。死亡率＝因某病死亡头数/同时期某群动物总头数×100％。

5. 致死率 是指因某种病死亡的动物头数占该患病动物头数的百分比。致死率＝因某病致死头数/患该病动物总数×100％。

（二）注意事项

在进行流行病学调查时，要深入现场观察，全面搜集资料，采取个别访问或开调查会的方式进行调查。在调查中，要客观地听取各种意见，然后加以综合分析，特别是在发生疑似中毒的情况下，调查时更细致与谨慎。

第二节　临床症状的观察与检查

学习目标：掌握临床检查的基本程序和基本内容，能够区分健康动物与患病动物，能够识别健康动物与患病动物的粪便，能够测定动物的体温、心率、呼吸率。

一、临床检查的基本程序

临床检查的基本程序：包括病畜登记、问诊及发病情况调查、流行病学调查、现症检查、辅助或特殊检查。

操作步骤

1. 登记病畜禽基本情况　病畜禽登记的内容包括：畜主的姓名、住址，动物的种类、品种、用途、性别、年龄、毛色等。通过登记，一方面可了解病畜的个体特征，另一方面对疾病的诊断也可提供帮助。因为动物的种类、品种、用途、性别、年龄、毛色不同，对疾病的抵抗力、易感性、耐受性等都有较大差异。

2. 问诊及发病情况调查

（1）询问发病时间　据此可推断是急性或慢性病，是否继发其他病。

（2）了解发病的主要表现　如采食、饮水、排粪情况，有无腹痛、腹泻、咳嗽等，现在有何变化，借以弄清楚疾病的发展情况。

（3）调查本病是否已经治疗　如果已经治疗，用的是什么药，剂量如何，处置方法怎么样，效果如何。借此可弄清是否因用药不当使病情复杂化，同时对再用药也提供参考。

3. 流行病学调查

（1）调查是否属于传染病　调查过去是否患过同样的病，附近家畜有无同样的病，有无新引进家畜，发病率和死亡率如何，据此可了解是否属于传染病。

（2）调查卫生防疫情况　是否因卫生较差、防疫不当或失败而造成疾病的流行。

（3）调查其他情况　了解饲养管理、使役情况，以及繁育方式和配种制度等。

4. 现症检查　现症检查包括以下几方面内容。

（1）一般检查　包括整体状态检查，被毛、皮肤、可视黏膜、体表淋巴结及淋巴管、体温、呼吸和脉搏数的检查。

（2）系统检查　包括消化系统、呼吸系统、心血管系统、泌尿生殖系统以及神经系统的检查等。

5. 辅助或特殊检查　包括实验室检查（血液、粪便、尿液的常规化验，肝功能化验等）、光检查、心电图检查、超声探查、同位素检查、直肠检查、组织器官穿刺液检查等，以及血清学、病原学检查。

二、一般检查的基本内容

1. 全身状况观察　包括精神状态、营养状况、体格发育、姿势和运步等。

2. 三项指标测定 包括体温测定、呼吸数测定、脉搏数测定等。

3. 被毛和皮肤检查 包括被毛、羽毛、皮肤等性状的检查。

4. 可视黏膜检查 检查可视黏膜色泽。

5. 体表淋巴结检查 检查体表淋巴结有无肿大。

三、健康动物体征

（一）健康动物的外观

健康动物外观精神状态良好，对外部刺激反应敏捷，步态平稳，被毛平顺有光泽，皮肤光滑且富有弹性，呼吸运动均匀，饮食欲旺盛，天然孔干净无分泌物，粪便具有该动物应有的形状、硬度、颜色和气味。叫声悦耳有节律，心律平稳、规则，呼吸均匀无杂音。

（二）健康畜禽的正常体温（℃）

马	37.5～38.5	猪	38.5～40.0
骡	38.0～39.0	山羊	38.0～40.0
驴	37.5～38.5	家兔	38.5～39.5
牛	37.5～39.5	羊	38.5～40.5
骆驼	36.5～38.5	鸡	41.0～42.5
犬	37.5～39.0	鹅	40.0～41.0

（三）健康畜禽每分钟脉搏数（次/分）

马、骡	28～42	羊	70～80
马驹	40～76	幼羊	100～120
骆驼	30～50	猪	60～80
驴	42～54	兔	140～160
牛	40～80	鸡（心跳）	150～200
犊牛、马	80～110	犬	70～120

（四）健康畜禽每分钟的呼吸数（次/分）

马	8～16	猪	10～20
黄牛	10～30	家兔	50～60
水牛	10～25	鸡	20～40
羊、山羊	12～20	鹅	20～25
犬	10～30		

四、区分健康动物与患病动物

（一）从精神状态上区分

1. 观察病畜禽的神态。

2. 观察病畜禽的运动，眼的表情及各种反应、举动。

正常状态：健康畜禽头耳灵活，两眼有神，行动灵活协调，对外界刺激反应迅速敏捷。毛、羽平顺且富有光泽。

患病状态：患病动物常表现精神沉郁、低头闭眼、反应迟钝、离群独处等；禽则羽毛蓬松、垂头缩颈、两羽下垂。也有的表现为精神亢奋、骚动不安，甚至狂奔乱跑等。

（二）从食欲上区分

1. 给畜禽投喂饲料和饮水。

2. 观察畜禽的采食和饮水状态。

（1）正常状态　健康畜禽食欲旺盛，为饲喂饲料时争抢采食，采食过程中不断饮水。

（2）患病状态　患病动物食欲减少或废绝，对饲喂饲料反应淡漠，或勉强采食几口后离群独处，有发热或拉稀表现的病畜可能饮水量增加或喜饮脏水。病情严重的病畜可能饮食废绝。

（三）从姿势上区分

1. 观察畜禽站立的姿势。

2. 观察畜禽行走的步态。

（1）正常状态　各种畜禽都有它特有的姿势，看站立的姿势是否有异常。健康猪贪吃好睡，仔猪灵活好动，不时摇尾；健康牛喜欢卧地，常有间歇性反刍及舌舔鼻镜和被毛的动作。

（2）患病状态　患病动物常出现姿势异常，如破伤风病畜常见鼻孔开张，两耳直立，头颈伸直，后肢僵直，尾竖起，步态僵硬，牙关紧闭，口含黏涎等；家畜便秘常见病畜拱背翘尾，不断努责，两后肢向外展开站立；马患肠阻塞时，常见时起时卧，用蹄刨地，卧下时常回视腹部，有时甚至打滚；羊患肠套叠时，有明显的拉弓姿势；维生素 B_1 缺乏症和新城疫后遗症等，常见鸡呈扭头曲颈或伴有站立不稳及返转滚动的动作。

（四）从动物机体营养状况上区分

1. 观察畜禽的肌肉丰满度、被毛光泽度。

2. 用手触摸感知畜禽皮下脂肪厚度。

3. 称量畜禽体重，确定是否合格。

（1）正常状态　根据肌肉、皮下脂肪及被毛光泽等情况，判定家畜营养状况的好坏。一般可分为良好、中等和不良 3 种。健康畜禽营养良好。

（2）患病状态　患病畜禽营养不良，可由各种慢性水泵性疾病或寄生虫病引起；短期内很快消瘦，多由于急性高热性疾病、肠炎腹泻或采食和吞咽困难等病症引起。

五、检查健康与患病动物的粪便

（一）检查粪便的形状及硬度

1. 查看畜禽新鲜粪便的形状。

2. 戴手套或用镊子检查畜禽新鲜粪便的硬度。

（1）正常状态　正常牛粪较稀薄，落地后呈轮层状的粪堆；马粪为球状，深绿色，表面有光泽，落地能滚动；猪粪黏稠，软而成型，有时干硬，呈节状，有时稀软呈粥状。

（2）患病状态　在疾病过程中，粪便比正常坚硬，常为便秘；比正常稀薄呈水样则为腹泻。

（二）观察粪便颜色

1. 观察畜禽圈舍里粪便的颜色。

2. 采集畜禽新鲜粪便到自然光下观察粪便的颜色。

（1）正常状态　正常动物不同种类的粪便略有不同，常为黄褐色或黄绿色，略带饲料或饲草的颜色。

（2）患病状态　深部肠道出血时粪呈黑褐色；后部肠道出血时，可见血液附于粪便表面呈红色或鲜红色。

（三）闻粪便的气味

1. 走进畜禽圈舍里嗅圈舍里畜禽粪便的气味。

2. 采集畜禽新鲜粪便，用手微微扇动，用鼻子嗅其气味。

（1）正常状态　正常动物的粪便有发酵的臭味，有时略带饲料或饲草的味道。

（2）患病状态　肠炎等的粪便发酸败臭味；粪便混有脓汁及血液时，呈腐败腥臭味。

（四）检查粪便中的混杂物

1. 直接眼观新鲜粪便里有无脓汁、血液、黏液及黏膜上皮等。

2. 用清水淘洗检查粪便里有无砂石、皮毛及其他杂物等。

3. 用漂浮、沉淀等寄生虫检查方法查看粪便里有无虫体或虫卵。

（1）正常状态　正常动物的粪便里无杂物，有时含有未消化完全的饲料和饲草。

（2）患病状态　肠炎时常混有黏液及脱落的黏膜上皮，有时混有脓汁、血液等；有异食癖的家畜，粪内常混有异物如木柴、砂、毛等；有寄生虫时混有虫体或虫卵。

六、测定动物体温、心率、呼吸率的方法

（一）体温检查

家畜的体温在直肠内测定，禽类在翅膀下测定。

1. 测量牛体温

（1）站立保定性情凶暴或骚动不安的牛。

（2）检查者应站在牛的正后方，左手举起牛尾巴。

（3）右手将体温计斜向前下方缓缓捻转插入直肠。

（4）把体温计夹夹在尾根部尾毛上，左手将牛尾放下。

（5）5 分钟后取出体温计，读数。

2. 测量猪体温

（1）性情温驯的猪，可先轻搔其背部，待安静站立或卧地后，再将体温入插入直肠。

（2）对凶暴或骚动不安的猪，应适当保定后再行测温。

（3）5 分钟后取出体温计，读数。

3. 测量禽体温

（1）手臂将鸡抱于怀中，鸡尾略向右向上。

（2）手持体温计放禽翼下温度。

（3）5 分钟后取出体温计，读数。

4. 注意事项

（1）刚刚经过剧烈运动的畜禽，应适当休息后进行体温、心率、呼吸次数检查。对重症病畜禽，可每间隔 2～3 小时检查一次，一般患病家畜可上、下午或早、中、晚各检查一次。

（2）测定体温时，应先将体温计水银柱甩至 35℃以下，并涂以润滑油，再缓缓插入直肠内，经 3～5 分钟后，取出体温计，用酒精棉球擦净体温计上的粪便或黏液，然后观看水银柱的刻度数。测温完毕，应再将水银柱甩下，用酒精棉球彻底擦拭干净，放于盛有消毒液的瓶内，以备再用。

(3) 防止把体温计插入粪便中，以免出现误差。

(4) 需灌肠、直肠检查的家畜，应先测量体温，再进行灌肠、直肠检查。

(5) 肠炎、下痢的患畜，因直肠松弛，测得体温可能偏低。

(二) 心率检查

1. 检查脉搏跳动次数

(1) 确定检查脉搏的部位　牛在尾中动脉或颌外动脉，马在下颌动脉或横颜面动脉，羊、犬、兔在股动脉。

(2) 将中指、食指放在病畜的动脉上，用触诊方法检查。

(3) 平心静气，数1分钟的脉搏数，以次/分表示。

2. 检查心脏跳动次数

(1) 大动物先保定，将动物的左前肢向前拉伸半步，以充分暴露出心区；

(2) 将听诊器的听头放于心区部位，并使之与体壁密切接触，

(3) 平心静气，数1分钟心脏跳动次数，以次/分表示。

3. 注意事项　刚刚经过剧烈运动的畜禽，应适当休息后进行心率检查。对重症病畜禽，可每间隔2～3小时检查一次，一般患病家畜可上、下午或早、中、晚各检查一次。

(三) 呼吸率检查

1. 操作步骤

(1) 观察动物胸、腹壁的起伏动作或鼻翼的开张动作。

(2) 观察动物呼出的气流。

(3) 观察禽肛门部羽毛的缩动。

(4) 也可用听诊器在家畜胸部听呼吸音。

(5) 一般应计算2分钟次数的平均值，以次/分表示。

2. 注意事项　刚刚经过剧烈运动的畜禽，应适当休息后进行呼吸次数检查。对重症病畜禽，可每间隔2～3小时检查一次，一般患病家畜可上、下午或早、中、晚各检查一次。

第三节　护　　理

学习目标：能够护理患病动物和哺乳期动物。

一、患病动物的护理

(一) 一般患病动物的护理

1. 给患病动物提供安静的场所，让其能得到充分休息。

2. 对胃肠炎患畜，要喂饲易消化吸收的饲料，减轻胃肠负担。

3. 对严重腹泻病畜应多给饮水。

4. 对长期卧地的病畜要辅助翻身或用腹带吊起，以免形成褥疮。

5. 做好防寒保暖，以及驱除蚊蝇等工作。

(二) 重危病畜的护理

1. 将病畜置于宽敞、通风良好、空气新鲜、温度适宜、安静舒适的厩舍内。如为传染病病畜，则应隔离饲养。

2. 对病畜要每天至少上、下两次或早、中、晚或多次测量病畜体温、呼吸、脉搏次数，及时掌握病畜病情。

3. 饮食欲废绝的重危病畜，要设法增强病畜的饮食欲，尽可能创造条件，使病畜吃食、喝水，以增强抵抗疾病的能力。必要时要人工维持营养，如静脉注射补液、胃肠道补液或腹腔补液。对于经过抢救治疗后病情好转，具有一定消化能力并能自行摄取少量草料的病畜，可喂给柔软易消化的草料，如青草、青干草、麦麸粥等，但量不要过多，次数不宜过频，逐渐恢复正常饲养，以免增加胃肠负担，造成不良后果。

4. 注意病畜安全，防止发生意外。对于卧地不起，但能勉强站立的病畜，可以吊带辅助站立。不能站立的要垫厚褥草，勤翻畜体，防止发生褥疮。对于腹痛剧烈的病畜，防止卧地剧烈滚转，以免造成肠扭转。对于精神兴奋或卧地不起而试图起立的病畜，要严加守护，必要时可应用镇静剂，以免摔伤造成脑震荡、脑挫伤及脊髓挫伤，甚至发生骨折等。

5. 排尿困难的病畜，要适时导尿，或直肠内按压膀胱，促进排尿。

6. 认真观察病情，掌握病情变化，发现异常，及时进行必要的处置。

7. 凡是重危病畜，均须作一较为详细的护理记录。

（三）高热病畜的护理

1. 每天上、下午或早、中、晚测量体温，检查脉搏数和呼吸数，并作记录。

2. 将病畜置于通风良好、空气新鲜的阴凉处所，避免日光直射。

3. 多饮清凉水。

4. 必要时可注射30%安乃近注射液或安痛定等。

（四）外科术后的护理

1. 术后喂饮 应根据手术性质、手术部位而采取相应护理措施。一般较大的手术，如剖腹术、肠管手术等，术后不宜立即饲喂。应在伤口基本愈合及肠音基本恢复并开始排便后，方可第一次饲喂。饲料应选择柔软易消化的青饲料，初次应少给，随肠音的逐渐恢复而逐日增加供给量，待肠音完全恢复正常后才可正常饲喂。然而对一般手术，则可不限制饲喂。一般术后动物即可饮水，但要少量多次，并要水温适当，不宜太凉；对施行全身麻醉的动物，在术后4～6小时之内，不应给水，防止因其吞咽机能尚未完全恢复，导致误咽。

2. 术后管理 施行全身麻醉的病畜，在麻醉尚未完全苏醒时应设专人看管，避免因摔倒造成缝线扯断和创口污染。因此，术后应将病畜吊置于保定栏内，站立保定。全身麻醉动物，其体温在一定时间内往往偏低，因此，应注意保温，防止感冒；冬季在北方寒冷地区，还应注意避免伤口冻伤；夏季应注意防蝇；厩舍内应经常保持卫生，随时清除粪尿及污物等。术后运动是一项有助于病畜康复的积极措施。一般术后2～3天即可牵遛运动。早期运动的时间宜短，速度宜慢，每次20～30分钟，以后逐渐增加运动时间和强度。

二、哺乳期幼龄动物的护理

1. 保温 新生仔畜的体温调节中枢尚未发育完全，加之外界环境的温度又比母体内低得多，所以在冬季及早春应尽可能设法使室内温度保持在20℃左右，以免因受凉而发生疾病。

2. 注意观察 尤其要观察新生仔畜的精神、吮乳、呼吸等状况，如发现异常，应及时诊治。

3. 预防破伤风 一般应在生后1天内肌注精制破伤风抗毒素5 000～10 000单位。

4. 注意观察脐带干燥情况 每日涂擦碘酊1～2次，促进其早日干燥脱落。如有感染的迹象，应及时进行外科处理。

第四节 给 药

学习目标：能够按要求正确配制药物，能够完成动物的口服给药，能够完成腹腔注射、肠胃灌药、乳腺注射等给药方法的操作。

一、配制常用普通制剂

（一）操作基本要求

1. 制剂（包括中药制剂）的配制，必须根据《中华人民共和国兽药典》（下称《兽药典》)、《兽药规范》（下称《规范》）或有关法规规定的技术操作规程进行。

2. 配制前，必须做好原料、辅料、仪器、用具、包装材料等的准备工作。所用原料与辅料，均应符合《兽药典》、《规范》或有关法规的规定。对质量不明的原料，不得使用。配制中草药制剂的原料，需经中草药品种鉴定无误，并除去非药用部分和杂质。包装用瓶及瓶塞均应清洗干净后，经高压蒸汽灭菌并烘干备用。

3. 配制时，要准确称取原料、辅料，并经核对无误后，方可进行配制。

4. 对易生霉、失效、变质的制剂，宜少量勤配，并应选加适当的稳定剂、防腐剂。

5. 配制挥发性有毒制剂，应注意个人防护。有毒性制剂应严加管理，密封单独贮存。

6. 制剂配成后，应立即标记名称、含量、配制日期。

7. 对制剂应按规定作必要项目的检查（感官检查，鉴别检查，含量测定）。质量不合格的制剂，不得使用。对贮存较久的制剂，应经常检查。

8. 制剂室保持整洁，药品、器材存放应排列有序；仪器、用具用完后洗刷干净，放回原处；药品用后应包装严密，放回原位。

（二）配制散剂

1. 粉碎 根据药物性质的不同，采用单独粉碎或混合粉碎及加液研磨粉碎。

（1）*单独粉碎* 凡处方中含有多种软、黏等性质差异较大的药物，或混合粉碎易引起物理化学变化的药物，或含芳香、贵重药物者，采用此法。

（2）*混合粉碎* 系指处方中的药料经过适当处理后，将全部或部分药料混匀进行粉碎。此法适用于方剂中药味质地相似的群药粉碎，也可掺入一定比例的黏性油性药料，以克服这些药料单独粉碎的困难。若在处方中有大量“油性”或“黏性”药料时，可采用“串油”方法或“串料”方法，即将处方中“油性”或“黏性”大的药料留下，先将其他药料混合粉碎成细粉或粗粉，然后用此混合药粉陆续掺入“油性”和“黏性”药料，再进行一次粉碎。

（3）*加液研磨粉碎* 有些有机药物粉碎时，加入少量挥发性液体，如醇、醚等有助于粉碎。某些刺激性较强的或有毒的药物亦可采用此法。有些难溶于水的药物，粉碎程度要求极细时，可用水飞法，即将药物与水共置乳钵或球磨机中研磨，混悬于水中的细粉先倾出，余下的粗粉再加水研磨，如此反复操作，直到全部研磨至需要细度，合并混悬液，沉淀，倾出上清液，将湿粉干燥即得细粉。

2. 过筛 药物粉碎后，一般散剂应通过 2 号筛，外用散剂应通过 5 号筛，眼用散剂应通过 9 号筛。

3. 混合 复方散剂经初步混合后，再过 1～2 次筛，筛后作适当搅拌。

含毒、剧药或药物各成分比例悬殊者按等量递加法混合配制。

毒、剧药可加稀释剂制成倍散。剂量 100 克以下配成 10 倍散，10 毫克以下配成 50 倍散或 100 倍散。常用的稀释剂有淀粉、葡萄糖等。根据不同的药物和浓度，可酌加不同颜色的着色剂，以示区别。

含挥发油、酊剂、流浸膏或其他液体制剂的散剂，可用处方中固体药物或加少量吸收剂吸收；如液体量多且有效成分耐热者，可置水浴上浓缩，然后再与其他药物混匀。

含共溶药物不影响药效者，则应共熔后，再用其他药物或吸收剂吸收；如共熔后影响药效或给调配及使用带来困难者，应分别包装或加吸收剂，相互混匀。

凡混合后起化学变化的药物，应分别研磨、分包，服用时混合。

4. 分剂量 少量调配，可用重量法逐包称量；大量调配，用定量容器分包。

5. 灭菌 外用散剂必要时可采用干热灭菌，其温度根据药物性质而定。

（三）配制软膏剂

1. 选择基质

（1）亲油性基质 有凡士林、羊毛脂、液体石蜡、蜂蜡、植物油等。

（2）乳剂型基质 皂类、脂肪醇硫酸酯类、高级脂肪醇及多元醇酯类等。

（3）水溶性基质 有甘油明胶、聚乙二醇、淀粉甘油等。

2. 制备

（1）研合法 药物粉碎过 6 号筛，与少量基质在软膏板或玻璃板上用软膏刀研匀，再将其余基质分次递加，反复研匀。

（2）熔合法 取基质置水浴上加热熔化，待冷至接近凝固点时，缓缓加入药物细粉，搅拌均匀。

3. 注意事项

（1）供制软膏剂用的固体药物，除在某一组分中溶解或共溶者外，应预先用适宜的方法制成最细粉。含有不易粉碎或半固体黏稠性药物（如鱼石脂或中草药稠浸膏等）时，可先与少量适宜的液体（如液体石蜡、植物油、甘油及水等）用加液研磨法研细，研匀后再加基质混匀。

（2）含挥发性或不耐热药物，应于基质冷至 40℃左右加入。当樟脑、薄荷脑、麝香草酚、苯酚等共存时，先共溶后再加基质混合。配制含汞、碘、水杨酸等药物的软膏，应避免与金属器具接触。

（3）软膏剂成品必须质地均匀、细腻，具有适当的黏稠性，易涂布在皮肤或黏膜上，并无刺激性，必要时可加入保温剂和透皮吸收促进剂。

（四）配制糊剂

1. 选择基质，同配置软膏剂。

2. 配制脂肪性糊剂时，药物细粉混匀，过 5 号筛，于已溶化的脂肪性基质中混匀即成，含药量为 25％～70％。

3. 配制水溶性凝胶糊剂时，先将药物细粉混匀，过 5 号筛后，与水溶性基质混合即成，

含药量较脂肪性糊剂少。

（五）配制水溶液剂

1. 操作步骤

（1）溶解法　取一定量的药物，溶于适量蒸馏水中，用适宜的滤器过滤，自滤器上添加适量蒸馏水至需要量，搅匀即得。

（2）稀释法　取浓溶液适量，加入蒸馏水使成需要浓度，过滤，自滤器上添加适量蒸馏水至需要量，搅匀即得。

（3）化学反应法　取两种或两种以上药物通过化学反应制得溶液，待化学反应完成后过滤即得。

2. 注意事项

（1）大块与不易溶解的药物，实行粉碎后再溶解，必要时可以加热促进溶解。如需加抗氧剂、助溶剂，应先加入；挥发性大的药物最后加入。

（2）稀释挥发性较大的浓溶液时，量取操作应准确迅速，倒入冷蒸馏水中，轻微振荡均匀。遇二氧化碳易变质的药物，可将蒸馏水先热至沸，放冷后再加入。

（3）水溶液必须澄清。有刺激性的内服药液，可酌加缓和剂，如淀粉、琼胶浆等。冲洗黏膜及手术用的冲洗溶液需经灭菌。

（4）性质稳定而常用的溶液，可制成高倍浓度溶液贮备，临时稀释。

（5）根据溶液性质及需要，可酌加防腐剂、着色剂以及芳香矫味剂等。

（六）配制汤剂

1. 操作步骤

（1）取药材饮片或粗粉，置于适当煎煮容器中。

（2）加水适量，浸泡 20 分钟左右。

（3）加热煎煮（沸前用武火，沸后用文火）。

（4）用纱布过滤去渣。

（5）连煎 2 次，滤液合并。

2. 注意事项

（1）每剂煎液 200～300 毫升。量多时可浓缩，不可将多余部分弃去。

（2）煎煮时间，一般药煎煮 30 分钟，从开始沸腾计算，第二次煎煮 15～20 分钟；解表药及芳香药材多的煎煮 15～20 分钟；滋补药煎煮 1 小时左右。

（3）当天要服用的汤剂可冷藏或热藏（60℃），也可加防腐剂保存。

（4）煎药容器可采用砂锅、小型夹层锅等，不可使用铁制容器。

（5）汤剂药物入药顺序：

①先煎药物　药物必须打碎，先煮 15～30 分钟。用于质坚、有效成分不易溶出的角质、骨质、石质及矿物质药，如虎骨、玳瑁、蛤蚧、穿山甲、鹿角、珍珠母、鳖甲、龟板、龙骨、自然铜、阳起石、花蕊石、金礞石、云母石等。某些毒性中药，如川乌、草乌、生附子等，有医嘱按医嘱处理，无医嘱者先煎 1～2 小时。

②后下药物　煎毕前 5～10 分钟时下药。用于有效成分易挥发或破坏的药物，如乳香、没药、薄荷、丁香、玫瑰花、苏合香、大黄等。

③研末或冲服药物　用于用量很少的珍贵药物，如犀角、羚羊角、珍珠、鹿茸、朱砂、

三七、人参、琥珀等。

④包煎药物　地肤子、松花粉、车前子、青黛、滑石等。

⑤烊化药物　阿胶、龟板胶、鳖甲胶、二仙胶、鹿角胶、虎骨胶、白胶香等。

二、口服给药

（一）混料给药

是将药物均匀混入饲料中，让动物采食时同时摄入药物，是集约化养殖场常用的给药方法之一。该法简便易行，适合各种群发病的预防和治疗。但对病重动物，食欲明显降低甚至废绝时不宜使用。

1. 牛、羊混料给药法　本法适合于尚有食欲的患病牛、羊，所给药物量少并且无特殊气味时可用混料给药法。

（1）根据用药剂量、疗程及牛羊的采食量准确计算出所需药物及饲料的量。

（2）采用递加稀释法将药物混入饲料中。

（3）将均匀混合了药的饲料中加入牛羊的饲槽中，供其自行采食。

2. 猪混料给药法　将药物混合到饲料中，给猪自由采食。适用于群体投服药物，因此，成为给猪给药的最常用的方法之一。拌料所用药物应无特殊气味，容易混匀。

（1）根据用药剂量、疗程及猪的采食量准确计算出所需药物及饲料的量。

（2）采用递加稀释法将药物混入饲料中。

（3）将均匀混合了药的饲料中加入猪的饲槽中，供其自行采食。

3. 家禽混料给药法　将药物均匀地混入饲料中，供鸡自由采食摄入药物的方法。由于鸡的舌黏膜的味觉较差，所以一些有特殊气味的药物也可以混入饲料中给药。该方法简单易行，尤其适于群体的长期给药，因此它也是鸡群给药最常用的方法之一。

（1）根据用药剂量、疗程及家禽的采食量准确计算出所需药物及饲料的量。

（2）采用递加稀释法将药物混入饲料中。

（3）将均匀混合了药的饲料中加入家禽的饲槽中，供其自行采食。

4. 犬、猫伴食给药法　本法适用于尚有食欲的犬、猫，所给药物应无异常气味、无刺激性，且用量少。

操作步骤

①根据用药剂量、疗程及犬、猫的采食量准确计算出所需药物及食物的量。

②将药物混入犬、猫最爱吃的食物中、拌匀；为了使药物与食物更好地混合，可将片剂碾成粉剂拌入食物中。

③将均匀混合了药的食物，供犬、猫自行采食。

④为使犬、猫能顺利吃完拌药的食物，可在用药之前先让犬、猫饿一顿，再拌食给药。

5. 混料给药的注意事项

（1）药物必须均匀地混于饲料中，常用递加稀释法，即先将药物加入少量饲料中混匀，再逐次递增与较多量饲料混合，直到与全部饲料混匀。

（2）要明确饲料中添加剂的成分，以免使药物降低效力或产生毒副作用。

（3）一般药物混料浓度为混水浓度的 2 倍。

（二）混饮给药

是将药物溶入饮水中，让畜禽通过饮水摄入药物，适用于传染病、寄生虫病的预防及治疗，特别适用于食欲明显降低而仍能饮水的情况。可分为自由混饮法、口渴混饮法两种给药方法。

1. 自由混饮法 将药物按一定浓度溶于饮水中，供自由饮用。适用于在溶液中较稳定的药物；此法用药时，药物的吸收是一个相对缓慢的过程，其摄入药量受气候、饮水习惯的影响较大。

2. 口渴混饮法 在用药前禁水一定时间（寒冷季节3～4小时，炎热季节1～2小时），使动物处于口渴状态，再给溶有药物的饮水，药液量以能在1～2小时内饮完为宜。该法适用于易溶于水、性质稳定的药物。使用一些抗生素类药时，可将治疗量药物溶解于1/5全天饮水量的水中，供口渴动物1小时左右饮完，可取得较好的效果，适用于细菌性、支原体性传染病的预防和治疗。

3. 注意事项

（1）混饮给药要选择在水中完全溶解，并且在水溶液中的性质稳定，不会很快失效的药物，而难溶于水的药物，不可以饮水给药。

（2）在给病畜禽用药水前，应停止供水2～4小时，使其产生渴感，再混饮给药，使畜禽能够很快地将药水饮完。

（3）要了解畜禽平时的饮水量，这样才能在混饮给药时，选择适当的用水量，使畜禽在2小时内饮完。

（三）灌服给药

灌服法适用于液体剂型的药物，如溶液剂、混悬剂，以及中草药的煎剂。灌服的药物一般应无太大的刺激性或异味，药量不宜太大。常用的灌药用具有灌角、橡皮瓶等。

1. 牛灌服给药

（1）保定。助手牵住牛绳，抬高牛头或紧拉鼻环或用手、鼻钳等握住鼻中隔使牛头抬起。

（2）术者左手从牛的一侧口角处伸入，打开口腔并用手轻压舌体。

（3）右手持盛装药液的橡皮瓶或灌角伸入口腔并送向舌的背部。此时术者可抬高灌角或瓶的后部并轻轻振动，使药液能流到病畜咽部，待其吞咽后继续灌服，直至灌完所有药液（图9-1）。

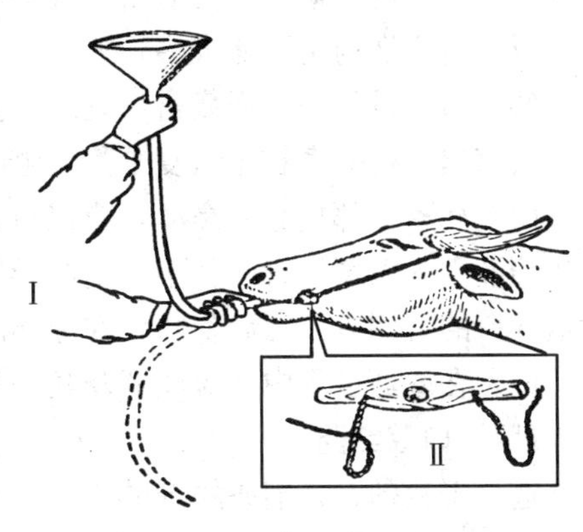

图9-1 牛的胃管投药（Ⅰ）及开口器（Ⅱ）

2. 羊灌服给药

（1）助手骑在羊的有髻甲部保定羊只，并用双手从羊的两侧口角伸入，打开口腔并固定头部。

（2）术者将盛满药液的橡皮瓶送向羊舌背部，轻轻挤压瓶壁使药液流出，待其吞咽后继续灌服，直至灌完所有药液。

3. 猪灌服给药 体格较小的猪（如哺乳仔猪）灌服少量药液时可用汤匙或注射器（不接针头）。较大的猪、灌服较大剂量的药液时，可用胃管投入（图9-2）。

4. 犬灌服给药 灌药时，将犬站立保定，助手（或犬主）用手抓住犬的上下颌，将其上下分开，术者用小匙将稀糊状的药物倒入口腔深部或舌根上，慢慢松开手，让犬自行咽

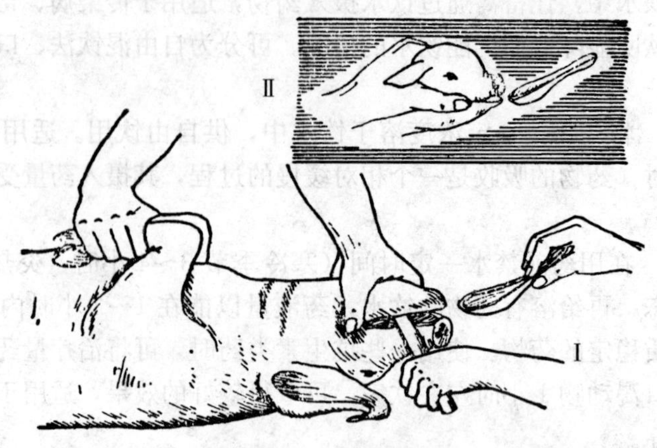

图 9-2　猪的灌药法

Ⅰ. 大猪　Ⅱ. 哺乳仔

下，直至灌完所有的药物。

5. 马灌服给药

（1）将患马站立保定，并将马头吊起。

（2）术者站于患马的前方，一手持药盆，另一只手用灌角或橡胶灌药瓶盛药液，从患马一侧口角通过其门齿、臼齿间的空隙而送入口中并抵到舌根，抬高灌药器将药液灌入。

（3）取出灌药器，待患马咽下后，再灌下一口，直至灌完所有药液。

6. 灌胃给药的注意事项

（1）灌药时，病畜要确实保定，术者动作要轻柔，缓慢，切忌粗暴、急躁，以免将药物灌入气管及肺内，避免损伤病畜口腔黏膜。

（2）每次灌药量不能太多，速度不宜太快，药的温度以接近动物体温为宜。

（3）灌药过程中，当病畜出现剧烈挣扎、吼叫、咳嗽时，应暂停灌服，并使其头低下，将药液咳出，待病畜状态恢复平静后继续灌服。

（4）病畜头部抬起的高度，应以口角与眼角的连接线略呈水平为宜。切忌抬得过高，以免将药液灌入病畜气管或肺中，引起异物性肺炎或死亡。猪的咽由于软腭近于水平方位，在食道开口的背侧有一咽后隐窝，在灌药时易进入气管到肺，引起异物性肺炎，要特别注意。

（5）在灌药过程中，应注意观察病畜的咀嚼、吞咽动作，以便于掌握灌药的节奏。

（四）口腔给药

适合于片剂、丸剂或舔剂的给药。片剂、丸剂多采用徒手投服，必要时可使用给药枪投服。舔剂一般可用光滑的木板送服。

1. 马、牛、羊口腔给药

（1）马、牛、羊均采用站立保定，助手可适当固定其头部，防止乱动。

（2）术者一只手从一侧口角伸入打开口腔。

（3）另一只手持药片、药丸或用竹片刮取舔剂从另一侧口角送入病畜舌背部，病畜即可自然闭合口腔，将药物咽下。

（4）若药物不易吞咽，也可在给药后给予病畜灌饮少量水，以帮助吞咽。

有条件的情况下，可用给药枪投放药丸。

2. 猪口腔给药

(1) 保定猪，用木棒撬开猪口腔。

(2) 用药匙或手将片剂、丸剂送到口腔深部的舌根上。

(3) 在给药完毕，拉出木棒。注意避免咬伤手指。

3. 犬口腔给药

(1) 保定猪犬只。

(2) 助手帮助打开口腔。

(3) 用药匙将片剂、丸剂送到口腔深部的舌根上。

(4) 迅速合拢其口腔，并轻轻叩打下颌，以促使药物咽下。

三、皮下注射

皮下注射是将药液注入皮下组织的一种给药方法。用于注射易溶解且无刺激性的药品及疫苗等。

1. 注射前的准备： 清洗、消毒注射器和针头，吸取需要注射的药液。

2. 选择注射部位： 猪在耳根后方或股内侧。牛在颈侧或肩胛后方的胸侧。羊在颈侧或股内侧。马在颈侧。犬、猫、兔在颈侧、背部、股内侧。禽在翅下或腿根部，雏鸡在颈背部或腿部。

3. 注射部位局部消毒。

4. 注射者左手拇指和食指捏起注射部位的皮肤，使其形成三角形凹窝，右手持注射器持注射器使针头与皮肤成45°角，迅速将针头刺入凹窝中心的皮下。

5. 左手放开皮肤而后握住注射器和针头尾部，右手抽动活塞不见出血时，注入药液。

6. 注射完药液拔出针头后，局部消毒。

四、皮内注射

1. 选择部位：选择不易被动物舐、咬、摩擦的部位。猪在耳根，马、牛在颈侧，鸡在肉髯等部皮肤。

2. 注射前准备：对动物进行必要的保定，局部剪毛消毒，吸好注射药液。

3. 注射：注射者左手捏起皮肤，右手持注射器使针头与皮肤成30°角刺入皮内，注入药液，一般不超过0.5毫升，注药后在局部形成小丘疹。

4. 注射完后用酒精棉球轻压针孔，以免药液外溢。

五、肌肉注射

1. 选择部位：选择动物肌肉丰富的部位。大家畜在颈侧和臀部。猪、羊多在颈侧或股内侧、臀部。犬、猫在脊柱两侧的腰部肌肉或股部肌肉。禽在胸肌或腿部肌肉。

2. 注射前准备：必要时对动物进行保定，吸好注射药液。

3. 注射局部的消毒。

4. 右手拿注射器，针头与皮肤垂直刺入肌肉内，立即注入药液。

5. 注射局位消毒。

六、腹腔注射给药

腹腔注射给药是将药液注入腹腔内的一种给药方法。适用于腹腔内疾病的治疗和动物脱水或血液循环障碍时，且采用静脉注射较困难时的一种给药方法。本法多用于中、小动物，如猪、犬、猫等。

（一）猪腹腔注射给药

1. 确定部位：在耻骨前缘前方 3～5 厘米处的腹中线旁。

2. 保定：体重较轻的猪可提举两后腿倒立保定，体重较大的猪需采用横卧保定。

3. 注射局部剪毛、消毒。

4. 术者左手把握猪的腹侧壁，持注射器或针头垂直刺入 2～3 厘米，使针头穿透腹壁，刺入腹腔内。然后，左手固定，右手推动注射器注入药液或连接输液管、注射器，输（注）入药液（图 9-3）。

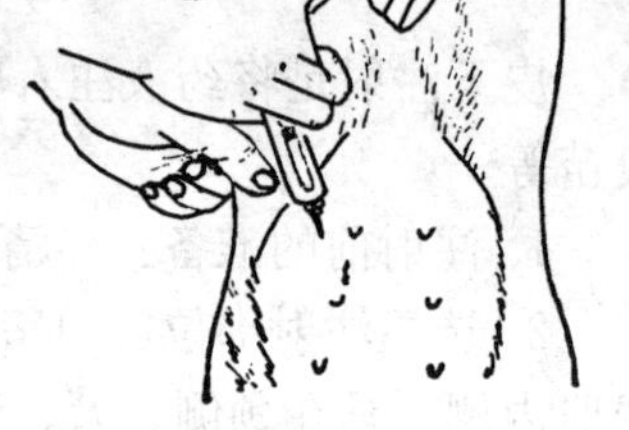

图 9-3 猪的腹腔注射

5. 注射完毕，拔出针头，术部涂擦碘酊消毒处理。

（二）给犬腹腔注射给药

1. 确定部位：在脐和骨盆前缘连线的中间点，腹中线旁。

2. 注射前保定和准备：先使犬前躯侧卧，后躯仰卧，将两前肢系在一起，两后肢分别向后外方转位，充分暴露注射部位，并要保定好犬的头部。

3. 术部剪毛、消毒。

4. 注射时，右手持注射针头垂直刺入皮肤、腹肌及腹膜，当针头刺破腹膜进入腹腔时，立即感觉没有了阻力，有落空感。若针头内无血液流出，也无脏器内容物溢，并且注入灭菌生理盐水无阻力时，说明刺入正确，此时可连接注射器，进行注射。

5. 注射完毕，术部涂擦碘酊消毒。

（三）给猫腹腔注射给药

1. 确定部位：耻骨前缘 2～4 厘米腹中线侧旁。

2. 保定：将猫取前躯侧卧，后躯仰卧姿势保定，捆绑两前肢，保定好头部。

3. 术部剪毛、消毒。

4. 术者手持注射器垂直刺向注射部位，进针深度约 2 厘米，然后回抽针芯，若无血液或脏器内容物时即可注射。

5. 注射完毕，术部涂擦碘酊消毒。

（四）腹腔注射给药的注意事项

1. 所注药液应预温到与动物体温相近。

2. 所注药液应为等渗溶液，最好选用生理盐水或林格氏液作为溶媒。

3. 有刺激性的药物不宜做腹腔注射。

七、灌肠给药

1. 在胶管外插入肛门端涂上凡士林等润滑剂。

2. 将胶管一端插入肛门内，另一端连接吊桶或漏斗。

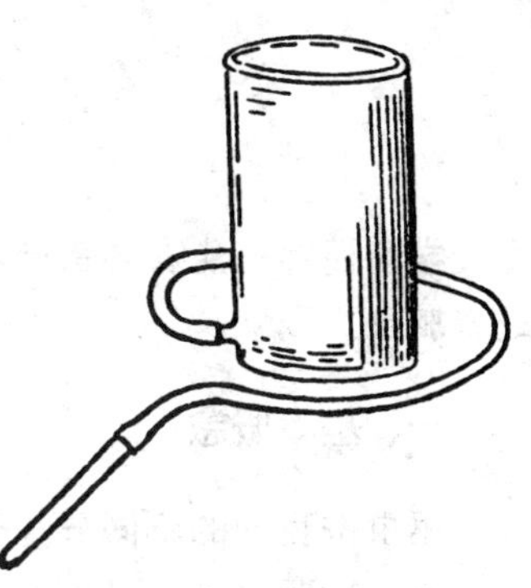
图 9-4　灌肠给药

3. 向吊桶或漏斗内灌入温水或肥皂水。

4. 高举吊桶或漏斗，液体自行流入直肠内。

向直肠内灌入温水或肥皂水，可使直肠壁弛缓，黏膜滑润，直肠蓄粪软化易排出，临床上多用于大家畜直肠检查的准备工作，便于直肠检查；以及治疗各种家畜直肠便秘等（图 9-4）。

八、乳腺注射给药

乳房注入法是将药液通过乳管注入乳池内的一种注射方法，它主要用于奶牛、奶山羊乳房炎的治疗（图 9-5）。

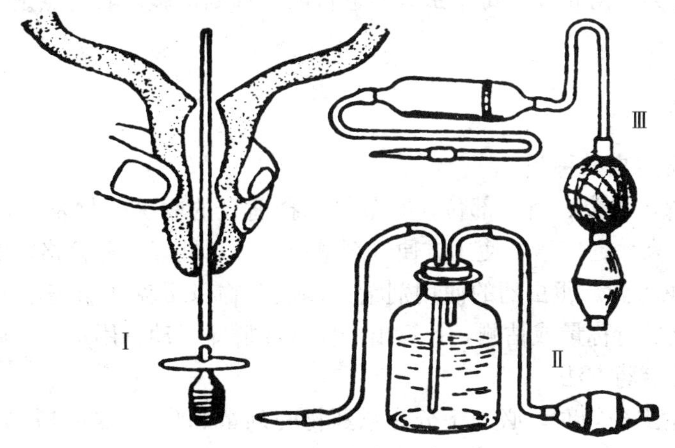

图 9-5　乳房注入法

Ⅰ. 插入乳导管　Ⅱ. 注药瓶　Ⅲ. 乳房送风器

（一）操作步骤

1. 保定　动物站立保定。

2. 清洗消毒　助手先挤干净乳房内乳汁，并用清水或 0.1%高锰酸钾清洗乳房外部，拭干后，再用 75%酒精消毒乳头。

3. 注入　术者蹲于动物腹侧，左手握紧乳头并轻轻下拉，右手持乳导管自乳头口徐徐导入，当乳导管导入一定长度时，术者的左手把握乳导管和乳头，右手持注射器，使之与乳导管连接，徐徐将药液注入。

4. 防溢　注射完毕，将乳导管拔出，同时术者一只手捏紧乳头管口，以防止刚注入的药液流出，用另一只手对乳房进行轻柔地按摩，使药液较快地散开。此法也可用于乳房送风，治疗奶牛生产瘫痪。

（二）注意事项

1. 操作过程中要严格消毒，包括术者的手臂、乳房外部、乳头及乳导管等，以免引起新的感染。

2. 乳导管导入、药液注入时，动作要轻柔，速度要缓慢，以免损伤乳房。

3. 注药前应先挤净奶汁，注药后要充分按摩乳房。注药期间不要挤奶。

第五节 驱 虫

学习目标： 能在兽医师指导下正确实施驱虫，能根据寄生虫的种类选择相应的驱虫药物进行驱虫。

一、基本概念

驱虫按目的的不同分为治疗性驱虫和预防性驱虫。

治疗性驱虫是对经诊断患有寄生虫病的动物采取的紧急措施，通过驱虫使病畜恢复健康。其特点是无时间性和季节性，只要发现病畜，立即驱虫治疗。

预防性驱虫是为了防止发生寄生虫病而进行的有计划措施。其特点是定期进行，需预先拟订驱虫计划。

二、方法步骤

1. 正确诊断寄生虫的种类。

2. 根据寄生虫的种类、寄生部位、季节等选择适宜的驱虫药物及药物剂型。选择驱虫药的标准是安全、高效、广谱、使用方便（剂量小、适口性好）和价格低廉。

3. 正确使用驱虫药。驱虫药的使用剂量大多按动物每千克体重表示。因此在选定药物后，应对动物体重进行称量或估测，计算出个体（或群体）动物用量。然后根据所选药物的要求，选定相应的给药方法。

4. 使用抗寄生虫药物时，必须十分注意药物的剂量和疗程。在进行大规模驱虫前，应先选小群动物做药效及安全试验，取得经验后再全面开展。

5. 驱虫时应在有隔离条件的场所驱虫。

6. 驱虫后及时清除排出的粪便，集中堆积、发酵，进行无害化处理。

三、注意事项

1. 注意观察动物给药后3～5小时的精神、食欲等变化。发现中毒，及时抢救。

2. 加强驱虫动物的饲养管理。

3. 驱虫后要进行驱虫效果评价，必要时进行第二次驱虫。

4. 长期使用抗寄生虫药物，寄生虫可产生耐药性。因此，应经常更换抗寄生虫药物，避免或减少耐药性的产生。

5. 有些抗寄生虫药物在畜、禽体内存留时间较长，对人体健康危害很大，使用时应注意休药期。

四、绵羊药浴

（一）操作步骤

1. 药浴前准备 绵羊药浴应于绵羊剪毛后、山羊抓绒后进行；药浴前3～4小时应停止放牧，使羊充分休息，喝足水，以免药浴时误饮药液而中毒。

2. 进行小群安全实验 在大批羊只药浴前，应先选择少数（10～20只）羊进行小群安全实验，如无问题，再大批进行。

3. 配制药液 药液应当严格按要求浓度当天配制，在药浴的过程中应随时补加药液。

4. 药浴 应先浴体质健壮羊，后浴体质瘦弱、幼小羊；每只羊的药浴时间大约1分钟；药浴时头部要露出水面，但需把头压入药液中2～3次。

5. 药浴后观察 药浴后要注意观察羊群，发现中毒，及时抢救。

（二）注意事项

1. 药浴应在晴朗无风的天气进行。
2. 药浴后应使羊只在向阳、背风、通风处休息，气温低时注意保暖。
3. 工作人员在配制药液及绵羊药浴时，应注意做好人身防护，防止中毒。

[本章小结]

本章主要学习了动物流行病学资料收集、整理方法，区分健康动物与患病动物的方法，动物体温、心率、呼吸次数的测定方法，患病动物与哺乳期动物的护理方法，常用药物的配制方法，经口服、腹腔注射、灌肠和乳腺内注射等给药方法的操作，驱虫方法等。

[复习题]

1. 如何进行动物流行病学资料收集、整理？
2. 临床检查基本程序是什么？基本内容有哪些？
3. 如何区分健康动物与患病动物？
4. 如何区分健康动物与患病动物的粪便？
5. 如何测定动物体温、心率、呼吸次数？
6. 如何护理患病动物？
7. 如何护理哺乳期动物？
8. 如何配制不同剂型的药物？
9. 如何给动物口服给药？
10. 如何进行皮下、皮内以及肌肉注射？
11. 如何进行动物的腹腔注射？
12. 如何给动物灌肠？
13. 如何进行乳腺内注射？注意事项有哪些？
14. 怎样正确驱虫？
15. 怎样给绵羊药浴？药浴驱虫有哪些注意事项？

第十章 动物阉割

动物阉割，公畜一般称为去势，是出于非医疗目的而摘除或破坏动物的生殖器官，使其丧失生殖功能的一种外科手术。其破坏的生殖器官主要是性腺，即睾丸或卵巢。

阉割的主要目的和意义是为了使性情恶劣的家畜变得温顺，便于饲养管理和使役；淘汰不良种畜；提高动物的利用价值，例如牛、猪、羊、鸡等畜禽阉割后生长迅速，肥育速度加快，肉质细嫩；提高饲料利用率；阉割也可用于治疗某些疾病，如严重的睾丸炎、睾丸肿瘤、睾丸创伤、卵巢肿瘤等。

第一节 外科基础操作

一、消毒

外科消毒能防止感染和有利于创口愈合。搞好消毒工作，可减少外科手术的并发病，提高疗效。

外科手术消毒包括术部消毒和术者手臂消毒。

（一）术部消毒

先剪毛或剃毛，肥皂水洗刷干净，再用5%碘酊从中心向外周旋转涂布，然后用75%酒精棉球脱碘。

（二）术者手臂消毒

先用肥皂水洗刷，清水冲洗后浸入0.1%新洁尔灭或用2%碘酊涂布5分钟，再用75%酒精脱碘。

二、止血

手术过程中的止血是否完善，不仅直接影响术部的显露和手术操作，而且关系到术后病畜的安全、切口愈合的好坏和有无并发症。术中止血必须迅速、准确、可靠。止血一般有以下几种方法。

（一）压迫止血法

用手或用纱布按压住出血部位，可作为临时止血，然后再做适当处理。

（二）填塞止血法

对较深的创伤而又弥漫性出血时，可用灭菌纱布块填塞于出血腔内进行止血。

（三）钳夹止血法

用止血钳夹住出血血管断端数分钟或扭转1～2周，轻轻去掉止血钳，可以止血。

（四）带压止血法

对四肢的大出血，可用止血带、橡胶带或一般的布条、毛巾等，在出血部位的上方紧扎，以达临时止血之目的。

（五）结扎止血法

对于较大血管的出血，可用止血钳夹住血管的断端，并用缝合线结扎。

（六）全身止血法

在出血范围广，出血量多时，可配合采用全身止血法。如肌肉注射维生素K注射液、止血敏注射液等。

三、缝合

缝合是将已切开、切断或因外伤而分离的组织、器官进行对合或重建其通道，以促进愈

合的基本操作技术。经过创伤止血、清理、修整后，可进行适当的缝合，最常用的缝合法有以下几种。

（一）结节缝合

即从创口一侧创缘进针到创底，再从另一侧创缘出针，然后打结，这样每缝一针打一结，直至创口缝完。

（二）连续缝合

是从创缘一端开始，第一针打结后，连续地进行缝合，直到全部缝完，最后结节缝合。

缝合时需要注意，整个过程应无菌操作；创缘要对齐、平整，缝皮肤不得内翻，内脏不得外翻；各进针点要整齐，距离适当。

四、绷带包扎

绷带具有保护、固定、压迫、减张、吸收和保温等多种作用，广泛应用于损伤的急救和某些外科疾病的治疗。

（一）环形绷带

用于系部、掌部、跖部以及四肢其他部位的包扎。是将绷带环绕数周，每周盖压住前一周，最后将末端剪开并打结。

（二）螺旋绷带

用于尾部、掌部、跖部等。是以螺旋的形式由下向上缠绕，每一圈被下一圈压盖1/3～1/2。

（三）其他绷带

另外，还有蛇行绷带、折转绷带、交叉绷带、蹄绷带、脚绷带、尾绷带及三角巾绷带等，可根据需要选用。

五、新鲜创的处理

新鲜创是指手术创和新鲜的污染创，后者是创伤被污物、微生物等污染，但未出现感染症状。此类创伤的处理，应以止血和防止感染为主。

（一）创伤止血

可用局部止血（压迫、结扎、填塞法止血等）和全身性止血药止血等。

（二）创围清洗和消毒

用灭菌纱布覆盖创口，剪去创围被毛，并用肥皂水或3%来苏儿清洗，然后用碘酊消毒创围。

（三）清洁创腔

用器械去除创内异物，并用生理盐水等反复冲洗，使创腔干净。

（四）创腔修整

对创内的坏死组织以及不利于创伤愈合的组织进行修整，并再次用生理盐水等冲洗。

（五）创伤的缝合与包扎

在临床上，有的创伤可缝合，而有的则不宜缝合，要视情况而定。对创面平整、创缘整齐的，经过一定处理后，可密闭缝合；对于有肿胀且可能感染的创伤，可部分缝合，在创口下方留排液孔；对于组织损伤严重及不易缝合的创伤，可行开放疗法。对密闭缝合的，要进行包扎，其他的创伤可包扎或不包扎。但无论何种创伤，如果在严冬季节或在易感染的部位，应考虑到包扎问题。

六、化脓创的处理

（一）创围的清洗与消毒

参照新鲜创处理。

（二）清洁创面

可用3%过氧化氢冲洗创面，再用生理盐水彻底清洗，除去创内坏死组织及异物，再用防腐消毒液（0.1%高锰酸钾）或生理盐水清洗。

（三）创伤用药

可用高渗液（10%氯化钠、10%硫酸钠、20%硫酸镁、10%水杨酸钠等）灌注创腔，或浸湿灭菌纱布敷于创面，可起到消肿、制止脓液吸收的作用。

（四）创伤引流

对于较深的创腔，可用纱布条浸高渗液或防腐液后，填塞创腔内，并使纱布条的一端游离于创口外，以利于创液、脓液的排出。

七、肉芽创的处理

肉芽创是指组织处于新生修复期的创伤，以保护肉芽，促进肉芽生长并防止肉芽赘生为原则。

（一）创围清洗与消毒

参照新鲜创处理。

（二）清洁创面

可用生理盐水或刺激性小的防腐液清洗，然后涂布消炎、保护肉芽的软膏（如10%磺胺鱼肝油、磺胺软膏、青霉素软膏等），勿用刺激性强防腐液清洗，亦忌粗暴处理，以免损害肉芽。

第二节　仔猪的阉割

一、小母猪的阉割（小挑花）

适用于1～3月龄、体重不超过15千克的小母猪。

（一）操作步骤

1. 术前检查

（1）了解近期是否有传染病流行。

（2）对仔猪进行全身性健康检查（体温、心跳），若有异常，不可施行手术。

2. 术前准备

（1）术前禁食半天，以减轻腹压。选择天气晴朗的日子，尽量选择早晨施术，清扫场地。

（2）准备好小挑花刀1把（图10-1），5%碘酊棉球适量、75%酒精棉球适量。

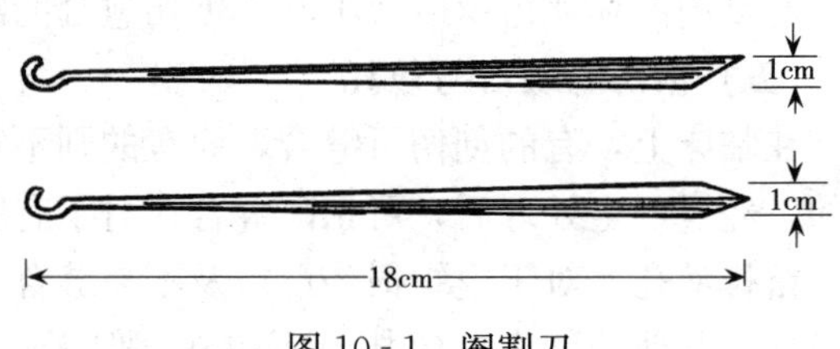

图10-1　阉割刀

3. 保定 术者左手提起小母猪的左后肢，右手抓住猪左膝前皱襞，向术者左脚轻轻摆动猪体，使猪头在术者右侧，尾在术者左侧，背向术者。当猪头右侧着地后，术者右脚立即踩住猪的颈部，脚跟着地，脚尖用力，以限制猪的活动，与此同时，将猪的左后肢向后伸直，肢背面朝上，左脚踩住猪左后肢跖部，使猪的头部、颈部及胸部侧卧，腹部呈仰卧姿势。此时，猪的下颌部、左后肢的膝关节部至蹄部构成一斜对的直线，并在膝前出现与体轴近似平行的膝皱襞。术者呈“骑马蹲裆式”，使身体重心落在两脚上，小猪则被充分固定（图10-2）。

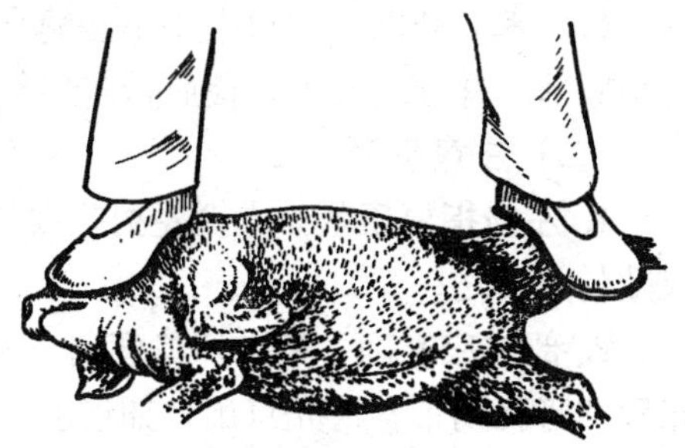

图 10-2 术者站立保定法

4. 手术

（1）确定手术部位

①用左手中指抵住左侧髋结（胯尖），拇指压在同侧腹壁上，使中指、拇指在一条直线上，拇指尖端距同侧倒数第2对乳头约2～3厘米，拇指尖端就是开口的地方。（图10-3）。

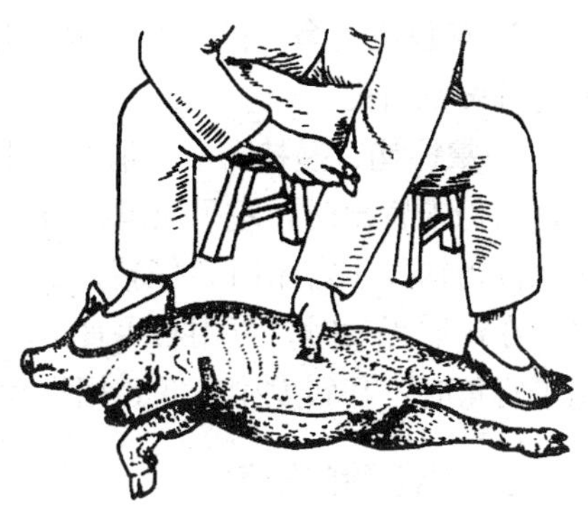

图 10-3 确定手术部位

②仔猪营养状况良好，发育较快时，子宫角也相应比较粗大，因而切口也应适当朝前；仔猪营养状况较差，发育较慢时，子宫角也相应比较细小，所以切口可适当朝后；饱饲而腹腔内容物多时，切口可适当偏向腹侧，空腹时切口可适当偏向背侧。即所谓的“肥朝前、瘦朝后、饱朝内、饥朝外”，要根据具体情况灵活掌握。

（2）术部消毒 术部用5%的碘酊消毒，75%酒精脱碘后即可施术。

（3）切开腹壁 术者左手拇指用力下压腹壁，右手持小挑刀，用中指逼住刀尖（以控制刀刃的深度），沿左手拇指端边缘紧挨皮肤，此时左手拇指上抬，利用腹壁弹力，刀尖刺入腹壁，刀尖刺入深度不超过1.5厘米。一次切透皮肤和腹壁肌肉层，切口与体轴方向平行，大小为1厘米左右。

（4）捣破腹膜 用刀柄捣破腹膜，并向左右扩大切口。

（5）压迫、涌出子宫角 左手拇指接着用力压迫腹壁，子宫角随即自动涌出切口外；若子宫角不能自动涌出，可将小挑刀柄伸入切口内，使刀柄钩端在腹腔内呈弧形划动，子宫角可随刀柄的划动而涌出切口外。

（6）摘除子宫角及卵巢 当子宫角涌出切口外后，术者两手心向上，用屈曲的左右手食指的2指节背下压腹壁，以便左右拇指交替拉出两侧子宫角、卵巢和部分子宫体，然后钝性一并摘除（图10-4）。

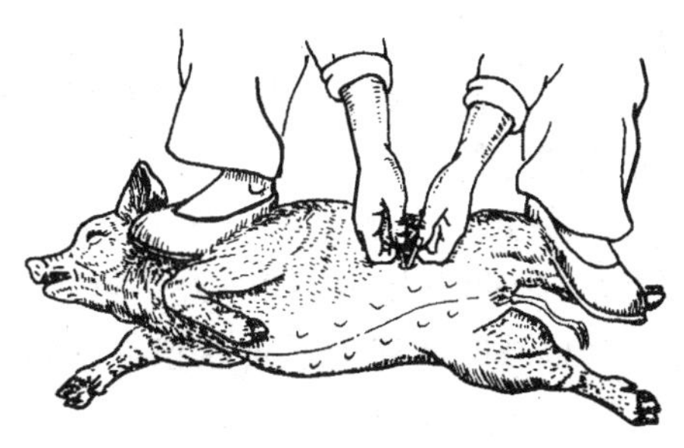

图 10-4 摘除子宫角及卵巢

(7) 术后处理　切口很小不必缝合，碘酊消毒切口，手术完成。左手提起左腿，右手轻拍猪腹部，并摇晃几下，使脏器自然复位，放入圈中，观察仔猪的表现。

(二) 注意事项

1. 左拇指要压紧　术者左拇指要压紧腹壁，使它尽量接近或贴于腰部下面，这是手术成败的关键之一。

2. 部位应准确　如果切口朝前，则肠管和输卵管伞容易先冒出；切口靠近乳头，则输尿管和膀胱韧带容易先冒出；如遇上述情况，按压切口的左手拇指，可向相反方向移动，并用刀柄向相反方向部位勾取。

3. 切口边缘要整齐　一次切透皮肤和肌层，可用一压一松手法进刀，既不损伤内脏，也保持切口整齐。

4. 细心牵拉子宫角　仔猪的子宫角非常细嫩，极易拉断，卵巢又在子宫角前端，若在牵拉时用力过大，把子宫角拉断，则卵巢不易摘除。所以，在牵拉子宫角时，除两手食指第二指节要用力压紧仔猪腹壁外，还要熟练运用拇指牵拉子宫角的技巧。

5. 阉割应干净　摘除卵巢时，应将部分子宫体、子宫角、输卵管及卵巢一并去掉，才能达到阉割目的。

6. 掌握钩、摸技巧　一般情况下，当腹膜捣破后子宫角即可随腹水涌出。在部位准确，子宫角仍未冒出时，左手压迫切口上方不能放松，随即用刀柄由刀口伸入腹腔，以弧形旋转钩取。当钩住子宫角时，仔猪发出嚎叫，术者将钩端贴紧腹壁向切口移动，子宫角即可冒出。在钩取无效时，可用右手食指由刀口伸入腹腔探摸，肠管大而软，子宫角小而硬，当摸到子宫角时，仔猪发生嚎叫，用指肚将子宫角压在腹壁上，即慢慢滑出切口。

二、小公猪的阉割

公猪去势年龄为1～2个月龄，体重5～10千克最为适宜。淘汰公猪则可随时进行。

(一) 操作步骤

1. 术前检查

(1) 了解近期是否有传染病流行。在传染病的流行期可暂缓去势。

(2) 对仔猪进行全身性健康检查，并检查是否有隐睾和阴囊疝气，若有，分别按隐睾猪阉割术和阴囊疝气猪阉割术处理。对阴囊疝可结合去势进行治疗。

2. 术前准备

(1) 术前禁食半天，以减轻腹压。选择天气晴朗的日子，尽量选择早晨施术，清扫场地。

(2) 准备阉割刀一把，5%碘酊棉球适量，75%的酒精棉球适量。

3. 保定　左侧侧卧，背向术者，术者用左脚踩住颈部，右脚踩住尾根，并用左手腕部按压右侧大腿的后部，使该肢向前向上靠近腹壁，以充分暴露睾丸（图10-5）。

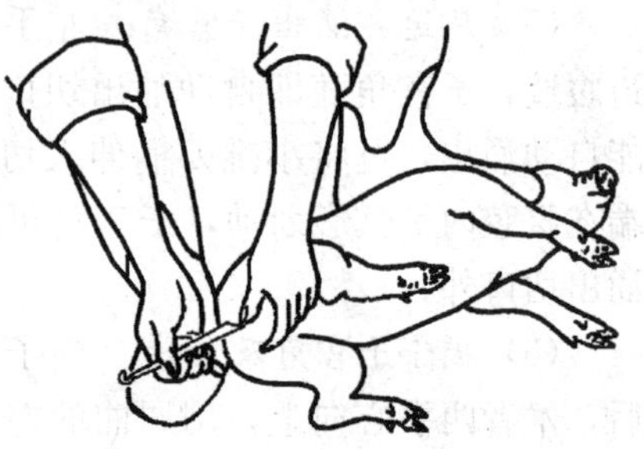

图10-5　小公猪阉割保定法

4. 手术

(1) 固定睾丸　术者用左手中指、食指和拇指捏住

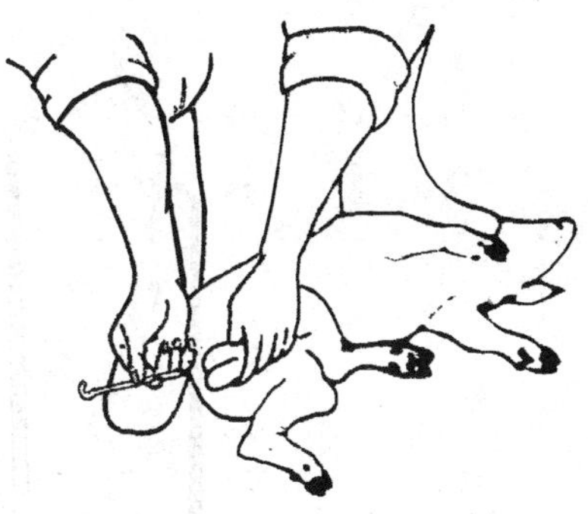

图 10-6　小公猪阉割术式

阴囊颈部，把睾丸推挤入阴囊底部，使阴囊皮肤紧张，将睾丸固定（图 10-6）。

（2）术部消毒　用 5%的碘酊彻底消毒、75%酒精脱碘后即可施术。

（3）切开阴囊　术者右手持刀，在阴囊缝际的两侧 1～1.5 厘米处（即睾丸最突出部），平行缝际切开阴囊皮肤和总鞘膜，显露出睾丸。

（4）摘除睾丸　睾丸露出后，左手握住睾丸，食指和拇指捏住阴囊韧带与附睾尾连接部，用手撕断附睾尾韧带，向上撕开睾丸系膜，左手把韧带和总鞘膜推向腹壁，充分显露精索后，用捋断法去掉睾丸。然后按同样操作方法去掉另侧睾丸。

（5）术后处理　切口部碘酊消毒，切口一般不缝合，手术完成。

（二）注意事项

1. 术者手和刀具要消毒　特别是刚给病畜禽做过临床诊疗者，一定要认真消毒。先用消毒药皂或肥皂反复清洗，再用 5%的碘酒和 75%的酒精（脱碘）先后消毒 1 次。手术用的刀具、针线，在术前一定要消毒。

2. 术部要严格消毒　生猪的阉割的术部消毒往往被忽略，导致术后轻者局部感染，化脓，重者引发全身发热等症状。因此，一定要对术部进行严格的消毒处理。

3. 应预防接种　术前接种破伤风疫苗。

4. 场地要清洁卫生　对个别圈舍不够清洁的，可指导在术前打扫一次卫生。

5. 单独饲养　单独饲养以防同群猪互相舔咬伤口，导致创口感染。

6. 术后护理　术后初次喂食应控制在五成饱，防止创口崩裂。冬天应尽量喂温食，圈舍还要铺上清洁的垫草。

第三节　公鸡的去势

公鸡去势一般在 2～4 月龄最为适宜，此时睾丸只有黄豆大，摘除方便，不易出血。

一、操作步骤

（一）术前检查

1. 了解附近有无传染病的发生，如果有或可疑时，不宜进行去势。

2. 检查鸡只健康状况。健康鸡，鸡冠鲜红，叫声洪亮。若有异常表现，如羽毛蓬松、翅膀下垂、精神委顿等，均不宜施术。

（二）术前准备

1. 术前禁食半天，以防肠道内容物过多而影响手术顺利进行。

2. 准备阉鸡刀、扩创器、套睾器等各一件，固定竹板一根（图 10-7），5%的碘酊适量。

（三）手术

1. 保定　术者坐在小凳上，两大腿放平，并铺上一块塑料布，将鸡的两翅在其根部绞

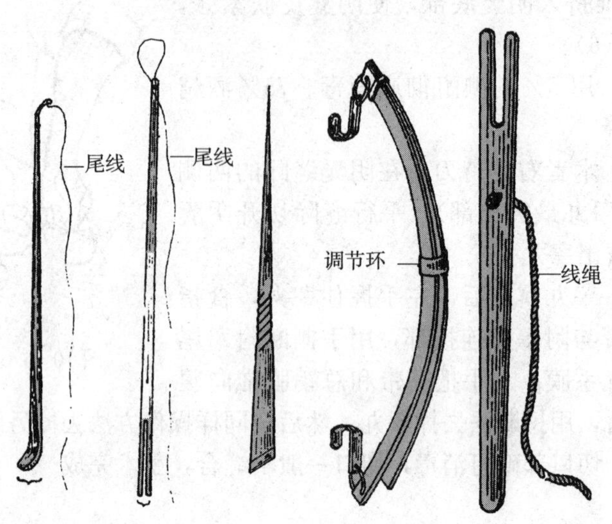

图 10-7　套睾器、竹制套睾器、阉鸡刀、扩创器、固定竹板

扭，用右手拇、食二指在鸡的肛门上稍加捏挤促使排粪后，再把鸡两腿并拢拉直，然后将固定竹片插入两鸡腿之间直至胸下，用一小绳子把鸡腿和竹片由上而下缠绕，加以固定，横放在术者两腿上，鸡背朝外（图 10-8）。

2. 确定手术部位

（1）最后两肋骨之间，在最后肋骨的前缘切口，因切口扩大受限制，只适宜于小鸡。

（2）最后肋骨的后方约 0.5 厘米处，切口可扩大，适用于较大的鸡。（图 10-8）。

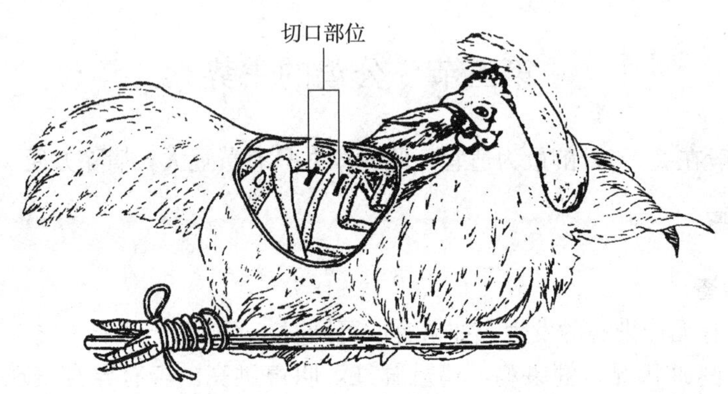

图 10-8　鸡的保定方法及手术部位

3. 切开　拔去术部羽毛，术部皮肤消毒，并把四周羽毛擦湿，分向两边。术者左手拇指顶住鸡尾根部并向前推动，食指按压切口边缘皮肤，使皮肤后移。右手持刀在左手食指前方切口位置上，作一与肋骨平行的长约 2～3 厘米的切口。

4. 扩创　用扩创弓扩大切口，用刀柄尖端和套睾勺挑破腹膜和腹部气囊壁，再用套睾

勺将肠管轻轻向下方拨开，充分暴露睾丸，左侧睾丸位于其下，二者之间相隔一层薄膜，将该薄膜轻轻扯破，即可看到左侧（下面）睾丸。在破薄膜时应注意不要触及肾脏及睾丸附近的血管，以免出血而引起鸡死亡。

5. 摘除睾丸 分别摘除两侧睾丸。应先摘除下面的，后取上面的。即左手执睾丸套，右手执睾丸勺（图 10-9），伸向下面睾丸，借助睾丸勺的帮助套住下面基部，抽动睾丸套的线端勒断睾丸系膜，睾丸即会脱落，再用睾丸勺取出（有时睾丸会黏于线上一并带出）。然后用同法摘除上面的睾丸。

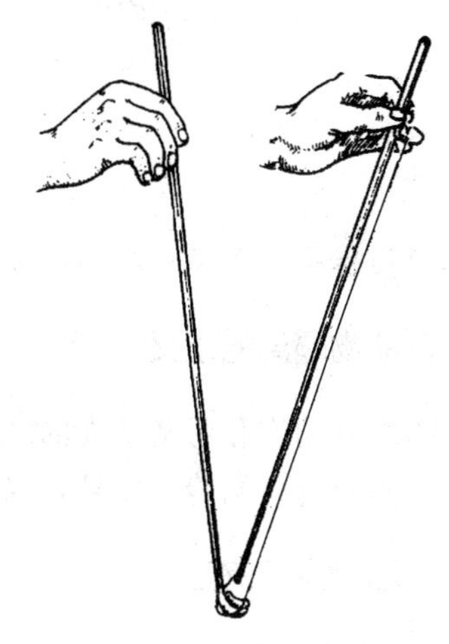

图 10-9 套取睾丸的方法

6. 术后处理 取出睾丸后，解除扩创弓，切口一般不缝合，左手拇指压住切口，再解开保定绳，然后将鸡轻轻放在地上安静休息片刻。切勿追赶。手术完成。

二、注意事项

1. 要逐一分离系膜 为顺利摘除睾丸，对与睾丸相连系的被膜，应逐一加以分离，方便使棕丝贴紧睾丸根部。

2. 及时止血 手术中不能损伤脊柱下的大血管。如手术中或摘除睾丸后有局部出血时，立即用套睾器的勺压迫止血，并取出血凝块，以免引起内脏粘连。

3. 阉割要彻底 摘除睾丸时，务必保持睾丸完整，不能弄碎。如有残留或将碎屑落入腹腔，则达不到阉割的目的。

4. 术后护理 术后应单独喂养，并注意创口有无气肿出现，若有，应作放气处理。

[本章小结]

本章主要学习了兽医外科基础操作技术，仔猪的阉割，公鸡的去势等。

[复习题]

1. 动物阉割的概念、目的和意义是什么？
2. 外科基本知识有哪些？
3. 如何确定小挑花的手术部位？
4. 如何阉割小母猪？
5. 阉割小母猪的注意事项有哪些？
6. 如何阉割小公猪？
7. 阉割小公猪的注意事项有哪些？
8. 如何确定公鸡去势的手术部位？
9. 如何给公鸡去势？
10. 公鸡去势的注意事项有哪些？

第十一章　患病动物的处理

第一节　隔　离

学习目标：学会隔离动物的方法及不同类群的处置措施。

一、动物隔离的意义

隔离患病动物和可疑感染的动物是防制传染病的重要措施之一。隔离的目的是为了控制传染源，防止传染病传播蔓延，以便将疫情控制在最小范围内并加以就地扑灭。

二、动物隔离的方法

（一）操作步骤

1. 选择隔离场所　在本场户饲养区，原则按假定健康动物、可疑感染动物和患病动物顺序，由上风头、地势较高处往下风头、地势较低处排列，选择不易散播病原微生物、容易消毒处理的场所或房舍隔离可疑感染动物和患病动物。

2. 隔离场所的消毒　隔离场所选好后，根据消毒对象可选用来苏儿、漂白粉、福尔马林、过氧乙酸、烧碱、百毒杀、环氧乙烷等无公害消毒药进行消毒。动物进场前后动物舍的消毒按有关章节介绍的步骤和方法进行，工作人员的消毒按有关章节介绍的方法进行。疫源地内的患病动物解除封锁、痊愈或死亡后，或者在疫区解除封锁时，为了彻底消灭疫区内可能残存的病原体，须进行一次全面彻底的终末消毒。消毒的对象是传染源和可能污染的所有动物舍、饲料、饮水、用具、场地及其他物品等。终末消毒一定要全面、彻底、认真实施。

3. 分群　在发生传染病流行时，首先应对动物群进行疫情监测，查明动物群感染的程度。应逐头（只）检查临诊症状，必要时进行血清学和变态反应检查。根据疫情监测的结果，可将全部动物分为患病动物、可疑感染动物和假定健康动物等三类，以便分别处置。

4. 不同类群的处置方法

（1）*患病动物*　包括有典型症状或类似症状，或其他特殊检查呈阳性的动物。他们是危险性最大的传染源。隔离的病畜，须有专人看管、饲养、护理，及时进行治疗；隔离场所禁止其他人畜出入；工作人员出入应遵守消毒制度；隔离区内的用具、饲料、粪便等，未经彻底消毒处理不得运出；没有治疗价值的或烈性传染病不宜治疗的患病动物应扑杀、销毁或按国家有关规定进行处理。

（2）*可疑感染动物*　未发现任何症状，但与患病动物及其污染的环境有过接触，如同群、同圈、同槽、同牧及使用共同的水源、用具等。这类动物有可能感染处于潜伏期，并有排菌（毒）的危险，应在消毒后另选地方将其隔离、看管，限制其活动，详加观察，出现症状的则按患病动物处理。有条件时应立即进行紧急免疫接种或预防性治疗。隔离观察时间的

长短，根据该种传染病潜伏期长短而定，经一定时间不发病者，可取消其限制。

(3) 假定健康动物　除上述两类外，疫区内其他易感动物都属于此类，对这类动物应采取保护措施。应与上述两类动物严格分开隔离饲养，加强防疫消毒和相应的保护措施，立即进行紧急免疫接种，必要时可根据实际情况转移至其他地方饲养。

(二) 注意事项

1. 合理划分类群。对假定健康动物群要严格检测，合理划分，及时免疫接种。

2. 隔离时间至少要在该传染病一个潜伏期以上。

第二节　病死动物的处理

学习目标：能对病死动物的尸体进行深埋、焚烧、高温处置等无害化处理。

一、尸体的运送

尸体运送前，工作人员应穿戴工作服、口罩、护目镜、胶鞋及手套。运送尸体要用密闭、不泄漏、不透水的容器包裹，并用车厢和车底不透水的车辆运送。装车前应将尸体各天然孔用蘸有消毒液的湿纱布、棉花严密填塞，小动物和禽类可用塑料袋盛装，以免流出粪便、分泌物、血液等污染周围环境。在尸体躺过的地方，应用消毒液喷洒消毒，如为土壤地面，应铲去表层土，连同尸体一起运走。运送过尸体的用具、车辆应严格消毒；工作人员用过的手套、衣物及胶鞋等亦应进行消毒。

二、尸体无害化处理方法

(一) 深埋法

掩埋法是处理畜禽病害肉尸的一种常用、可靠、简便易的方法。

1. 选择地点　应远离居民区、水源、泄洪区、草原及交通要道，避开岩石地区，位于主导风向的下方，不影响农业生产，避开公共视野。

2. 挖坑

(1) 挖掘及填埋设备　挖掘机、装卸机、推土机、平路机和反铲挖土机等，挖掘大型掩埋坑的适宜设备应是挖掘机。

(2) 修建掩埋坑

①大小　掩埋坑的大小取决于机械、场地和所须掩埋物品的多少。

②深度　坑应尽可能的深（2～7米）、坑壁应垂直。

③宽度　坑的宽度应能让机械平稳地水平填埋处理物品，例如：如果使用推土机填埋，坑的宽度不能超过一个举臂的宽度（大约3米），否则很难从一个方向把肉尸水平地填入坑中，确定坑的适宜宽度是为了避免填埋后还不得不在坑中移动肉尸。

④长度　坑的长度则应由填埋物品的多少来决定。

⑤容积　估算坑的容积可参照以下参数：坑的底部必须高出地下水位至少1米，每头大型成年动物（或5头成年羊）约需1.5米^{3}的填埋空间，坑内填埋的肉尸和物品不能太多，掩埋物的顶部距坑面不得少于1.5米。

3. 掩埋

（1）坑底处理　在坑底洒漂白粉或生石灰，量可根据掩埋尸体的量确定（0.5～2.0 千克/米^2）掩埋尸体量大的应多加，反之可少加或不加。

（2）尸体处理　动物尸体先用 10%漂白粉上清液喷雾（200 毫升/米^2），作用 2 小时。

（3）入坑　将处理过的动物尸体投入坑内，使之侧卧，并将污染的土层和运尸体时的有关污染物如垫草、绳索、饲料、少量的奶和其他物品等一并入坑。

（4）掩埋　先用 40 厘米厚的土层覆盖尸体，然后再放入未分层的熟石灰或干漂白粉 20～40 克/米^2（2～5 厘米厚），然后覆土掩埋，平整地面，覆盖土层厚度不应少于 1.5 米。

（5）设置标识　掩埋场应标志清楚，并得到合理保护。

（6）场地检查　应对掩埋场地进行必要的检查，以便在发现渗漏或其他问题时及时采取相应措施，在场地可被重新开放载畜之前，应对无害化处理场地再次复查，以确保对牲畜的生物和生理安全。复查应在掩埋坑封闭后 3 个月进行。

4. 注意事项

（1）石灰或干漂白粉切忌直接覆盖在尸体上，因为在潮湿的条件下熟石灰会减缓或阻止尸体的分解。

（2）对牛、马等大型动物，可通过切开瘤胃（牛）或盲肠（马）对大型动物开膛，让腐败分解的气体逃逸，避免因尸体腐败产生的气体可导致未开膛动物的鼓胀，造成坑口表面的隆起甚至尸体被挤出。对动物尸体的开膛应在坑边进行，任何情况下都不允许人到坑内去处理动物尸体。

（3）掩埋工作应在现场督察人员的指挥、控制下，严格按程序进行，所有工作人员在工作开始前必须接受培训。

（二）焚烧法

焚烧法既费钱又费力，只有在不适合用掩埋法处理动物尸体时用。焚化可采用的方法有：柴堆火化、焚化炉和焚烧窖/坑等，此处主要讲解柴堆火化法。

1. 选择地点　应远离居民区、建筑物、易燃物品，上面不能有电线、电话线，地下不能有自来水、燃气管道，周围有足够的防火带，位于主导风向的下方，避开公共视野。

2. 准备火床

（1）十字坑法　按十字形挖两条坑，其长、宽、深分别为 2.6 米、0.6 米、0.5 米，在两坑交叉处的坑底堆放干草或木柴，坑沿横放数条粗湿木棍，将尸体放在架上，在尸体的周围及上面再放些木柴，然后在木柴上倒些柴油，并压以砖瓦或铁皮。

（2）单坑法　挖一条长、宽、深分别为 2.5 米、1.5 米、0.7 米的坑，将取出的土堆堵在坑沿的两侧。坑内用木柴架满，坑沿横架数条粗湿木棍，将尸体放在架上，以后处理同上法。

（3）双层坑法　先挖一条长、宽各 2 米、深 0.75 米的大沟，在沟的底部再挖一长 2 米、宽 1 米、深 0.75 米的小沟，在小沟沟底铺以干草和木柴，两端各留出 18～20 厘米的空隙，以便吸入空气，在小沟沟沿横架数条粗湿木棍，将尸体放在架上，以后处理同上法。

3. 焚烧

（1）摆放动物尸体　把尸体横放在火床上，较大的动物放在底部，较小的动物放在上部，最好把尸体的背部向下、而且头尾交叉，尸体放置在火床上后，可切断动物四肢的伸肌腱，以防止在燃烧过程中，肢体的伸展。

（2）浇燃料

①燃料需求　燃料的种类和数量应根据当地资源而定，以下数据可作为焚化一头成年大牲畜的参考：

a. 大木材：3 根，2.5 米×100 毫米×75 毫米；

b. 干草：一捆；

c. 小木材：35 千克；

d. 煤炭：200 千克；

e. 液体燃料：5 升。

总的燃料需要可根据一头成年牛大致相当 4 头成年猪或肥羊来估算。

②浇燃料，设立点火点　当动物尸体堆放完毕、且气候条件适宜时，用柴油浇透木柴和尸体（不能使用汽油），然后再距火床 10 米处设置点火点。

（3）焚烧　用煤油浸泡的破布作引火物点火，保持火焰的持续燃烧，在必要时要及时添加燃料。

（4）焚烧后处理

①焚烧结束后，掩埋燃烧后的灰烬，表面撒布消毒剂。

②填土高于地面，场地及周围消毒，设立警示牌，查看。

4. 注意事项

（1）应注意焚烧产生的烟气对环境的污染。

（2）点火前所有车辆、人员和其他设备都必须远离火床，点火时应顺着风向进入点火点。

（3）进行自然焚烧时应注意安全，须远离易燃易爆物品，以免引起火灾和人员伤害。

（4）运输器具应当消毒。

（5）焚烧人员应做好个人防护。

（6）焚烧工作应在现场督察人员的指挥、控制下，严格按程序进行，所有工作人员在工作开始前必须接受培训。

（三）发酵法

这种方法是将尸体抛入专门的动物尸体发酵池内，利用生物热的方法将尸体发酵分解，以达到无害化处理的目的。

1. 选择地点　选择远离住宅、动物饲养场、草原、水源及交通要道的地方。

2. 建发酵池　池为圆井形，深 9～10 米，直径 3 米，池壁及池底用不透水材料制作成（可用砖砌成后涂层水泥）。池口高出地面约 30 厘米，池口做一个盖，盖平时落锁，池内有通气管。如有条件，可在池上修一小屋。尸体堆积于池内，当堆至距池口 1. 5 米处时，再用另一个池。此池封闭发酵，夏季不少于 2 个月，冬季不少于 3 个月，待尸体完全腐败分解后，可以挖出作肥料，两池轮换使用。

第三节　报告疫情

学习目标：能正确上报疫情。

一、疫情报告

动物疫病防治员发现动物染疫或疑似染疫时，应当立即向当地县（市、区）级以上兽医主管部门、动物卫生监督机构、或者动物疫病预防控制机构报告，还可以向县区主管部门在乡镇或特定区域的派出机构报告。动物疫病防治员在报告动物疫情的同时，应当采取将染疫或疑似染疫动物与其他动物隔离，有关场所和用具消毒，不得出售、转移该场所动物，不得抛弃死亡动物等控制措施，防止动物疫情扩散。

二、报告形式

报告的形式可以是电话报告，到当地兽医主管部门、动物卫生监督机构、或者动物疫病预防控制机构的办公地点报告，找有关人员报告，传真、书面报告等。

三、报告内容

动物疫情上报的内容，通常包括：

1. 疫情发生的时间、地点。
2. 染疫或疑似染疫动物的种类和数量、同群动物数量、免疫情况、死亡数量、临床症状、病理变化、初步诊断情况。
3. 流行病学和疫源追踪情况。
4. 已采取的控制措施。
5. 疫情报告人及联系方式。

四、动物疫情报告表

单位：头、只（羽）

发病地点	发病时间	动物种类	存栏数	发病数	死亡数	免疫情况	临床症状	病理变化	初诊情况	诊断人	疫源追踪	采取措施	备注

疫情报告人： 填表日期： 联系电话：

填表说明：

1. 发病动物种类　应注明动物的具体种类，如口蹄疫，应注明是猪、牛或羊，牛则要写明奶牛、肉牛或耕牛。
2. 存栏数　应填写发病时动物所在场或户的存栏数。
3. 发病地点　发病地点应具体到村（户）、场。
4. 采取措施　报告疫情时已采取的控制措施。
5. 备注　对需要说明的事宜进行说明。

五、重大动物疫情报告程序和时限

发现可疑动物疫情时，必须立即向当地县（市）动物防疫监督机构报告。县（市）动物防疫监督机构接到报告后，应当立即赶赴现场诊断，必要时可请省级动物防疫监督机构派人协助进行诊断，认定为疑似重大动物疫情的，应当在 2 小时内将疫情逐级报至省级动物防疫监督机构，并同时报所在地人民政府兽医行政管理部门。省级动物防疫监督机构应当在接到报告后 1 小时内，向省级兽医行政管理部门和农业部报告。省级兽医行政管理部门应当在接到报告后的 1 小时内报省级人民政府。特别重大、重大动物疫情发生后，省级人民政府、农业部应当在 4 小时内向国务院报告。

六、重大动物疫情认定程序及疫情公布

县（市）动物防疫监督机构接到可疑动物疫情报告后，应当立即赶赴现场诊断，必要时可请省级动物防疫监督机构派人协助进行诊断，认定为疑似重大动物疫情的，应立即按要求采集病料样品送省级动物防疫监督机构实验室确诊，省级动物防疫监督机构不能确诊的，送国家参考实验室确诊。确诊结果应立即报农业部，并抄送省级兽医行政管理部门。

重大动物疫情由国务院兽医主管部门按照国家规定的程序，及时准确公布；其他任何单位和个人不得公布重大动物疫情。

[本章小结]

本章主要学习了对患病动物和健康动物分群隔离和处置方法，对病死动物深埋、焚烧、发酵、化制、高温处置方法，报告疫情方法，一、二、三类动物疫病种类。

[复习题]

1. 隔离动物的意义是什么？
2. 发生传染病时如何将动物分群？不同类群如何处置？
3. 如何运送动物尸体？
4. 如何处理动物尸体？
5. 如何报告动物疫情？
6. 一、二、三类动物疫病各包括哪些疫病？

中级部分

第十二章　动物卫生消毒

第一节　畜舍空气及排泄物消毒

一、空气消毒

空气消毒方法有物理消毒法和化学消毒法。物理消毒法，常用的有通风和紫外线照射两种方法。通风可减少室内空气中微生物的数量，但不能杀死微生物；紫外线照射可杀灭空气中的病原微生物。化学消毒法，有喷雾和熏蒸两种方法。用于空气化学消毒的化学药品需具有迅速杀灭病原微生物、易溶于水、蒸气压低等特点，如常用的甲醛、过氧乙酸等，当进行加热，便迅速挥发为气体，其气体具有杀菌作用，可杀灭空气中的病原微生物。

（一）紫外线照射消毒

紫外灯，能辐射出波长主要为253.7纳米的紫外线，杀菌能力强而且较稳定。紫外线对不同的微生物灭活所需的照射量不同。革兰氏阴性无芽孢杆菌最易被紫外线杀死，而杀死葡萄球菌和链球菌等革兰氏阳性菌照射量则需加大5～10倍。病毒对紫外线的抵抗力更大一些。需氧芽孢杆菌的芽孢对紫外线的抵抗力比其繁殖体要高许多倍。

1. 操作步骤

（1）消毒前准备

紫外线灯一般于空间6～15米^{3}安装一只，灯管距地面2.5～3米为宜，紫外线灯于室内温度10～15℃，相对湿度40%～60%的环境中使用杀菌效果最佳。

（2）将电源线正确接入电源，合上开关。

（3）照射的时间应不少于30分钟。否则杀菌效果不佳或无效，达不到消毒的目的。

（4）操作人员进入洁净区时应提前10分钟关掉紫外灯。

2. 注意事项

（1）紫外线对不同的微生物有不同的致死剂量，消毒时应根据微生物的种类而选择适宜的照射时间。

（2）在固定光源情况下，被照物体越远，效果越差，因此应根据被照面积、距离等因素安装紫外线灯（一般距离被消毒物 2 米左右）。

（3）紫外线对眼黏膜及视神经有损伤作用，对皮肤有刺激作用，所以人员应避免在紫外灯下工作，必要时需穿防护工作衣帽，并戴有色眼镜进行工作。

（4）房间内存放着药物或原辅包装材料，而紫外灯开启后对其有影响和房间内有操作人员进行操作时，此房间不得开启紫外灯。

（5）紫外灯管的清洁，应用毛巾蘸取无水乙醇擦拭其灯管，并不得用手直接接触灯管表面。

（6）紫外灯的杀菌强度会随着使用时间逐渐衰减，故应在其杀菌强度降至 70％后，及时更换紫外灯，也就是紫外灯使用 1400 小时后更换紫外灯。

（二）喷雾消毒

喷雾法消毒是利用气泵将空气压缩，然后通过气雾发生器，使稀释的消毒剂形成一定大小的雾化粒子，均匀地悬浮于空气中，或均匀地覆盖于被消毒物体表面，达到消毒目的。

1. 操作步骤

（1）器械与防护用品准备　喷雾器、天平、量筒、容器等，高筒靴、防护服、口罩、护目镜、橡皮手套、毛巾、肥皂等。消毒药品应根据污染病原微生物的抵抗力、消毒对象特点，选择高效低毒、使用简便、质量可靠、价格便宜、容易保存的消毒剂。

（2）配置消毒药　根据消毒药的性质，进行消毒药的配制，将配制的适量消毒药装入喷雾器中，以八成为宜。

（3）打气　感觉有一定抵抗力（反弹力）时即可喷洒。

（4）喷洒　喷洒时将喷头高举空中，喷嘴向上以画圆圈方式先内后外逐步喷洒，使药液如雾一样缓缓下落。要喷到墙壁、屋顶、地面，以均匀湿润和畜禽体表稍湿为宜，不适用带畜禽消毒的消毒药，不得直喷畜禽。喷出的雾粒直径应控制在 80～120 微米之间，不要小于 50 微米。

（5）消毒结束后的清理工作　消毒完成后，当喷雾器内压力很强时，先打开旁边的小螺丝放完气，再打开桶盖，倒出剩余的药液，用清水将喷管、喷头和筒体冲干净，晾干或擦干后放在通风、阴凉、干燥处保存，切忌阳光暴晒。

2. 注意事项

（1）装药时，消毒剂中的不溶性杂质和沉渣不能进入喷雾器，以免在喷洒过程中出现喷头堵塞现象。

（2）药物不能装得太满，以八成为宜，否则，不易打气或造成筒身爆裂。

（3）气雾消毒效果的好坏与雾滴粒子大小以及雾滴均匀度密切相关。喷出的雾粒直径应控制在 80～120 微米之间，过大易造成喷雾不均匀和禽舍太潮湿，且在空中下降速度太快，与空气中的病原微生物、尘埃接触不充分，起不到消毒空气的作用；雾粒太小则易被畜禽吸入肺泡，诱发呼吸道疾病。

（4）喷雾时，房舍应密闭，关闭门、窗和通风口，减少空气流动。

（5）喷雾过程中要时时注意喷雾质量，发现问题或喷雾出现故障，应立即停止操作，进行校正或维修。

（6）使用者必须熟悉喷雾器的构造和性能，并按使用说明书操作。

(7) 喷雾完后，要用清水清洗喷雾器，让喷雾器充分干燥后，包装保存好，注意防止腐蚀。不要用去污剂或消毒剂清洗容器内部。定期保养。

(三) 熏蒸消毒

1. 操作步骤

(1) 药品、器械与防护用品准备　消毒药品可选用福尔马林、高锰酸钾粉、固体甲醛、烟熏百斯特、过氧乙酸等；准备温度计、湿度计、加热器、容器等器材，防护服、口罩、手套、护目镜等防护用品。

(2) 清洗消毒场所　先将需要熏蒸消毒的场所（畜禽舍、孵化器等）彻底清扫、冲洗干净。有机物的存在影响熏蒸消毒效果。

(3) 分配消毒容器　将盛装消毒剂的容器均匀的摆放在要消毒的场所内，如动物舍长度超过 50 米，应每隔 20 米放一个容器。所使用的容器必须是耐燃烧的，通常用陶瓷或搪瓷制品。

(4) 关闭所有门窗、排气孔

(5) 配制消毒药

(6) 熏蒸　根据消毒空间大小，计算消毒药用量，进行熏蒸。

①固体甲醛熏蒸　按每立方米 3.5 克用量，置于耐烧容器内，放在热源上加热，当温度达到 20℃时即可挥发出甲醛气体。

②烟熏百斯特熏蒸　每套（主剂＋副剂）可熏蒸 120～160 米^3。主剂＋副剂混匀，置于耐烧容器内，点燃。

③高锰酸钾与福尔马林混合熏蒸　进行畜禽空舍熏蒸消毒时，一般每立方米用福尔马林 14～42 毫升、高锰酸钾 7～21 克、水 7～21 毫升，熏蒸消毒 7～24 小时。种蛋消毒时福尔马林 28 毫升、高锰酸钾 14 克、水 14 毫升，熏蒸消毒 20 分钟。杀灭芽孢时每立方米需福尔马林 50 毫升。如果反应完全，则只剩下褐色干燥粉渣；如果残渣潮湿说明高锰酸钾用量不足；如果残渣呈紫色说明高锰酸钾加得太多。

④过氧乙酸熏蒸　使用浓度是 3%～5%，每立方米用 2.5 毫升，在相对湿度 60%～80%条件下，熏蒸 1～2 小时。

2. 注意事项

(1) 注意操作人员的防护　在消毒时，消毒人员要戴好口罩、护目镜，穿好防护服，防止消毒液损伤皮肤和黏膜，刺激眼睛。

(2) 甲醛或甲醛与福尔马林消毒的注意事项

①甲醛熏蒸消毒必须有适宜的温度和相对湿度，温度 18～25℃较为适宜；相对湿度 60%～80%，较为适宜。室温不能低于 15℃，相对湿度不能低于 50%。

②如消毒结束后甲醛气味过浓，若想快速清除甲醛的刺激性，可用浓氨水（2～5 毫升/米^3）加热蒸发以中和甲醛。

③用甲醛熏蒸消毒时，使用的容器容积应比甲醛溶液大 10 倍，必须先放高锰酸钾，后加甲醛溶液，加入后人员要迅速离开。

(3) 过氧乙酸消毒的注意事项　过氧乙酸性质不稳定，容易自然分解，因此，过氧乙酸应现用现配。

二、粪便污物消毒

粪便污物消毒方法有生物热消毒法、掩埋消毒法、焚烧消毒法和化学药品消毒法。

（一）生物热消毒法

生物热消毒法是一种最常用的粪便污物消毒法，这种方法能杀灭除细菌芽孢外的所有病原微生物，并且不丧失肥料的应用价值。粪便污物生物热消毒的基本原理是，将收集的粪便堆积起来后，粪便中便形成了缺氧环境，粪中的嗜热厌氧微生物在缺氧环境中大量生长并产生热量，能使粪中温度达 60～75℃，这样就可以杀死粪便中病毒、细菌（不能杀死芽孢）、寄生虫卵等病原体。此种方法通常有发酵池法和堆粪法两种。

1. 操作步骤

（1）发酵池法

适用于动物养殖场，多用于稀粪便的发酵。

①选址　在距离饲养场 200～250 米以外，远离居民、河流、水井等的地方挖两个或两个以上的发酵池（根据粪便的多少而定）。

②修建消毒池　可以筑为圆形或方形。池的边缘与池底用砖砌后再抹以水泥，使其不渗漏。如果土质干固，地下水位低，也可不用砖和水泥。

③先将池底放一层干粪，然后将每天清除出的粪便、垫草、污物等倒入池内。

④快满的时候在粪的表面铺层干粪或杂草，上面再用一层泥土封好，如条件许可，可用木板盖上，以利于发酵和保持卫生。

⑤经 1～3 个月，即可出粪清池。在此期间每天清除粪便可倒入另一个发酵池。如此轮换使用。

（2）堆粪法

适用于干固粪便的发酵消毒处理。

①选址　在距畜禽饲养场 200～250 米以外，远离居民区、河流、水井等的平地上设一个堆粪场，挖一个宽 1.5～2.5 米、深约 20 厘米，长度视粪便量的多少而定的浅坑。

②先在坑底放一层 25 厘米厚的无传染病污染的粪便或干草，然后在其上再堆放准备要消毒的粪便、垫草、污物等。

③堆到 1～1.5 米高度时，在欲消毒粪便的外面再铺上 10 厘米厚的非传染性干粪或谷草（稻草等），最后再覆盖 10 厘米厚的泥土。

④密封发酵，夏季 2 个月，冬季 3 个月以上，即可出粪清坑。如粪便较稀时，应加些杂草，太干时倒入稀粪或加水，使其干湿适当，以促使其迅速发热。

2. 注意事项

（1）发酵池和堆粪场应选择远离学校、公共场所、居民住宅区、动物饲养和屠宰场所、村庄、饮用水源地、河流等。

（2）修建发酵池时要求坚固，防止渗漏。

（3）注意生物热消毒法的适用范围。

（二）掩埋法

此种方法简单易行，但缺点是粪便和污物中的病原微生物可渗入地下水，污染水源，并且损失肥料。适合于粪量较少，且不含细菌芽孢。

1. 操作步骤

（1）消毒前准备：漂白粉或新鲜的生石灰，高筒靴、防护服、口罩、橡皮手套，铁锹等。

（2）将粪便与漂白粉或新鲜的生石灰混合均匀。

（3）混合后深埋在地下2米左右之处。

2. 注意事项

（1）掩埋地点应选择远离学校、公共场所、居民住宅区、村庄、饮用水源地、河流等。

（2）应选择地势高燥，地下水位较低的地方。

（3）注意掩埋消毒法的适用范围。

（三）焚烧法

焚烧法是消灭一切病原微生物最有效的方法，故用于消毒最危险的传染病畜禽粪便（如炭疽、牛瘟等）。可用焚烧炉，如无焚烧炉，可以挖掘焚烧坑，进行焚烧消毒。

1. 操作步骤

（1）消毒前准备：燃料，高筒靴、防护服、口罩、橡皮手套，铁锹，铁梁等。

（2）挖坑，坑宽75～100厘米，深75厘米，长以粪便多少而定。

（3）在距壕底40～50厘米处加一层铁梁（铁梁密度以不使粪便漏下为度），铁梁下放燃料，梁上放欲消毒粪便。如粪便太湿，可混一些干草，以便烧毁。

2. 注意事项

（1）焚烧产生的烟气应采取有效的净化措施，防止一氧化碳、烟尘、恶臭等对周围大气环境的污染。

（2）焚烧时应注意安全，防止火灾。

（四）化学药品消毒法

用化学消毒药品，如含2%～5%有效氯的漂白粉溶液、20%石灰乳等消毒粪便。这种方法既麻烦，又难达到消毒的目的，故实践中不常用。

三、污水消毒

污水中可能含有有害物质和病原微生物，如不经处理，任意排放，将污染江、河、湖、海和地下水，直接影响工业用水和城市居民生活用水的质量，甚至造成疫病传播，危害人、畜健康。污水的处理分为物理处理法（机械处理法）、化学处理法和生物处理法三种。

1. 物理处理法 物理处理法也称机械处理法，是污水的预处理（初级处理或一级处理），物理处理主要是去除可沉淀或上浮的固体物，从而减轻二级处理的负荷。最常用的处理手段是筛滤、隔油、沉淀等机械处理方法。筛滤是用金属筛板、平行金属栅条筛板或金属丝编织的筛网，来阻留悬浮固体碎屑等较大的物体。经过筛滤处理的污水，再经过沉淀池进行沉淀，然后进入生物处理或化学处理阶段。

2. 生物处理法 生物处理法是利用自然界的大量微生物（主要是细菌）氧化分解有机物的能力，除去废水中呈胶体状态的有机污染物质，使其转化为稳定、无害的低分子水溶性物质、低分子气体和无机盐。根据微生物作用的不同，生物处理法又分为好氧生物处理法和厌氧生物处理法。好氧生物处理法是在有氧的条件下，借助于好氧菌和兼性厌氧菌的作用来净化废水的方法。大部分污水的生物处理都属于好氧处理，如活性污泥法、生物过滤法、生物转盘法。厌氧生物处理法是在无氧条件下，借助于厌氧菌的作用来净化废水的方法，如厌氧消化法。

3. 化学处理法 经过生物处理后的污水一般还含有大量的菌类，特别是屠宰污水含有大量的病原菌，需经消毒药物处理后，方可排出。常用的方法是氯化消毒，将液态氯转变为气体，通入消毒池，可杀死99%以上的有害细菌。也可用漂白粉消毒，即每千升水中加有效氯0.5千克。

第二节 场所的消毒

一、养殖场

养殖场消毒的目的是消灭传染源散播于外界环境中的病原微生物，切断传播途径，阻止疫病继续蔓延。养殖场应建立切实可行的消毒制度，定期对畜禽舍地面土壤、粪便、污水、皮毛等进行消毒。

（一）操作步骤

1. 入场消毒 养殖场大门入口处设立消毒池（池宽同大门，长为机动车轮一周半），内放2%氢氧化钠液，每半月更换1次。大门入口处设消毒室，室内两侧、顶壁设紫外线灯，一切人员皆要在此用漫射紫外线照射5～10分钟，进入生产区的工作人员，必须更换场区工作服、工作鞋，通过消毒池进入自己的工作区域，严禁相互串舍（圈）。不准带入可能染的畜产品或物品。

2. 畜舍消毒 畜舍除保持干燥、通风、冬暖、夏凉以外，平时还应做好消毒。一般分两个步骤进行：第一步先进行机械清扫；第二步用消毒液。畜舍及运动场应每天打扫，保持清洁卫生，料槽、水槽干净，每周消毒一次，圈舍内可用过氧乙酸做带畜消毒，0.3%～0.5%做舍内环境和物品的喷洒消毒或加热做熏蒸消毒（每立方米空间用2～5毫升）。

3. 空畜舍的常规消毒程序 首先彻底清扫干净粪尿。用2%氢氧化钠喷洒和刷洗墙壁、笼架、槽具、地面，消毒1～2小时后，用清水冲洗干净，待干燥后，用0.3%～0.5%过氧乙酸喷洒消毒。对于密闭畜舍，还应用甲醛熏蒸消毒，方法是每立方米空间用40%甲醛30毫升，倒入适当的容器内，再加入高锰酸钾15克，注意，此时室温不应低于15℃，否则要加入热水20毫升。为了减少成本，也可不加高锰酸钾，但是要用猛火加热甲醛，使甲醛迅速蒸发，然后熄灭火源，密封熏蒸12～14小时。打开门窗，除去甲醛气味。

4. 畜舍外环境消毒 畜舍外环境及道路要定期进行消毒，填平低洼地，铲除杂草，灭鼠、灭蚊蝇、防鸟等。

5. 生产区专用设备消毒 生产区专用送料车每周消毒1次，可用0.3%过氧乙酸溶液喷雾消毒。进入生产区的物品、用具、器械、药品等要通过专门消毒后才能进入畜舍。可用紫外线照射消毒。

6. 尸体处理 尸体可用掩埋法、焚烧法等方法进行消毒处理。掩埋应选择离养殖场100米之外的无人区，找土质干燥、地势高、地下水位低的方挖坑，坑底部撒上生石灰，再放入尸体，放一层尸体撒一层生石灰，最后填土夯实。

（二）注意事项

1. 养殖场大门、生产区和畜舍入口处皆要设置消毒池，内放火碱液，一般10～15天更换新配的消毒液。畜舍内用具消毒前，一定要先彻底清扫干净粪尿。

2. 尽可能选用广谱的消毒剂或根据特定的病原体选用对其作用最强的消毒药。消毒药的稀释度要准确，应保证消毒药能有效杀灭病原微生物，并要防止腐蚀、中毒等问题的发生。

3. 有条件或必要的情况下，应对消毒质量进行监测，检测各种消毒药的使用方法和效果。并注意消毒药之间的相互作用，防止互作使药效降低。

4. 不准任意将两种不同的消毒药物混合使用或消毒同一种物品，因为两种消毒药合用时常因物理或化学配伍禁忌而使药物失效。

5. 消毒药物应定期替换，不要长时间使用同一种消毒药物，以免病原菌产生耐药性，影响消毒效果。

二、孵化场

孵化场卫生状况直接影响种蛋孵化率、健雏率及雏鸡的成活率。一个合格的受精蛋孵化为健康的雏鸡，在整个孵化过程中所有与之有关的设备、用具都必须是清洁、卫生的。

孵化场的卫生消毒包括人员、种蛋、设备、用具、墙壁、地面和空气的卫生消毒。

（一）操作步骤

1. 人员的消毒　孵化场的人员进出孵化室必须消毒，其他外来人员一律不准进入。要求在大门口内设二门，门口设消毒池，池内经常更换消毒液，二门内设淋浴室及更衣室，工作人员进入时需脚踏消毒池，入门后淋浴，更换工作服后方可进入。工作服应定期清洗、消毒。消毒池内可用2%的火碱水；服装可用百毒杀等一洗涤后用紫外线照射消毒。码蛋、照蛋、落盘、注射、鉴别人员工作前及工作中用药液洗手。

2. 种蛋的消毒　首先要选择健康无病的种鸡群且没有受到任何污染的种蛋，种蛋从鸡舍收集后进行筛选，剔除粪蛋、脏蛋及不合格蛋后将种蛋放入干净消过毒的镂空蛋托上立即消毒。种蛋正式孵化前，一般需要消毒2次，第一次在集蛋后进行；第二次在加热孵化前。一般每天收集种蛋2～4次，每次收集后立即放入专用消毒柜或消毒厨内，用甲醛、高锰酸钾熏蒸消毒。用量为每立方米空间用福尔马林30毫升，高锰酸钾15克，熏蒸15～20分钟。要求密闭，温热（温度25℃）、湿润（湿度为60%），有风扇效果较好。种蛋库每星期定期清扫和消毒，最好用托布打扫，用熏蒸法消毒，或用0.05%新洁尔灭消毒。种蛋库保持温度在12～16℃；湿度70%～80%为宜。种蛋入孵到孵化器，但尚未加温孵化前，再消毒一次，方法同第一次。要特别注意的是种蛋“出汗”后不要立即消毒，要等种蛋干燥后再用此方法消毒。另外，入孵24～96小时的种蛋不能用上述方法消毒。

3. 孵化设备及用具的消毒　孵化器的顶部和四周易积飞尘和绒毛，要由专门值班员每天擦拭一次，最好用湿布，避免飞尘等飞扬。每批种蛋由孵化器出雏器转出后，将蛋盘、蛋车、周转箱全部取出冲洗，孵化器里外打扫干净，断电后用清水冲洗干净，包括孵化器顶部、四壁、地面、加湿器等然后将干净的蛋车、蛋盘，放入孵化器消毒。可以喷洒0.05%的新洁尔灭或0.05%的百毒杀，也可以用福尔马林42毫升，高锰酸钾21克每立方米的剂量熏蒸消毒。雏鸡注射用针、针头、镊子等需用高温蒸煮消毒。在每批鸡使用前及用后蒸煮

10分钟。

4. 空气及墙壁地面的卫生消毒 由于种蛋和进入人员易将病原菌带入孵化场，出雏时绒毛和飞尘也易散播病菌，而孵化室内气温较高，湿度较大宜于细菌繁殖，所以孵化室内空气的卫生消毒十分重要。首先要将孵化器与出雏器分开设置，中间设隔墙及门。1～19胚龄的胚胎在孵化器中，19～21.5胚龄转入出雏器中出雏，21.5天后初雏转入专门雏鸡存放室。其次孵化室要设置足够大功率的排风扇，排出污浊的空气。每台孵化器及出雏器要设置通风管道与风门相接，将其中的废气直接排出室外。出雏室在出雏时及出完后都要开排风扇，有条件的孵化场还可以设置绒毛收集器以净化空气。每出完一批鸡都要对整个出雏室彻底打扫消毒一次，包括屋顶、墙壁及整个出雏室。程序为清扫—高压冲洗—消毒。消毒用0.05%的新洁尔灭或0.05%的百毒杀或0.1%的碘伏喷洒。

（二）注意事项

1. 遵守消毒的原则和程序 不同的消药物有着不同的消毒对象，选择时应加以注意。

2. 注意孵化用具的定期消毒和随时消毒。

三、隔离场

隔离场使用前后，货主用口岸动植物检疫机关指定的消毒药物，按动植物检疫机关的要求进行消毒，并接受口岸动植物检疫机关的监督。

（一）操作步骤

1. 运输工具的消毒 装载动物的车辆、器具及所有用具须经消毒后方可进出隔离场；

2. 铺垫材料的消毒 运输动物的铺垫材料须进行无害化处理，可采用焚烧方法进行消毒。

3. 工作人员的消毒 工作人员及饲养人员及经动植物检疫机关批准的其他人员进出隔离区，隔离场饲养人员须专职。所有人员均须消毒、淋浴、更衣；经消毒池、消毒道出入。

4. 畜舍和周围环境的消毒 保持动物体、畜舍（池）和所有用具的清洁卫生，定期清洗、消毒，做好灭鼠、防毒等工作。

5. 死亡和患有特定传染病动物的消毒 发现可疑患病动物或死亡的动物，应迅速报告口岸动植物检疫机关，并立即对患病动物停留过的地方和污染的用具、物品进行消毒，患病（死亡）动物按照相关规定进行消毒处理。

6. 动物排泄物及污染物的消毒 隔离动物的粪便、垫料及污物、污水须经无害化处理后方可排出隔离场。

（二）注意事项

1. 经常更换消毒液，保持有效浓度。

2. 病死动物的消毒处理应按照有关的法律法规进行。

3. 工作人员进出隔离场必须遵守严格的卫生消毒制度。

四、诊疗室

诊疗室是患病畜禽集中的场所，它们患有感染性疾病或非感染性疾病，往往处于抵抗力低下的状态；同时，诊疗室也是各种病原微生物聚集的地方，加上各种医疗活动，患病畜禽间、诊疗人员与畜禽间的特殊接触，常常造成诊疗室感染。

导致诊疗室感染的因素除患病畜禽自身抵抗力低下，微生物侵袭外，还有诊疗人员手及器械消毒不规范，以及滥用抗生物和消毒剂使用促使抗性菌株产生。因此，合理使用消毒剂和抗生素是防止诊疗室感染的重要组成部分。在防止交叉感染中，诊疗室的消毒与灭菌工作显得尤为重要。

（一）操作步骤

1. 消毒药物的选择 诊疗室消毒灭菌剂选择的条件一般应满足以下要求：要求可杀灭结核杆菌和速效杀灭细菌繁殖体，可灭活常见病毒，即中效消毒剂以上；杀菌剂的杀菌作用受有机物的影响较小；消毒剂使用浓度对人畜无毒，不污染环境；使用方便，价格便宜。

2. 诊疗室常用消毒灭菌方法

（1）干热消毒

①焚烧 以电、煤气等作能源的专用焚烧炉用于焚烧医院具有传染性的废弃物（如截除的残肢、切除的脏器、病理标本、敷料、引流条、一次性使用注射器、输液（血）器等），操作过程中应注意燃烧彻底，防止污染环境。

②烧灼 利用酒精灯或煤气灯火焰消毒微生物实验室的白金耳、接种棒、试管、剪刀、镊子等。使用时应注意将污染器材由操作者逐渐靠近火焰，防止污染物突然进入火焰而发生爆炸，造成周围污染。

③干烤 以电热、电磁辐射线等热源加热物体，主要用于耐高热物品的消毒或灭菌。常用的方法有电热干烤、红外线消毒和微波消毒。

（2）煮沸消毒 一般被污染的小件物品或耐热诊疗用品用蒸馏水煮沸 20 分钟，可杀灭细菌繁殖体和肝炎病毒，水中加碳酸氢钠效果更好。

（3）流动蒸汽消毒 在常压条件下，利用蒸屉或专用流动蒸汽消毒器，消毒时间以水煮沸时开始计算，20 分钟可杀灭细菌繁殖体、肝炎病毒。在消毒设备条件不足时，可用此法消毒一般诊疗器具。

（4）压力蒸汽灭菌

①物品摆放时，包间应留有空隙，容器应侧放。

②排气软管插入侧壁套管中，加热水沸后排气 15～20 分钟。

③柜室压力升至 103 千帕，温度达到 121℃，时间维持 30 分钟。

④慢放气，尤其是灭菌物品中有液体时，防止减压过快液体溢出。需烘干物品可取出放入烘箱烘干保存。

（5）紫外线消毒 诊疗室在应根据消毒的环境、目的选择紫外灯的灯型、照射强度，一般说来，紫外线杀灭细菌繁殖体的剂量为10 000微瓦·秒/厘米^2。小病毒、真菌为50 000～60 000微瓦·秒/厘米^2，细菌芽孢为100 000微瓦·秒/厘米^2。真菌孢子对紫外线有更大抗力，如黑曲霉菌孢子的杀灭剂量为350 000微瓦·秒/厘米^2。

①空气消毒 一般在无人活动的室内可采用悬挂 30 瓦功率的紫外线灯（按室内面积每平方米 1.5 瓦计算），20 米^2 室内，在中央 2～2.5 米高处挂一支带有反射罩的紫外线灯，每次消毒时间不少于 30 分钟。

②物体表面（桌面、化验单及其他污染物体表面）消毒 一般桌面可将 30 瓦带罩紫外线灯挂于桌面上方 1 米高处，照射 15 分钟。污染票据、化验单可采用低臭氧高强度紫外线

消毒器，短距离照射（照射剂量可达到7 500～12 000微瓦·秒/厘米^2），可在30秒内对所照射的部位达到消毒要求。

（6）消毒剂消毒

①含氯消毒剂　无机氯如漂白粉、次氯酸钠、次氯酸钙等，有机氯如二氯异氰尿酸钠、三氯异氰尿酸、氯胺等。有机氯比无机氯性质稳定，粉末状含氯消毒剂在阴凉处保存比较稳定，溶于水产生次氯酸，不稳定。含氯消毒剂可杀灭各种微生物，有效氯质量浓度2 000毫克/升可杀灭细菌芽孢，有效氯500～1 000毫克/升可杀灭结核杆菌、真菌，灭活肝炎病毒，有效氯100～250毫克/升可杀灭细菌繁殖体。在医院中此类消毒剂一般用于环境表面、污染的实验器材、废弃物等的消毒。

②醇类消毒剂　乙醇和异丙醇体积分数70%可杀灭细菌繁殖体；80%乙醇或异丙醇可降低肝炎病毒的传染性，常用于皮肤消毒，用作溶媒时，可增强某些非挥发性消毒剂的杀微生物作用。

③酚类消毒剂　包括六氯酚、2，4，4，-三氯-2-羟基二苯醚、4-氯-3，5-二甲基苯酚（PCMX）等酚的衍生物。六氯酚溶液常用于抗菌剂，主要用于外科擦洗、医用肥皂的活性成分。2，4，4-三氯-2-羟基二苯醚，易溶于稀碱液和有机溶剂中，微溶于水，质量浓度0.1～0.03毫克/升可抑制葡萄球菌，3倍于此浓度可抑制大肠杆菌，100～1 000毫克/升才可抑制绿脓杆菌。1～30毫克/升可抑制几种霉菌生长，常用于防腐剂。

④过氧化物类　有过氧化氢、过氧乙酸、二氧化氯、臭氧等，其理化性质不稳定，但消毒后不留残毒是它们的优点。常以0.5%～1.0%过氧乙酸用于血液透析机、透析器、肝炎污染物的消毒；2%过氧乙酸作冷库喷雾及空气消毒；0.1%～0.2%过氧乙酸可用于手消毒；0.02%过氧乙酸用于黏膜消毒。

⑤双胍类化合物　如洗必泰，其理化性状稳定，0.05%～0.1%可用作口腔、伤口防腐剂；0.5%洗必泰乙醇溶液可增强其杀菌效果，是良好的皮肤消毒剂，用于手术野皮肤消毒；0.1%～4%洗必泰溶液可用于洗手消毒，但必须注意革兰阴性细菌易对洗必泰产生抗性，使用中应及时更换消毒液。阿立西定（Alexidine）也是双缩胍，具有不同于氯己定的氯苯酚末端基团的乙基己基末端基团，比氯己定更具活性，主要用于口腔防腐。

⑥季铵盐类　如苯扎氯铵、苯扎溴铵，其理化性状稳定，0.2%～0.5%可杀灭细菌繁殖体，革兰阳性细菌对此类消毒剂比革兰阴性细菌更为敏感，后者易产生抗性菌株，久用此类消毒剂常可发现绿脓杆菌污染，必须引起注意。因此，此类消毒剂限用于医院一般用具清洁消毒。

⑦含碘消毒剂　比如2%的碘酊、0.2%～0.5%的碘伏常用于皮肤消毒，如注射、手术野皮肤、外科洗手；0.05%～0.1%的碘伏作伤口、口腔消毒；0.02%～0.05%的碘伏用于阴道冲洗消毒。

⑧高锰酸钾　为强氧化剂，0.01%～0.02%溶液可用于冲洗伤口；福尔马林加高锰酸钾用作甲醛熏蒸物体表面消毒。

（二）注意事项

1. 注意消毒方法的选择　不同消毒对象所用的消毒方法不同，如注射针头一般采用蒸煮消毒，而废弃物一般选择焚烧消毒。

2. 注意选择消毒药品　不同的消毒药品有着不同的性质、消毒对象，因此应注意消毒药品的选择。

第三节　主要疫病的消毒

一、炭疽

炭疽的传染源是病畜（羊、牛、马、骡、猪等）和病人，人与带有炭疽杆菌的物品接触后，通过皮肤上的破损处或伤口感染可以形成皮肤炭疽；通过消化道感染可以形成肠炭疽；通过呼吸道感染可以形成肺炭疽。肺炭疽的病死率极高，传染性较强，在我国是乙类传染病中列为甲类管理的病种。

炭疽杆菌繁殖体在日光下12小时死亡，加热到75℃时1分钟死亡。此菌在缺乏营养和其他不利的生长条件下，当温度在12～42℃，有氧气与足量水分时，能形成芽孢；其芽孢抵抗力强，能耐受煮沸10分钟，在水中可生存几年，在泥土中可生存10年以上。因芽孢的抵抗力强，在草场、河滩易形成顽固性的疫源地，在动物间多年反复流行。此类病原体也适于制成生物战剂，危害性极大。对炭疽疫源地进行消毒时应使用高效消毒剂。

疫源地消毒要与封锁隔离，患病动物的扑杀与销毁，疑似患病动物的隔离观察，及疫源地消毒前后的细菌学检测等措施配合使用。

疫点消毒时，对患畜活动的地面、饮食用具、排泄物及分泌物、污水、运输工具和病畜尸体等均应按前述一般消毒方法进行消毒和处理。舍内的墙壁、空气消毒，可采用过氧乙酸熏蒸，药量为3克/米^3。(即质量分数为20%的过氧乙酸15毫升，或15%的过氧乙酸20毫升)，熏蒸1～2小时。病畜圈舍与病畜或死畜停留处的地面、墙面，用0.5%过氧乙酸或20%漂白粉澄清液喷洒，药量为150～300毫升/米^2，连续喷洒3次，每次间隔1小时。若畜圈地面为泥土时，应将地面10厘米的表层泥土挖起，按1质量份漂白粉加5质量份泥土混合后深埋2米以下。污染的饲料、垫草和其他有机垃圾应全部焚烧。病畜的粪尿，按1质量份漂白粉和5质量份粪尿，或10千克粪尿加10%次氯酸钠溶液（有效氯质量浓度100克/升）1千克。消毒作用2小时后，深埋2米以下，不得用作肥料。已确诊为炭疽的病畜应整体焚烧，严禁解剖。疫源地内要同时开展灭蝇、灭鼠工作。消毒人员要做好个人防护，必要时进行12天的医学观察。生活污水可按本书有关章、节所列方法进行消毒处理。

二、布氏杆菌病

布氏杆菌病是由布氏杆菌引起的人畜共患病。布氏杆菌可以通过皮肤黏膜、消化道、呼吸道、生殖道侵入机体引起感染。含有布氏杆菌的食品及各种污染物均可成为传播媒介，如病畜流产物、乳、肉、内脏、皮毛，以及水、土壤、尘埃等。布氏杆菌对低温和干燥有较强的抵抗力，在适宜条件下能生存很长时间。对湿热、紫外线和各种射线以及常用的消毒剂、抗生素、化学药物均较敏感。

对病畜舍的地面和墙壁，病畜的排泄物，舍内空气，护理人员及接触患病动物的工作人员所穿工作衣帽，污染的手套、靴子等可用含氯消毒剂浸泡消毒。病畜的奶和制品可煮沸3分钟，巴氏消毒法（60℃作用30分钟）消毒。公牛、阉牛及猪的胴体和内脏可不限制出售。母牛、羊的胴体和内脏宜销毁或作为工业原料，病畜的内分泌腺体和血液，禁止制作药物和食用。病畜的皮毛可集中用环氧乙烷消毒。病畜圈舍与病畜或死畜停留处的地面、墙面，用质量分数为0.5%过氧乙酸或20%漂白粉澄清液喷洒，药量为150～300毫升/米^2，连续喷洒3次，每次间隔1小时。病畜污染的饲料、杂草和垃圾应焚烧处理。病畜的粪尿，按1质量份漂白粉加5质量份粪尿，或10千克粪尿加10%次氯酸钠溶液（有效氯质量浓度100克/升）1千克消毒作用2小时。养殖场污水消毒按本书有关污水的消毒方法。污染牧场须停止放牧2个月，污染的不流动水池应停止使用3个月。

三、结核

结核病是由分枝杆菌引起的一种人畜共患的慢性传染病，世界动物卫生组织（OIE）将其列为B类动物疫病，我国将其列为二类动物疫病。其病理特征是在多种组织器官形成结核性肉芽肿（结核结节），继而结节中心干酪样坏死或钙化。牛、猪、人最容易感染，要经呼吸道、消化道以及交配传染，畜间、人间、人畜间都能互相传染。

本病可侵害人和多种动物。家畜中牛最易感，特别是奶牛，其次为黄牛、牦牛、水牛，猪和家禽易感性也较强。病人和患病畜禽，其痰液、粪尿、乳汁和生殖道分泌物中都可带菌，污染饲料、食物、饮水、空气和环境而散播传染。本病主要经呼吸道、消化道感染。饲养管理不当与本病的传播有密切关系，畜舍通风不良、拥挤、潮湿、阳光不足、缺乏运动，最易患病。在自然环境中生存力较强，对干燥和湿冷的抵抗力很强。但对热的抵抗力差，60℃30分钟即可死亡。在直射阳光下经数小时死亡。常用消毒药经4小时可将其杀死。

加强消毒工作，每年进行2～4次预防性消毒，每当畜群出现阳性病牛后，都要进行一次大消毒。对病畜和阳性畜污染的场所、用具、物品进行严格消毒。常用消毒药为5%来苏儿或克辽林，10%漂白粉，3%福尔马林或3%苛性钠溶液。

饲养场的金属设施、设备可采取火焰、熏蒸等方式消毒；养畜场的圈舍、场地、车辆等，可选用2%烧碱等有效消毒药消毒；饲养场的饲料、垫料可采取深埋发酵处理或焚烧处理；粪便采取堆积密封发酵方式，以及其他相应的有效消毒方式。

封锁的疫区内最后一头病畜及阳性畜被扑杀，经无害化处理后，对疫区内监测45天以上，没有发现新病例；对所污染场所、设施设备和受污染的其他物品进行彻底消毒，经当地动物防疫监督机构检验合格后，由原发布封锁令的机关解除封锁。

经常性消毒：饲养场及牛舍出入口处，应设置消毒池，内置有效消毒剂，如3%～5%来苏儿溶液或20%石灰乳等。消毒药要定期更换，以保证一定的药效。牛舍内的一切用具应定期消毒；产房每周进行一次大消毒，分娩室在临产牛生产前及分娩后各进行一次消毒。

临时消毒：奶牛群中检出并剔出结核病牛后，牛舍、用具及运动场所等按照上述规定进行紧急处理。

定期消毒：养牛场每年应进行2～4次大消毒，消毒方法同临时消毒。

四、链球菌病

链球菌病是主要由β-溶血性链球菌引起的多种人畜共患病的总称。动物链球菌病中以猪、牛、羊、马、鸡较常见。人链球菌病以猩红热较多见。链球菌病的临床表现多种多样，可以引起种种化脓创和败血症，也可表现为各种局限性感染。链球菌病分布很广，可严重威胁人畜健康。

患病和病死动物是主要传染源，无症状和病愈后的带菌动物也可排出病菌成为传染源。

链球菌对热和普通消毒药抵抗力不强，多数链球菌经60℃加热30分钟，均可杀死，煮沸可立即死亡。常用的消毒药如2%石炭酸、0.1%新洁尔灭、1%煤酚皂液，均可在3～5分钟内杀死。日光直射2小时死亡。0～4℃可存活150天，冷冻6个月特性不变。

预防消毒：种畜场、畜产品加工厂及经营单位建立和严格执行消毒制度；对活畜和畜产品集贸市场的场地和工具进行严格消毒。对农村畜舍进行春秋防疫，高温季节开展消毒工作或日常清粪除污卫生，定期进行预防消毒。

发生链球菌病后，应及时隔离处置发病动物，对饲养圈舍、进出疫区车辆等进行清理（洗）和消毒。

1. 对圈舍内外先消毒后进行清理和清洗，清洗完毕后在消毒。

2. 首先清理污物、粪便、饲料等。饲养圈舍内的饲料、垫料等作深埋、发酵或焚烧处理。粪便等污物作深埋、堆积密封发酵或焚烧处理。

3. 对地面和各种用具等彻底冲洗，并用水洗刷圈舍、车辆等，对所产生的污水进行无害化处理。

4. 对金属设施设备，可采取火焰、熏蒸等方式消毒。

5. 对饲养圈舍、场地、车辆等采用消毒液喷洒的方式消毒。

6. 疫区内所有可能被污染的运载工具应严格消毒，车辆内、外及所有角落和缝隙都要用消毒剂消毒后再用清水冲洗，不留死角。

7. 车辆上的物品也要做好消毒。

8. 从车辆上清理下来的垃圾和粪便要作无害化处理。

根据动物防疫法，对疫区进行终末消毒后，解除封锁。

第四节　新消毒药的使用

一、常用新消毒药品及其使用方法

（一）醛类

1. 聚甲醛　为甲醛的聚合物。具有甲醛特殊臭味的白色疏松粉末状物质，在冷水中溶解缓慢，热水中很快溶解。溶于稀碱和稀酸溶液。聚甲醛本身无消毒作用，常温下缓慢解聚，放出甲醛呈杀菌作用。如加热至80～100℃时很快产生大量甲醛气体，呈现强大的杀菌作用。主要用于环境熏蒸消毒，常用量为每立方米3～5克，消毒时间不少于10小时。消毒时室内温度应在18℃以上，湿度最好在80%～90%。

2. 戊二醛　无色油状液体，味苦，有微弱的甲醛臭味，但挥发性较低。可与水或醇作任何比例的混溶，溶液呈弱酸性，pH高于9时，可迅速聚合。戊二醛原为病理标本固定剂，近10多年来发现其碱性水溶液具有较好的杀菌作用。当pH为5～8.5时，作用最强，可杀灭细菌的繁殖体和芽孢、真菌、病毒，其作用较甲醛强2～10倍。有机物对其作用影响不大。对组织刺激性弱，但碱性溶液可腐蚀铝制品。目前常用2%碱性溶液（加0.3%碳酸氢钠），用于浸泡消毒不宜加热消毒的医疗器械、塑料及橡胶制品等。浸泡10～20分钟即可

达到消毒目的。

3. 固体甲醛 属新型熏蒸消毒剂，甲醛溶液的换代产品。消毒时将干粉置于热源上加热即可产生甲醛蒸气。该药使用方便、安全，一般每立方米空间用药3.5克，保持湿热，温度24℃以上、相对湿度75%以上。

（二）卤素类

1. 速效碘 为碘、强力结合剂和增效剂络合而成的新型含碘消毒液。具有高效（比常规碘消毒剂效力高出5～7倍）、速效（在每升含25毫克浓度时，60秒内即可杀灭一般常见病原微生物）、广谱（对细菌、真菌、病毒等均有效），对人畜无害（无毒、无刺激、无残留）等特点，可用于环境、用具、畜禽体表、手术器械等消毒。喷洒、喷雾、浸泡、擦拭、饮水均可。

2. 复合碘溶液（雅好生） 为碘、碘化物与磷酸配制而成的水溶液，含碘1.8%～2.2%，呈褐红色黏稠液体，无特异刺激性臭味。有较强的杀菌消毒作用。对大多数细菌、霉菌和病毒均有杀灭作用。可用于动物舍、孵化器（室）、用具、设备及饲饮器具的喷雾或浸泡消毒。

使用时应注意市售商品的浓度，再按实际使用消毒的浓度计算出商品液需要量。本品带有褐色即为指示颜色，当褐色消失时，表示药液已丧失消毒作用，需另行更换；本品不宜与热水、碱性消毒剂或肥皂水共用。

3. 二氯异氰尿酸钠（优氯净） 为白色结晶粉末，有氯臭，含有效氯60%，性能稳定，室内保存半年后有效氯含量仅降低1.6%，易溶于水，溶液呈弱酸性，水溶液稳定性较差。为新型高效消毒药，对细菌繁殖体、芽孢、病毒、真菌孢子均有较强的杀灭作用。饮水消毒每升水有效氯0.5毫克，用具、车辆、畜舍消毒浓度为每升水含有效氯50～100毫克。

4. 三氯异氰尿酸 为白色结晶性粉末。有效氯含量为85%以上，有强烈的氯气刺激气味，在水中溶解度为1.2%，遇酸遇碱易分解，是一种极强的氯化剂和氧化剂，具有高效、广谱、安全等特点。常用于环境、饮水、饲槽等消毒。饮水消毒每升水含4～6毫克，喷洒消毒每升水含200～400毫克。

5. 强力消毒王 是一种新型复方含氯消毒剂。主要成分是二氯异氰尿酸钠，并加入阴离子表面活性剂等。本品有效氯含量≥20%。易溶于水，性质稳定，耐贮存。本品广谱、高效，能杀灭多种细菌繁殖体、芽孢、霉菌和寄生虫虫卵。正常使用时对人畜无害，对皮肤、黏膜无刺激、无腐蚀性，并且具有防霉、去污、除臭的效果。可用于环境、畜禽舍、饲养用具、车辆、人员手臂、衣服消毒，带畜（禽）消毒，种蛋浸泡消毒，饮水消毒等。用时现配现用，勿与有机物、还原剂混用。

（三）表面活性剂和季铵盐类

1. 洗必泰（氯苯胍亭） 有醋酸洗必泰和盐酸洗必泰两种，均为白色结晶性粉末，无臭，微溶于水（1∶400）及酒精，水溶液呈强碱性。有广谱抑菌、杀菌作用，对革兰氏阳性和阴性菌、真菌、霉菌均有杀灭作用，毒性低，无局部刺激性。可用于手术前手臂消毒，冲洗创伤，也可用于畜舍等消毒。本药品与新洁尔灭混合联用消毒效力呈相加作用。0.02%溶液用于术前泡手，浸泡3分钟即可达到消毒目的；0.05%用于冲洗创伤、术部皮肤消毒；0.1%溶液用于器械浸泡消毒（其中应加0.1%亚硝酸钠），一般应浸泡10分钟以上；0.5%溶液喷雾用于畜舍、用具等消毒。

2. 度米芬（消毒宁） 是广谱杀菌剂，对革兰氏阳性菌及阴性菌均有杀灭作用，对芽孢、抗酸杆菌、病毒效果不明显，有抗真菌作用。在碱性溶液中效力增强。可用于皮肤、黏膜消毒及黏膜感染的辅助治疗。0.02%～1%溶液可用于皮肤、黏膜消毒及局部感染湿敷，0.05%水溶液（须加0.05%的亚硝酸钠）用于器械消毒，也可用于牛奶场用具、设备的消毒。

3. 消毒净 阳离子表面活性剂，为广谱消毒剂之一，对革兰氏阴性菌、阳性菌均有较强的杀菌作用。常用于手、皮肤、黏膜、器械等的消毒。0.05%水溶液可用于冲洗黏膜，0.1%水溶液用于手指和皮肤的消毒，也可用于浸泡消毒器械（如为金属器械，应加入0.5%亚硝酸钠）。

（四）烟熏百斯特

为新型熏蒸消毒药，广谱、高效，本品在极低浓度和很短时间内可杀灭细菌、真菌、病毒等，并且安全、无毒。本品易点燃，无明火，使用安全，性能稳定。烟熏消毒无药物残留，不影响设备使用寿命，不受温度、湿度影响。

（五）过氧化物类消毒剂

过氧化物消毒剂包括过氧化氢、过氧乙酸、臭氧和二氧化氯，是一类具有强大氧化能力的消毒剂，对微生物的杀灭主要依靠强氧化作用。这类消毒剂的最大优点为：①具有广谱、高效、快速的杀微生物作用，能够作为灭菌剂应用；②在消毒物品之后一般分解为无毒成分，无残留毒性。主要缺点是：①性质不稳定，易分解；②对消毒物品有一定的腐蚀作用或有其他损害作用。近年来，过氧乙酸、过氧化氢、二氧化氯都研制出了稳定溶液，并且通过缓蚀剂的使用，其腐蚀性问题也得到解决。因此，过氧化物类消毒剂的应用日益广泛。

1. 过氧化氢 过氧化氢除杀灭细菌和病毒外，在较高浓度（10%～30%）时还具有良好的杀芽孢作用，属高效消毒剂；其分解产物为氧气和水，对人和环境没有危害。过氧化氢作为灭菌剂具有良好的应用前景。

局部皮肤黏膜消毒可用1%～1.5%过氧化氢漱口，进行口腔消毒。3%过氧化氢溶液可冲洗伤口。2%过氧化氢、4%木卡因和乳化剂等组成的复方消毒剂，可用于人体和动物的局部消毒。也可用3%过氧化氢溶液喷雾，消毒房间。

2. 过氧乙酸 过氧乙酸属高效消毒剂，可杀灭细菌、霉菌、真菌、藻类、病毒以及细菌芽孢，并能破坏细菌毒素、HBsAg等；其杀菌作用比过氧化氢强，杀芽孢作用迅速。过氧乙酸消毒剂的最大优点为其降解的最终产物为氧气和水，无毒无害。但因其为强氧化剂，具有腐蚀性。

0.2%～0.35%过氧乙酸溶液作用5分钟，能有效杀灭细菌繁殖体和病毒，可用于气管镜、胃肠道内窥镜的消毒。0.35%过氧乙酸溶液作用10分钟，能有效杀灭细菌芽孢，可用于内窥镜的灭菌。

凡是能够浸泡消毒的医疗器械及用品均可用过氧乙酸浸泡消毒。对细菌繁殖体污染物品的消毒用0.1%（1 000毫克/升）过氧乙酸溶液浸泡15分钟；对肝炎病毒和结核杆菌污染物品用0.5%（5 000毫克/升）过氧乙酸浸泡30分钟灭菌。消毒后，诊疗器材用无菌蒸馏水冲洗干净并擦干后使用。

过氧乙酸消毒不同物品所需药物浓度及作用时间见表12-1。

表 12-1 过氧乙酸消毒不同对象的方法与浓度

消毒对象	处理方法	药物浓度/%	作用时间/分钟
皮肤	擦拭、浸泡（手）	0.2	12
衣服	喷洒	0.1～0.5	30～60
	浸泡	0.04	120
污染表面	喷洒、擦拭	0.2～1.0	30～60
用具	洗净、浸泡	0.5～1.0	30～60

3. 二氧化氯 二氧化氯属高效消毒剂，具有广谱、高效、速效杀菌作用。自从制备出稳定的二氧化氯剂型，其在消毒方面的应用日益广泛。能够杀灭细菌繁殖体、芽孢、真菌、病毒等。

二氧化氯分子式为 ClO_2，相对分子质量 67.45，常温下为气体，有强刺激性。二氧化氯溶于水，可制成不稳定的液体；其液体和气体对温度、压力和光均较敏感。二氧化氯在冷水溶液中以较稳定的亚氯酸盐和氯酸盐形式存在。

（1）饮用水消毒　用二氧化氯消毒饮用水，不仅杀菌速度快，受 pH 影响较小，不会在水中形成大量三氯甲烷，而且可破坏水中的酚类化合物、含铁化合物、藻类，且可消除臭味、怪味。用二氧化氯消毒水时，对水的初级处理，二氧化氯的质量浓度为 1.8～3.0 毫克/升，最多不超过 5 毫克/升；对水的最后处理，二氧化氯一般的质量浓度为 0.30～0.45 毫克/升，作用时间为 30 分钟。消毒后的水中，残留二氧化氯应为 0.2 毫克/升，最少为 0.005 毫克/升。

（2）物体或环境表面消毒　对物体和环境表面消毒，可用浸泡、擦拭或喷洒等方法。对细菌繁殖体污染的物品消毒，用 100 毫克/升二氧化氯溶液浸泡或擦拭，作用 30 分钟；对肝炎病毒和结核杆菌污染物品的消毒，用 500 毫克/升二氧化氯溶液浸泡或擦拭作用 30 分钟；对细菌芽孢污染物品的消毒，用1 000毫克/升二氧化氯溶液浸泡或擦拭作用 30 分钟。喷洒法：对一般污染的表面，用 500 毫克/升二氧化氯溶液均匀喷洒，作用 30 分钟；对肝炎病毒和结核杆菌污染的表面，用1 000毫克/升二氧化氯溶液均匀喷洒，作用 60 分钟。

4. 臭氧 臭氧为强氧化剂，具有广谱杀微生物作用，并且杀菌作用迅速。臭氧极不稳定，可自行分解为氧，无法贮存。臭氧消毒是通过各种臭氧发生器现场产生臭氧，立即应用。臭氧可用于水、空气以及各种物体表面的消毒。

（1）饮用水消毒　臭氧用于消毒饮用水，作用速度快，效果可靠，能脱色除臭，降低水的浑浊度，去除水中的酚、铁、锰等物质。一般加臭氧量 0.5～1.5 毫克/升，水中余臭氧质量浓度保持在 0.1～0.5 毫克/升、维持 5～10 分钟可达消毒目的。对于水质较差的水，加臭氧量应在 3～6 毫克/升。

（2）污水消毒　与含氯消毒剂相比，臭氧消毒污水不仅消毒效果好，而且可改善水质，同时臭氧易于分解，不存在残留毒性问题。用臭氧处理污水的工艺流程是：污水先进入一级沉淀池，净化后进入二级净化池，通过污水泵抽入接触塔。采用15～20毫克/升的臭氧投入量，污水与臭氧在塔内充分接触10～15分钟后排放。处理后的污水清亮透明，无臭味，细菌总数和大肠菌群数均可符合国家污水排放标准。

（3）*空气消毒* 臭氧对空气中的微生物有明显杀灭作用，采用30毫克/米^{3}质量浓度的臭氧作用15分钟，对自然菌的杀灭率可达90%以上。医院儿科病房、妇科检查室、注射室、换药室、治疗室、供应区、急诊室、化验室、各类普通病房和房间，要求空气中细菌总数≤500cfu/米^3，可采用臭氧消毒，要求达到臭氧质量浓度≥20毫克/米^3，在相对湿度≥70%条件下，消毒时间≥30分钟。

（4）*物品表面消毒* 将待消毒物品置于装有臭氧发生器的密闭房间内，或利用内装臭氧发生器的消毒柜进行消毒。臭氧对物品表面上微生物杀灭作用缓慢，一般要求臭氧质量浓度为60毫克/米^3、相对湿度≥70%、作用1～2小时，可用于用具、衣物、医院化验单的消毒，也可用于医疗器械的一般消毒。最近有报道应用臭氧对假牙进行消毒，效果良好。物体消毒也可用臭氧水进行浸泡、冲洗。

（六）醇类消毒剂

短链脂肪醇具有快速（30秒至10分钟）杀灭微生物的作用，常用的醇类消毒剂有乙醇、异丙醇和正丙醇，其中乙醇应用最为广泛，异丙醇其次。

1. 乙醇 乙醇属于中效消毒剂，其杀菌作用较快，消毒效果可靠，对人刺激性小，无毒，对物品无损害，多用于皮肤消毒以及临床医疗器械的消毒。乙醇是良好的有机溶剂，并具有较强的渗透作用。一些消毒剂溶于乙醇中，杀菌作用可增强。因此，乙醇还常用于一些复方消毒剂的配制。

乙醇对细菌芽孢无杀灭作用，只能用于消毒，不能用于灭菌；因其无味、无刺激性，最常用于皮肤消毒，也可用于物品表面及医疗器械的消毒等。

（1）皮肤消毒，用75%乙醇棉球涂擦；外科洗手消毒，75%乙醇浸泡5分钟。

（2）对被细菌繁殖体污染的医疗器械等物品的消毒，用75%乙醇浸泡10分钟以上。对听诊器、B超探头、叩诊锤等器械以及一些环境表面，如桌、椅、床头柜表面，可用75%乙醇擦拭。

（3）乙醇与碘、洗必泰、新洁尔灭等具有协同杀菌作用，常作为溶剂以加强碘、洗必泰等消毒剂的作用。70%乙醇的碘和洗必泰溶液可用于手术前皮肤消毒。用0.2%洗必泰与80%乙醇配成的洗剂，可用于手的消毒。

（4）乙醇常作为溶剂和防腐剂应用于化妆品中。

（5）由于乙醇是很好的有机溶剂，可用于增加某些消毒剂的溶解度。

此外，醇还可用于某些复方消毒剂中，以降低消毒剂对金属的腐蚀性。

2. 异丙醇 异丙醇的杀菌作用强于乙醇，毒性比乙醇略高，其他性能与乙醇相似，消毒适用范围与乙醇相同。在有些国家其应用比乙醇更为广泛，但我国应用较少。与乙醇一样，异丙醇多用于皮肤和手的消毒，以及医疗器械（显微镜目镜和物镜、超声波探头、听诊器等）的消毒，还可用于假肢等的消毒。

（1）*皮肤消毒* 70%异丙醇可擦拭消毒皮肤。

（2）*手消毒* 异丙醇溶脂力强，经常接触会使皮肤干燥脱脂，因此手消毒时，常使用加入皮肤护理剂的复方异丙醇消毒剂。70%异丙醇和0.5%洗必泰加入增效剂、稳定剂、皮肤

调理剂配成的复方消毒剂，用于外科手消毒，作用 1 分钟可达到消毒效果。70%异丙醇和 0.1%洗必泰配成的复方消毒剂用于卫生手消毒，作用 1 分钟可达到消毒效果。异丙醇也可和季铵盐类消毒剂复配，用于手消毒。

（3）*医疗器械消毒* 凡可用乙醇消毒的医疗器械及器材均可用异丙醇消毒，70%异丙醇浸泡或擦拭 10 分钟以上。

（4）*表面消毒* 环境物品表面及一般物品消毒用 70%异丙醇浸泡或擦拭 3 分钟以上。

（5）*用于配制复方消毒剂* 异丙醇可代替乙醇用于配制复方消毒剂，例如碘酊、戊二醛碱性消毒液（戊二醛 2%、碳酸氢钠 0.3%、异丙醇 70%）。

（七）环氧乙烷

环氧乙烷气体曾广泛应用于医疗产品的灭菌，其杀菌谱广，气体穿透力强，对物品损害轻微。环氧乙烷能溶于水、乙醇和乙醚，液态和气体环氧乙烷都能溶解天然和合成的聚合物，例如橡胶、皮革、塑料；可穿透玻璃纸、厚包装用纸、聚乙烯或聚氯乙烯薄膜。

由于环氧乙烷易燃、易爆，且对人体有毒，因此环氧乙烷灭菌必须在密闭的灭菌器内进行。目前使用的环氧乙烷灭菌器种类很多，并各具有不同的用途。灭菌条件为：质量浓度 800～1 000毫克/升温度，55～60℃，相对湿度 60%～80%，作用时间 6 小时。

二、注意事项

1. 使用新消毒药品时，一定要认真阅读新消毒药品的使用说明书，明确用途、用法、注意事项，使用浓度等。
2. 饮水、喷雾消毒不能采用有刺激性、毒性、腐蚀性的消毒剂，否则会造成应激，诱发疫病，腐蚀器具。
3. 醛类消毒剂不宜用于犬、猪。
4. 季铵盐类消毒剂的杀菌效果受有机物影响较大，在使用前要先机械清除消毒对象表面的有机物。酚类、醇类、醛类消毒剂只适用于环境消毒。

[本章小结]

本章主要学习了畜舍空气及排泄物消毒方法、场所的消毒方法、主要疫病的消毒方法和新兽药的使用方法等。

[复习题]

1. 举出 2 种空气消毒方法。
2. 如何进行粪便消毒？
3. 污水消毒措施有哪些？
4. 养殖场的消毒措施有哪些？
5. 诊疗场的常用消毒方法有哪些？
6. 举出 3 种常见疫病的消毒方法。
7. 举五种新消毒药物并说出其用途与用法。

第十三章　预防接种

第一节　免疫接种

一、涂肛或擦肛免疫接种

1. 适用范围　仅用于鸡接种传染性喉气管炎的强毒型的疫苗。

2. 选择免疫部位　肛门。

3. 保定动物　助手将鸡倒提，用手握腹，使肛门黏膜翻出。

4. 涂肛　操作者用去尖毛笔蘸取疫苗涂擦肛门。

5. 注意事项

（1）免疫接种时一定要将肛门黏膜翻出，以保证接种面积充分。

（2）应注意检查蘸取的疫苗液，以保证免疫接种剂量。

二、穴位注射免疫接种

1. 接种穴位的选择　后海穴（交巢穴）、风池穴，这两个穴位注射疫苗能显著地提高抗体的效价，放大疫苗的免疫作用。

2. 适用穴位免疫的疫苗　新城疫疫苗、传染性法氏囊疫苗、猪旋毛虫疫苗、口蹄疫疫苗、大肠杆菌基因工程疫苗、破伤风杆菌液、羊衣原体灭活苗、羊三联四防疫苗等。

3. 适用范围　应用穴位免疫的动物有猪、乳牛、羊、鸡、小鼠等。

4. 后海穴免疫

（1）部位选择　后海穴位于肛门与尾根之间的凹陷处。

（2）保定动物　保定好动物，将尾巴向上拉起。

（3）消毒

（4）注射　手持注射器于后海穴向前上方（与直肠平行或稍偏上）进针，刺入0.5～4厘米（依猪只大小、肥瘦掌握进针深度，3日龄仔猪约为0.5厘米，随年龄增大增加进针深度，成猪约为4厘米），注入疫苗，拔出针头。

（5）注射后消毒

5. 风池穴

（1）部位选择　风池穴位于寰椎前缘直上部的凹陷中，左右侧各一穴。

（2）保定动物　保定好动物。

（3）消毒

（4）注射　手持注射器垂直刺入1～1.5厘米（依据猪只大、小、肥、瘦掌握注射深度，小猪刺入1厘米即可），注入疫苗，拔出针头。

（5）注射后消毒

6. 注意事项

（1）一定要掌握好穴位注射部位，以免影响免疫效果。

（2）一定要保定好动物，以免动物动弹后造成免疫部位不准确。

（3）注射剂量应严格按照规定的剂量注入，禁止打“飞针”，造成注射剂量不足和注射部位不准。

三、腹腔注射免疫接种

1. 适用范围 小鼠等实验动物、家禽及幼畜。

2. 注射部位选择 腹部下侧。

3. 保定动物 抓住小动物后肢，倒提动物，使内脏下垂。

4. 注射部位消毒 用2%～5%碘酊棉球由内向外螺旋式消毒接种部位，最后用挤干的75%酒精棉球脱碘。

5. 注射 由腹部下侧正中线处与地平线垂直进针，穿透腹膜后即可注入疫苗。

6. 注射后消毒 注射完毕，拔出注射针头，涂以5%碘酊消毒。

7. 注意事项

（1）根据动物大小和肥瘦程度不同，掌握刺入不同深度，以免刺伤内脏。

（2）鼠类腹腔注射时要固定好头部，以防被咬。

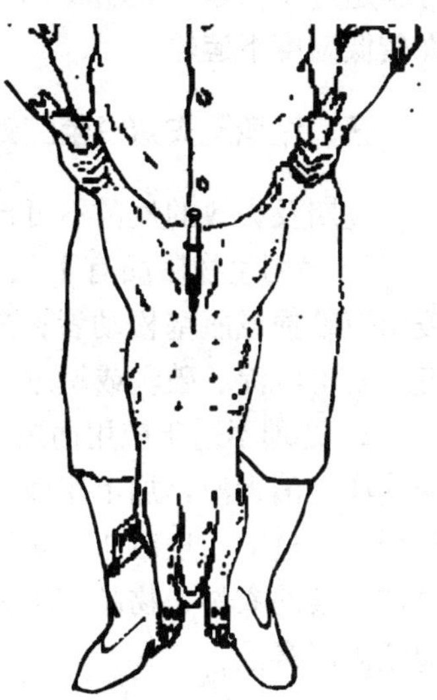

图 13-1 猪腹腔注射免疫接种示意图

第二节 生物制品的管理

一、生物制品的保存、运输及注意事项

1. 生物制品的保存 根据疫苗的数量设置保存设备，如冷藏柜、冰箱、地下室等。按照各类疫苗的要求分别保存在不同温度下。

通常，将灭活疫苗保存在2～8℃条件下，减毒活疫苗（弱毒疫苗）保存在－15℃，但马立克病活疫苗保存在－196℃的液氮中。其他生物制品，如诊断制品、高免血清也应根据保存条件严格执行，以免失效。

2. 生物制品保存注意事项 必须严格按照规定温度条件保存生物制品，不能任意放置疫苗，特别要防止保存温度忽高忽低，减毒活疫苗和高免血清应尽量避免由于温度高低不定而引起的反复冻结和融化。冬季温度低于零度时，灭活疫苗应注意防止冻结，以免损害疫苗的质量。诊断制品需要冷藏条件保存的不可冷冻保存，反之，需要冷冻保存的勿放在冷藏条件下保存。

二、生物制品的运输

1. 生物制品的运输 根据普通疫苗运输的数量和气温情况，准备运输工具，如保温瓶、保温箱、冷藏车等，用保温瓶或保温箱内加冰块或冷藏车内进行运输避免高温、阳光照射和碰撞。马立克病活疫苗应在液氮中运输。

2. 生物制品运输注意事项 必须在适宜的温度条件下运输生物制品，对湿冻疫苗，运输时必须有保温装置，严格封闭后运输，运输过程中严禁打开盖检查，运输时间夏季不能超过 48 小时，冬季不能超过 72 小时；对普通温度保存的疫苗可在常温下运输，途中在夏季最好不超过 15 天，如在 25℃以上温度运输最好也将疫苗放在保温箱中，内加冰块或者干冰，在较低温度下运输。

三、过期及失效疫苗的处理

过期及失效的疫苗不可再用于免疫接种，应当立即停止使用，并及时进行无害化处理。

1. 兽用生物制品有下列情况时应予废弃：无标签或标签不过完整者；无批准文号者；疫苗瓶破损或瓶塞松动者；瓶内有异物或摇不散凝块者；有腐败气味或已发霉者；颜色改变、发生沉淀、破乳或超过规定量的分层、无真空等性状异常者；超过有效期者。

2. 处理不适于应用而废弃的灭活疫苗、免疫血清及诊断液，应倾于小口坑内，加上石灰或注入消毒液，加土掩埋；活疫苗，应先采用高压蒸汽消毒或煮沸消毒方法消毒，然后再掩埋；用过的活疫苗瓶，必须采用高压蒸汽消毒或煮沸消毒方法消毒后，方可废弃；凡被活疫苗污染的衣物、物品、用具等，应当用高压蒸汽消毒或煮沸消毒方法消毒；污染的地区，应喷洒消毒液。

第三节　重大动物疫病免疫接种

一、重大动物疫病的免疫接种程序

（一）高致病性禽流感的免疫

1. 种鸡、蛋鸡免疫

（1）*初免* 雏鸡 7～14 日龄，用 H5N1 亚型禽流感灭活疫苗。

（2）*二免* 初免后 3～4 周后可再进行一次加强免疫。

（3）*加强免疫* 开产前再用 H5N1 亚型禽流感灭活疫苗进行强化免疫。

（4）*再次加强免疫* 以后根据免疫抗体检测结果，每隔 4～6 个月用 H5N1 亚型禽流感灭活苗免疫一次。

2. 商品代肉鸡免疫 7～10 日龄时，用禽流感或禽流感－新城疫二联灭活疫苗免疫一次即可。

3. 种鸭、蛋鸭、种鹅、蛋鹅免疫

（1）*初免* 雏鸭或雏鹅 14～21 日龄时，用 H5N1 亚型禽流感灭活疫苗进行免疫。

（2）*二免* 间隔 3～4 周，再用 H5N1 亚型禽流感灭活疫苗进行一次加强免疫。

（3）*再次加强免疫* 以后根据免疫抗体检测结果，每隔 4～6 个月用 H5N1 亚型禽流感灭活疫苗免疫一次。

4. 商品肉鸭、肉鹅免疫

（1）*肉鸭* 7～10 日龄时，用 H5N1 亚型禽流感灭活疫苗进行一次免疫即可。

（2）*肉鹅*

①初免 7～10 日龄时，用 H5N1 亚型禽流感灭活疫苗进行初次免疫；

②加强免疫　第一次免疫后3～4周，再用H5N1亚型禽流感灭活疫苗进行一次加强免疫。

5. 散养禽免疫　春、秋两季用H5N1亚型禽流感灭活疫苗各进行一次集中全面免疫。每月定期补免。

6. 鹌鹑、鸽子等其他禽类免疫　按照疫苗使用说明书或参考鸡的免疫程序，剂量根据体重进行适当调整。

7. 调运家禽免疫　对调出县境的种禽或其他非屠宰家禽，要在调运前2周进行一次禽流感强化免疫。

8. 紧急免疫　发生疫情时，要对受威胁区域的所有易感家禽进行一次强化免疫。边境地区受到境外疫情威胁时，要对距边境30千米范围内所有县的家禽进行一次强化免疫。

对发生或检出禽流感变异毒株地区及毗邻地区的家禽，用相应禽流感变异毒株疫苗进行加强免疫。

（二）口蹄疫的免疫

1. 规模养殖家畜和种畜免疫

（1）猪、羊

①初免　28～35日龄仔猪或羔羊，免疫剂量分别是成年猪、羊的一半。

②二免　间隔1个月进行一次强化免疫。

③加强免疫　以后每隔6个月免疫一次。

（2）牛

①初免　90日龄犊牛，免疫剂量是成年牛的一半。

②二免　间隔1个月进行一次强化免疫。

③加强免疫　以后每隔6个月免疫一次。

2. 散养家畜免疫　春、秋两季对所有易感家畜进行一次集中免疫，每月定期补免。有条件的地方可参照规模养殖家畜和种畜免疫程序进行免疫。

3. 调运家畜免疫　对调出县境的种用或非屠宰畜，要在调运前2周进行一次强化免疫。

4. 紧急免疫　发生疫情时，要对疫区、受威胁区域的全部易感动物进行一次强化免疫。边境地区受到境外疫情威胁时，要对距边境线30公里的所有县的全部易感动物进行一次强化免疫。

（三）高致病性猪蓝耳病的免疫

1. 蓝耳病活疫苗免疫

（1）种猪群　每年免疫3次，每次肌肉注射1头份（2毫升）/头。

（2）后备种猪群

①初免　配种前4周，肌肉注射1头份（2毫升）/头。

②二免　配种前6～8周强化免疫，每次肌肉注射1头份（2毫升）/头。

（3）仔猪　断奶前1周免疫1次，肌肉注射1头份（2毫升）/头。

首次使用，种猪群和保育结束前仔猪全群普免1次；间隔4周，种猪群再次普免1次。

以上推荐免疫程序只适用于蓝耳病阳性猪场。

2. 高致病性猪蓝耳病灭活疫苗免疫

（1）商品猪

①首免　断奶后肌肉注射，剂量2毫升灭活疫苗。

②加强免疫　高致病性蓝耳病流行地区1个月后加强免疫一次。

（2）母猪　70日龄前同商品猪，以后每次分娩前1个月加强免疫一次，每次肌肉注射4毫升。

（3）种公猪　70日龄前同商品猪，以后每6个月加强免疫一次，每次肌肉注射4毫升。

（四）猪瘟的免疫

1. 种公猪　每年春、秋季用猪瘟兔化弱毒苗各免疫1次。

种母猪：每年春、秋季以猪瘟兔化弱毒苗各免疫接种1次或母猪产前30天免疫接种1次。

2. 仔猪

（1）首免　20日龄猪瘟兔化弱毒苗；或者仔猪出生后未吮初乳前用猪瘟兔化弱毒苗超前免疫；

（2）加强免疫　70日龄猪瘟兔化弱毒苗；

3. 新引进猪　及时补免。

（五）鸡新城疫的免疫

1. 种鸡、蛋鸡

（1）初免　7日龄，新城疫—传支（H120）二联苗每只鸡滴鼻1～2滴，同时新城疫灭活苗每只鸡颈部皮下0.3毫升。

（2）二免　60日龄，用新城疫Ⅰ系弱毒活疫苗或新城疫灭活苗肌肉注射。

（3）加强免疫　120日龄，新城疫灭活苗每只鸡颈部皮下0.5毫升。

（4）再次加强免疫　开产后，根据免疫抗体检测情况，3～4个月用新城疫Ⅳ系弱毒活疫苗饮水免疫一次。

2. 肉鸡　7～10日龄，新城疫—传支（H120）二联苗每只鸡滴鼻1～2滴，同时新城疫灭活苗每只鸡颈部皮下0.3毫升。

（六）炭疽、布鲁氏菌病免疫

1. **炭疽**　对3年内曾发生过疫情的乡镇易感牲畜每年进行一次免疫。发生疫情时，要对疫区、受威胁区所有易感牲畜进行一次强化免疫。

2. **布鲁氏菌病**　疫病流行地区，在春季或秋季对易感家畜进行一次免疫。

（七）狂犬病免疫

1. 首免　3月龄以上。

2. 加强免疫　一年后加强免疫一次。

3. 再次加强免疫　以后每年加强免疫一次。

（八）结核病

本病不进行免疫，实施监测净化。

二、紧急免疫接种

（一）免疫接种的分类

根据免疫接种的时机不同，可分为预防免疫接种和紧急免疫接种。

1. 预防免疫接种　为预防疫病的发生，平时有计划地给健康动物进行免疫接种，叫预防免疫接种。预防接种要有针对性，预防什么疫病要根据本地区、邻近地区动物传染病流行情况，制定每年的预防接种计划。

2. 紧急免疫接种 在发生疫病时，为迅速控制和扑灭疫病的流行，而对疫区和受威胁区内尚未发病动物进行的免疫接种叫紧急免疫接种。紧急免疫接种可使用高免血清，它具有安全、产生免疫力快的特点，但免疫期短，用量大，价格高，要大量使用，难以实现。紧急免疫接种也可使用疫苗（如口蹄疫、猪瘟、鸡新城疫、禽流感、鸭瘟），也可取得较好的效果。紧急接种必须与疫区的隔离、封锁、消毒等综合措施配合。

（二）紧急免疫接种的准备

紧急免疫接种应根据动物疫病种类和当地疫病流行情况制定紧急免疫接种计划，选择免疫血清或疫苗，确定免疫动物、免疫剂量、免疫途径、免疫时间等。

紧急免疫接种一般应选择产生免疫力快而且安全的免疫方案，可以用免疫血清；也可以先注射免疫血清，两周后再注射疫苗；也可以免疫血清和疫苗同时注射，但接种后应加强观察。也可以适当增加免疫剂量。对禽流感、口蹄疫等容易变异，传染性极强的传染病应使用灭活疫苗。

（三）注意事项

1. 根据传染病的流行特点、畜禽的分布、地理环境、交通等具体情况和条件，划定紧急接种的范围。

2. 紧急接种前，必须对动物逐头逐只地详细观察和检查，只能对没有临床症状的动物进行紧急接种，对患病动物及处于潜伏期的动物，应立即隔离或扑杀。

3. 接种应从受威胁区开始，逐头（只）注射，以形成一个免疫带；然后是疫区内假定健康畜禽。

4. 紧急接种时，每接种一头动物，应更换一个针头；接种家禽可一个笼或一幢禽舍更换一个针头，但最多不能超过1 000只。

5. 紧急接种应与隔离、消毒等措施相结合。

[本章小结]

本章主要学习了疫苗的相关知识及生物制品的用途；生物制品的保存、运输及注意事项；免疫接种的概念、目的意义及分类；重大动物疫病疫苗的免疫接种；以及紧急免疫接种的概念、范围和注意事项。

[复习题]

1. 简述涂肛或擦肛免疫接种及注意事项。
2. 简述穴位免疫接种及注意事项。
3. 简述腹腔注射免疫接种及注意事项。
4. 简述重口蹄疫、猪瘟、禽流感、新城疫的免疫。
5. 生物制品如何保存？应注意哪些事项？
6. 生物制品如何运输？应注意哪些事项？
7. 紧急免疫接种的概念，注意事项有哪些？

第十四章　监测、诊断样品的采集与运送

第一节　监测、诊断样品的采集、保存与运送

一、动物活体样品的采集

（一）家禽活体的样品采集

1. 家禽喉拭子和泄殖腔拭子采集

（1）器材准备　无菌棉签，含有1毫升含青霉素、链霉素各3 000国际单位的pH为7.2的PBS的1.5毫升离心管。

（2）采样　取无菌棉签，插入鸡喉头内或泄殖腔转动3圈，取出，插入上述离心管钟，剪去露出部分，盖紧瓶盖，作好标记。

（3）样品保存　24小时内能及时检测的样品可冷藏保存，不能及时检测的样品应－20度保存。

2. 羽毛采集

（1）器材准备　灭菌滴管，灭菌的小试管或1.5毫升离心管，蒸馏水，记号笔、灭菌剪刀。

（2）采样　拔取受检鸡含羽髓丰满的翅羽或身上其他部位大羽；将含有羽髓的羽根部分按编号分别剪下收集于小试管内，于每管内滴加蒸馏水2～3滴（羽髓丰满时也可不加），用玻璃棒将羽根挤压于试管底，使羽髓浸出液流至管口，用滴管将其吸出。

（二）猪活体的样品采集

1. 扁桃体采取

（1）器材准备　洁净的扁桃体采集器（包括开口器、保定器、采样枪、手电筒）、灭菌离心管（1.5毫升）、记号笔。

（2）采样　固定猪只，用开口器开口，可以看到突起的扁桃体，把采样枪枪头钩在扁桃体上，快速扣动扳机取出扁桃体置于灭菌离心管中，冷藏送检。

2. 鼻腔拭子、咽拭子采集

（1）器材准备　灭菌离心管（1.5毫升），记号笔，灭菌剪刀，灭菌棉拭子，样品保存液。

常用的样品保存液有含抗生素的PBS保存液（pH7.4）、灭菌肉汤（pH7.2～7.4）或30％甘油盐水缓冲液。若准备将待检标本接种组织培养，则应保存于含0.5％乳蛋白水解液中。

（2）采样

①每个灭菌离心管中加入1毫升样品保存液。

②用灭菌的棉拭子在鼻腔或咽喉转动至少3圈，采集鼻腔、咽喉的分泌物。

③蘸取分泌物后，立即将拭子浸入保存液中，剪去露出部分，盖紧离心管盖，作好标

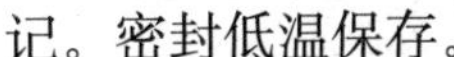

记。密封低温保存。

3. 肛拭子采集 采集方法同鼻腔拭子、咽拭子采集方法，只是采集部位是肛门或泄殖腔内容物和分泌物。

(三) 牛羊活体的样品采集

1. 牛、羊O-P液（咽食道分泌物）的采集方法

(1) 器材准备 灭菌广口瓶（20～30ml），记号笔，样品保存液，探杯。探杯消毒液：0.2%柠檬酸或1%～2%氢氧化钠溶液。灭菌塑料桶2个（100～200毫升）。细胞培养液：0.5%水解乳蛋白-Earle液或磷酸缓冲液（0.04摩尔/升、pH7.4）。

(2) 采样

①被检动物在采样前禁食（可饮少量水）12小时。将采样探杯在使用前放入装有0.2%柠檬酸或1%～2%氢氧化钠溶液的塑料桶中浸泡5分钟。

②观察被检动物的吞咽动作。将消毒过的采样探杯用与动物体温一致的清水冲洗。

③站立保定被检动物，将探杯随吞咽动作送入食道上部10～15cm处，轻轻来回抽动2～3次，然后将探杯拉出。取出8～10ml O-P液，倒入含有等量细胞培养液（0.5%水解乳蛋白-Earle液）或磷酸缓冲液（0.04摩尔/升、pH7.4）的灭菌广口瓶中，充分摇匀加盖封口、标记，放冷藏箱及时送检，未能及时送检应置于−30℃冷冻保存。

(3) 注意事项

①采集多头动物样品时，每采完一头动物，探杯要重复进行消毒并充分清洗。

②放入动物体内的探杯要与动物的体温一致。

(四) 粪便样品的采集

1. 用于病毒检验的样品

(1) 器材准备 灭菌棉拭子、灭菌试管、pH7.4的样品保护液、记号笔、乳胶手套、压舌板、新鲜粪便。

(2) 采样方法

①少量采集时，以灭菌的棉拭子从直肠深处或泄殖腔黏膜上蘸取粪便，并立即投入灭菌的试管内密封，或在试管内加入少量pH7.4的保护液再密封。

②采集较多量的粪便时，可将动物肛门周围消毒后，用器械或用带上胶手套的手伸入直肠内取粪便，也可用压舌板插入直肠，轻轻用力下压，刺激排粪，收集粪便。所收集的粪便装入灭菌的容器内，经密封并贴上标签。

(3) 样品保存 立即冷藏或冷冻送实验室。

2. 用于细菌检验的粪便样品采集 采样方法与供病毒检验的方法相同。但采集的样品最好是在动物使用抗菌药物之前的，从直肠或泄殖腔内采集新鲜粪便。

粪便样品较少时，可投入无菌缓冲盐水或肉汤试管内；较多量的粪便则可装入灭菌容器内，贴上标签后冷藏送实验室。

3. 用于寄生虫检验的粪便样品采集 采样方法与供病毒检验的方法相同。

应选自新排出的粪便或直接从直肠内采得，以保持虫体或虫体节片及虫卵的固有形态。

一般寄生虫检验所用粪便量较多，需采取5～19克新鲜粪便，大家畜一般不少于60克，并应从粪便的内外各层采取。

粪便样品以冷藏不冻结状态保存。

（五）生殖道样品采集

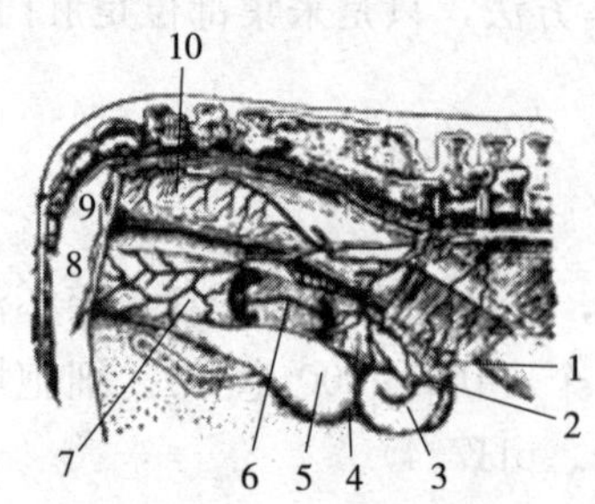

图 14-1 母牛器官位置关系图
1. 卵巢 2. 输卵管 3. 子宫角 4. 子宫体
5. 膀胱 6. 子宫颈 7. 阴道 8. 阴门
9. 肛门 10. 直肠

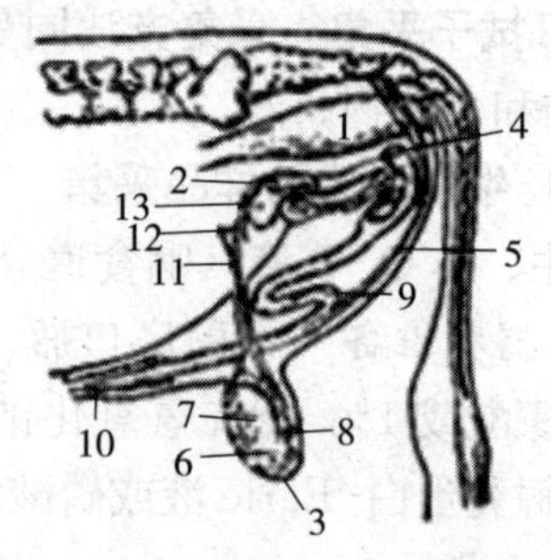

图 14-2 公牛生殖器模式图
1. 直肠 2. 精囊腺 3. 前列腺 4. 尿道球腺
5. 阴茎缩肌 6. 附睾 7. 睾丸 8. 阴囊
9. 阴茎 10. 包皮 11. 精索血管
12. 输精管 13. 膀胱

生殖道样品主要包括动物流产排出的胎儿、死胎、胎盘、阴道分泌物、阴道冲洗液、阴茎包皮冲洗液、精液、受精卵等。

1. 流产胎儿及胎盘 可按采集组织样品的方法，无菌采集有病变组织。也可按检验目的采集血液或其他组织。或将流产后的整个胎儿，用塑料薄膜、油布或数层不透水的油纸包紧，装入冷藏箱，放入冰袋，即送实验室。

2. 精液 用人工方法采集，并避免加入防腐剂。

3. 阴道、阴茎包皮分泌物 可用灭菌棉拭子从深部取样，采取后立即放入盛有灭菌肉汤等保存液的试管内，冷藏送检。亦可将阴茎包皮外周、阴户周围消毒后，以灭菌缓冲液或汉克氏液冲洗阴道、阴茎包皮，收集冲洗液。

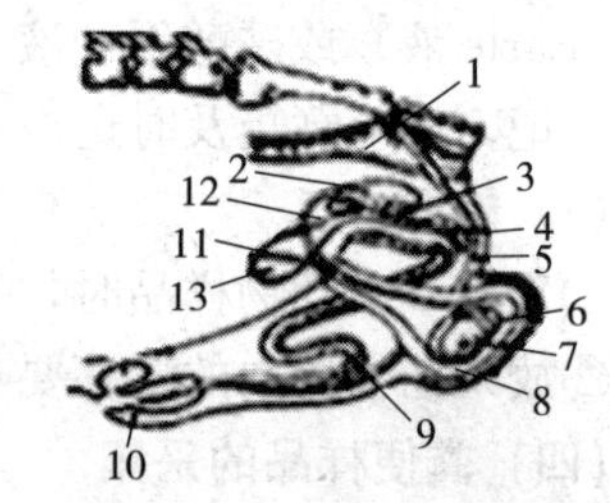

图 14-3 公猪生殖器模式图
1. 直肠 2. 精囊腺 3. 前列腺
4. 尿道球腺 5. 阴茎缩肌 6. 附睾
7. 睾丸 8. 阴囊 9. 阴茎 10. 包皮
11. 精索血管 12. 输精管 13. 膀胱

（六）皮肤样品采集

1. 器材准备 消毒的凸刃小刀、消毒的剪刀、洁净平皿、洁净玻片、记号笔。

2. 采样方法 活动物的病变皮肤，如有新鲜的水疱皮、结节、痂皮等可直接剪取 3～5 克。

活动物的寄生虫病，如疥螨、痒螨等，在患病皮肤与健康皮肤交界处，用凸刃小刀，刀刃与皮肤表面垂直，刮取皮屑，直到皮肤轻度出血，接取皮屑供检验。

（七）脓汁

1. 器材准备 灭菌棉拭子、灭菌注射器、记号笔、灭菌离心管、灭菌剪刀。

2. 样品要求 做病原菌检验的，应在未用药物治疗前采取。

采集已破口脓灶脓汁，宜用灭菌棉拭子蘸取，置入灭菌离心管中，剪去露出部分，盖紧离心管盖，作好标记。密封低温保存，及时送检。

未破口脓灶，用灭菌注射器抽取脓汁，密封低温保存，及时送检。

（八）尿液样品

动物排尿时，用洁净容器直接接取。也可使用塑料袋，固定在雌畜外阴部或雄畜的阴茎下接取尿液。采取尿液，宜早晨进行。也可以用导管导尿或膀胱穿刺采集。

（九）关节及胸腹腔积液的采集

1. 皮下水肿液和关节囊（腔）渗出液 用灭菌注射器从积液处抽取。

2. 胸腔渗出液 在牛右侧第五肋间或左侧第六肋间用灭菌注射器刺入抽取，马在右侧第六肋间或左侧第七肋间刺入抽取

3. 腹腔积液 采集牛腹腔积液，在最后肋骨的后缘右侧腹壁作垂线，再由膝盖骨向前引一水平线，两线交点至膝盖骨的中点为穿刺部位，用灭菌注射器抽取；马的腹腔积液穿刺抽取部位只能在马左腹侧。

（十）乳汁

乳房先用消毒药水洗净（取乳者的手亦应事先消毒），并把乳房附近的毛刷湿，最初所挤的3～4把乳汁弃去，然后再采集10毫升左右乳汁于灭菌试管中。进行血清学检验的乳汁不应冻结、加热或强烈震动。

（十一）脊髓液采集方法

使用特制的专用穿刺针，或用长的封闭针头（将针头稍磨钝，并配以合适的针芯）；采样前，术部及用具均按常规消毒。

1. 颈椎穿刺法 穿刺点为环枢孔。动物应站立或横卧保定，使其头部向前下方屈曲，术部经剪毛消毒，穿刺针与皮肤面呈垂直缓慢刺入。将针体刺入蛛网膜下腔，立即拔出针芯，脑脊髓液自动流出或点滴状流出，盛入消毒容器内。大型动物颈部穿刺一次采集量35～70毫升。

2. 腰椎穿刺法 穿刺部位为腰荐孔。动物应站立保定，术部剪毛消毒后，用专用的穿刺针刺入，当刺入蛛网膜下腔时，即有脑脊髓液呈滴状滴出或用消毒注射器抽取，盛入消毒容器内。大型动物腰椎穿刺一次采集量15～30毫升。

二、样品的保存

病料正确的保存方法，是病料保持新鲜或接近新鲜状态的根本保证，是保证检测结果准确无误的重要条件。

（一）血清学检验材料的保存

一般情况下，病料采取后应尽快送检，如远距离送检，可在血清中加入青、链霉素防腐败。除了做细胞培养和试验用的血清外，其他血清还可加0.08%叠氮钠、0.5%石炭酸生理盐水等防腐剂。另外，还应避免使样品接触高温和阳光，同时严防容器破损。

（二）微生物检验材料的保存

1. 液体病料 黏液、渗出物、胆汁、血液等，最好收集在灭菌的小试管或青霉素瓶中，密封后用纸或棉花包裹，装入较大的容器中，再装瓶（或盒）送检。

用棉拭子蘸取的鼻液、浓汁、粪便等病料，应将每支棉拭剪断或烧断，投入灭菌试管内，立即密封管口，包装送检。

2. 实质脏器 在短时间内（夏季不超过20小时，冬季不超过2天）能送到检验单位的，可将病料的容器放在装有冰块的保温瓶内送检。短时间不能送到的，供细菌检查的，放

于灭菌流动石蜡或灭菌的30%甘油生理盐水中保存；供病毒检查的，放于灭菌的50%甘油生理盐水中保存。

（三）病理组织检验材料的保存

采取的病料通常使用10%福尔马林固定保存。冬季为防止冰冻可用90%酒精，固定液用量要以浸没固定材料为宜。如用10%福尔马林溶液固定组织时，经24小时应重新换液一次。神经系统组织（脑、脊髓）需固定于10%中性福尔马林溶液中，其配制方法是在福尔马林液的总容积中加5%～10%碳酸镁。在寒冷季节，为了避免病料冻结，在运送前，可将预先用福尔马林固定过的病料置于含有30%～50%甘油的10%福尔马林溶液中。

（四）毒物中毒检验材料的保存

检样采取后，内脏、肌肉、血液可合装一清洁容器内，胃内容物与呕吐物合装合装一容器内，粪、尿、水、饲料等应分别装瓶，瓶上要贴有标签，注明病料名称及保存方法等。然后严密包装，在短时间内应尽快送实验室检验或派专人送指定单位检验。

三、样品的运送

（一）样品包装要求

装载样品的容器可选择玻璃的或塑料的，可以是瓶式、试管式或袋式。容器必须完整无损，密封不漏出液体。装供病原学检验样品的容器，用前彻底清洁干净，必要时经清洁液浸泡，冲洗干净后以干热或高压灭菌并烘干。如选用塑料容器，能耐高压的经高压灭菌，不能耐高压的经环氧乙烷熏蒸消毒或紫外线距离20厘米直射2小时灭菌后使用。根据检验样品性状及检验目的选择不同的容器，一个容器装量不可过多，尤其液态样品不可超过容量的80%，以防冻结时容器破裂。装入样品后必须加盖，然后用胶布或封箱胶带固封，如是液态样品，在胶布或封箱胶带外还须用熔化的石蜡加封，以防止外泄。如果选用塑料袋，则应用两层袋，分别用线结扎袋口，防止液体漏出或入水污染样品。

每个样品应单独包装，在样品袋或平皿外粘贴标签，标签应注明样品名、样品编号、采样日期等。装拭子样品的小塑料离心管应放在特定塑料盒内。血清样品装于小瓶时应用铝盒盛放，盒内加填塞物避免小瓶晃动，若装于小塑料离心管中，则应置于塑料盒内。包装袋、塑料盒及铝盒应贴封条，封条上应有采样人签章，并注明贴封日期，标注放置方向。

（二）样品的运送

所采集的样品以最快最直接的途径送往实验室。如果样品能在采集后24小时内送抵实验室，则可放在4℃左右的容器中运送。只有在24小时内不能将样品送往实验室并不致影响检验结果的情况下，才可把样品冷冻，并以此状态运送。根据试验需要决定送往实验室的样品是否放在保存液中运送。

要避免样品泄漏。装在试管或广口瓶中的病料密封后装在冰瓶中运送，防止试管和容器倾倒。如需寄送，则用带螺口的瓶子装样品，并用胶带或石蜡封口。将装样品的并有识别标志的瓶子放到更大的具有坚实外壳的容器内，并垫上足够的缓冲材料。空运时，将其放到飞机的加压舱内。

制成的涂片、触片、玻片上注名号码，并另附说明。玻片两端用细木条分隔开，层层叠加，底层和最上一片，涂面向内，用细线包扎，再用纸包好，在保证不被压碎的条件下

运送。

所有样品都要贴上详细标签。各种样品送实验室后，应按有关规定冷藏或冷冻保存。须长期保存的样品应置超低温冷冻（以−70℃或以下为宜）保存，避免反复冻融。

第二节　常用组织样品保存剂的配制

1. 30%甘油生理盐水配制　30份纯净甘油（一级或二级）、70份生理盐水，混合后，经高压蒸汽灭菌备用。

2. 50%甘油生理盐水配制　50份纯甘油、50份生理盐水，混合后，经高压蒸汽灭菌备用。

3. 50%甘油磷酸盐缓冲液配制　纯净甘油50份，磷酸盐缓冲液50份，混合后，经高压蒸汽灭菌备用。

4. 30%甘油缓冲溶液配制　纯净甘油30毫升、氯化钠0.5克、磷酸氢二钠1克、0.02%酚红1.5毫升、中性蒸馏水100毫升，混合后，高压蒸汽灭菌备用。

5. pH7.4的等渗磷酸盐缓冲液（0.01摩尔/毫升，pH7.4，PBS）**配制**　取氯化钠8克、磷酸二氢钾0.2克、磷酸氢二钠2.9克、氯化钾0.2克，按次序加入容器中，加适量蒸馏水溶解后，再定容至1 000毫升，调pH至7.4，高压蒸汽灭菌20分钟，冷却后，保存于4℃冰箱中备用。

6. 棉拭子用抗生素PBS（病毒保存液）**的配制**　取上述PBS液，按要求加入下列抗生素：喉气管拭子用PBS液中加入青霉素（2 000国际单位）、链霉素（2毫克）、丁胺卡那霉素（1 000国际单位）、制霉菌素（1 000国际单位）。粪便和泄殖腔、拭子所用的PBS中抗生素浓度应提高5倍。加入抗生素后应调pH至7.4。在采样前分装小塑料离心管，每管中加这种PBS1.0～1.3毫升。采粪便时，在青霉素瓶中加PBS1.0～1.5毫升，采样前冷冻保存。

7. 饱和食盐水溶液　取蒸馏水100毫升，加入氯化钠38～39克，充分搅拌溶解后，然后用滤纸过滤，高压灭菌备用。

8. 10%福尔马林溶液　取福尔马林（40%甲醛溶液）10毫升加入蒸馏水90毫升即成。

常用于保存病理组织学材料。

[本章小结]

本章主要学习了动物活体样品的采集方法及要求；样品的保存及运送要求；常用样品保存剂的配制。

[复习题]

1. 简述家禽活体样品的采集方法。
2. 简述猪的活体样品采集方法。
3. 简述牛O-P液的采集方法。
4. 简述样品的保存方法。
5. 常用组织样品保存剂有哪些？

第十五章　药品与医疗器械的使用

第一节　药品剂型

学习目标：能妥善保管易潮解、易挥发药品，了解兽药的分类和剂型。

剂型是指药物经过加工制成便于使用、保存和运输等的一种形式。兽药剂型按照给药途径和应用方法，可分为经胃肠道给药的剂型和不经胃肠道给药的剂型两大类。前者如散剂、冲剂、丸剂、片剂、糊剂、胶囊剂、糖浆剂、合剂等；后者又可分为注射给药剂型（如注射剂）、黏膜给药剂型（如滴鼻剂、点眼剂）、皮肤给药剂型（如涂皮剂、洗剂、擦剂、软膏剂等）及呼吸道给药剂型（如吸入剂、气雾剂等）。兽药剂型按照形态可分为液体剂型、固体剂型、半固体剂型、气体剂型四大类。

一、液体剂型

1. 芳香水剂、溶液剂　芳香水剂一般指挥发性芳香物质的饱和或近饱和水溶液，如薄荷水等。溶液剂一般多为不挥发性药物的透明水溶液，供内服或外用，如诺氟沙星溶液、高锰酸钾溶液等。

2. 煎剂、浸剂、流浸膏　煎剂是中草药加水煮沸一定时间去渣所得的溶液；浸剂是将中草药用水（沸水、温水或冷水）浸泡一定时间后去渣所得的溶液；流浸膏是将中草药的浸出液浓缩而成，一般1毫升相当于原中草药1克。

3. 酊剂　是指中草药或化学药物用不同浓度的乙醇浸出或溶解而得到的溶液，如碘酊、龙胆酊、番木鳖酊等。

4. 注射剂　是指灌封于特定容器中灭菌的药物溶液、混悬液、乳浊液或粉末，供注射于组织或血管中的一种制剂。如恩诺沙星注射液、庆大霉素注射液、青霉素等。

5. 乳剂　是指两种不互不相容的液相（水相及油相）加入乳化剂后制成的乳状悬浊液，水包油乳剂多供内服或混饮，油包水乳剂多供外用。

二、固体剂型

1. 散剂　是将一种或多种药物粉碎后均匀混合而成的粉末状剂型，供混饲、混饮、内服或外用，如清瘟败毒散、马杜霉素散等。

2. 冲剂　是将中草药以水煮沸或以其他方法提取后，再进一步浓缩成稠膏，以适量原药粉或蔗糖与之混合成颗粒状，服用时用开水或温开水冲服，适合集约化患病畜群混饮使用，如板蓝根冲剂。

3. 丸剂　是由药物与赋形剂造成的圆球状内服制剂。

4. 片剂　是将一种或多种药物与赋形剂混匀后制成颗粒，用压片机压制成圆片状的剂型，如增效联磺片、土霉素片等。

5. 胶囊剂 是将药物盛于空胶囊内制成的剂型，如环丙沙星胶囊、头孢氨苄胶囊等。

三、半固体剂型

1. 软膏剂 是将药物与适宜的基质混合均匀，制成容易涂布于皮肤或黏膜上的半固体外用制剂，如克霉唑软膏等。

2. 糊剂 是将大量粉状药物（25%以上）与脂肪性或水溶性基质混匀，制成的半固体制剂，如芬苯哒唑糊剂等。

3. 舔剂 是将药物与适当的辅料（如淀粉、米粥等）混合调制成粥状的剂型，适用于投喂少量对口腔无刺激性的苦味健胃药。

四、气体剂型

气雾剂：是将药物和抛射剂（液化气体或压缩气体）包装于特制的耐压容器中制成的，以雾状、微粉或烟雾状喷出的制剂，是液体微粒或固体微粒分散在气体介质中而形成的分散形式。吸入给药治疗呼吸系统疾病，具有速效定位的特点，亦可用皮肤黏膜给药及空间消毒。

第二节 器械使用

学习目标： 能够识别和使用一般外科、产科器械，能够保养、使用普通显微镜、手提高压蒸汽灭菌器。

一、外科器械的识别和使用

常用的基本手术器械有手术刀、手术剪、手术镊、止血钳、持针钳、缝针、巾钳、肠钳、牵开器、有沟探针等，现分述如下。

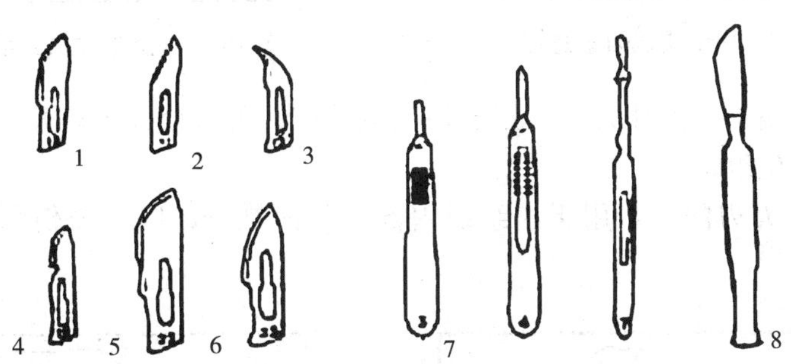

图 15-1 不同类型的手术刀具

1. 手术刀 主要用于切开和分离组织。有固定刀柄和活动刀柄两种。活动刀柄手术刀，是由刀柄和刀片两部分组成，常用长窄形的刀片，装置于较长的刀柄上。为了适应不同部位和性质的手术，刀片有许多不同大小和形状，刀柄也有不同大小的多种规格。按刀刃的形状手术刀可分为圆刃手术刀、尖刃手术刀和弯形手术刀等种类。

刀片应用持针器夹持安装，切不可徒手操作，以防割伤手指。装载刀片时，用止血钳或持针钳夹持刀片前端背部，使刀片的缺口对准刀柄前部的刀楞，稍用力向后拉动即可装上。取下时，用止血钳或持针钳夹持刀片尾端背部，稍用力提起刀片向前推即可卸下。

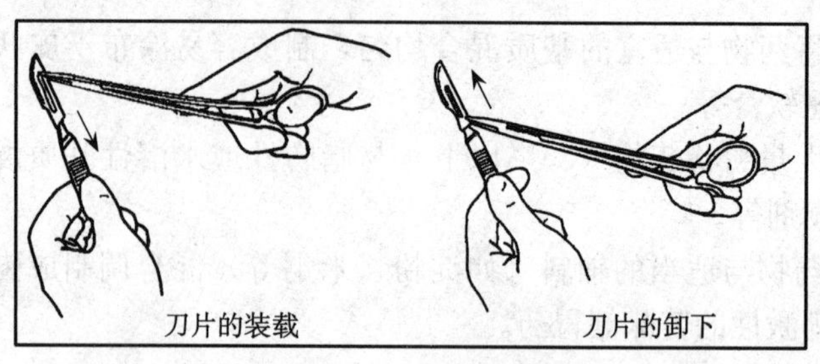

图 15-2　手术刀装卸示意图

手术刀使用方法有下列几种：

(1) 指压式　为常用的一种执刀法。以手指按刀背后 1/3 处，用腕与手指力量切割。适用于切开皮肤、腹膜及切断钳夹组织。

此法是常用的执刀法，拇指在刀柄下，食指和中指在刀柄上，腕部用力。用于较长的皮肤切口及腹直肌前鞘的切开等。

(2) 执笔式　如同执钢笔姿势。力量主要在手指，适用于短距离精细操作，如切小口、分离血管、神经等。

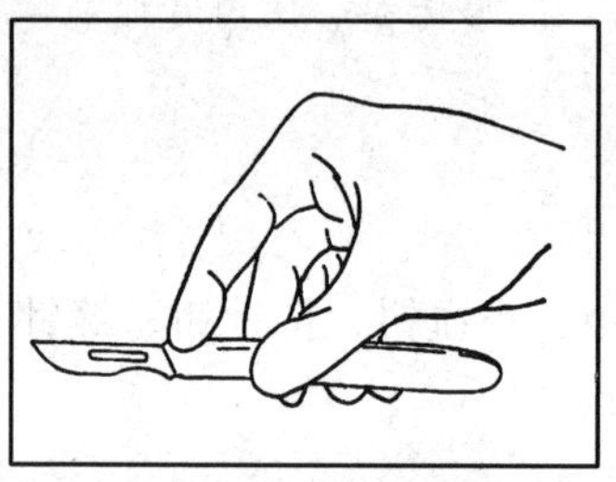

图 15-3　指压式执刀示意图

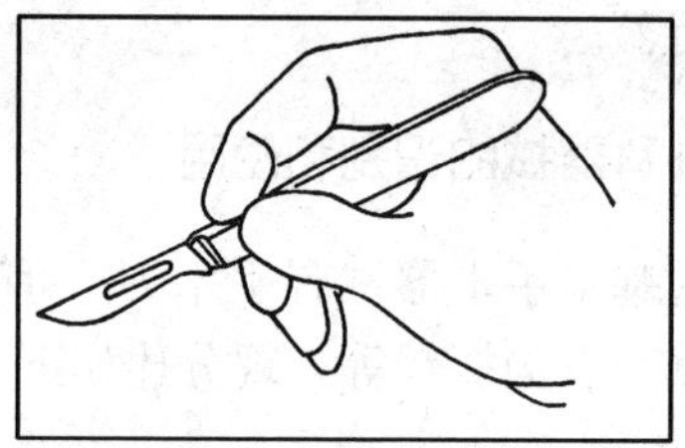

图 15-4　执笔式执刀示意图

(3) 全握式　用手全握住刀柄。用于切割范围广，用力较大的切开，如切开较长的皮肤、筋膜、慢性增生组织等。

(4) 反挑式　刀刃向上，用于由组织内部向外面挑开，以免损伤深部组织，如腹膜切开。

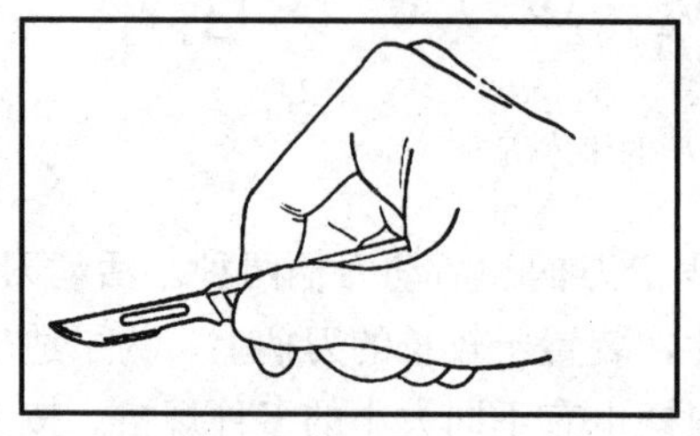

图 15-5　全握式执刀示意图

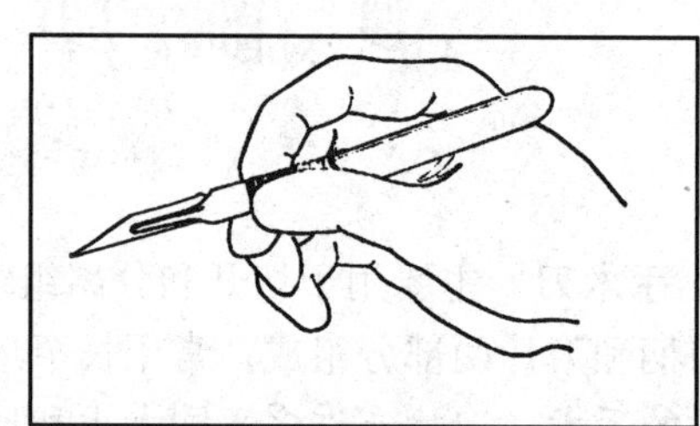

图 14-6　反挑式执刀示意图

2. 手术剪 手术剪可分为两种，一种是沿组织间隙分离和剪断组织的，叫组织剪；另一种是用于剪断缝线，叫剪线剪。组织剪尖端较薄而尖，剪刃要求税利而精细。为了适应不同性质和部位的手术，组织剪又有不同大小、长短和弯直多种规格。剪线剪剪头钝而直，刃较厚，这种剪有时也用于剪断较硬或较厚的组织。

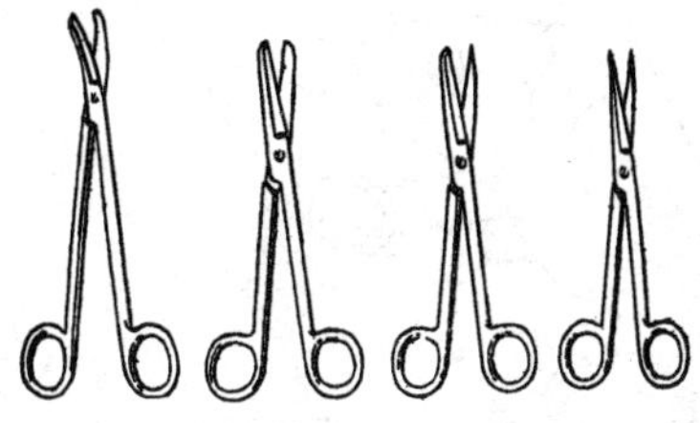

图 15-7 手术剪（组织剪）示意图

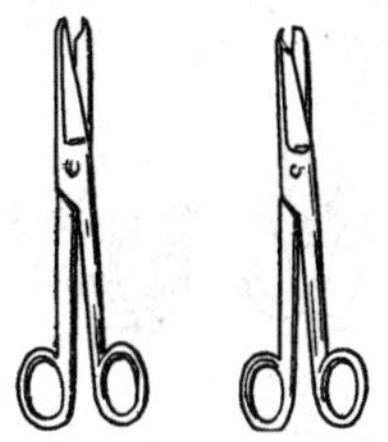

图 15-8 剪线剪示意图

正确的执剪法是以拇指和第四指插入剪柄的两环内，但不宜插入过深；食指轻压在剪柄和剪刀交界处的关节处；中指放在第四指环的前外方柄上，准确地控制剪的方向和剪开的长度。

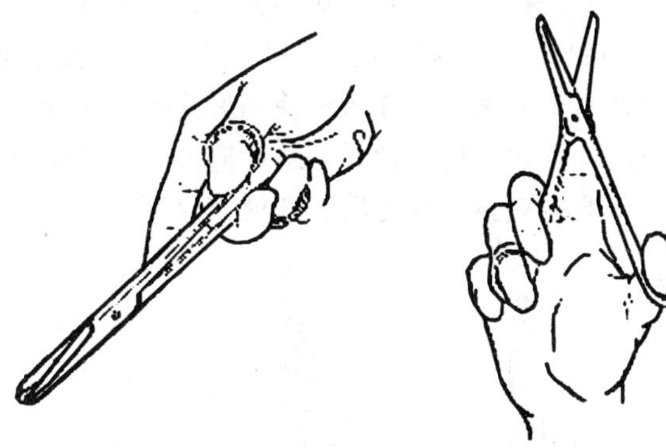

图 15-9 执手术剪姿势示意图

3. 手术镊 用于夹持、稳定或提起组织以利于切开及缝合。手术镊又分为有齿及无齿（平镊）、尖头与钝头、不同长度等多种规格，可按需要选择。

有齿镊损伤性大，用于夹持坚硬组织。无齿镊损伤性小，用于夹持脆弱的组织及脏器。精细的尖头平镊对组织损伤较轻，用于血管、神经、黏膜手术。

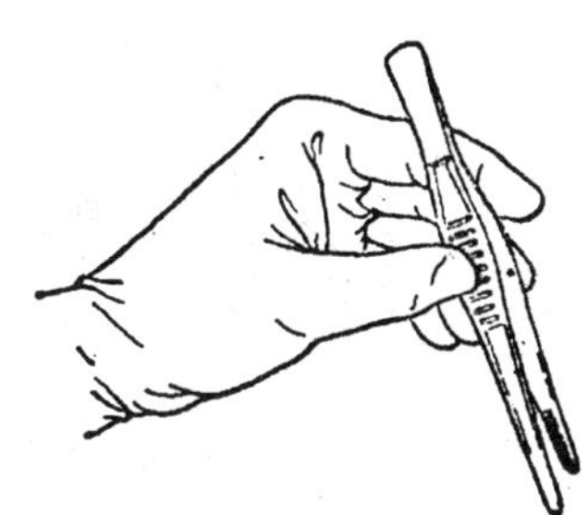

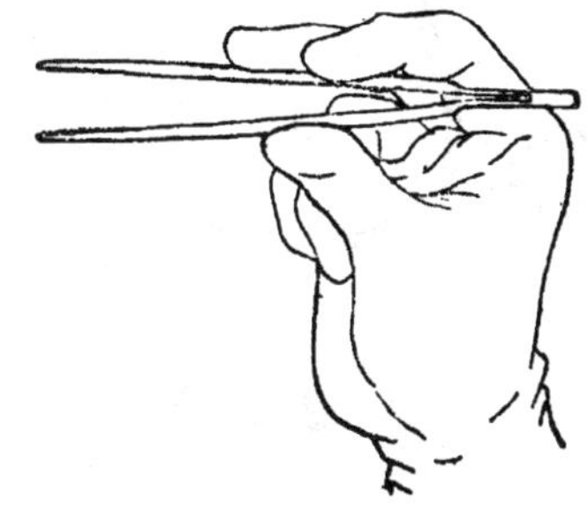

图 15-10 执手术镊姿势示意图

执镊方法是用拇指对食指和中指执拿，持夹力量应适中。

4. 止血钳 又叫血管钳，主要用于夹住出血部位的血管或出血点，以达到直接钳夹止血，有时也用于分离组织、牵扯引缝线。止血钳一般有弯、直两种，并分大、中、小等多种规格。

直钳用于浅表组织和皮下止血；弯钳用于深部止血；最小的一种蚊式止血钳，用于眼科及精细组织的止血。执拿止血钳的方式与手术剪相同。松钳方法：用右手时，将拇指及第四

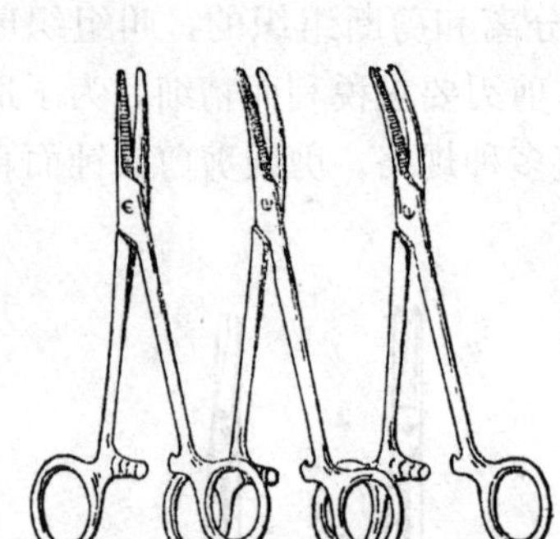

图 15 - 11　止血钳

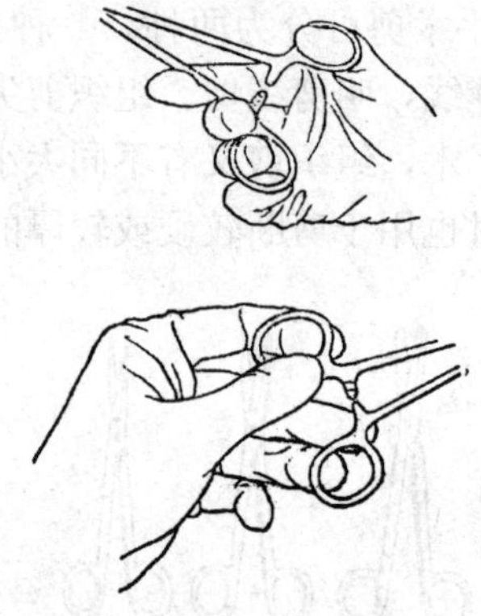

图 15 - 12　右手及左手执钳法

指插入柄环内捏紧使扣分开，再将拇指内旋即可；用左手时，拇指及食指持一柄环，第三、四指顶住另一柄环，二者相对用力，即可松开。

5. 持针钳　或叫持针器，用于夹持缝针缝合组织，通常有两种型号：即握式持针钳和钳式持针钳，兽医外科临床常使用握式持针钳。

使用持针钳夹持缝针时，缝针应夹在靠近持针钳的尖端，若夹在齿槽床中间，则易将针折断。一般应夹在缝针的后 1/3 处，以便操作。

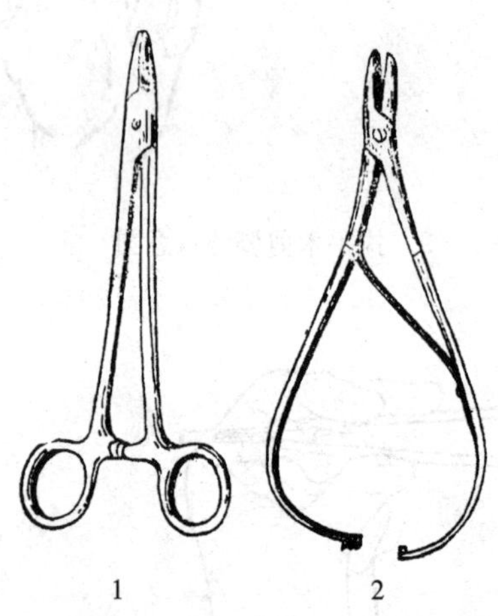

图 15 - 13　持针钳示意图

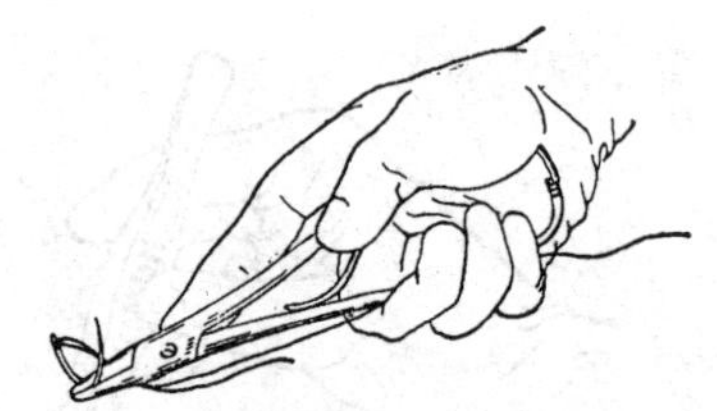

图 15 - 14　执持针钳示意图

6. 缝合针　简称缝针，主要用于闭合组织或贯穿结扎。分直针、半弯针、弯针、圆针和三棱针等。

直针一般较长，可用手直接操作，动作较快，但需要较大的空间以便操作，适用于表面组织的缝合。弯针有一定的弧度，不需太大的空间，适用于深部组织的缝合，需用持针器操作，费时较长。圆针尖端为圆锥形，尖部细，体部渐粗，穿过组织时可将附近血管或组织纤维推向一旁，损伤较轻，留下的孔道较小，适合大多数软组织如肠壁、血管、神经的缝合。三棱针前半部为三棱形，较锋利，用于缝合皮肤、软骨、韧带等坚韧组织，损伤较大。

7. 缝线　用于闭合组织和结扎血管。分为可吸收和不吸收两大类。

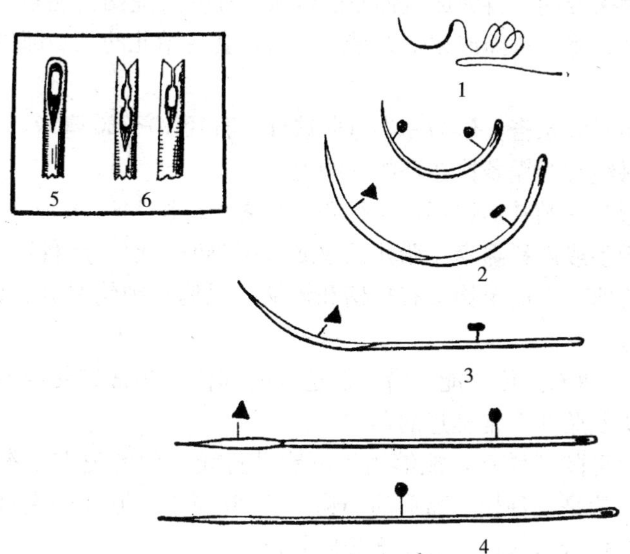

图 15-15　各种类型缝合针

（1）可吸收缝线　主要为羊肠线即肠线，一般是用化学药品浸泡灭菌，储存于无菌玻璃或塑料管内。

（2）不吸收缝线　有非金属和金属线两种。非金属线有丝线、棉线、尼龙线等，常用者为丝线。金属线也有多种，最常用者为不锈钢丝，此外尚有钽丝、银丝，但较少用。

二、产科器械的识别和使用

在助产过程中，矫正胎儿姿势或推回、拉出胎儿，有时徒手操作不能达到目的时，需用产科器械。产科器械种类很多，但须具备构造简单、坚固、使用灵活方便、不损伤母体、容易消毒等特点。现仅就常用的产科器械种类和使用方法加以介绍。

1. 拉出胎儿的器械

（1）产科绳　是矫正和拉出胎儿最必需的用品之一。常用的是棉绳和尼龙绳，质地柔软结实。产科绳直径约 0.5～0.8 厘米，长 2～2.5 米，绳的一端有耳扣，也可做结代替耳扣，常用的结是单滑结或单活结。使用时，可把绳套戴在中间三个手指上带入产道，借手指的移动，把绳圈套在胎儿的预定扣缚部分，然后用力拉出胎儿。但在套绳时，不可隔着胎膜缚住胎儿以免拉的时候滑脱。

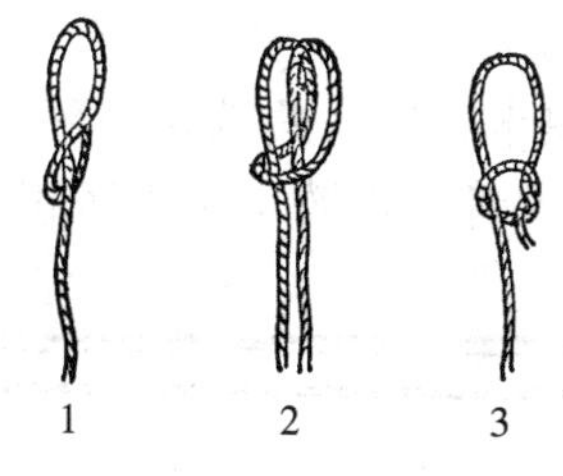

图 15-16　产科绳结示意图

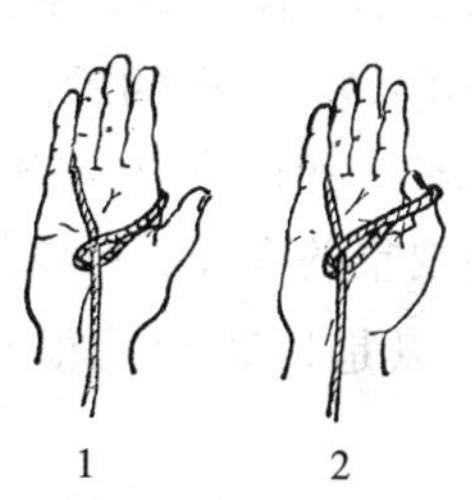

图 15-17　产科绳使用方法

（2）绳导　是用来带动产科绳或线锯条的器械。在使用绳圈套住胎儿某部有困难时，须用绳导作为穿引器械，将产科绳或线锯条带入产道，套在胎儿的某一部位。常用的有长柄绳导及环状绳导两种。

①长柄绳导　用于大家畜，形为一半弯曲铁杆，直径10～20毫米，长约25厘米，两端各有一个耳环。产科绳或线锯条拴在环的一端上。

②环状绳导　形为一椭圆形铁环，直径8～10毫米，长14～16厘米，宽4厘米左右。

（3）产科钩　用手或产科绳牵拉胎儿无效或有困难时，使用产科钩能获得很好的效果。产科钩有单钩与复钩两种，而单钩又有长柄和短柄、税钩和钝钩之分。单钩则用于钩住头、颈、眼眶、椎等部分。

长柄钩柄长约80厘米，用于能够沿直线达到的部位，非常方便得力。长柄税钩适用于死胎儿，是矫正胎头及胎儿非常理想的器械。

短柄钩在子宫内可随意转动，能够用于不能沿直线达到的地方。钩柄的圆孔须拴上绳子，以便牵拉。肛门钩是一种柄呈弧形的小钩，长30厘米。胎儿坐生且已死亡时，可将肛门钩伸入其直肠，钩住骨盆入口的骨质部分向外拉。

2. 推的器械　推胎儿常用的器械是产科梃。

产科梃是直径为1～1.5厘米、长80厘米的圆铁杆，其前端分叉，呈半圆形的两叉，后端有把柄，有的在叉中间有一尖端，可以插入胎儿组织内，推动时不易滑脱。用此推进胎儿，使产道空间扩大，便于整复胎儿异常部分。使用方法如下：

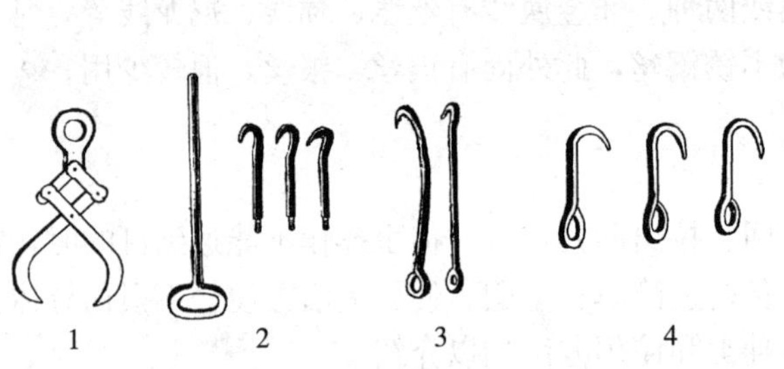

图15-18　不同形状的产科钩

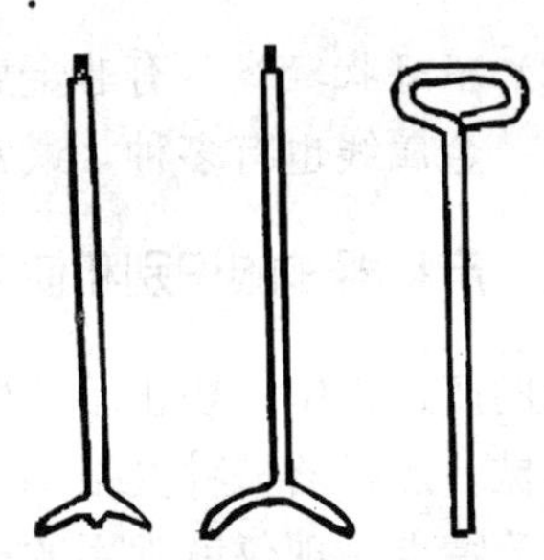

图15-19　产科梃

（1）推进胎儿时，术者握住产科梃的两叉端，带入产道或子宫，顶在胎儿一定的部位上（正生时是梃叉横顶在胎儿胸前或竖顶在颈基和一侧肩端之间。倒生时是梃叉横顶在尾根和坐骨弓之间或竖顶在坐骨弓上），用手固定，严防滑脱。

（2）趁母畜努责的间隙用力推回胎儿，在推进一定距离后，空间已扩大，矫正时，助手顶住胎儿，术者即可放手进行整复。

3. 矫正的器械　常用的矫正器械有：推拉梃、矫正梃。

（1）推拉梃　柄长约80厘米、梃叉宽7厘米、长3厘米，梃叉两端各一环。推拉梃因为有绳子固定要推的部分，可以放心用力推，不致滑脱，术者可以腾出手去矫正反常部分，不需梃叉，所以是推动胎儿很有用的器械。使用步骤为：

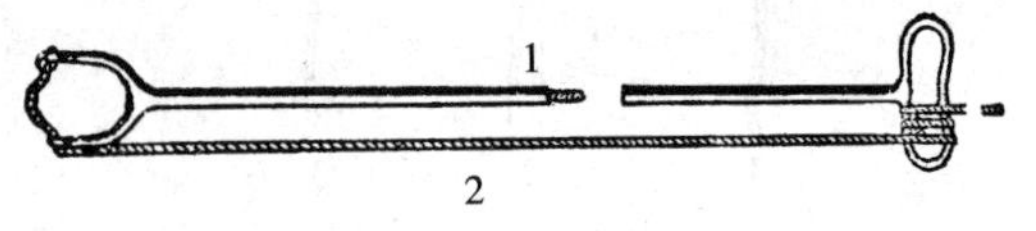

图15-20　推拉梃

①先把产科绳一端拴在推拉梃叉的一个环上。

②在绳的自由端拴上绳导，带入子宫，绕过胎儿需要推或拉的部位，然后拉出阴门之外。

③解除绳导，把绳的自由端穿过另一环。

④然后把梃叉带入子宫，助手推动，伸至需要推或拉的部分。

⑤把绳的自由端抽紧，并在梃柄上缚牢，即可对这一部分进行推、拉或矫正。

(2) 矫正梃　矫正梃的梃长约 85 厘米，直端长 8～10 厘米，分叉长 10～14 厘米。主要用于头颈发生捻转时。可将梃叉的直端插入胎儿口内，然后转动梃柄，把头扭正。

4. 截胎的器械　如死亡胎儿无法完整拉出时，可进行截胎，然后一部分一部分地拉出来。

(1) 隐刃刀　是刀刃能自由出入刀鞘，把它带入子宫或由子宫拿出时，不会损伤产道。刃身有直、弯或钩等型号规格，刀柄后端有一圆孔，可穿绳子缚在手腕上，以免滑掉。

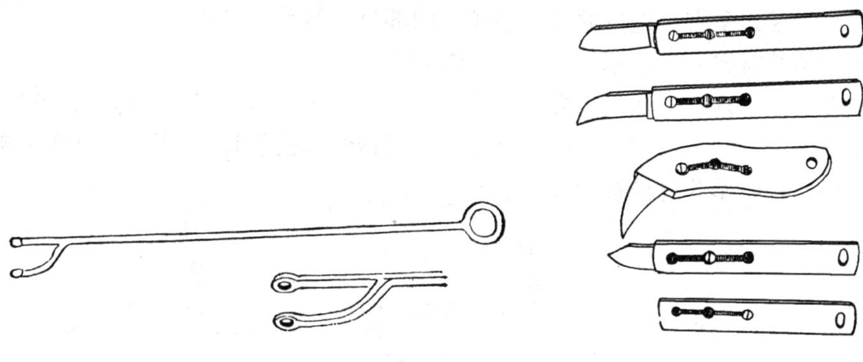

图 15 - 21　扭正梃结构

图 15 - 22　各种类型隐刃刀

(2) 产科线锯　通常用的产科线锯是由一个卡子固定的两条锯管和一根钢线锯条构成的，另外尚有一条前端带一小孔或钩的通条，以便将锯条穿过锯管。产科线锯的使用有两种方法：一是套上，二是绕上。

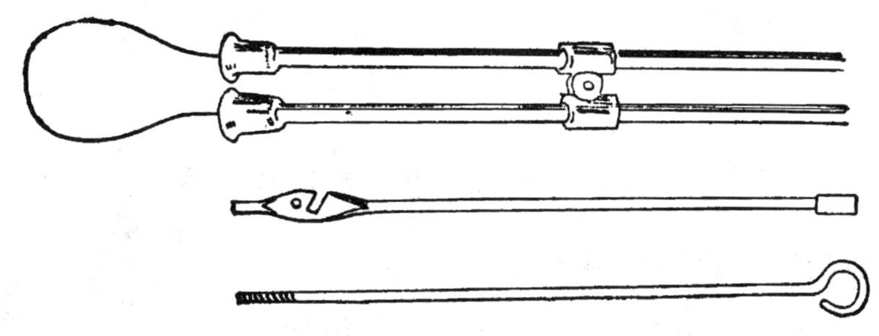

图 15 - 23　产科线锯

具体操作步骤为：

①套上　以截除姿势正常的前腿为例。

a. 先把锯条在加上卡子的两锯管内穿好。

b. 将锯条的圈套和锯管一起从蹄源码推入子宫，套到要锯断的部位上。

c. 然后锯割。

②绕上　以截除胎儿头颈侧弯为例。

a. 将锯条由后向前穿过一个锯管，拴上绳导。

b. 右手将绳导带入子宫，左手将此锯管紧跟绳导向前推进，把绳导由上向下插入颈部和躯干之间，然后再从下面找到它，并拉出阴门之外。

c. 去掉绳导，用通条把锯条由前向后穿过另一锯管，并将此锯管顺着锯条伸入子宫，抵达颈部，和前一锯管并齐。

d. 把卡子由后向前套在两锯管上，并推至一定距离。

e. 最后在锯条的两端加上把柄，这时术者把两锯管的前端用力固定住，助手即可拉动锯条。

(3) 胎儿绞断器　绞断器是由绞盘、钢管、抬杠、大小摇把和钢绞绳所组成。可绞断胎儿的任何部分，而且较线锯快。但骨质断端不整齐，取出胎儿时容易损伤产道。因此，除了从关节处绞断外，对骨质断端须用大块绞布保护。

使用步骤为：

①将绞绳的一端带入子宫，绕过胎儿准备绞断的部分，然后拉出产道。

②将钢绞绳的两端对齐，穿过钢管，固定在绞盘上。

③术者将钢管送入子宫，顶在预定要绞断的部位上，用手加以固定，以防位置改变。

④两名助手抬起绞盘，另一名助手先用小摇把绞，当钢绞绳已紧时，再用大摇把用力慢绞。如果摇把已松，说明胎儿已经被绞断。

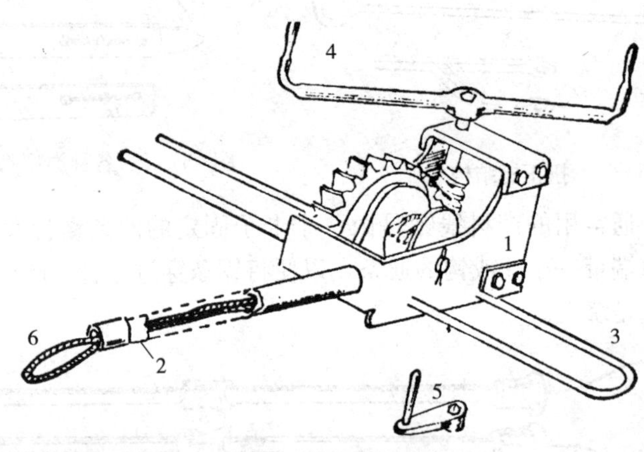

图 15-24　胎儿绞断器

1. 绞盘　2. 钢管　3. 抬杠　4. 大摇把　5. 小摇把　6. 钢绞绳

三、手提高压蒸汽灭菌器的使用方法

在 1 个大气压下，蒸汽的温度只能是 100℃，这个温度只能杀死一般细菌的繁殖体，不能杀死细菌芽孢。为了提高温度，就需增加压力。高压蒸汽灭菌器是一个密闭的金属容器，加热时蒸汽不能外溢，蒸汽不断产生，压力不断增大，水沸点也不断升高，当压力达到 103.4 千帕，温度达到 121.3℃时，维持 15～20 分钟，即可杀灭包括细菌芽孢在内的所有微生物，达到完全灭菌的目的。使用步骤为：

图 15-25　手提式高压蒸汽灭菌锅

(一) 操作步骤

1. 放置待灭菌的物品

（1）包扎要灭菌的物品。

（2）把物品放入灭菌桶容器内。注意待灭菌物品，不可排压过紧。

2. 加水 每次使用前在主体内加入适量清水，使水位一定要超过电热管。

3. 密封

（1）将放置好物品的灭菌桶放在主体内。

（2）把盖上的放气软管插入灭菌桶内侧的半圆槽内。

（3）对正盖与主体的螺栓槽，顺序地将相应方位的翼形螺母予以均匀旋紧，使盖与主体密合。

4. 加热

（1）接上与铭牌标志电压一致的电源。

（2）打开排气阀，使冷空气随着加热由桶内逸去。

（3）待有较急的蒸汽喷出时关闭排气阀。

5. 灭菌 压力表指针会随着加热逐渐上升，指示出灭菌器内的压力。当压力到达103.4千帕、温度达到121.3℃时，开始计算灭菌时间，并使之维持15～20分钟。

6. 取物

（1）灭菌时间到达后，停止加热，将电源开关拨到“关”，拔掉电源。

（2）待压力降至零时，打开排气阀放出余气。

（3）打开盖子，待物品冷却后取出。

（二）注意事项

（1）在开始加热时，打开排气阀。使桶内的冷空气随着加热逸出，否则达不到预期的灭菌效果。

（2）对不同类型，不同灭菌要求的物品，切勿放在一起灭菌。

（3）螺旋必须均匀旋紧，使盖紧闭，以免漏气。

（4）放入器内待灭菌物品，不可排压过紧，以免影响蒸汽流通，影响灭菌效果。

（5）为了保证灭菌效果，灭菌时间和压力必须准确，操作人员不得擅自离开。

（6）灭菌终了时，若压力表指针已恢复零位，而盖不易开户时，打开排气阀，使外界空气进入灭菌器内，真空消除后盖即可开启。

（7）压力表使用日久后，压力表指示不正常或者不能恢复零位时，应及时予以检修，平时应定期与标准压力表相对照，若不正常，应换上新表。

（8）橡胶密封垫圈使用日久会老化，应定期更换。

◆［本章小结］

本章主要学习了易潮解、易挥发药品的保管方法、药品分类和药品剂型的知识，识别和使用一般外科、产科器械的方法，普通显微镜的构造、保养和使用方法，手提高压蒸汽灭菌器的使用方法。

◆［复习题］

1. 如何保管易受湿度影响的药品？

2. 如何保管易挥发的药品?
3. 兽药可以分为哪些种类?
4. 药品的剂型有哪些?
5. 如何识别和使用一般外科和产科器械?
6. 如何使用手提高压蒸汽灭菌器?

第十六章　临床观察与给药

第一节　临床症状观察

学习目标：临床检查的基本方法，能正确认识患病动物皮肤、可视黏膜的病变，能做结核和鼻疽变态反应试验和判定试验结果。

一、临床检查的基本方法

临床检查的基本方法，包括问诊、视诊、触诊、叩诊和听诊等。这些方法简单、易行，对任何动物、在任何场所均可进行。

（一）问诊

问诊就是向畜主、饲养管理人员询问有关疾病的情况，以帮助诊断疾病。其主要内容包括现病史，既往病史，日常的饲养、管理，使役及利用情况等。

（二）视诊

用肉眼或借助器械通过观察病畜的异常表现来诊断疾病的方法，即为视诊。用肉眼直接观察的称为直接视诊；借助器械的称为间接视诊，指用各种内窥镜（腹腔、膀胱、胃镜、鼻喉镜等）的检查。

检查的内容包括精神、营养、被毛、皮肤、姿势、运步、胸廓、腹围、饮食、反刍、嗳气、呼吸状态、可视黏膜、排泄物及分泌物等。总之，凡能观察到的都要进行视诊。

视诊的程序与方法，一般来说是先观察整个群体，发现其中的患病个体；对于单个病畜进行视诊时，首先要进行整体观察，然后再对发病部位认真仔细地检查。一般步骤为：

1. 先站在距家畜一定距离（一般为1.5～2.0米）的位置，观察其整体状况。
2. 然后从前到后，从左到右，围绕家畜一周，观察有无异样。
3. 若发现异常，再走近家畜，仔细检查。
4. 对动物进行静态视诊后，让动物运步，进一步视诊。

（三）触诊

用手（手掌、手指、手背或拳）或简单器械，对组织器官进行触压、感觉，以判定病变部位的大小、形状、硬度、温度、敏感性、移动性等，称为触诊。

1. 触诊的分类、方法及内容

（1）按是否用器械可分为直接触诊和间接触诊。

①直接触诊　是用手直接触压感觉。如皮温的感觉、胃肠内容物的体外感知等。

②间接触诊　如用胃管进行的食道探诊，用导尿管进行的尿道的探诊，用金属探针对瘘管和创道的检查等。

（2）按触诊体内的器官分为内部触诊和外部触诊。

①内部触诊　在体内触诊组织器官为内部触诊。如大家畜的直肠检查，母畜的发情鉴定和妊娠诊断等。

②外部触诊　在体外触诊体内外器官为外部触诊。如感觉耳根、角根的温度，胸、腹部等的敏感性，肝区的敏感性检查等。

（3）据用力大小、触诊浅表和深在的器官分为浅部触诊和深部触诊。

①浅部触诊　是将手掌或手背放于动物体表不加按压，轻轻进行感触，常用于脉搏、温度、湿度等的检查。

②深部触诊　用不同的力量对患部进行按压、感知，以便进一步了解病变的硬度、大小、范围、性质等。

另外，对于大家畜还可以进行短促、有力、间歇但手不离体表的冲击式触诊，主要用于腹水、胃肠内容物情况的判断及脏器敏感性的检查。

2. 触诊可能表现的病理变化

（1）捏粉样感觉　触之柔软、弹性降低，指压可留痕迹，如生面团状，可见于皮下水肿等。

（2）波动感　行间歇性触诊时有液体波动的感觉，可见于体腔积液及体液在组织间蓄积，如腹腔积液、血肿、脓肿、淋巴外渗、蜂窝织炎等。

（3）捻发音　触诊柔软且稍有弹性，并感到有气体向邻近组织串动，同时能听到类似用手捻转头发的声音，这是由于组织间隙聚集有气体的原因。见于皮下气肿、气肿疽及恶性水肿等。

（4）坚实感　触诊有坚实、致密、硬固的感觉。见于肠便秘、瘤胃积食、蜂窝织炎的早期、慢性皮炎及结缔组织增生时等。

触诊时注意，应做到先健区后病区，先周围后中心，先浅后深，先轻后重。

（四）叩诊

叩诊是根据叩击动物体表所产生音响的性质特点，以推断被叩组织和深在器官有无病理改变的一种检查方法。主要用于肺、心的检查，偶尔用于胃、肠、肝、脾及鼻窦的检查。

1. 叩诊的分类及方法　按是否直接叩击到动物体表，将其分为直接叩诊和间接叩诊两种。

（1）直接叩诊　用手指或叩诊槌直接叩击动物体表的方法，可用于脊柱、鼻旁窦、喉囊等组织和器官的检查。

（2）间接叩诊　按是否用器械分为指指叩诊和槌板叩诊两种。

①指指叩诊　将一手的中指平贴于动物体表，用另一弯曲第二指节的中指指尖叩击其上。由于此法叩击力量较小，振动范围也不广，所以，主要用于中、小动物的检查。

②槌板叩诊　用特制的叩诊器械（叩诊槌和叩诊板）进行叩击。其方法是，一手拿叩诊板紧贴于动物体表，另一手握叩诊槌叩在叩诊板上。因此法叩击力量可大可小，所以，对大、中、小动物都可用。

2. 叩诊注意事项

(1) 叩诊板和用做叩诊板的手指要紧贴动物体表，毛长者要分开被毛，体瘦者叩诊板要沿肋间竖放，使板与体壁间不留空隙。

(2) 叩诊板不应过于用力压迫。除作叩诊板的手指外，其余不应接触体壁，以免影响组织振动。

(3) 叩诊槌要垂直叩在叩诊板上，用力的轻重应视病变的深浅及范围的大小而灵活掌握。病变深、范围大的可重叩，反之应轻叩；但不论什么情况，都不能过于重叩，尤其在判定病健组织界限时，要轻重适当。

(4) 叩诊时要以腕关节为轴，用手腕的力量，有节奏地短促而又间歇地叩击 2 次或 3 次。

(5) 当发现叩诊异常时，应与健康部位及相对称的部位进行比较叩诊。

叩诊音是由被叩击的组织器官发出的。由于肺组织含气多，弹性好，振幅大，所以音响强，持续时间也长，但因频率低，音调也就低，这样的声音听之清晰，为之清音。肌肉、肝脏等部位，不含气体且密度较大，弹性差，振幅小，音也就弱，持续时间也短，但频率高，音调也高，此音听起来钝浊，故称浊音（实音）。在盲肠基部、瘤胃的上部，由于含有少量气体，音响较强，持续时间较长，音如鼓响，称之为鼓音。在肺的边缘部位，由于含气较少，清音不那么典型，再向周边叩击则呈浊音，它是介于清、浊音之间的过渡音，一般称之为半浊音（表 16-1）。

表 16-1　动物体表叩诊音比较表

音响特点	清音（满音）	浊音（实音）	鼓　音
音响强度	强	弱	强
持续时间	长	短	长
音调高度	低	高	低或高
正常分布区	肺区	肌肉、肝区、心脏绝对浊音区	盲肠基部、瘤胃上部

（五）听诊

听诊是听取机体发出的自然或病理性音响，根据音响的性质特点判断疾病。主要用于心、肺、胃肠的检查。

1. 听诊的分类及方法　根据是否用听诊器将其分为直接听诊和间接听诊两种。

(1) 直接听诊　即在欲听诊部位的体表垫一听诊布（普通平布即可），用耳朵贴于其上直接听之。此法简单易行，声音也真实，但不安全，也不卫生，不常应用。

(2) 间接听诊　用听诊器进行听诊。临床应用的有模式听诊器、钟形听诊器和微音（扩音）听诊器等。

2. 听诊注意事项

(1) 听诊环境要安静（最好在室内或避风处），注意力要集中。

(2) 要经常检查听诊器，接头有无松动，胶管有无老化破损或堵塞。

(3) 听诊器的接耳端要松紧适当地插入外耳道，过紧耳易疲劳，过松易受杂音干扰。接体端要密贴动物体表，但不要用力压迫。

(4) 听诊过程中，胶管不能与任何物体摩擦，以免造成干扰。

二、检查患病动物的皮肤变化

（一）检查被毛

1. 检查被毛光泽。

2. 检查被毛长度。

3. 检查被毛清洁程度。

4. 检查被毛是否容易脱落及有无痒感等。

正常状态：健康畜禽的被毛平滑，富有光泽，且不易脱落（春秋两季换毛季节除外）。

患病状态：患病时，被毛逆立蓬松粗乱，失去光泽、易脱落或换毛季节推迟；慢性疾病或长期消化不良时，换毛迟缓；患有疥癣及湿疹时，被毛容易脱落，并现出有鳞屑或痂皮覆盖的皮肤。

（二）检查皮温

1. 确定检查部位：猪是耳及鼻端，牛是角根及四肢，马是耳、四肢及鼻端等。

2. 用手背触摸病畜的局部皮肤或全身皮肤。

患病状态：全身皮温增高，多见于热性病、疝痛等；全身皮温降低，四肢发凉，多见于久病衰弱；皮温不整，表示血液循环、神经支配紊乱；某一部位皮温增高，多见于局部性疾病。

（三）检查皮肤湿度

1. 观察动物鼻镜及全身皮肤有无出汗。

2. 用手背触诊动物皮肤是否干燥或湿润。

患病状态：剧痛性疾病如骨折、疝痛等，全身皮肤出汗；心力衰竭、虚脱、大出血等，常出冷汗；皮肤干燥，多见于老龄家畜的营养不良、大量失水等；局部出汗，多与外周神经创伤性损伤有关；牛鼻镜、猪鼻面干燥，表示已发生疾病。

（四）检查皮肤颜色

1. 先直接用眼检查动物的皮肤有无异常。

2. 被毛深的动物要用手掀开被毛再观察皮肤颜色。

3. 用手指按压动物皮肤，看是否不褪色。

患病状态：多在皮肤无色素部位检查。出血性潮红，是皮肤或皮下组织内溢血的结果，用手指按压时不褪色，常见于猪瘟等；充血性潮红，是皮肤毛细血管扩张、血管内积聚大量血液引起，用手指按压时颜色容易消失，可见于猪丹毒等；皮肤苍白，多见于大失血、内出血、贫血等；皮肤黄染，是黄疸症的特征，常见于马十二指肠卡他、梨形虫病等。但被毛和皮肤有色的动物，其充血或出血病变不明显。

（五）检查皮肤弹性

1. 检查部位，马在颈侧，牛在最后肋骨附近，小家畜在背部。

2. 将该处皮肤捏起成一皱襞后再放开。

3. 观察其恢复原态的情况。

患病状态：如果皱襞迅速消失，则表示皮肤弹性正常。严重肠炎脱水、大出血、虚脱、皮肤病、寄生虫病、营养不良等均可使皮肤弹性减退或消失，以致皱襞消失很慢或完全不消失。

（六）检查皮肤肿胀

1. 用手或器物触诊检查皮下或体表肿胀部位。

2. 检查肿胀部位的大小、形态。

3. 判定肿胀内容性状、硬度、温度、移动性和敏感性。

患病状态：皮肤肿胀包括皮下气肿、水肿、脓肿、血肿及其他病理的皮肤容积增大。

（1）皮下气肿　即皮下组织积有多量的气体，按压时有捻发音，叩诊时有鼓音。多见于疏松组织部位，一般无热痛。如气肿疽、黑斑病甘薯中毒后期等可发生皮下气肿。

（2）皮下水肿　是由于皮下积聚液体而引起，触诊呈捏粉状，指压痕消失很慢。炎性水肿多发生在压伤或挫伤之后，发红、有热痛；非炎性水肿不发红、无热痛。

（3）脓肿和血肿　发生于皮下化脓或皮下出血，触诊有波动感。穿孔机刺或自溃后，脓肿流出脓液，血肿流出血液。

（七）检查气味

1. 用手触摸动物皮肤后，闻手上是否有异味。

2. 用手轻微扇动动物呼出的气体，闻其气味是否异味。

3. 取动物新鲜粪便或尿液，闻其是否有异味。

患病状态：各种家畜都有其特有的气味，当患有某些疾病时，可出现病理的特异气味，如尿毒症的尿臭味，酮血症的醋酮味，皮肤坏疽的尸臭味等。

三、检查患病动物的黏膜变化

（一）检查患病动物黏膜颜色

一般检查黏膜颜色，是以眼结膜、口黏膜及舌等为主。健康家畜眼结膜均为淡粉红色而有光泽，但马的略带黄色，牛眼结膜颜色略淡。

1. 操作步骤

（1）检查病畜的左（右）眼时，站在病畜左（右）边。

（2）左（右）手把住病畜笼头或鼻缰，右（左）手横靠于眼的下后方，用拇指和食指撑开结膜。

（3）观察结膜的色泽，有无肿胀、分泌物、损伤等情况。

2. 注意事项　检查家畜眼结膜时，动作要轻缓。

（二）黏膜常见的病理颜色和表现

1. 苍白　血液中血红蛋白减少，各可视黏膜都呈现苍白色，这是贫血的典型病变。发生较缓慢的，常因体内寄生虫病、贫血性疾病、慢性水泵性疾病及营养不良所引起；大量出血以后或内出血时，结膜马上变苍白，而且皮温显著下降。

2. 潮红　表示充血。如呈树枝状的血管性充血，见于脑充血及脑膜炎、肺炎、热性病初期以及心脏疾患所引起的循环障碍。结膜呈弥漫性暗红色，见于高度呼吸困难、胃肠炎后期、炭疽等。

3. 发绀　黏膜呈紫蓝色，无光泽，也可表现在鼻、唇黏膜，是心力不足、大循环淤血、血内氧含量不足，病情严重的象征。可见于出血性败血症、创伤性心包炎、中毒病，及引起心力衰竭和呼吸障碍的疾病等。

4. 黄染　可视黏膜呈黄色，是黄疸的一个特征。见于血液寄生虫病、肝脏疾病以及胆

石症、十二指肠炎、磷中毒等。

5. 眼结膜肿胀 炎性肿胀，常见于某些传染病，如猪瘟、结膜炎、流感、犬瘟热等。水肿性肿胀，结膜具有玻璃样光泽，多见于体内寄生虫病或衰竭性疾病等。

第二节　尸体剖检

学习目标：能剖检畜禽尸体，能识别畜禽脏器的病变。

一、畜禽尸体剖检方法

（一）尸体剖检的准备

1. 剖检的时间 尸体剖检除特殊情况下，最好在白天进行，以正确地反映脏器固有的颜色；剖检尸体愈早愈好。

2. 剖检场地的选择 剖检场地应坚实、平整、不渗透，便于清洗、消毒，防止病原扩散。最好在有一定设备条件的室内进行剖检。如在野外剖检，要选择比较偏僻的，远离居民点、动物饲养场、水源、畜群、草地、交通要道的干燥地方，挖一个深坑，深度视尸体大小而定，坑边铺上干草或塑料布等垫物，把尸体放在上面剖检。剖检完后，将尸体连同垫物推入坑中掩埋或焚烧。

3. 剖检器械 剥皮刀、解剖刀、外科刀、镊子、斧子、锯子等。

4. 消毒液 0.1%新洁尔灭溶液或3%来苏儿溶液、4%氢氧化钠溶液、5%碘酊、75%酒精等。

5. 尸体的运送 搬运尸体时，应防止其排泄物、分泌物泄漏地面，要用不透水的密闭容器运送。对传染病尸体应用浸有消毒液的棉花或纱布等将尸体天然孔及穿透创进行堵塞或包扎，并用消毒药液喷洒尸体体表。使用后的运送工具要严密消毒或掩埋。

6. 剖检人员的防护准备 应准备好工作服、橡皮手套、胶靴、口罩、护目镜等；在手臂上涂上凡士林油以保护皮肤，防止感染；剖检中如术者手或其他部位不慎被损伤时，应立即消毒或包扎；如有血液或渗出物溅入眼或口内，应用2%硼酸水冲洗。

（二）畜禽尸体剖检术式

首先，进行外部检查，检查和记录尸体来源、病史、症状、治疗经过，检查尸体体表特征，可视黏膜有无出血、充血、淤血、溃疡、外伤等，尸体姿势、卧位、尸冷、尸僵、尸斑、尸腐、腹部有无臌气，天然孔有无异物，分泌物和排泄物的性质等。对怀疑死于炭疽的病尸，禁止解剖。

然后进行内部检查，通常包括剥皮、皮下检查、体腔剖开、内脏器官摘出及器官检查四个步骤。

1. 猪的剖检术式 猪的剖检一般不剥皮，通常采取背卧（仰卧）式。

（1）打开腹腔

①第一刀自剑状软骨后方沿腹壁正中线向后直切至耻骨联合的前缘。

②第二、三刀分别从剑状软骨沿左右肋软骨弓后缘至腰椎横突，作弧形切线，两线均切透，至此，腹腔即打开。

（2）摘出脏器

①首先检查腹腔脏器位置，腹水量、颜色等。

②接着在横膈膜处双重结扎并切断食管、血管。

③在骨盆腔处双重结扎并切断直肠。

④将整个腹腔脏器一并取出，边取边切断脊椎下的肠系膜韧带。

⑤分离并作双重结扎，分别取下胃、十二指肠、回肠、空肠、盲肠和结肠、肝脏等。

⑥再于腰部脊柱下取出肾脏。

⑦观察骨盆腔脏器的位置及有无异常变化。

⑧锯开耻骨和坐骨，一并取出骨盆腔脏器、肛门和公畜阴茎。

(3) 打开胸腔及摘出胸腔脏器

①先切除胸廓两侧的肌肉，用刀或剪沿左右两侧肋软骨和肋骨结合处切断或剪断，切断胸肌和胸膜。

②切断肋骨与胸椎的连接，打开胸腔。

③切开下颌皮肤和皮下脂肪，向后剥离颌下及颈下部肌肉组织，暴露出支气管、食管。

④切断胸腔内的韧带，并切断舌骨，将舌、咽、喉、气管等连同心、肺一起取出。

(4) 内脏器官的检查

①由表及里用眼观、手触及刀子切割等方法，有系统地、重点进行检查。

②观察各脏器及附近的淋巴结的大小、形状、色泽、硬度。

③分段全面观察胃、肠、膀胱有无病理变化。

④寄生虫检查材料应在检查脏器时收集。

2. 鸡的尸体剖检术式 一般登记和体表检查与猪基本相同。

(1) 先将羽毛用水或消毒水浸湿，以免绒毛及尘土扬起。

(2) 尸体取背卧位，将两侧大腿与腹壁相连处的皮肤与疏松结缔组织切开，用力按压两大腿，使之脱臼，使背卧位更平稳，或用钉固定于木板上（两腿及头部），便于操作。

(3) 打开胸、腹腔。于胸骨末端的后腹部作一横切至两侧腰部，再作一直切口至肛门，并分离肛门与周围的连接；用骨剪剪断胸骨与肋骨的连接部，打开胸、腹腔。

(4) 观察脏器位置、胸水和腹水的状况等。

(5) 切断食管，将腺胃、肌胃、肝、脾、肠管及肛门一同取出。

(6) 再用剪刀剪开喙角，打开口腔，切断舌骨，将舌、喉、食管、嗉囊、气管等从颈部剥离下来。

(7) 用刀柄进行钝性分离，把肾、肺、心脏取出，将卵巢和输卵管或睾丸一起取出。

(8) 用骨剪剪开鼻腔，检查鼻腔及其内容物。

(9) 脏器检查的一般方法与其他动物脏器的检查基本相同。

3. 牛的尸体剖检术式 牛的躯体重而大，有大容量的胃，故剖检牛尸体时，应取左侧卧位。

(1) 剥皮 由下颌角开始沿腹正中线纵切切开皮肤，直至脐部，分成两切线绕开生殖器或乳房，再吻合于尾根下。沿四肢内侧中线切开四肢皮肤，至系（跗）关节下作环形切线，沿上述各线剥下全身皮肤，边剥边观察皮下组织的变化。

(2) 截肢 沿肩胛骨环形切线，切断所有的肌肉、血管和神经，最后将前肢向背侧牵引，即可取下前肢。沿股骨大转子环行切割其肌肉和韧带，当大转子周围的肌肉被大部切除后，将后肢向背侧牵引，切脱关节即可取下后肢。

(3) 胸、腹、骨盆腔脏器的摘出　牛胸、腹、骨盆腔打开的切线、脏器摘出和观察与猪的基本相同，在脏器摘出时，先由胃开始，找到十二指肠进行双重结扎，在其中间切断，将整个胃取出。然后再以双重结扎，分离取出全部肠管及其他脏器。

（三）尸体处理

尸体的处理必须在动物防疫监督人员监督下进行。应按《中华人民共和国动物防疫法》及有关规定处理。

二、畜禽脏器的常见病理变化

（一）出血的病理变化

破裂性出血时，如流出的血液蓄积组织间隙或器官的被膜下，形成肿块并压挤周围组织，称为血肿；如血液流入体腔，则称为腔出血或腔积血（如胸腔积血、心包积血等）。渗出性出血时，常因发生的原因和部位不同而有所差异。常见有以下几种形态。

1. 点状出血　多呈粟粒大至高粱米大，弥漫性散布，见于浆膜、黏膜及肝、肾等器官的表面。如马传贫病马舌下点状出血、鸡新城疫病鸡腺胃出血等。

2. 斑状出血　形成绿豆大、黄豆大或更大的密集血斑。如鸭病毒性肝炎肝脏出血。

3. 出血性浸润　血液弥漫浸透于组织间隙，出血局部呈整片暗红色，在肾脏、膀胱发生渗出性出血时，有时见到血尿。当机体有全身性渗出性出血倾向时，称为出血性素质。如最急性型猪肺疫咽喉部出血性浆液性浸润。

（二）梗死的病理变化

1. 贫血性梗死　主要是由于动脉阻塞的结果，常发生于脾、肾、心、脑等处。由于梗死区缺血，加上梗死区的细胞蛋白凝固等，故梗死区呈苍白色。由于肾、脾的血管呈树枝状分布，因而梗死灶位于脏器的边缘时，切面上多呈三角形或楔形，尖端指向被阻塞的血管，梗死灶与周围分界清楚，常有充血、出血带包围。

2. 出血性梗死　常见于脾、肺、肠，梗死灶因有出血而呈暗红色。肠系膜血管有丰富的吻合枝，肺内动脉不仅吻合枝多且有支气管动脉的双重支配，因而个别动脉阻塞并不引起梗死。只有在动脉阻塞的同时，又伴有严重的静脉淤血时，由于局部静脉压升高可阻止动脉吻合枝的血流，并妨碍侧枝循环的建立，从而发生梗死，进而淤积在静脉和毛细血管内的血液亦随血液的自溶而泛滥于梗死区内，形成出血性梗死。如猪瘟脾脏的出血性梗死。

（三）坏死的病理变化

局部组织或细胞的死亡称为坏死，是一种不可恢复的病理过程。如禽霍乱的肝脏灰白色坏死灶，但并不是所有的坏死都是病理现象，有的是生理现象，如表皮的死亡脱落，白细胞的不断破坏等。

（四）结石

凡在排泄或分泌器官的管腔或囊腔内，有机成分或无机盐类由溶解状态变为固体物质的过程称为结石形成，所形成的固体物称为结石。

结石多见于胃、肠、胰腺排泄管、胆囊、胆管、肾盂、膀胱和尿道中。如鸡传染性法氏囊炎病、鸡肾性支气管炎的肾结石、牛胆结石、马肠结石等。

结石的形状，有球形、方形，也有圆柱形的；结石的颜色，有白色、黄色、棕色的，也有几种颜色构成各种斑纹的；结石的质地，可以是坚硬的，也可以是柔软或疏松的；结石的锯面有的是均质的，有的呈条索状，有的在中心部由各种异物形成核心，外围呈轮层状或放射状排列；结石的大小极不相同，大的直径可达 30 厘米，而小的却只有细砂粒大，结石的重量可以从百分之一克到十多千克。

（五）黄疸

由于胆红素形成过多或排泄障碍。大量胆红素蓄积在体内，使皮肤、黏膜、浆膜及实质器官等染成黄色，称为黄疸。如梨形虫病、钩端螺旋体病、马传染性贫血、附红细胞体病、胆道蛔虫等均可引起皮肤、黏膜、浆膜等黄染。

（六）水肿的病理变化

1. 体积增大 水肿器官组织由于组织内滞留多量水肿液，致使体积增大，结构致密的组织体积肿胀多不明显。

2. 紧张度的改变 发生水肿的组织，紧张度增加，弹性减少，因而指压留有压痕，而且压痕消失很慢，这种表现以皮肤浮肿时最为明显。

3. 颜色的改变 发生水肿的组织，由于组织内积聚大量的无色液体，并压迫血管，故组织多贫血而呈苍白色。

4. 切面的改变 切开水肿组织时，切面高度湿润，往往有透明感，有透明无色或淡黄色液体自切口流出，用手挤压流出的液体增多，组织疏松，间质增宽。

第三节 常用寄生虫检测方法

学习目标：能用漂浮法检查寄生虫卵、用皮屑溶解法检查螨虫，用血液涂片法检查畜禽的原虫。

一、漂浮法检查虫卵

1. 取粪便 10 克，加饱和食盐水 100 毫升。

2. 充分搅拌，通过 60 目铜筛，滤入烧杯中，静置半小时，则虫卵上浮。

3. 用一直径 5～10 毫米的铁丝圈，与液面平行接触以蘸取表面液膜，抖落于载玻片上。

4. 镜检。也可以取粪便 1 克，加饱和食盐水 10 毫升，充分搅拌，筛滤，滤液注入试管中，补加饱和食盐水溶液使试管充满，上覆以盖玻片，并使液体与盖玻片接触，其间不留气泡，直立半小时后，取下盖玻片，覆于载玻片上，置显微镜下检查。

但是在检查比重较大的后圆线虫卵时，则可先将粪便按沉淀法操作，取得沉淀物后，在沉渣中加入饱和硫酸镁溶液，进行漂浮，收集虫卵，制片镜检。

二、皮屑溶解法检查螨虫

（一）采取病料

螨类主要寄生于家畜的体表或表皮内，因此在诊断螨病时，必须刮取患部的皮屑，经处

理后在显微镜下检查有无虫体和虫卵，才能做出准确的诊断。刮取皮屑，应在患病皮肤与健康皮肤的交界处进行刮取，在这里螨虫最多。

1. 操作步骤

（1）刮取时先将患部剪毛，用碘酊消毒。

（2）用凸刃外科刀，在酒精灯上消毒，然后在刀刃上蘸一些水、煤油、5%氢氧化钠溶液、50%甘油生理盐水等。

（3）用手握刀，使刀刃与皮肤表面垂直，尽力刮取皮屑，一直刮到有点轻微出血。

（4）将刮取物盛于平皿或试管内供镜检。

2. 注意事项

（1）切不可轻轻地刮取一些皮肤污垢供检查，这样往往检不到虫体而发生误诊。

（2）对蠕形螨的病料采取，要用力挤压病变部，挤出病变内的脓液，然后将脓液摊于载玻片上供检查。

（二）皮屑的检查法

为了确诊螨病而检查患部的皮屑刮取物，一般有两种检查法，即死虫检查法和活虫检查法。死虫检查只能找到死的螨类，这在初步确立诊断时有一定的意义。活虫检查可以发现有生活能力的螨类，可以确定诊断和检查用药后的治疗结果。

1. 皮屑内死虫检查法

（1）煤油浸泡法

①将少许刮取的皮屑物放在载玻片上。

②滴加几滴煤油，用另一片载玻片盖上。

③捻压搓动两个载玻片，使病料散开、粉碎。

④用实体镜（或扩大镜）和显微镜低倍检查。

（2）沉淀检查法

①将由病变部位刮下的皮屑物放在试管内，加10%的苛性钠（钾）溶液。

②在酒精灯上加热煮沸数分钟或不煮沸而静置2小时，或离心沉淀5分钟。

③经沉淀后，吸取沉渣，镜检。在沉淀物中往往可以找到成虫、若虫、幼虫或虫卵。

2. 皮屑内活虫检查法

（1）直接检查法

①在刀刃蘸上50%甘油生理盐水溶液或液体石蜡或清水，用力刮取皮屑。

②将黏在刀刃上的带有血液的皮屑物，直接涂擦在载玻片上。

③置显微镜下检查。如是螨病，可看到有活的螨类虫体在活动。

（2）温水检查法

①用力刮取皮屑。

②将患部刮取物浸于40～45℃的温水内，置恒温箱内（40℃）20～30分钟。

③刮取物倒于玻璃表面上。

④在显微镜下观察。

由于温热的途径，虫体即由皮屑的痂皮中爬出来，集合成团并沉于水底，很易看到大量活动的螨虫。

（3）油镜检查法

本法主要用于螨病治疗后的效果检查，察看用药后虫体是否被杀死。主要是用油镜检查螨内淋巴液有无流动的情况。

①将少许新鲜刮取的皮屑，置于载玻片中央。

②滴加 1～2 滴 10%～15%的苛性钾（钠）溶液。

③不加热直接加上盖玻片并轻轻地按压，使检料在盖玻片下均匀地扩散成薄层。

④用低倍镜检查虫体后，更换油镜检查。

如果是活的虫体，能在前肢和后肢系基部以及更远的部位、虫体的边缘可明显地看到淋巴包涵体在相互沟通的腔内迅速地移动。如果是死的虫体，这些淋巴则完全不动。

三、血液涂片检查原虫

血液内的寄生性原虫主要有伊氏锥虫、梨形虫（焦虫）和住白细胞虫。检查血液内的原虫多在耳静脉或颈静脉采取血液，制作血液涂片标本，经染色，用显微镜检查血浆或细胞内有无虫体。同时为了观察活虫亦可用压滴标本检查法。

（一）涂片染色标本检查法

是临床上最常用的血液原虫的病原检查法。采血多在耳尖，有时亦可在颈静脉。

1. 将新鲜血滴少许于载玻片一端，以常规方法推成血片。
2. 干燥后，滴甲醇 2～3 滴于血膜上。
3. 待甲醇自然干燥固定后，然后用姬姆萨氏或瑞氏液染色。
4. 用油镜检查。

（二）鲜血压滴标本检查法

本法主要用于伊氏锥虫活虫的检查，在压滴的标本内，可以很容易观察到虫体的活泼活动。

1. 将采出的血液滴在洁净的载玻片上少许。
2. 加上等量的生理盐水与血液混合。
3. 加上盖玻片，置于显微镜下低倍检查。

发现有活动的虫体时，可在酒精灯上稍微加温或将载玻片放在手背上，经加温后可以保持虫体的活力。由于虫体未经染色，检查时最好使视野的光线成为弱光，则易于观察虫体。

（三）集虫检查法

当家畜血液内虫体较少时，用上述方法检查病原就比较困难，甚至有时常能得出阴性结果，出现误诊。为此，临床上常用集虫法，将虫体浓集后再作相应的检查，以提高诊断的准确性。

1. 在离心管内先加 2%柠檬酸钠生理盐水 3～4 毫升。
2. 采取被检动物血液 6～7 毫升，充分混合后，以 500 转/分，离心 5 分钟。
3. 将红细胞上面的液体用吸管吸至另一离心管内，并在其中补加一些生理盐水，再以 2500 转/分离心 10 分钟，即可得到沉淀物。
4. 用此沉淀物涂片、染色、镜检。

本法适用于对伊氏锥虫和梨形虫病的检查，其原理是：由于锥虫及感染有虫体的红细胞

比正常细胞的比重轻，当第一次离心时，正常红细胞下降，而锥虫或感染有虫体的红细胞尚悬浮在血浆中；第2次较高速的离心则浓集于管底。

第四节　变态反应试验

学习目标：能做牛结核皮内变态反应试验和马鼻疽点眼试验和判定试验结果。

变态反应是抗原抗体反应的一种异常表现。机体再次接触同种抗原刺激时，会引起异常强烈的免疫反应，导致严重组织损伤和机能紊乱，表现出各种特征性的免疫病理反应，这种改变常态的免疫病理反应称为变态反应。

变态反应发生的过程，可分为两个阶段。第一阶段为致敏阶段，当机体初次接触变应原后，产生相应抗体或致敏淋巴细胞，动物进入敏感状态；第二阶段为反应阶段，敏感状态的机体再次接触同一种变应原时，机体被激发产生变态反应。

一、牛结核皮内变态反应试验

（一）准备

1. 药品　结核菌素提纯蛋白衍生物（PPD）、酒精、碘酊、来苏儿。

2. 器械　注射器、针头、消毒器、镊子、毛剪、消毒盘，卡尺、脱脂棉、纱布、鼻钳、毛刷、工作服、口罩、胶手套、胶靴以及记录工具。

3. 将牛只编号

4. 保定牛并确定注射部位　犊牛（1～3个月）在肩胛部，大牛（3个月以上）在颈侧中部上1/3处。术部如有病变应选另一侧或其他地方。

5. 术部剪毛（直径约10厘米）　用卡尺测量术部中央皱襞厚度，并作好记录。

6. 注射剂量　不论大小牛只，一律皮内注射每毫升含2万国际单位的牛型结核分枝杆菌PPD稀释液0.1毫升。

（二）注射

先以75%的酒精消毒术部，然后皮内注射定量的牛型结核分枝杆菌PPD，注射后局部应出现小疱，如对注射有疑问时，应另选15厘米以外的部位或对侧重做。

（三）观察反应

皮内注射后经72小时判定，仔细观察局部有无热痛、肿胀等炎性反应。并以卡尺测量皮皱厚度，作好详细记录。对疑似反应牛应立即在另一侧以同一批PPD同一剂量进行第二次皮内注射，再经72小时观察反应结果。

对阴性牛和疑似反应牛，于注射后96小时和120小时再分别观察一次，以防个别牛出现较晚的迟发型变态反应。

（四）结果判定

1. 阳性反应　局部有明显的炎性反应，皮厚差大于或等于4.0毫米。

2. 疑似反应　局部炎性反应不明显，皮厚差大于或等于2.0毫米，小于4.0毫米。

3. 阴性反应　无炎性反应。皮厚差在2.0毫米以下。

凡判定为疑似反应的牛只，于第一次检疫60天后进行复检，其结果仍为疑似反应时，经60天再复检，如仍为疑似反应，应判为阳性。

二、马鼻疽菌素点眼试验

（一）准备

1. 药品 鼻疽菌素、酒精、来苏儿、碘酊、硼酸棉。

2. 器械 点眼管、煮沸消毒器、镊子、消毒盘、耳夹子；记录板及记录纸；胶手套及工作服。

3. 人员分工 当大群检疫时，要对被检牲畜进行编号并对参加工作的人员进行必要的组织和明确的分工。

（二）点眼

1. 点眼前必须两眼对照，详细检查眼结膜，并加以详细记录，眼结膜正常者方可进行点眼。还应对牲畜进行一般的临床检查，特别应注意检查颌下淋巴结、体表状况及有无鼻漏等。

2. 规定间隔5～6天作两次点眼为一次检疫；每次点眼必须点于同一眼中，一般应点于右眼；右眼生病，可点于左眼，但须在记录上注明；双瞎不能做点眼反应，可改做皮内注射。

3. 点眼应在清晨时进行，以便最后第9小时的判定在白天进行。

4. 点眼时可由助手固定马匹，术者左手用食指插入眼睑窝内使瞬膜露出，用拇指拨开下眼睑，使瞬膜与下眼睑构成凹兜；右手持吸好鼻疽菌素的点眼管，用手掌下缘支于额骨之眶部以保持平稳，使点眼器尖端距凹兜约1厘米左右，拇指按压胶皮头，滴入鼻疽菌素3～4滴。

5. 点眼后应注意拴好动物，防止风砂侵入眼睛，阳光直射以及动物摩擦眼部。

（三）结果判定

1. 判定反应，应在点眼后3、6、9小时，共检查3次，并尽可能做到在第24小时再检一次。

2. 判定时应先在马头正面对照观察两眼，在第6小时要翻开眼睑检查，仔细检查结膜状态，有无眼眵，并按符号记录结果。其余观察必要时须翻眼检查。

3. 每次检查点眼反应时均应记录判定结果。最后应以连续两次点眼中任何一次最高反应进行判定。

（四）判定标准

1. 阴性反应 点眼后无反应者或结膜仅有轻微充血及流眼泪者，其记录符号为（一）。

2. 疑似反应 眼结膜潮红，轻微肿胀，分泌灰白色浆液性及黏液性（非脓性）眼眵者，其记录符号为（±）。

3. 阳性反应 结膜发炎，肿胀明显，并分泌数量不等之脓性眼眵者，其记录符号为（+）。

第五节 给 药

学习目标：能正确处理一般药物的副反应，能实施胃管给药、瘤胃穿刺术、马盲肠穿刺术、静脉输液法、瓣胃注入法。

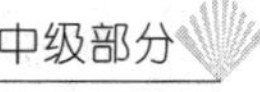

一、处理药物副作用

药物副作用是指治疗剂量的药物所产生的一些与防治疾病无关的作用。副作用属药物的固有性质，一般反应较轻，是可以预知并可提前控制的，可以通过使用负效应的颉颃药减少药物的副作用。如用阿托品来解除胃肠痉挛时所引起的口干等就是副作用；又如使用隆朋时，会出现流涎或呕吐等副作用，可用阿托品来控制。

二、胃管给药

如果所用水剂药物量过多、带有特殊气味，经口不易灌服时，此时一般需要使用胃管给药。

（一）牛、羊胃管给药

1. 牛胃管给药

（1）操作步骤

①将牛确实保定好。

②胃管可从牛的口腔或鼻腔经咽部插入食道。经口插入时，应该先给牛戴上木质开口器；固定好头部，将胃导管涂布润滑油自开口器的孔内送入，当胃管尖端到达咽部，会感触到明显阻力，术者可轻微抽动胃管，促使其吞咽，此时随牛的吞咽动作顺势将胃管插入食道。

③当通过多种方法判断后，确认胃管已插入食道才能给药（表16-2）。

④投完药后，吹净胃导管中的药，再缓慢拔出胃管。

（2）注意事项

如果误将胃管插入到气管内而又不经过认真检查便盲目给药，则可能将药物直接灌入气管及肺内，引起异物性肺炎或窒息而死亡。

表16-2　胃管插入食道或气管的鉴别要点

鉴别方法	胃管插入食道内	胃管插入气管内
胃管插入时的感觉	稍感有阻力	无阻力
观察咽、食道及动物的反应	有吞咽动作、咀嚼、动物安静	剧烈咳嗽，动物不安
触摸颈静脉沟	食道内有一坚硬探管	无
听诊胃管外端	可听到不规矩的呼噜声	有较强的气流冲耳
嗅诊胃管外端	有胃内容物的酸臭味	无味道
吹气入胃管	随气流吹入，颈沟中可见明显波动	无波动
胃管外端插入水中	无气泡	随呼吸动作，可见有规则的气泡出现
捏扁橡皮球接于胃管外端	不鼓起	迅速鼓起

2. 羊胃管给药法　其操作方法是与牛的大致相同，可参见牛的胃管给药法。

（二）猪胃管给药

可选择猪专用的胃管，经口腔插入。

1. 操作步骤

（1）首先将猪站立或侧卧保定，用开口器将口打开，或用特制的中央钻一圆孔的木棒塞入其口中将嘴撑开。

（2）然后将胃管沿圆孔向咽部插入。

（3）其后操作同牛胃管给药。

2. 注意事项 如果给猪投胃管的目的是为了导出胃内容物（如治疗急性胃扩张）或洗胃时，一定要判定胃管是否已从食道进入胃内，才可以继续操作。

（三）马胃管给药

1. 患马六柱栏内保定，助手保定好其头部并使其头颈不要过度前伸。

2. 术者站于稍右前方，用左手握住一侧鼻端并掀起其外鼻翼，右手持涂布好润滑油的胃管，通过左手的指间沿鼻中隔徐徐插入鼻管。

3. 当胃管前端抵达咽部时，术者会感觉明显阻力，此时可稍停或轻轻抽动胃管促使马的吞咽动作，并伴随其咽下动作而将胃管插入食道。

4. 当通过鉴别方法确定胃管已插入食道后，再将胃管向前送至颈部下 1/3 处，并在其外端连接漏斗即可给药。

5. 给药过程结束后，要用少量清水冲净胃管内药液，然后徐徐抽出胃管。

（四）犬胃管给药

1. 准备 犬胃管给药时，应该先准备一个金属的或硬质木料制成的纺锤形带手柄的开口器，表面要光滑，开口器的正中要有一个插胃管的小孔。再准备一个胃管（幼犬用直径0.5～0.6厘米，大犬用直径 1.0～1.5 厘米的胶管或塑料管，也可用人用的 14 号导尿管代替）。

2. 保定 给药时大犬应采取坐立姿势保定，幼犬可抓住前肢并抬高，使身体呈竖直姿势。

3. 开口 助手或犬主将纺锤形的开口器放入病犬口内，任其咬紧，并将开口器两端连有绳子系在犬头部耳后，以固定开口器。

4. 投胃管 操作方法同牛的胃管给药。

5. 给药 投好胃管后，在胃管末端接上无针芯的注射器，药液通过注射器及胃管缓缓进入胃内，投完药后，徐徐拔出胃管，这样可防止残留在胃管中的药液误入气管。

（五）胃管给药注意事项

1. 应根据动物种类的不同选择适宜口径及长度的胃导管，目前市场上已有多种动物的特制胃管可供选择。

2. 胃管插入前要清洁干净并消毒，在其外壁涂布润滑油（液体石蜡或植物油），操作时动作要轻柔、徐缓。

3. 有明显呼吸困难的病畜不宜用胃管给药，尤其不能从鼻腔插入。有咽炎的病畜也不宜用胃导管给药。

4. 应利用多种方法去判断胃管是否已正确插入食道，确保胃导管插入正确。

5. 在插入胃管时，如果病畜出现剧烈咳嗽，不断挣扎，应立即停止插入，将胃管拉出，再重新投放；在灌药中途，如果动物骚动而使胃管脱出时应立即停止灌药，待重新插入并确定无误后再继续灌药。

6. 投完药后，要吹净胃导管中的药，缓慢地拔出胃导管。

7. 在插入胃管鼻黏膜出血时，应视情况采取相应措施。若少量出血，可以不采取措施，不久可停止；出血较多时，可以将病畜头部适当抬高，进行鼻部、额部冷敷或用大块纱布、

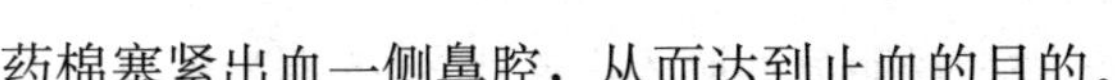
药棉塞紧出血一侧鼻腔，从而达到止血的目的。

三、瘤胃穿刺给药

在牛羊瘤胃急性膨胀并且严重时，通过穿刺放气以缓解症状；向瘤胃内注入防腐制酵药液，可制止瘤胃内继续发酵产气。

（一）操作步骤

1. 将动物站立保定，术部剪毛、消毒；穿刺部位在左肷部，髋结节与最后肋骨边线的中点，距腰椎横突 10～12 厘米处，也可选择肷部隆起最明显处穿刺。

2. 术者左手将术部皮肤稍向前移，右手将瘤胃穿刺套管针针尖对准穿刺点，向右侧肘头方向迅速刺入，即可刺入瘤胃内，继续刺入 10～12 厘米。

3. 固定套管，拔出针芯，用手指间歇堵住管口，缓慢放气。如果套管阻塞，可插入针芯，疏通堵塞物，切忌拔出套管。

4. 气体排除后，为防止臌气复发，可经套管向瘤胃内注入防腐制酵药液，如 5%克辽林液 20 毫升或 1%福尔马林液 500 毫升等。

5. 拔出套管针之时，应先插入针芯，并用力压住套管周围皮肤，拔出套管针，以免套管内污物落入腹腔或污染创道。

6. 创口涂以碘酊消毒。

（二）注意事项

1. 放气速度不可过快，要间歇放气，以免发生急性脑贫血而虚脱。

2. 整个过程要严格消毒，防止术部感染和继发腹膜炎。

3. 在套管针刺入皮肤时，如果刺入困难可先切开术部皮肤 1 厘米，再将针从切口处刺入。在紧急情况下，无套管针时，也可用封闭针头、竹管等迅速穿刺放气，以抢救病畜，然后再采取抗感染等措施。

四、马盲肠穿刺给药

马属动物急性盲肠臌气时，通过穿刺放气可缓解症状；向肠腔内注入防腐制酵药液，可用于治疗马属动物盲肠膨胀。

1. 将马骡站立保定。

2. 穿刺部位剪毛、消毒。穿刺部位在右肷窝的中心处，即距腰椎横突约 7～9 厘米处，或选在有腔窝最明显的膨胀处。

3. 先将皮肤纵向切开 0.5～1.0 厘米的小口（用封闭针头时，可不用切口），右手持肠管穿刺套管针（或封闭针头），由后上方向前下方，对准对侧肘头迅速穿透腹壁刺入盲肠内，深约 6～10 厘米。

4. 然后左手固定套管，拔出针芯，气体即可自行排出。

5. 在排气之后，为了制止肠内继续发酵产气可经套管向肠腔内注入防腐制酵剂。

6. 拔出套管时，应将针芯插入套管内，同时用左手紧压术部皮肤，使腹膜紧贴肠壁，然后将套管针拔出。

7. 术部涂以碘酊，并用火棉胶绷带覆盖术部切口。

有些时候，当马骡左侧大结肠臌气极其明显时，也可进行结肠穿刺排气。结肠穿刺排气时，可用封闭针头或16号长针头，垂直于腹部臌气最明显处刺入，深达3～5厘米即可。

五、静脉注射给药

静脉输液法系将药液直接注入静脉内，随着血液很快分布到全身，所以其药效迅速，同时其排泄也快。它适用于大量的补液、输血、局部刺激性大的注射剂的给药（如水合氯醛、氯化钙），急救危重病时给药，如静注强心剂等。

（一）给猪静脉注射给药

常采用耳静脉或前腔静脉进行注射。

1. 耳静脉注射

（1）将猪站立或侧卧保定，耳静脉局部消毒。

（2）助手用手指按压耳根部静脉管处或用胶带在耳根部扎紧，使静脉血回流受阻，静脉管充盈、怒张。

（3）术者用左手把持猪耳，将其托平并使注射部位稍有隆起，右手持连接针头的注射器，沿静脉管方向使针头与皮肤呈30°～45°角，刺入皮肤和血管内，轻轻回抽注射器活塞，如见回血即为已刺入血管，然后将针管放平并沿血管稍向前送入。

（4）撤去压迫脉管的手指或解除结扎的胶带。

（5）术者用左手拇指压住注射针头，右手徐徐推进药液，直至药液注完。如果大量输液时，可用输液器、输液瓶代替注射器。操作方法相同。

（6）注药完毕，左手拿酒精棉球紧压针孔，迅速拔出针头。为了防止血肿，继续紧压局部片刻，最后涂布5%碘酊。

2. 前腔静脉注射　前腔静脉位于第一肋骨与胸骨柄结合处的正前方，于右侧进行注射，针头刺入方向呈近似垂直并稍向中央及胸腔方向，刺入深度依据猪体大小而定，一般为2～6厘米。

（1）对猪采取站立保定或侧卧保定。

（2）站立保定时，在右侧耳根至胸骨柄的边线上，距胸骨端约1～3厘米处，边刺边回抽活塞观察是否回血，如果见到有回血即表明针头已刺入前腔静脉，可注入药液。

（3）猪取仰卧保定时，固定好其前肢及头部。局部消毒后，术者持连有针头的注射器，由右侧沿第1肋骨与胸骨结合部前侧的凹陷处刺入，并且稍微斜刺向中央及胸腔方向，一边刺入一边回抽，当见到回血后即表明针头已刺入，即可徐徐注入药液。

（4）注射完毕后拔出针头，局部消毒。

（二）给牛、羊静脉注射给药

1. 颈静脉注射

（1）将牛站立保定，使其头部稍向前伸，术部进行剪毛、消毒。

（2）术者用左手压迫颈静脉的近心端（靠近胸腔入口处），或者用绳索勒紧颈下部，使静脉回流受阻而怒张。

（3）确定好注射部位后，右手持针头用力地直刺入皮肤（因牛的皮肤很厚，不易穿透，最好借助腕力猛力刺入方可成功）及血管，若见到有血液流出，表明已将针头刺入颈静脉中，再沿颈静脉走向稍微向前送入。

（4）固定好针头后，连接注射器或输液瓶的胶管，即可注入药液。

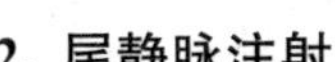

2. 尾静脉注射

（1）在近尾根的腹中线处进针，准确部位应根据动物大小不同而变化，一般距肛门10～20厘米。

（2）注射时，术者必须举起牛尾巴，使它与背中线垂直，另一只手持注射器在尾腹侧中线，垂直于尾纵向进针至稍微触及尾骨。

（3）试着抽吸，若有回血，即可注射药液或采血。如果无回血，可将针稍微退出 1～5 毫米，并再次用上述方法鉴别是否刺入。

奶牛的尾静脉穿刺适用于小剂量的给药和采血，可在很大程度上代替颈静脉穿刺法，而且尾部抽血可减轻患牛的紧张程度，避免牛吼叫和过度保定，操作简便快捷，值得推广应用。

羊的静脉注射法多在颈静脉注射，其操作方法参照马的静脉注射。

（三）给马静脉注射给药

多在马的颈静脉注射。部位在颈侧颈静脉沟的上 1/3 与中 1/3 的交界部位。

1. 将马在柱栏内站立保定，将其头部拉紧前伸并稍偏向对侧，术部剪毛、消毒。

2. 术者用左手拇指在颈静脉的近心端（靠近胸腔入口处）压迫静脉管，使其充盈、怒张。

3. 右手持注射针头，使其与皮肤呈 45°角，迅速刺入皮肤及血管内，如见回血，表明针头已准确刺入脉管；如果未见回血，可稍微前后上下移动针头，使其进入血管。

4. 针头刺入血管后，将针头后端靠近皮肤，并近似平行的将针头在血管内前送 1～2 厘米。

5. 术者的左手可松开颈静脉，将注射器或输液管与针头相连接，并用夹子将其固定于皮肤上，然后徐徐注射药物。

6. 注射完毕后，以酒精棉球压迫注射局部并拔出针头，再用 5%的碘酊局部消毒。

（四）给犬静脉注射给药

多在后肢外侧小隐静脉或前肢内侧头静脉进行注射，特殊情况下（犬的血液循环障碍，较小的静脉不易找到）也可在颈静脉注射。

1. 后肢外侧小隐静脉注射

（1）助手将犬侧卧保定，固定好头部。

（2）在后肢胫部下 1/3 的外侧浅表皮下找到后肢外侧小隐静脉，局部剪毛、消毒。

（3）用胶管结扎后肢股部或由助手用手紧握，此时静脉血回流受阻而使静脉管充盈、怒张。

（4）术者左手握在要注射部位的上方，右手持 5 号半注射针头沿静脉走向刺入皮下及血管，证明已刺入静脉，此时可将针头顺血管腔再刺入少许，

（5）解开结扎带或助手松开手，术者用左手固定针头，右手徐徐将药液注入。

2. 前肢内侧头静脉注射

对犬的保定及注射方法与后肢外侧小隐静脉相同，而且位于前肢内侧头静脉比后肢外侧小隐静脉更粗、更易固定，因此在犬的一般注射或取血时，经常采用该静脉。

（五）给猫静脉注射给药

常在前肢腕关节下掌中部内侧的头静脉或后肢股内侧的隐静脉进行静脉注射。

1. 前肢内侧头静脉注射

（1）将猫侧卧或伏卧保定，固定好头部，局部剪毛、消毒。

（2）助手用橡胶带扎紧或用手握紧前肢上部，使头静脉充盈怒张。

（3）术者用右手持注射针头顺静脉刺入皮下，再与血管平等刺入静脉，此时针头若有回血，助手松开手或解开橡胶带。

（4）术者将针头沿血管腔稍微前送，固定好针头，进行注射。

2. 后肢股内侧皮下隐静脉注射 后肢股内侧皮下隐静脉注射方法与犬相同。

猫静脉点滴时，以每分40滴之内为宜，否则会加重心脏负担而引起不适，如呕吐等。

六、瓣胃注入给药

瓣胃注入给药系将药液直接注入牛的瓣胃内，以使其内容物软化的一种注射方法，它主要用于牛的瓣胃阻塞的治疗。

牛的瓣胃位于右侧第7～10肋间，注射部位在右侧第9肋间，肩关节水平线上下2厘米范围内，略向前下方刺入。

（一）操作步骤

1. 将动物在六柱栏内站立保定，注射局部剪毛、消毒。

2. 术者立于动物右侧，手持16～18号针头，垂直刺入皮肤后，调整针头使其朝向对侧肘突方向刺入约8～10厘米。

3. 判断针头是否刺入瓣胃，方法是：针头连接上注射器并回抽，如果见有血液或胆汁，提示针头刺入到肝脏或胆囊，可能是针头刺入点过高或其朝向上方所致，应将针头拔出，调整好朝偏下方刺入，先用注射器注入20～50毫升生理盐水后回抽，如果见混有草屑的胃内容物，即为刺入正确。

4. 连接注射器注入所需药物。

5. 注射完毕后，迅速拔出针头，进行局部消毒。

（二）注意事项

向瓣胃内注入药物时一定要确实保定，对躁动不安的患畜可先肌注镇静剂后再进行注射。在注入药物时，一定要确保针头准确刺入瓣胃。

[本章小结]

本章学习了临床检查基本方法，如何识别患病动物皮肤、可视黏膜的病变，牛结核皮内变态反应和马鼻疽菌素点眼试验，畜禽尸体剖检方法及常见病理变化。胃导管给药方法，瘤胃穿刺方法，马盲肠穿刺方法，各种动物静脉注射方法，药物不良反应常见症状，常见寄生虫检测方法等。

[复习题]

1. 临床检查基本方法有哪些？如何操作？
2. 如何识别患病动物皮肤的变化？
3. 如何识别患病动物可视黏膜变化？
4. 变态反应的基本原理是什么？

5. 如何进行牛结核皮内变态反应试验和结果判定？
6. 如何进行马鼻疽菌素点眼试验和结果判定？
7. 怎样对牛、猪、禽尸体进行剖检？
8. 畜禽脏器常见的病理变化有哪些？
9. 如何处理药物副作用？
10. 如何给牛、羊、猪、马、犬用胃管灌药？
11. 怎样进行瘤胃穿刺给药？
12. 怎样进行马盲肠穿刺给药？
13. 怎样进行牛、羊、猪、马、犬、猫静脉输液给药？
14. 如何进行瓣胃注入给药？
15. 如何用漂浮法检查虫卵？
16. 如何用皮屑溶解法检查螨虫？
17. 如何用血液涂片检查原虫？

第十七章　动物阉割

第一节　成年母畜的阉割

一、大母猪的阉割（大挑花）

（一）操作步骤

1. 术前检查

（1）发情检查　若母猪阴户充血、肿胀，跑圈不安，不喜吃食，即为发情表现。在发情期，生殖器官极度充血，不利于施术，故阉割宜在休情期进行。

（2）怀孕检查　怀孕母猪，生殖器官血流旺盛，手术易引起大出血，故不宜施行大挑花阉割术。

2. 术前准备

（1）为减轻腹内压，术前禁食半天。宜在天气晴朗而无风的日子施术，并尽量在早晨手术。

（2）场地要打扫干净，预先消毒场地，预防术中感染。

（3）准备专用阉割刀一把，三棱针数支，缝合线适量，5%的碘酊棉球、0.1%新洁尔灭等消毒药品适量。

3. 保定

右侧倒卧保定，背向术者，用一结实的木棒压住母猪的颈部，并用绳拴紧两后退，或由助手将两后肢拉直，并加固定。术者站于母猪的背外侧，用右脚踩住母猪的颈侧面。也可采用倒吊保定法。

4. 手术（肷部切开法）

(1) 确定手术部位

①较小或瘦弱的母猪手术部位的确定：从髋结节向腹下引一条垂线至膝前皱襞，再由此线两端即髋结节和膝前皱襞，分别向肋骨与肋软骨连接处，引两条线相交，即为肷部三角区（腹胁部），三角区的中央，即为手术部位。（图 17-1）。

②较大或膘肥的母猪手术部位的确定：髋结节和膝前皱襞间垂直连线的下三分之一与中三分之一交界处的稍前方即为术部位。（图 17-1）。

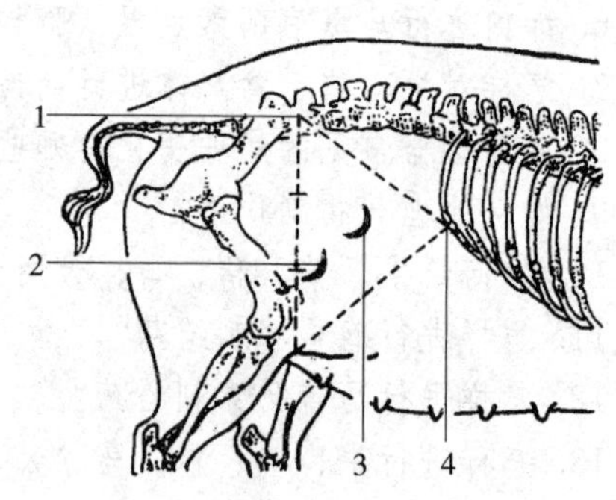

图 17-1 切口部位的形状
1. 髋结节 2. 垂线中、下三分之一交界切口处
3. 肷部三角中央切口处 4. 肋骨与肋软骨连接处

(2) 剪毛消毒 术部剪毛，用温肥皂水清洗，再用消毒液清洗，拭干，涂擦 5%碘酊，再用 75%酒精脱碘。

(3) 切开腹壁 采用肷部三角区的中央为切口，切开皮肤和穿透腹壁左手将术部皮肤抓起，使成与猪体平行的皱襞，或以左手拇指按定术部，右手持刀向后下方作长约 3～5 厘米的半月形（或直线）切口。

(4) 穿透腹膜 再用食指戳穿腹肌，然后食指稍向腹后移动，趁猪嚎叫时，迅速一次穿通腹膜。

(5) 寻找卵巢 用右手食指伸入腹腔，沿腹壁向背侧由前向后探摸卵巢。卵巢一般位于倒数第二腰椎下方骨盆腔入口的两旁（少数位于骨盆内），当摸到一粒（蚕豆大小）滑动而比较坚硬的东西即为卵巢（此时猪会强烈挣扎和嚎叫）。

(6) 钩出卵巢 用第一指节钩住卵巢系膜和输卵管（花衣和花颈），紧贴于腹壁向外将其钩出，将钩出的卵巢（花子）放在创口外。重新插入食指，通过直肠下方到对侧探摸对侧卵巢，同上法钩出。为避免卵巢在钩拉中滑脱，当食指将卵巢压定在左侧腹壁时，右手拇指同时在腹壁外侧与食指相对用力下压，加以协助。

(7) 摘（切）除卵巢 对较小母猪卵巢的摘除以拇指和食指反复捻挫子宫角与输卵管交接处，直至挫断摘出卵巢；对较大的或正在发情的和发情前后 2～3 天的母猪，用丝线结扎卵巢系膜，于结扎线下 1 厘米处切除卵巢。卵巢切除后，用右手食指将子宫角送入腹腔，再沿着腹腔内壁轻轻旋转滑动几下，以便整理肠管，防止肠管脱入创口内。

(8) 缝合 将皮肤和肌肉作结节缝合；如母猪肥大，创口较长时，应将腹膜、腹横肌一起作连续缝合。清洗创口，并涂布碘酊消毒。

(9) 术后处理 最后，以一手掌轻轻压住创口，另一手提起猪的左后肢，令猪走几步，放走并注意母猪的活动情况，手术完成。

（二）注意事项

1. 熟练掌握触摸、钩取技巧 术者要熟练左手食指或右手食指触摸卵巢和子宫角的灵敏度，以及食指钩取卵巢的技巧。

2. 手指要沿腹壁进出 用食指伸入腹腔寻找卵巢时，要沿腹壁进入，以免受肠道干扰；在钩取卵巢时，食指尖端要沿腹壁退出，以防滑脱。

3. 要注意整复子宫角和肠道 缝合切口之前，要注意整复子宫角和肠道，以免被切口

夹住而引起后遗症。缝合切口时切勿缝上肠道。

二、阉割的继发症及其处理

1. 刀口化脓的处理 每1～2天用生理盐水、0.1%高锰酸钾液或0.1%新洁尔灭等防腐消毒溶液冲洗患部，除去坏死组织，然后撒上青霉素粉剂，直到创口痊愈为止。如创口过大，可进行部分缝合。体温升高时，肌注青霉素或磺胺类药物。

2. 肠管及子宫角脱出的处理 术后数小时，肠管或子宫角脱出皮肤创口之外，可用生理盐水或0.1%高锰酸钾溶液洗净脱出部分，然后小心整复还纳腹腔。如肠管已发生臌气，可用手轻轻按压，使臌气消除，再行整复。创口撒上消炎粉，缝合。

3. 嵌肠的处理 母猪术后，刀口皮下发生肿胀，应进行术部消毒，并以手指插入创口，靠紧腹膜，作一圆圈检查，如发现肠管或子宫角嵌顿，应予整复；如有粘连，应先行分离后，再行整复；修理创口，撒上消炎粉，再行缝合。

4. 刀口流血不止的处理 应将子宫角取出结扎，撒上青霉素粉，缝合，同时肌注安络血，也可内服止血宁等，必要时可注射抗生素。

5. 发现创口流粪的处理 创口流粪为肠管破裂、穿孔，应用消毒溶液清洗术部，扩大创口，取出破裂的肠管，固定，用生理盐水洗净腹腔内粪便，然后缝合肠管，整复，分层缝合腹膜、腹肌及皮肤并撒入青霉素粉。为了防止感染，肌注抗生素或磺胺类药物，直至痊愈。

6. 创部被尘土污染的处理 应用生理盐水或防腐消毒液冲洗干净，并注射破伤风抗毒素以预防破伤风。

第二节　成年公畜的去势

一、公牛去势

公牛去势方法有结扎法、挫切法、无血去势法。现仅介绍结扎法。

（一）操作步骤

1. 术前检查 役用公牛去势一般在其1～2岁较为适宜。肥育牛则在出生后3～6个月左右去势为宜。

（1）全身检查　应注意体温、脉搏、呼吸是否正常，有无全身变化，以及局部有无影响去势效果的病理变化，如有上述情况，应待恢复正常后再进行去势术。在传染病流行时，也应暂缓去势。骨软症的牛在倒牛时容易发生骨折，必须引起重视。

（2）阴囊局部检查　检查两侧睾丸是否均降入阴囊内，有无隐睾存在，是否为阴囊疝；两侧睾丸、精索与总鞘膜是否发生粘连，两侧睾丸有无增温、疼痛、增生等病理变化。

（3）腹股沟内环检查　通过直肠检查以确定腹股沟内环的大小。内环能插入3个手指指端者，即为内环过大，去势时肠管有可能从腹股沟管脱出的危险。为预防肠管脱出，应进行被睾去势术。此外，还应检查鞘膜有无积水，睾丸及精索与鞘膜有无粘连等。

2. 术前准备

（1）去势前半个月左右应注射破伤风类毒素，或手术当日注射破伤风抗血清。术前12

小时禁饲，不限饮水。术前应对畜体进行充分刷拭。

（2）场地选择　地面清扫并喷洒清水，以免手术时尘土飞扬，污染术部。

（3）器械及保定物品准备　准备好保定绳、牛鼻钳及附属用品，如铁环、别棍、手术器械和药品等。

（4）术部清洁与消毒　家畜保定好后，对阴囊及会阴部进行彻底清洗和常规消毒，并打以尾绷带，以防牛尾污染阴囊部切口。

3. 手术

（1）麻醉　一般不麻醉，性烈公牛可用静松灵麻醉。

（2）保定　采用站立保定或倒卧保定法。

（3）固定睾丸　术者左手由后向前握住牛的阴囊颈部，将睾丸挤向阴囊底部，使阴囊皮肤紧张而平展，将睾丸固定。

（4）切开阴囊　右手持刀，在阴囊的后面或前面距阴囊缝际外侧1厘米处，平行缝际各作一个纵向切口（也可采取横向切口），向下达阴囊底部，切口长4～6厘米（约为睾丸长度的二分之一）。由上向下一刀切开阴囊各层，使睾丸暴露于切口之外。用力挤出睾丸，使睾丸实质脱离白膜。（图17-2）。

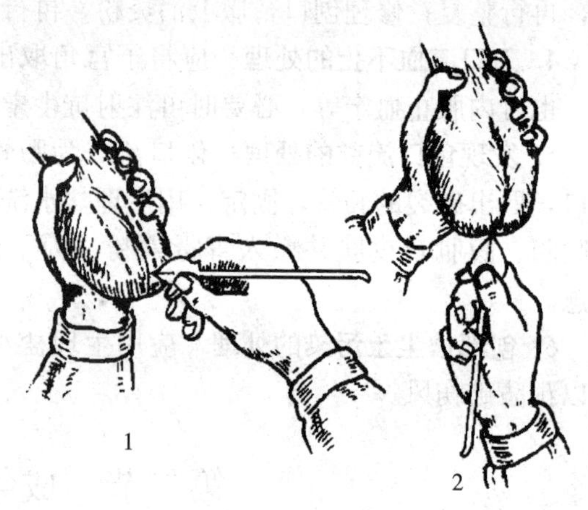

图17-2　阴囊切口位置
1. 纵向切口　2. 横向切口

（5）分离阴囊鞘膜　术者左手持睾丸，右手将精索外的总鞘膜向上推移，相应地把睾丸向下牵拉，把精索拉到一定的长度，用粗缝合线做双套结扎。为了防止结扎脱落，可用缝针带线穿过输精管与血管束之间。然后再结扎。

（6）摘除睾丸　在结扎线下1厘米处切断精索，摘除睾丸；或用刮挫法刮挫精索，使精索在最细处断裂，摘除睾丸。用同法处理另一侧睾丸。

（7）术后处理　清理术部血液，切口内撒布消炎粉，切口周围碘酊消毒，解除固定绳，协助牛站立，慢步牵遛。术后一般不需治疗，但应注意阴囊区有无明显肿胀。若阴囊切口有感染倾向，可给予广谱抗生素治疗。

（二）注意事项

动物去势后可能引起继发症，不仅影响创口的愈合，甚至造成动物死亡。下面介绍去势后的继发症及其处理。

1. 术后出血　术后出血往往由于对精索断端及阴囊壁血管止血不确实或结扎线脱落等引起。

当阴囊壁的血管出血时，血液从阴囊创口的皮肤边缘滴状流出，一般可不予治疗，不久则自然止血。

当精索内动脉出血时，则有大量血液从阴囊创口呈细线状流出。对于较轻的术后出血，可注射止血药或于阴囊内滴入0.1%肾上腺素，或填塞消毒纱布压迫止血；对于严重的术后出血，则应迅速将病畜保定好，用消毒的止血钳伸入阴囊内，直到腹股沟管内找出精索断端

并将其拉出，用消毒丝线进行结扎或钳压止血。出血过多时，除用上述方法外，还应进行全身止血及补液。

2. 精索断端脱出 阉割后，如精索断端脱出，可重新在精索上部结扎，切除脱出部分；如总鞘膜脱出时，用剪刀剪去脱出部分。

3. 肠管、网膜脱出 肠管及网膜的脱出，必须进行手术整复。扩大创口，将肠管及网膜送回，闭合创口。应注意的是大家畜一旦发生肠管脱出时，预后多半不良。为了预防此并发症的发生，现在，对大家畜多应用无血去势法。

4. 阴囊及包皮炎性水肿 阴囊及包皮炎性水肿是去势后由于炎性渗出液浸润到阴囊壁和包皮，有时扩散到下腹壁的皮下。

局部肿胀严重、体温升高者，可用消毒过的手指划开去势创口，排净阴囊壁内积存的凝血块和渗出液，并配合抗生素疗法。

当包皮和阴囊部水肿严重而消散缓慢且无明显的全身症状者，可行局部乱刺后涂碘酊，并适当地加强牵遛运动以改善局部的血液循环和淋巴循环。也可静注消肿灵。

5. 厌气性蜂窝质炎 厌气性蜂窝织炎厌气性蜂窝织炎是去势后经创口感染厌气菌所引起。临床表现为阴囊部剧烈肿胀，有时波及包皮、下腹部。初期肿胀部有明显的热痛反应，但随着浸润物的增多，热痛反应逐渐消失，自切口内排出血样稀薄的渗出液。病畜精神沉郁，体温升高。治疗时，首先应将创口及阴囊侧壁作深而广阔的切开，并切除精索断端。用双氧水洗涤创口，并向创腔内疏松地填塞浸有防腐消毒液的纱布引流。配合应用强心剂、利尿剂、抗生素疗法、磺胺疗法等进行治疗。

二、公羊去势

公羊一般在生后 4～6 周去势，也可以成年去势。常用倒提保定。术者将羊两后肢提起，用两腿夹住头颈，使羊腹部向着术者倒垂，亦可采用侧卧保定，手术方法与牛去势基本相同。

三、公马去势

公马去势以 2～4 岁为宜，去势过早影响发育，去势过晚因精索过粗，易出血和引起慢性精索炎。一般以春秋季施术较好，有利于创口的愈合。常用侧卧保定或站立保定，术部按常规进行消毒，用盐酸普鲁卡因作精索内麻醉和局部直线浸润麻醉。公马去势方法较多，有开放式去势法和非开放式去势法。现介绍开放式结扎去势法。

术者站于马的腰臀侧，左手握住阴囊颈部，使阴囊皮肤紧张，充分显露睾丸轮廓，此时尽量使睾丸呈自然下垂位置，把睾丸挤向阴囊底部，固定睾丸。在阴囊底部距阴囊缝际两侧 1.5～2 厘米处平行缝际切开阴囊及总鞘膜。切口长度以睾丸可以挤出为度。睾丸脱出后，术者一手固定睾丸，另一手将阴囊及总鞘膜向上推，在附睾上方找出阴囊韧带，由助手剪断。然后术者将鞘膜向深部撕开并推送，此时睾丸即下垂而不能退缩回去。于睾丸上方 6～8 厘米的精索上用消毒的粗缝合线做双套结扎。为了防止结扎脱落，可用缝针带线穿过输精管与血管束之间。然后在结扎下方 1.5～2 厘米处切断精索，断端涂碘酊，松开精索，在阴囊切口涂以碘酊消毒。术后加强护理，次日起每日适当牵遛半小时，减少劳役，避免出血，防止伤口感染。

[本章小结]

本章主要学习了成年母畜和成年公畜的去势操作技术。

[复习题]

1. 如何确定大母猪阉割手术部位?
2. 如何阉割大母猪?
3. 阉割大母猪应注意哪些事项?
4. 阉割的继发症有哪些? 如何处置?
5. 如何给公牛去势?
6. 去势后有哪些继发症? 如何处置?
7. 如何给公马、公羊去势?

第十八章　患病动物的处理

第一节　建立病历

学习目标: 能正确书写处方,能正确书写病志。

一、书写处方

(一) 操作步骤

书写处方必须用纯蓝或纯黑墨水书写,字迹清晰,不得涂改。内容包括下列各项,必须填写完全。

1. 畜主单位、姓名、畜种、性别、年(月、日)龄、毛色、病历号。
2. 药品处方中每一种药品都须另起一行(指西药),药物顺序一般可以主药、辅药、矫正药及赋形药的次序排列。
3. 处方日期和兽医签名。
4. 剧毒药品只限兽医当时治疗使用,不能交给畜主带回使用。
5. 没有处方权的实习学生或进修人员应在兽医指导下开处方,并经兽医审阅、签字。

(二) 注意事项

药品名称以兽药典为准,不得使用化学元素符号。药品剂量一律用阿拉伯数字书写,并注明单位。用法应写明用药途径(如肌肉注射、静脉注射、口服、外用等)。每次用量、每日用药次数。

二、书写病历

(一) 书写病历总则

1. 病历包括门诊病历和住院病历。

2. 病历是记录疾病发生、发展和转归的经过和临床上进行诊断和治疗过程的档案材料，也是总结诊疗经验的重要资料。因此，病历内容要全面详细，系统而科学，具体而肯定。

3. 病历要按规定的格式书写。词句要通顺简练，名词、术语要规范，字迹要工整清楚。

4. 病历由经治兽医书写。下班时间内，住院病畜病情发生变化或出现死亡等情况时，则由值班兽医书写。病历的各项记录后面，必须签名或盖章，修改和补充之处亦需盖章。签名要用全名，应清楚可辨。实习生或进修人员记录后，除本人签名外，还必须经经治兽医师审阅后盖章。

5. 兽医院院长应定期检查病历，必要时做重点修改。对病情复杂或疑难病症，应记载自己的分析意见，

6. 病历记录均要注明记录日期。病情变化速度快或危重病例还应记录时间。

7. 病历按顺序编页，首页为病情综合页，末页粘贴各种检验单。病历页数要保持完整，不得缺页。

8. 病历记录均用蓝黑墨水钢笔书写，禁止用铅笔或圆珠笔。数字采用阿拉伯数字，时间按 24 小时制，计量单位一律用国家规定的法定计量单位。

9. 书写中兽医病历要有四诊和辨证施治内容。

10. 门诊病畜的病历应在接诊时书写，住院病畜的病历应于当时或当日内完成。临近下班时入院的病畜，经治兽医应填写完入院病历后再下班。对急症或重危病畜，在抢救后应及时填写抢救病历。

11. 药品和制剂名称按药典规定书写。药典未记载的药品，可采用通用名称。简、缩写字需按统一规定书写，不得自造。药品的浓度、用量和用法，均应准确无误。

（二）书写门诊病历

1. 门诊初诊病历的记录内容包括就诊时间、病史、临床检查、检验项目及结果、初步诊断、应用药品的剂量和用法、处置意见（入院、手术、会诊、复诊或留院观察等），以及提请下次接诊兽医的注意事项等。

2. 病史包括主诉、现病史、既往病史、生活史等。主诉记录要简明扼要，内容包括时间、主要症状以及是否治疗过、用过何种药物等。现病史记录要详细，包括自发病以来到就诊时的全部病情变化和治疗情况。既往史主要记录饲养及使役情况，如舍饲或放牧、饲料的种类、质量、数量、调配方法和饮水情况、作业种类和作业量等。

3. 临床检查主要包括一般检查、系统检查和特殊检查。记载各系统、器官的症状时要按视、触、叩、听的顺序描述，可列标题分段记录各部的检查结果。

4. 诊断（初步诊断）应将主病写在前面，其他按与主病相关的程度依次后排。

5. 复诊病历重点记录病情变化和治疗措施。初诊时未作出诊断的，应力求在 1～2 次复诊后做出。对一时难以作出的，可暂时写某症状待检查、待诊（如发热待查、贫血待诊等）。

6. 对危重病例要特殊注明，对抢救无效死亡的病例，要记录抢救和死亡经过、死亡时间，并尽量写明死亡诊断或致死原因，以及尸体处理意见等。

（三）书写住院病历

包括病程记录、手术记录、转院记录、出院或死亡记录等。

1. 病程记录必须详细确实，如实记录症状、诊断及用药情况，不允许写“症状如前”

或“处置同前”等字样。一般病畜每天记录1次，重危病畜每天可记录2～3次。

2. 首次病程记录应于病畜入院当天完成。要对门诊病历中的资料进行综述和分析，写明入院诊断的现有依据及近期治疗方案。

3. 书写病程记录要求做到有重点、有分析、有见解，切记用流水账式的记录法。要分析病情变化的原因，指明各种检查结果的意义。并提出诊治措施的依据。遇有会诊，应将有关诊治意见记入病程记录内。

4. 住院病畜一般应于住院后3天内做出临床诊断；病情复杂的应在5天内做出；一时难以确诊者也应有明确的诊断计划。诊断有补充或更正时，应写明原因或依据。

5. 会诊的病畜，在病程记录内，要写明要求会诊的原因、目的和被要求会诊的人员。会诊时，经治兽医要详细介绍病情和治疗情况；会诊后，将会诊意见记入病程记录内，并签名。

6. 住院的时间较长或病情复杂的病例，应隔一定时间做出病情阶段性总结，扼要综述前一阶段的诊治情况及病情变化，并指出存在问题和下一步的治疗计划。

7. 手术治疗的病畜，经治兽医应于手术前写出术前记录，包括术前诊断、预施术式、麻醉方法、术前用药，术中可能发生的并发症和其他意外情况以及需要采取的相应措施，畜主对手术的态度、畜主同意手术的应签字等。

8. 手术记录要按手术记录单所列项目逐项填写。内容包括手术部位、麻醉方法、皮肤消毒方法、切口及显露经过、手术中重要所见、采取的术式及根据（如因某些原因术中变更原订术式，要写明改变的原因）、操作经过、术终时术区情况和病畜全身状况、术中病情的特殊变化和采取的相应措施等。病变部位、范围、性质和重要手术步骤等可以图示说明。绘图应与实际基本近似，不可出入过大。大手术的记录须由术者亲自书写，并盖章。

9. 术后至少每天记录1次，直至病情基本稳定。拆线时，应记录切口愈合情况。

10. 病畜转院时，要做好转出（入）记录。转出记录的内容包括主要病情、诊疗经过、转出原因、会诊意见以及转出后的注意事项。

11. 转入记录除记录前一阶段的诊疗情况外，重点描写转入病畜的现症、辅助检查结果及临床诊断（如未确诊应注明何症状待诊）。

12. 出院记录应简要记载病畜入院日期、主要病情、检查结果、入院诊断、治疗经过、疗效判断、出院诊断、出院日期以及出院后饲喂、管理、使役要求、建议等。写出院记录的同时，要填写好病历首页中的各项内容，整理病历，写出经验总结。

（四）填写死亡记录

死亡记录着重记载病畜病情转危的过程、抢救经过、死亡时间、死亡原因和死亡诊断，并注明尸体处理情况（如焚烧、深埋等）。病畜若系患烈性传染病死亡，或住院期间意外死亡，必须及时上报有关主管部门，并按规定处理尸体。对作过讨论的死亡病例，讨论记录附于死亡记录后面，一并装入病历内保存。

第二节　内科病处理

学习目标：能对畜禽常见消化系统内科疾病进行处理，能对畜禽常见呼吸系统内科疾病进行处理。

一、畜禽常见消化系统内科疾病的处理方法

（一）消化系统疾病的常见发病原因

消化器官疾病的原因主要是饲养管理不良。如饲料调制不当，饲料单一或精料过多，饲喂不足或过度饲喂，饲料品质不良，突然更换饲料，饮水不洁以及饱食后立即使役等。其次是气候的影响：气温骤变、受寒感冒、风雨侵袭等。此外，还常继发于各种传染病、寄生虫病和霉菌毒素中毒病。

（二）消化器官疾病处理的一般原则

对消化器官疾病的处理，一般遵循以下的原则：

1. 加强饲养管理，消除引发疾病的病因。如：饲喂合理搭配的优质饲料，不突然更换饲料，做好畜禽的防寒保暖工作，控制各种原发疾病。

2. 对症处理，缓解主要而又严重的临床症状，调整、恢复生理机能。如便秘的要润肠通便、泻下通便、灌肠通便或直肠掏结，腹泻的可以根据病情选择收敛止泻、消炎或补液，食欲减退者要健胃、兴奋胃肠或助消化。

3. 适当使用抗菌药物。消除消化道炎症，减少或避免继发感染。

（三）常见的消化系统内科疾病的诊断及处理

1. 急性胃肠炎的诊断及处理

（1）问诊　问饲养管理、饲料质量、有无长途运输或受寒等情况。如饲料腐败、变质、发霉等；青绿饲料中混有有毒植物，或其他不易消化的杂质；长途运输，受寒等，均能引起急性胃肠炎。

（2）检查　患病动物的主要症状为腹泻，全身症状较为剧重，体温升高达 40～41℃，病畜精神沉郁，食欲减退或废绝。眼结膜潮红、黄染。舌有厚苔，口臭，喜饮水。粪便常混有黏膜、假膜、血液，恶臭。腹围紧缩、间或因腹痛而不安；腹泻较久则失水严重，毛焦皮皱，衰弱无力，站立不稳，呼吸加快，四肢发凉。重者衰竭死亡。

（3）处理

①病初应轻泻、止酵，中、后期适时止泻并适当使用抗菌药物消炎，必要时可补液、强心、利尿和防止酸中毒，并给予易消化吸收的饲料。

②改善饲养管理，注意饲料搭配，喂食定时定量，不喂霉败变质饲料。保持畜舍清洁、干燥，防止受寒。

2. 便秘的诊断及处理

（1）问诊　问饲喂、饮水、运动、感染疾病情况。如喂给大量粗硬难消化的饲料或饲料中混有多量的泥沙，长期缺乏青料或饮水不足，突然改变饲料和饲养方法，长期舍饲缺乏运动。某些传染病和热性疾病也可继发本病。

（2）检查　患病动物的主要症状为病初精神不振，食欲减退，饮欲减少或增加，体温变化不大，排粪困难或不排粪，常作努责排粪姿势，但无粪便排出，或排出少量干硬粪球，外附白色假膜。触诊腹部有疼痛反应，呻吟或嚎叫。检查病畜，还可触到大肠内有干粪球存积。肠内充满大量积粪压迫膀胱颈可引起尿闭。因腹痛病畜常表现起卧不安，腹部胀满等症状。

（3）处理

①用温肥皂水深部灌肠（怀孕母畜忌用）；灌服硫酸钠、硫酸镁或石蜡油缓泻；机体脱水、机能衰竭，可输液、强心、利尿。

②饲料要粗精合理搭配，给予充足的饮水和适当运动。要补充适量的食盐和矿物质。

3. 前胃弛缓的诊断及处理 前胃弛缓是前胃机能减退，瘤胃内容物向后运转缓慢，引起消化障碍、食欲反刍减退以及全身机能紊乱的一种疾病。本病是黄牛、奶牛、肉牛的一种多发病。特别是舍饲牛群更为常见。

（1）问诊 问饲养管理、饲喂、运动、使役、感染疾病情况。如饲养管理不良，长期喂缺乏维生素的粉状饲料（如谷糠等），对胃缺乏适当的刺激，使瘤胃蠕动机能下降；或长期喂粗硬饲料（蒿秆类等）或酒糟，使瘤胃由长期兴奋状转为迟缓；运动不足、过劳或极度疲乏情况下，喂大量浓厚的精料或腐败变质的饲料等，也易引起前胃弛缓。此外，可继发于瘤胃臌胀、积食、创伤性胃炎、第三胃阻塞、胃肠炎、难产或牙齿疾病等。

（2）检查 临床检查若发现食欲减退或废绝，反刍缓慢、减少或停止；瘤胃收缩力减弱、蠕动次数减少或停止；排粪迟滞，便秘或腹泻；精神沉郁，泌乳减少，鼻镜干燥；有时继发瘤胃积食或臌胀；病久日渐消瘦，排恶臭的稀粪；疼痛，磨牙，嗳出臭气，后躯摇晃。最后极度衰弱，卧地不起，脉搏加快，头背向颈侧，呻吟，但体温一般正常等症状，即可诊断为前胃迟缓。

（3）处理

①发病初期，先停食1～2天，但要给充足的饮水，并加入少量食盐，再给予少量容易消化的多汁饲料。

②促进瘤胃内容物排出，可使用硫酸钠、硫酸镁或油类泻剂（液体石蜡或食盐）内服。

③兴奋瘤胃，牛可用稀盐酸30毫升、龙胆酊50毫升、番木鳖酊10～30毫升、酒精50毫升加温水适量，混合一次灌服。

④全身治疗：牛可用10%高渗盐水150～300毫升，25%葡萄糖溶液250～500毫升，20%安钠咖10～20毫升和维生素B_1 5～20毫升，混合一次静注。

⑤平时注意饲料保管，防止霉败变质。改善饲养管理，饲喂要定时定量，要给予营养丰富的饲料。舍饲期要给充分饮水和运动。食后给予足够的休息和反刍时间，要合理使役。平时要注意牛的采食、反刍等情况（每昼夜反刍少于4次，每次反刍少于40口，即为前胃病的早期症状），以便早发现病情，及早治疗。

4. 瘤胃臌胀的诊断及处理 瘤胃臌胀又称气胀，是反刍动物瘤胃内容物发酵产生的大量气体，使瘤胃壁迅速异常扩张的一种疾病。牛、羊均可发生。

（1）问诊 问采食、感染疾病情况。如采食大量容易发酵产气的饲料，常见的有红花草、豌豆藤、幼嫩多汁的青草、甘薯藤或采食霜露或雨后的青草等，在短时间内产生大量气体蓄积于瘤胃内而发病；或采食了有毒植物，如毒芹、斑蝥、毛茛、颠茄、闹羊花等；或继发于食道阻塞、瘤胃积食、前胃弛缓、创伤性网胃炎、胃壁及腹膜粘连等疾病，均可引起瘤胃臌胀。

（2）检查 临床检查若发现发病后腹部急剧腿臌胀、右肷部显著臌起。体温一般正常，叩击瘤胃，声如鼓响。严重时，呼吸困难，心跳加快，可视黏膜发绀，后蹄踢腹，呻吟，四肢张开，甚至张口吐舌，口内流涎。时时回顾腹部，不断排尿。病至后期，精神沉郁，不愿走动，强行牵走则左右摇晃，有时突然倒地、窒息、痉挛至死等症状，即可诊断为瘤胃

臌胀。

（3）处理　发病后迅速排除瘤胃内气体和制止发酵，可采取下列疗法：

①瘤胃穿刺术，即在左侧肷窝部中央，碘酊消毒后用套管针迅速刺入，慢慢放气。

②排出气体后，由套管针注入止酵药甲醛或来苏儿。内服鱼石脂等防腐制酵药。

③将病畜站立于前高后低的体位，用一涂有食油或食盐的木棒，横放在病畜的口内，两头用绳固定，任其舔食，以利排出气体。同时用拳头强力按摩瘤胃，以促进气体的排出，每天 3～4 次，每次 15～20 分钟。

④建立合理的放牧制度和饲养管理制度，春天放牧前先喂些干草，以防过多采食易产气饲草，特别是放牧于茂盛的豆科牧草地，应限制放牧时间；禁喂霉败饲料；不在雨后或带有露水、霜等的草地上放牧。

5. 瘤胃积食的诊断及处理　瘤胃积食又称宿草不转、胃食滞，是瘤胃内积滞过多的食物，使瘤胃体积增大，胃壁扩张，并引起前胃机能紊乱的一种疾病。

（1）问诊　问饲喂、运动、感染疾病情况。如长期饲喂单一饲料，而突然变换为优质适口的饲料，或因过度饥饿而贪食引起积食，也有因采食过多精料且易膨胀的饲料，如豆类、米糠、谷、麦麸、干甘薯藤等引起；畜体消瘦，消化力不强；运动不足，采食大量饲料而又饮水不足；继发于瘤胃弛缓、瓣胃阻塞、创伤性网胃炎、真胃炎和热性病等，均可引起瘤胃积食。

（2）检查　临床检查若发现病初表现轻微腹痛，呻吟，四肢集于腹下或开张；拱背，摇尾或后肢踢腹或时时回视腹部，起卧不安。鼻镜干燥，食欲、反刍、嗳气相对减少，重者完全停止。腹围膨大，因瘤胃积食压迫膈肌，引起呼吸困难，眼结膜呈蓝紫色，呼吸、脉搏增数，体温一般正常。触诊瘤胃坚实，内容物呈捏粉状，按压痕迹消失缓慢，后期压迫瘤胃有痛感（瘤胃炎），叩诊瘤胃呈浊音。瘤胃蠕动音病初强盛，以后减弱或停止。直肠检查感觉粪便干硬或无粪而完全空虚，手伸大腹腔十分容易触知膨大的瘤胃。随着病情加重，病畜四肢无力，卧地不起，呈昏迷状态，如不及时治疗可因脱水、中毒、衰竭或窒息而死亡等症状，即可诊断为瘤胃积食。

（3）处理

①病初先绝食，并进行瘤胃按摩，每次 5～10 分钟，每隔 30 分钟按摩 1 次，或先灌服大量温水，再按摩。

②喂给少量干草，以防止引起前胃弛缓。给予清洁饮水，少量多次，为防止胃内容物发酵，可在水中加入少量食盐。每天在左肷部按摩瘤胃 3～4 次，每次 20～30 分钟，以促进胃内积食活动。

③胃内积食很硬时，牛可用硫酸镁或硫酸钠 400～500 克、番木鳖酊 1520 毫升、龙胆酊 20～50 毫升、鱼石脂 15～20 克加温水5 000毫升混合溶化后，一次灌服。

④如为一般原因引起的，瘤胃中气体很少，牛可用碳酸氢钠 150～350 克、食醋 500 毫升、温水1 000毫升，先将碳酸氢钠溶解于温水灌服，隔数分钟再灌食醋，必要时隔 6 小时再投药一次。

⑤牛皮下注射新斯的明 0.004～0.02 克或毛果芸香碱 0.05～0.15 克（有心脏病及孕畜忌用），用药前大量饮水使瘤胃内容物软化。

⑥牛脱水时，静注 5%葡萄糖生理盐水1 500～3 000毫升，必要时加入维生素 B_1 5～20

毫升。心脏衰弱时，肌注或皮下注射20%安钠咖10～20毫升。

⑦在使用各种药物治疗无效时，可施行瘤胃切开术治疗。

6. 急性胃扩张的诊断及处理 急性胃扩张是由于采食过多和胃后送机能障碍所引起的胃壁急剧扩张。马骡多发本病。

（1）问诊 问采食、感染疾病情况。如采食大量难消化、易产气和膨胀的饲料，突然改变饲料品种和饲养方法，饱食后饮大量冷水或污秽不洁的水，过食发霉腐败饲料。或继发于小肠便秘和肠变位等过程中，均能引起急性胃扩张。

（2）检查 临床检查若发现食后数小时发病。病初呈间歇性腹痛，随后腹痛迅速加剧，快步急走，个别呈犬坐姿势，出汗。呼吸促迫，食欲废绝，肠音很快消失，嗳气、逆呃，个别重症的病马发生呕吐。左侧14～17肋间、髋结节线上微隆突，在该处可闻胃蠕动音。胃管插入可排出少量酸臭气体和液体（食滞性），或大量气体（气胀性）或液体（继发性）。胃排空试验呈排空障碍变化。直肠检查，脾脏后退；有时可摸到膨大的胃盲囊，并随呼吸运动而前后移动。多有严重脱水和电解质紊乱。严重时，有休克表现。即可诊断为急性胃扩张。

（3）处理

①症状急剧时先进行导胃。先抽出胃内积聚的气体和液体，然后反复洗胃，每次灌水量以1～2升为宜。

②镇痛解痉。马可用腹痛合剂（水合氯醛100克、樟脑20克、95%酒精120毫升、乳酸60毫升、松节油240毫升，用时充分振荡）80～120毫升，加水适量内服；或5%水合氯醛酒精液300～500毫升，一次静注；或乳酸10～20毫升或醋酸30～60毫升，加水500毫升，一次内服；或灌服常醋500～1 000毫升。

③严重脱水时，应注意补液、强心。

④继发性胃扩张，除及时导出胃内液体外，以治疗原发病为主。

⑤平时注意禁食，专人看管，防止病马剧烈滚转造成胃、膈破裂。治愈后停喂1天，然后逐渐正常饲养。

7. 肠阻塞的诊断及处理 肠阻塞又叫结症，是由于肠管运动机能减退，粪便滞积于肠管的某部，使肠管阻塞不通，导致急性腹痛的一种疾病。

（1）问诊 问饲喂、饮水、感染疾病情况。如长期喂单一、粗硬和含沙的饲料，或突然改变饲料，饮水不足和缺乏运动等均可引起本病。此外，还可继发急性胃扩张、肠变位和牙齿疾病等，均能引起急性胃肠炎。

（2）检查 临床检查常发现完全阻塞和不完全阻塞两种情况。

①完全阻塞 小肠阻塞时，常于食后2～3小时内突然起病，腹痛剧烈，口腔干燥，肠音减弱并很快消失，排粪很快停止，数小时内脱水、自体中毒等全身症状迅速增重并且多继发胃扩张。直肠检查可在十二指肠或回肠摸到香肠状或鸭蛋大秘结点。

大肠完全阻塞，常在使役中或使役后，或上槽前突然发病，中度腹痛，逐渐加重。饮食欲废绝，口腔干燥，肠音不整、减弱，最后消失。病初排几个粪球，很快停止排粪，易继发肠臌胀。一般在病后十几小时或更长时间脱水、自体中毒等全身症状才逐渐出现。直肠检查，可在小结肠或骨盆曲或左上大结肠摸到硬固、秘结的粪块。

②不完全阻塞 发病缓慢，腹痛轻微，间歇期长，呈消化不良症状，且全身症状不明

显，不继发肠臌胀和胃扩张。直肠检查可在盲肠或左下大结肠或胃状膨大部摸到膨大的肠段，其中堆积大量宿粪。

不完全阻塞，日久可发展为完全阻塞（如胃状膨大部便秘），其腹痛和全身症状亦随之加重。不完全阻塞由于肠管受压迫而发炎、坏死，导致肠穿孔时，全身症状急剧恶化。

（3）处理

①疏通　通常内服泻剂。马大肠完全阻塞常用硫酸钠 400～500 克、大黄末 60～80 克、松节油 30 毫升，加水8 000～10 000毫升，一次内服；或食盐 300～400 克、10%鱼石脂酊 100 毫升，加温水6 000～8 000毫升，一次内服。马小肠便秘常用蓖麻油 500 毫升或液状石蜡或植物油 500～1 000毫升、松节油 30 毫升，加温水 500～1 000毫升，一次内服。对大肠不完全阻塞用碳酸盐缓冲合剂，其处方是：碳酸钠 150 克、碳酸氢钠 250 克、氯化钠 100 克、氯化钾 20 克，加常水8 000～10 000毫升，一次内服，每天 1 次，未愈时可连服。此外，疏通肠管尚可用直肠按压、深部灌肠等。

②镇静　腹痛剧烈的病马，可用 30%安乃近液 20～30 毫升，肌肉注射；或用 5%水合氯醛酒精液 200～300 毫升，静脉注射。

③减压　继发胃扩张和肠臌胀时，要适时导胃和穿肠排气减压。

④补液补碱　当病畜脱水或酸中毒时，要适时进行补液和补碱。

⑤专人护理，腹痛不安时，可适当慢步牵遛，防止滚转。勤饮水，肠管疏通后，要禁食 1～2 顿，逐渐恢复正常饲养。对不完全阻塞便秘，疏通前要禁食，疏通后先喂少量青草或干草，以后逐渐加量。

二、畜禽常见呼吸系统内科疾病的处理

（一）呼吸系统内科疾病的常见发病原因

引发呼吸系统内科疾病的常见原因是：气候骤变，寒夜露宿，贼风侵袭；畜舍内环境条件不良，有害气体含量过高，空气中可吸入粉尘颗粒过多；过度使役后发汗受寒等。

（二）呼吸系统内科疾病处理的一般原则

1. 加强饲养管理，消除引发疾病的病因　如做好畜舍的通风换气和防寒保暖工作。

2. 对症处理，缓解主要而又严重的临床症状　如使用润肺化痰、止咳平喘等药物，促进炎性产物的消散，减轻咳喘的程度。

3. 抗菌消炎　适当使用抗菌药物，可以防止继发细菌感染使病情更复杂，同时还可以减轻或消除已有的呼吸道炎症。

（三）畜禽常见呼吸系统内科疾病的诊断及处理

1. 感冒的诊断及处理

（1）问诊　问气候、畜舍情况，如有气候骤变，时冷时热，或阴雨天气，遭受寒风刺激，畜舍阴暗、潮湿，冬春时节受贼风侵袭等，均能引起感冒。

（2）检查　患病动物的主要症状为鼻流清涕，咳嗽，体温升高，眼结膜潮红，怕冷发抖，四肢末梢、耳尖发凉。食欲减退，四肢无力，走路摇摆，拱背，尾下垂。

哺乳幼畜常常出现互相积压成堆，怕冷发抖、肌肉颤抖，被毛逆立，如不及时治疗，常可发生下痢症状。

（3）处理

①解热镇痛，可肌注10%复方氨基比林或30%安乃近，每天1～2次。

②症状较重者，如高热不退等，为预防继发感染，可适当肌注青霉素、链霉素、磺胺类药或喹诺酮类等抗菌药物。

③注意加强饲养管理，保持栏舍清洁、干燥，防止贼风侵袭和漏雨。在气候多变季节，要防寒保暖，要勤除粪尿，勤换垫草。

2. 支气管肺炎的诊断及处理

是支气管或细支气管与肺小叶群同时发生炎症的过程。

（1）问诊　问受寒感冒、饲养管理、感染疾病情况。如有受寒感冒；饲养管理不良、过劳等；继发于气管炎；吸入尘埃、霉菌孢子和有刺激性气体如浓烟、氨气、硫化氢等；或继发于许多传染病和寄生虫病，如流行性感冒、肺结核、口蹄疫、肺丝虫病、蛔虫病等，均能引起支气管肺炎。

（2）检查　患病动物的主要症状为精神沉郁，减食或不吃，咳嗽，流鼻液，呼吸困难，眼结膜充血或呈蓝紫色，口渴喜饮水，体温升高至40～41℃，通常呈弛张热或不定型热，脉搏增数。肺部叩诊，有痛感和咳嗽反应，呈局限性小浊音区。病变部初期肺泡呼吸音减弱，呈捻发音；后期肺泡呼吸音消失，而出现支气管呼吸音。在健康肺部，肺泡呼吸音增强。

（3）处理

①抗菌消炎　病畜体温升高，全身症状重剧时，可肌肉或静脉注射抗菌消炎类药物，每天1～2次。

②对症治疗　病畜频发咳嗽，分泌物黏稠不易咳出时，可用溶解性祛痰药如氯化铵内服，促进渗出液排出；频发咳嗽，分泌物不多时，可用止咳药如咳必清或复方甘草合剂内服；呼吸困难时可肌肉注射氨茶碱等。

③严防受寒感冒及刺激性气体侵袭呼吸道，改善饲养管理，防止过度劳役；及时治疗支气管炎，做好各种传染病的预防及驱虫工作。

3. 间质性肺气肿的诊断及处理

（1）问诊　问呼吸、运动、感染疾病情况。如吸入刺激性气体、肺脏异物刺伤、剧烈运动等，均能引起该病。病因多由于频繁而剧烈的咳嗽，或急速奔驰等，使肺脏内压剧增，致使细支气管和肺泡破裂，空气进入肺间质而致病。在慢性肺泡气肿或肺丝虫病时，更易引起本病发生。

（2）检查　患病动物的主要症状为突然发病，呈现呼吸困难（气喘）和不安。拒绝采食和饮水，体温正常，脉搏加快，眼结膜呈蓝紫色。肺内气体可窜入颈部和肩部皮下，形成气肿，甚至逐渐蔓延到全身皮下组织，触诊呈捻发音。肺部叩诊似鼓音，听诊肺泡呼吸音减弱，出现捻发音和破裂性啰音，若并发支气管炎时，可听到干啰音或湿啰音。

（3）处理

①让病畜安静，可用水合氯醛加米汤灌肠。咳嗽剧烈时可用水合氯醛、麻黄素、颠茄流浸膏、糖浆内服，每天1次。

②皮下气肿，可施行按摩，以促进气体吸收。严重气肿部位，可用小套管针穿刺或切开皮肤放气。

③注意加强饲养管理，预防受寒感冒，避免过度运动和使役。

三、其他内科疾病的诊断及处理

（一）仔猪贫血的诊断及处理

1. 问诊 问饲喂、饲养情况。如母乳或饲料中缺乏造血物质，如铁、铜、维生素 B_6、维生素 B_{12}、叶酸以及必需的氨基酸等缺乏或不足。或仔猪长期饲养在水泥地面的猪舍内，经常不与含有铁、铜等微量元素的土壤接触，或仔猪断奶后长期饲喂单一饲料，特别是缺乏含铁等微量元素的饲料等因素，均可引起仔猪贫血。

2. 检查 临床检查若发现患病幼畜可视黏膜及皮肤苍白，消瘦，衰弱，生长缓慢。同时表现精神沉郁，食欲不振，腹部膨大而下垂。出现间歇性下痢，粪呈暗灰色，混有黏液，恶臭。营养不良，皮肤弹力降低，毛粗乱无光泽。心跳加快而弱，体温正常或稍低。呼吸加快，常并发肺炎。进行血液学检查，见血液稀薄，红细胞数明显减少，并出现畸形等情况。即可诊断为仔猪贫血。

3. 处理

（1）采用口服铁剂，如硫酸亚铁、焦磷酸铁、乳酸铁、还原铁等，以硫酸亚铁为首选药物。硫酸亚铁 2.5 克、硫酸铜 1 克，常水 1000 毫升，按每千克体重 0.25 毫升用茶匙灌服，每天一次，连服 7～14 天；焦磷酸铁，可每天灌服 30 毫克，连用 1～2 周；还原铁 0.5～1 克，灌服，每周 1 次。

（2）注射铁剂，如右旋糖苷铁、卡古地铁、山梨酸铁。右旋糖苷铁 2 毫升（每毫升含铁 50 毫克），深部肌肉注射，通常 1 次即可，必要时隔周再注射 1 次，剂量减半。

（3）预防本病一是舍饲时在栏内放入红土或泥炭土，以利仔猪采食。二是对哺乳母猪，给予富含铁、铜、钴及各种维生素（维生素 A、维生素 C、维生素 B 族）的饲料，以提高母猪抗贫血的能力。

（二）中暑的诊断及处理

1. 问诊 问动物受强烈阳光直接暴晒、通风等情况。如在炎热夏季用车、船运输畜禽或在阳光下使役；动物在通风不良而狭小的畜舍内饲养或在闷热的环境中运输，均能引起中暑。

2. 检查 患病动物的主要症状为突然发病，病初精神沉郁，步态不稳，突然倒地，四肢呈游泳样运动，眼球突出，呼吸急促，有时全身出汗，但体温不高。有的体温升高，皮肤干燥无汗，兴奋不安，剧烈痉挛或抽搐，迅速死亡。或常在闷热的环境中突然发病，体温急剧上升，甚至达 41～42℃以上，全身出汗，呼吸急速，心跳加快，眼结膜赤红。有的兴奋不安，行走摇摆，乱冲乱撞。有的很快转为抑制，晕厥倒地，呈昏迷状态，脉搏微弱不感于手。濒死前，体温下降，痉挛中死亡等情况。

3. 处理

（1）首先将病畜迅速转移到阴凉处，用冷水浇淋头部和胸部，必要时可冷水反复灌肠，直至体温降至正常为止。

（2）应适时肌注或皮下注射强心剂（如安钠咖等）。

（3）静注或腹腔注射 5%葡萄糖生理盐水，并用生理盐水灌肠。

（4）过度兴奋时，可肌注氯丙嗪等镇静剂。

（5）动物避免阳光曝晒，供给充足的饮水。畜舍要通风，防止过度拥挤。夏季长途运输畜禽时，要注意通风透气，不可拥挤，常给饮水。

第三节 外科病的处理

学习目标：能对畜禽普通外科病进行处置，能对非开放性骨折进行固定。

一、畜禽普通外科病的处理

（一）外科病的处理原则

1. 炎症处置的原则 从整体观念出发，改善饲养管理条件，消除病原、病因；控制症状，改变机体局部组织的反应性，促进机能的恢复。

2. 创伤处置的原则

（1）正确处理局部与全身的关系 从病畜全身出发，从处理局部着手，既要看到局部病状，又要看到全身状态。在抓紧局部处理的同时，应注意到必要的全身性治疗。

（2）预防和制止创伤的感染和中毒 对新鲜污染创，应施行彻底的清创术，着重防止创伤感染，力争第一期愈合；对化脓性感染创，应着重于清除感染和防止中毒，加速炎性净化，促进肉芽组织新生，缩短创伤愈合时间。

（3）消除影响创伤愈合的因素 采取合理措施，创造创伤愈合的良好条件，消除不利于创伤愈合的因素，防止继发组织损伤和感染；同时加强护理，改善饲养管理条件，增强机体抵抗能力，促进创伤愈合。

（二）畜禽常见普通外科疾病的诊断及处理

1. 关节扭伤的诊断及处理 关节扭伤是关节突然受到间接外力作用，使关节超越了生理活动范围，过度伸展、屈曲或扭转而发生的关节损伤。

（1）问诊 问使役情况。如有在不平道路上重剧使役、失足登空、跳沟扭闪等，均能引起关节扭伤。

（2）检查 患病动物的主要症状有疼痛、跛行、局部肿胀、温热等。

（3）处理

①制止出血和渗出 扭伤后，初期1～2天内可用局部冷水浴或压迫绷带。

②促进吸收 急性炎症减轻后，可用局部温水浴，配合使用酒精鱼石脂绷带。

③镇痛、消炎 注射安痛定，疼痛严重者前肢抢风穴或后肢百会穴等注射0.5%～1%普鲁卡因溶液，患部涂擦10%樟脑酒精等。

2. 挫伤的诊断及处理 挫伤是机体在钝性外力直接作用下，引起组织的非开放性损伤。

（1）问诊 如有被车撞、棍棒打击、跌倒等情况，均能引起挫伤。

（2）检查 临床检查若发现患部皮肤出现致伤痕迹，如被毛粗乱、脱落、擦伤等。局部溢血、肿胀、疼痛和机能障碍（跛行）。即可诊断为挫伤

（3）处理 病初用冷水浴，制止溢血，2～3天后改用温热疗法，促进肿胀吸收（如涂擦樟脑酒精等）。

3. 关节滑膜炎的诊断及处理 滑膜炎是关节囊滑膜层的渗出性炎症。临床上常见的有浆液性和化脓性滑膜炎。

（1）问诊　问动物肢势、蹄形、使役、感染疾病情况。如动物肢势和蹄形不正，关节发育不良或长途运输，长期在不平坦道路上行走或作业，幼畜过早使役等，均能引起关节滑膜炎。关节扭挫伤、某些传染病（如副伤寒、腺疫、布鲁氏菌病等）、代谢性疾病也可继发关节滑膜炎。

（2）检查　临床检查常发现：

①急性关节滑膜炎：关节腔内蓄积浆液性或浆液纤维素性渗出液，关节囊紧张、肿胀、向外突出，触诊有热、有疼、有波动。关节运动时疼痛明显，关节穿刺流出微黄色、透明的液体。站立时患病关节屈曲，减负体重，两肢同时发病时，则不断交替负重，运动时呈轻度或重度肢跛，或呈混合跛行。

②慢性关节滑膜炎：以关节囊内蓄积浆液性渗出物为特征，机能障碍和全身反应均较轻微。关节囊高度肿胀，触诊有波动或饱满而有弹性，无热痛。穿刺关节流出多量稀薄如水的液体，无色或微黄色，又称关节积液。有时因关节积液过多，影响关节屈曲和伸展，出现轻度跛行。

③化脓性关节滑膜炎：局部症状、机能障碍和全身反应比较明显，穿刺关节腔流出脓性分泌物。

（3）处理

①急性炎症初期采用冷却疗法，并装着压迫绷带或石膏绷带，同时配合封闭疗法。可的松对急性、慢性浆液性滑膜炎有良好的疗效，无菌操作抽出关节腔渗出物后，用0.5%氢化可的松2.5～5.0毫升加青霉素20万国际单位，并与0.5%盐酸普鲁卡因作1∶1稀释，然后进行关节腔内或关节周围分点皮下注射，隔日1次，连用3～4次。

②急性炎症缓和后，为促进吸收，可用热疗或加装热湿性压迫绷带，如饱和硫酸镁、饱和盐水溶液湿绷带或鱼石脂酒精绷带以及石蜡泥疗法等。

③慢性炎症，可涂擦刺激剂或进行热敷，加装压迫绷带。

④化脓性关节滑膜炎，穿刺排脓后，注入普鲁卡因青霉素溶液，或切开关节腔后，用防腐剂反复冲洗，再注入抗菌剂，包扎绷带，为控制感染可使用大剂量抗生素。

4. 关节周围炎的诊断及处理　关节周围炎是指发生在关节滑膜层以外的纤维层、韧带及周围结缔组织的慢性纤维素性和骨化性炎症，多发生于腕关节和跗关节。

（1）问诊　经临床询问，如有患关节扭伤、挫伤、脱位等病史，关节边缘的骨膜长期受刺激，均能引起关节周围炎。

（2）检查　临床检查常发现慢性纤维素性关节周围炎和慢性骨化性关节周围炎两种情况。

①慢性纤维素性关节周围炎。关节粗大、坚实、轮廓不清，无明显热痛。运动关节活动范围变小，且有疼痛。开始运动时关节强拘，随着运动量增加跛行逐渐减轻。

②慢性骨化性关节周围炎。关节粗大变形，肿胀坚硬如骨，无热痛，活动性小或完全不能活动。休息时不愿卧地，卧地后起立困难，骨赘部位不定，大小不同，跛行程度也不一样。X线检查可见骨质增生，但无关节粘连。

（3）处理　慢性纤维素性关节周围炎，应采用温热疗法、透热疗法等，并用可的松关节周围注射；骨化性关节周围炎，可应用烧烙疗法、涂擦强刺激剂等。

5. 脓肿的诊断及处理　在任何组织或器官内形成外有脓肿膜包裹，内有脓汁潴留的局限性脓腔时称为脓肿。

（1）问诊　经临床询问常发现动物局部组织或器官内形成外有脓肿膜的包裹。该病常由葡萄球菌感染引起，其次是化脓性链球菌、大肠杆菌、绿脓杆菌和腐败性细菌。此外，当静脉内注射水合氯醛、氯化钙、高渗盐水及砷制剂等刺激性强的化学药品时，如将它们误注或漏注到静脉外也能发生脓肿。马的脓肿还可因感染马腺疫链球菌、马流产菌及囊球菌而引起。

（2）检查　临床检查常发现浅在性热性脓肿和深在性脓肿两种情况。

①浅在性热性脓肿。常发生于皮下结缔组织、筋膜下及表层肌肉组织内。初期局部肿胀无明显的界限而稍高出于皮肤表面。触诊时局部温度增高，坚实有剧烈的疼痛反应。以后肿胀的界限逐渐清晰并在局部开始软化并出现波动。由于脓汁溶解表层的脓肿膜和皮肤，脓肿可自溃排脓。浅在性冷性脓肿一般发生缓慢，虽有明显的肿胀和波动感，但缺乏温热和疼痛反应或非常轻微。在马常见于葡萄球菌病，在牛主要是放线菌病和结核性脓肿。

②深在性脓肿。常发生于深层肌肉、肌间、骨膜下、腹膜下及内脏器官。由于脓肿部位深在，外面又被覆较厚的组织，因此深层肌肉、肌间、骨膜下等处的脓肿，局部肿胀增温的症状常常见不到。但常出现皮肤及皮下结缔组织的炎性水肿。触诊时有疼痛反应并常有指压痕。

（3）处理

①消炎、止痛及促进炎症产物消散吸收。当局部肿胀正处于急性细胞浸润阶段可局部涂擦樟脑软膏、用醋调制的复方醋酸铅散（处方：醋酸铅 100 克、明矾 50 克、樟脑 20 克、薄荷 10 克、白陶土 820 克）及其他冷疗法（如复方醋酸铅溶液冷敷，鱼石脂酒精、栀子酒精冷敷）。当炎性渗出停止后，可用温热疗法、短波透热疗法、超短波疗法。局部治疗的同时，可根据病畜的情况配合应用抗生素、磺胺类药物并采用对症疗法。

②促进脓肿的成熟。当局部炎症产物已无消散吸收的可能时，局部可用鱼石脂软膏、鱼石脂樟脑软膏、超短波疗法、温热疗法等。待局部出现明显的波动时，应进行手术治疗。

③手术疗法。脓肿形成后其脓汁常不能自行消散吸收，常用手术疗法如下：

脓汁抽出法：适用于关节部脓肿膜形成良好的小脓肿。其方法是利用注射器将脓肿腔内的脓汁抽出，然后用生理盐水反复冲洗脓腔，抽净腔中的液体，最后灌注混有青霉素的溶液。

脓肿切开法：脓肿成熟出现波动后立即切开。切口应选择波动最明显且容易排脓的部位。按手术常规对局部进行剪毛消毒后再根据情况作局部或全身麻醉。切开前为了防止脓肿内压力过大而使脓汁向外喷射，可先用粗针头将脓汁排出一部分。切开时一定要防止外科刀损伤对侧的脓肿膜。切口要有一定的长度并作纵向切口，以保证在治疗过程中脓汁能顺利地排出。

脓肿摘除法：常用以治疗脓肿膜完整的浅在性小脓肿。此时需注意勿刺破脓肿膜，预防新鲜手术创被脓汁污染。

6. 蜂窝织炎的诊断及处理　本病是在疏松结缔组织内发生的急性弥漫性化脓性炎症，多发生在皮下、肌肉间、筋膜下。

（1）问诊　经临床询问，常发现动物的疏松结缔组织内发生有急性弥漫性化脓性炎症。发病原因常由链球菌、葡萄球菌、腐败菌和厌气菌经皮肤创口感染而致。

（2）检查 患病动物的主要症状为局部肿胀、增温、疼痛、组织坏死、化脓以及机能障碍。全身表现体温升高、精神沉郁、食欲不振，甚至引起败血症。

①皮下蜂窝织炎 肿胀明显，热痛显著，化脓后有波动、脱毛，破溃后流脓。

②筋膜下及肌间蜂窝织炎 肿胀不明显，触诊有痛感。炎症蔓延后局部热痛剧增，机能障碍显著，化脓，破溃后流出大量灰红色稀薄脓汁。

（3）处理 早期冷敷，或用0.5%普鲁卡因青霉素在患部周围封闭。急性炎症缓和后改用温敷。病情较重，全身症状恶化时，手术切开排液、冲洗，然后撒布消炎药。全身治疗以抗菌消炎为原则。

7. 风湿病的诊断及处理 风湿病是主要侵害背腰、四肢肌肉、关节及其他组织器官的全身性疾病。在寒湿地区和冬春季节多发。

（1）问诊 问动物背腰、四肢肌肉、关节及其他组织器官疼痛情况。发病原因主要是溶血性链球菌感染引起的变态反应，而机体过劳、受寒、受潮或贼风侵袭是引起本病的诱因。

（2）检查 临床检查常发现突然发病，疼痛有转移性，易再发。

①肌肉风湿 发生在活动较大的肌群。急性患部肌肉紧张、坚实、疼痛，伴有全身性症状，体温升高，食欲减退，结膜潮红；慢性患部肌肉萎缩，呈交替性跛行。

②关节风湿 多发生在活动性较大的关节，呈对称性，有转移性。急性关节肿胀、增温、疼痛，关节滑膜及周围组织增生、肥厚、关节变粗，活动受限制。

（3）处理 本病预防应注意冬季防寒，保持畜舍干燥，防止贼风等。治疗可用水杨酸制剂或可的松制剂进行静脉注射。

8. 结膜炎的诊断及处理

结膜表面或实质的炎性浸润称结膜炎。

（1）问诊 问动物眼内落入异物、感染疾病情况。如有落入灰尘、草屑、花粉、昆虫等异物病史，均能引起结膜炎，也可继发于某些传染病而成为症候性结膜炎。

（2）检查 临床检查若发现怕光、流泪、结膜潮红、肿胀、疼痛，眼睑闭合并有分泌物，即可诊断为结膜炎。

（3）处理 除去病因，用生理盐水冲洗，清除眼屎，滴入消炎眼药水（膏）。

9. 角膜炎的诊断及处理

（1）问诊 如有外力和异物的直接损伤，或是继发于细菌、病毒感染，寄生虫病和维生素A缺乏症，均能引起或继发角膜炎。

（2）检查 临床检查若发现怕光、流泪、疼痛，结膜潮红肿胀，眼睑闭合或半闭合，角膜周围血管充血，角膜浑浊等，即可诊断为角膜炎。

（3）处理 角膜炎治疗与结膜炎类似，为促进混浊的吸收消散，可在眼睑皮下注入自家血；滴消炎药水或药膏。

10. 腐蹄病的诊断及处理

腐蹄病是反刍兽趾间皮肤的化脓性、坏死性炎症。

（1）问诊 问圈舍、运动场、削蹄、管理情况。如有圈舍潮湿不洁，运动场泥泞，趾间皮肤长期受粪尿浸渍，弹性降低，引起龟裂、发炎；或因趾间皮肤外伤感染而引起；削蹄不及时、不合理，缺少放牧，均能引起腐蹄病。先天性蹄质软弱也易诱发本病。

（2）检查 临床检查若发现病初趾间皮肤潮红、肿胀、敏感、跛行，两蹄或多蹄发病时，站立、行走困难，因运动而不断刺激患部，常蔓延至蹄冠部，引起蹄冠部蜂窝织炎。严重时侵害到腱、腱鞘、韧带，以及骨和关节。即可诊断为腐蹄病。

（3）处理

①本病主要在于预防　平时保持厩舍和运动场的干燥、清洁，随时清除粪尿和污水，蹄部损伤后应立即治疗。

②轻症每天用10%硫酸铜溶液浸泡蹄部　当化脓时，除去坏死组织和脓液后，用10%硫酸铜溶液或其他消毒防腐液浸泡蹄部。严重者，全身应用抗菌药物和对症治疗。

二、非开放性骨折的固定方法

四肢是以骨骼为支架、关节为枢纽，肌肉为动力进行运动的。骨折后支架丧失，不能保持正常活动。骨折复位是使异位的骨折段重新对位，重建骨骼的支架作用。时间要越早越好，力求做到一次整复正确。为了使复位顺利进行，应尽量减轻疼痛和使局部肌肉松弛。一般应在侧卧保定下，根据病畜的种类、骨折的部位和性质，选用局部浸润麻醉。

（一）非开放性骨折的复位

1. 对轻度移位的骨折整复时，可由助手将病肢远端进行适当牵引后，术者用手托压、挤按，即可使断端对齐、对正。

2. 对重度移位且骨折部肌肉强大，断端发生重叠而整复困难时，可在骨折段远、近两端稍远离处各系上一绳，远端也可用铁丝系在蹄壁周围。按“欲合先离，离而复合”的原则，先轻后重，沿着肢体纵轴作对抗牵引，然后使骨折的远侧端凑合到近侧端，根据不同变形情况，采用旋转、屈伸、托压、挤按、摇晃等手法，力求尽量使骨折恢复到原位。

3. 复位是否正确，要根据肢体外形，抚摩骨折部轮廓，特别是与健侧对比，以二蹄尖方向定位，检查病肢的长短、方向，并测量附近几个突起之间的距离，以观察移位是否已得到矫正。有条件的最好用X射线判定。

4. 粉碎性骨折和肢体上部的骨折整复时，在较多的情况下只能达到功能复位，即矫正重叠、成角、旋转，有的病例骨折端对位即使不足1/2，只要两肢长短基本相等，肢轴姿势端正，角度改变不大，大多数病畜经较长一段时间后，可逐步自然矫正而恢复功能。

（二）非开放性骨折的固定

由于骨折的部位、类型、局部软组织损伤的程度不同，骨折端再移位的方向和倾向力也各不同，因而局部外固定的形式也应随之而异。

常用的外固定方法有夹板绷带（有时常用细绳编成帘子后应用）、小夹板、石膏绷带、水胶绷带、支架绷带、提调法、金属活动夹板等。可以因地制宜、就地取材，按具体病情，灵活的或是单用或是两种方法结合使用。例如用小夹板固定法或小夹板与石膏绷带、夹板绷带、水胶绷带等相结合，治疗四肢下部的骨折，尽可能让骨折部的上、下关节固定，不能活动。

[本章小结]

本章学习了书写处方、病历方法，常见消化系统内科疾病（急性胃肠炎、便秘、前胃弛缓、瘤胃臌胀、瘤胃积食、急性胃扩张、肠阻塞）、常见呼吸系统内科疾病（感冒、支气管肺炎、间质性肺气肿）和仔猪贫血、中暑的检查和处理方法，常见外科病（关节扭伤、挫

伤、关节滑膜炎、关节周围炎、脓肿、蜂窝织炎、风湿病、结膜炎、角膜炎、腐蹄病）的处理方法，非开放性骨折的固定方法，外科病的处置原则，骨折愈合的机理。

[复习题]

1. 如何书写处方？

2. 如何书写病历？

3. 如何处理畜禽急性胃肠炎、便秘、瘤胃臌胀、前胃弛缓、瘤胃积食、急性胃扩张、肠阻塞？

4. 如何处理畜禽感冒、支气管肺炎、间质性肺气肿？

5. 如何处理中暑、仔猪贫血？

6. 如何处理畜禽扭伤、挫伤、关节滑膜炎、关节周围炎、脓肿、蜂窝织炎、风湿病、结膜炎、角膜炎、腐蹄病？

7. 如何对非开放性骨折进行固定？

8. 外科病的处置原则有哪些？

9. 骨折愈合的机理是什么？

高级部分

第十九章 动物卫生消毒

第一节 消　毒

一、疫点疫区消毒

疫点（区）指发生疫病的自然单位，一般指患病动物所在的场、饲养小区、户或其他有关的畜禽屠宰、加工、经营单位；如为农村散养，应将患病动物所在自然村划为疫点（区）。

疫点（区）消毒是指发生传染病后到解除封锁期间，为及时消灭由传染源排出的病原体而进行的反复多次消毒。疫点（区）消毒的对象包括患病动物及病原携带者的排泄物、分泌物及其污染的圈舍、用具、场地和物品等。

（一）消毒的程序与原则

消毒应按一定的原则和程序进行。遵守一定的程序有利于保证每次消毒的效果，也可避免工作中的不必要重复和工作中的手忙脚乱，还有利于对消毒效果和消毒工作本身的执行过程进行客观评价。疫点的终末消毒常由专业消毒人员完成，应严格执行疫点终末消毒程序。疫点的随时消毒可由疫病防治员或畜主执行，消毒人员接到消毒通知后应接受消毒指导，根据疫病种类和消毒对象保证随时消毒符合消毒原则。

1. 疫点终末消毒程序

（1）消毒人员接到疫病消毒通知后，应在规定的时间内迅速赶赴疫点，开展终末消毒工作。

（2）出发前，应检查所需消毒用具、消毒剂和防护用品，做好准备工作。

（3）消毒人员到达疫点后，首先向有关人员说明来意，做好防疫宣传工作，取得疫点居民的配合，严禁无关人员进入消毒区内，仔细核对消毒对象和消毒范围。

（4）做好个人防护。脱掉外衣，放入自己带来的包装袋内，穿好防护服、胶鞋，戴上口罩、手套，必要时，须戴防护眼镜。

（5）进入疫点时，应先消毒有关通道，再根据不同的消毒对象，进行恰当的消毒，如畜

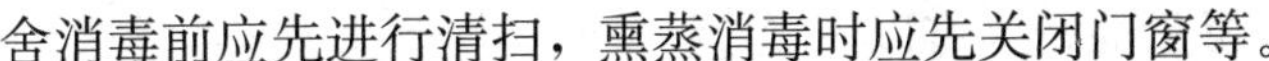
舍消毒前应先进行清扫，熏蒸消毒时应先关闭门窗等。

（6）疫点消毒工作完毕后，先对消毒人员的衣物、胶靴等喷洒消毒后再脱下。衣物脱下后，将污染面向内卷在一起，放在包装袋中，然后进行消毒；消毒用具进行表面消毒。

（7）到达规定的消毒作用时间后，检验人员对不同消毒对象进行消毒后采样。

（8）填写疫点终末消毒工作记录。

（9）离开前，向当地有关人员宣传消毒防疫知识。

2. 随时消毒的原则

（1）在接到疫病消毒通知后，消毒人员应立即到患病养殖场指导随时消毒，必要时提供所需药品，并标明药品名称及使用方法。

（2）根据疫病种类和消毒对象的具体情况，应做到健畜与患畜隔离饲养，患畜的分泌物、排泄物、垫料、食槽及舍内空气等采用适当的方法进行消毒。

（3）做好个人防护。脱掉外衣，放入自己带来的包装袋内，穿好防护服、胶鞋，戴上口罩、手套，必要时，须戴防护眼镜。

（4）进入疫点时，应先消毒有关通道，再根据不同的消毒对象，进行恰当的消毒，如畜舍消毒前应先进行清扫，熏蒸消毒时应先关闭门窗等。

（5）疫点消毒工作完毕后，先对消毒人员的衣物、胶靴等喷洒消毒后再脱下。衣物脱下后，将污染面向内卷在一起，放在包装袋中，然后进行消毒；消毒用具进行表面消毒。

（6）做好随时消毒工作记录。

3. 疫源地消毒原则 疫源地消毒应迅速、及时，范围应准确，充分涵盖疫源地，方法应可行、有效，只有严格地实施消毒并与其他措施配合才能达到控制流行的目的。疫源地消毒应掌握以下原则。

（1）*消毒措施应迅速及时地实施* 根据《中华人民共和国动物防疫法》，为减少传播机会，接到一类疫病和二类疫病中的疫情报告后，应在规定的时间内实施消毒措施。

（2）*要确定消毒范围* 消毒范围的确定应以患畜排出病原体可能污染的范围为依据。消毒范围原则上就是疫源地的范围，当疫源地范围小，只是单个患畜时，消毒范围较好掌握；当疫病发生流行波及范围较大，持续时间较长时，消毒人员就应该及时与有关人员沟通，明确疫区范围和消毒重点。

（3）*疫区消毒持续时间* 消毒持续时间应以疫病流行情况和病原体监测结果为依据，只有在既无新发病例，又未在疫区内检出病原体的情况下才能停止。由于外环境中病原体检出率有限，应监测病原体一定时间和一定数量持续阴性后再决定是否继续消毒。

（4）*选用合适的消毒方法* 消毒方法的选择应以消毒剂的性能、消毒对象、病原体种类为依据。选择消毒剂时，应选用能杀灭病原体的消毒剂。当温度、有机物含量变化较大时，应注意选择合适的消毒剂。还应尽量避免破坏消毒对象的使用价值或造成环境污染。

（5）*对疑似疫源地可按疑似的该类疫病疫源地进行消毒处理* 必要时按不明原因的传染病疫源地进行处理，即应根据流行病学指征确定消毒范围和对象，采取最严格的消毒方法进行处理。

（6）疫区的疫源地消毒应注意与杀虫、灭鼠、隔离、封锁等措施配合使用，疫源地的管理也是非常重要的环节。

4. 消毒人员注意事项

对消毒人员在消毒前、消毒时及消毒后的行为有以下规定。

（1）消毒人员在出发前要检查应携带的消毒工具是否齐备无故障，消毒剂是否齐全够用。

（2）消毒人员应主动取得畜主的合作。在消毒过程中，应尽量采用物理消毒法。在用消毒剂时应尽量选择对相应致病微生物杀灭作用良好、对物品损害轻微者。

（3）在消毒过程中，消毒人员不得吸烟、饮食，更不要随便走出消毒区域。同时应禁止无关人员进入消毒区内。

（4）消毒人员工作时应认真细致，有条不紊，突出重点。凡应消毒的对象，不得遗漏。严格区分已消毒和未消毒的物品，勿使已消毒的物品被再次污染。

（5）消毒完毕以后，消毒人员携回的污染工作衣物应立即分类作最终消毒。清点所消耗的药品器材，加以整修、补充。填好消毒工作记录并及时上报。

（二）操作步骤

1. 准备

（1）了解消毒方案　明确疫点的具体消毒地点和范围、消毒计划、方法和步骤。

（2）配制消毒药品　根据消毒面积大小，计算消毒药用量；配制消毒药溶液。

（3）消毒用具　扫帚、铲子、锹、冲洗用水管、喷雾器、火焰喷射枪、防护服、口罩、胶靴、手套、护目镜等。

2. 消毒

（1）环境和道路消毒

①清扫和冲洗，并将清扫出的污物，集中到指定的地点做焚烧、堆积发酵或混合消毒剂后深埋等无害化处理。

②喷洒消毒药液。

（2）动物圈舍消毒

①首先进行喷洒消毒药，作用一定时间后，彻底清扫动物舍顶棚、墙壁、地面等，彻底清除舍内的废弃物、粪便、垫料、残存的饲料等各种污物，并运送至指定地点做无害化处理。可移动的设备和用具搬出舍外，集中堆放到指定的地点用消毒剂清洗或洗刷。

②对动物舍的墙壁、顶棚、地面、笼具，特别是屋顶木梁柁架等，进行冲刷、清洗。

③用火焰喷射器对鸡舍的墙裙、地面、笼具等不怕燃烧的物品进行火焰消毒。

④对顶棚、地面和墙壁等喷洒消毒药液。

⑤关闭门窗和风机，用福尔马林密闭熏蒸消毒 24 小时以上。

（3）病死动物处理

①病死、扑杀的动物装入不泄漏的容器中，密闭运至指定地点进行焚烧或深埋。

②病死或扑杀动物污染的场地认真进行清洗和消毒。

（4）用具、设备消毒

①金属等耐烧设备用具，在清扫、洗刷后，用火焰灼烧等方式消毒。

②对不耐烧的笼具、饲槽、饮水器、栏等在清扫、洗刷后，用消毒剂刷洗、喷洒、浸泡、擦拭。

③疫点、疫区内所有可能被污染的运载工具均应严格消毒，车辆的所有角落和缝隙都要用高压水枪进行清洗和喷洒消毒剂，不留死角。所产生的污水也要作无害化处理。

（5）饲料和粪便消毒　饲料、垫料和粪便等要深埋、发酵或焚烧。

(6) 出入疫点、疫区的消毒

①出入疫点、疫区的交通要道设立临时检查消毒点，对出入人员、运输工具及有关物品进行消毒。

②车辆上所载的物品也要认真消毒。

(7) 工作人员的防护与消毒

①参加疫病防治和消毒工作的人员在进入疫点前要穿戴好防护服、帽、橡胶手套、口罩、护目镜、胶靴等。

②工作完毕后，在出口处应脱掉和放下防护服、帽、手套、口罩、护目镜、胶靴、器械等，置于容器内进行消毒。消毒方法可采用浸泡、洗涤、晾晒、高压蒸汽灭菌等；一次性用品应集中销毁；工作人员的手及皮肤裸露部位应清洗、消毒。

(8) 污水沟消毒　可投放生石灰或漂白粉。

(9) 疫点的终末消毒　在疫病被扑灭后，在解除封锁前要对疫点最后进行一次全面彻底消毒。

(三) 注意事项

1. 疫点的消毒要全面、彻底，不要遗漏任何一个地方、一个角落。

2. 根据病原微生物的抵抗力和消毒对象的性质和特点不同，选用不同消毒剂和消毒方法，如对饲槽、饮水器消毒应选择对动物无毒、刺激小的消毒剂；对地面、道路消毒可选择消毒效果好的氢氧化钠消毒，可不考虑刺激性、腐蚀性等因素；对小型用具可采取浸泡消毒；对耐烧的设备可取火焰烧灼等。

3. 要运用多种消毒方法，如清扫、冲洗、洗刷、喷洒消毒剂、熏蒸等进行消毒，确保消毒效果。

4. 喷洒消毒剂和熏蒸消毒，一定要在清扫、冲洗、洗刷的基础上进行。

5. 消毒时应注意人员防护。

6. 消毒后要进行消毒效果监测，了解消毒效果。

二、无害化处理

(一) 病畜禽尸体的无害化处理

1. 销毁　下述操作中，运送尸体应采用密闭的容器。

(1) 湿法化制　利用湿化机，将整个尸体投入化制（熬制工业用油）。

(2) 焚毁　将整个尸体或割除下来的病变部分和内脏投入焚化炉中或焚烧坑内烧毁炭化。

(3) 化制　利用干化机，将原料分类，分别投入化制。

2. 高温处理

(1) 高压蒸煮法　把肉尸切成重不超过 2 千克、厚不超过 8 厘米的肉块，放在密闭的高压锅内，在 112 千帕压力下蒸煮 1.5～2 小时。

(2) 一般煮沸法　将肉尸切成规定重不超过 2 千克、厚不超过 8 厘米的肉块，放在普通锅内煮沸 2～2.5 小时（从水沸腾时算起）。

(二) 病畜禽产品的无害化处理

1. 血液

（1）漂白粉消毒法　用于传染病以及血液寄生虫病病畜禽血液的处理。将 1 份漂白粉加入 4 份血液中充分搅拌，放置 24 小时后于专设掩埋废弃物的地点掩埋。

（2）高温处理　将已凝固的血液切成豆腐方块，放入沸水中烧煮，至血块深部呈黑红色并成蜂窝状时为止。

2. 蹄、骨和角　肉尸作高温处理时剔出的病畜禽骨和病畜的蹄、角放入高压锅内蒸煮至骨脱或脱脂为止。

3. 皮毛

（1）盐酸食盐溶液消毒法　用于被疫病污染的和一般病畜的皮毛消毒。

用 2.5%盐酸溶液和 15%食盐水溶液等量混合，将皮张浸泡在此溶液中，并使液温保持在 30℃左右，浸泡 40 小时，皮张与消毒液之比为 1∶10（m/V）。浸泡后捞出沥干，放入 2%氢氧化钠溶液中，以中和皮张上酸，再用水冲洗后晾干。也可按 100 毫升 25%食盐水溶液中加入盐酸 1 毫升配制消毒液，在室温 15℃条件下浸泡 18 小时，皮张与消毒液之比为 1∶4。浸泡后捞出沥干，再放入 1%氢氧化钠溶液中浸泡，以中和皮张上的酸，再用水冲洗后晾干。

（2）过氧乙酸消毒法　用于任何病畜的皮毛消毒。

将皮毛放入新鲜配制的 2%过氧乙酸溶液浸泡 30 分钟，捞出，用水冲洗后晾干。

（3）碱盐液浸泡消毒　用于疫病污染的皮毛消毒。

将病皮浸入 5%碱盐液（饱和盐水内加 5%烧碱）中，室温（17～20℃）浸泡 24 小时，并随时加以搅拌，然后取出挂起，待碱盐液流净，放入 5%盐酸液内浸泡，使皮上的酸碱中和，捞出，用水冲洗后晾干。

（4）石灰乳浸泡消毒　用于口蹄疫和螨病病皮的消毒。

制法：将 1 份生石灰加 1 份水制成熟石灰，再用水配成 10%或 5%混悬液（石灰乳）。

口蹄疫病皮，将病皮浸入 10%石灰乳中浸泡 2 小时；螨病病皮，则将皮浸入 5%石灰乳中浸泡 12 小时，然后取出晾干。

（5）盐腌消毒　用于布鲁氏菌病病皮的消毒。

用皮重 15%的食盐，均匀撒于皮的表面。一般毛皮腌制 2 个月，胎儿毛皮腌制 3 个月。

4. 病畜鬃毛的处理　用于任何病畜的鬃毛处理，将鬃毛于沸水中煮沸 2～2.5 小时。

三、消毒液机的使用

消毒液机是一种可杀灭多种病毒及各种细菌病毒的消毒机，消毒液机使用食盐为原料即可生产含氯消毒液。这项高新技术产品生产出含氯消毒液不但无毒、无副作用，而且易于降解，对环境不会产生二次污染。消毒液机在养殖场的用途广泛，可用于畜禽饮水、禽畜舍、环境、器具等消毒。

消毒液机生产出的消毒液主要成分为次氯酸钠、活性氧原子等因子，次氯酸是一种强氧化剂，消毒效力强，真正高效、广谱，杀菌、杀病毒、杀真菌效果好。对于像季铵盐等消毒剂消毒效果较差的芽孢菌、无囊膜病毒等（如鸡传染性法氏囊病毒），次氯酸的消毒效果都很好，而且对人、禽畜刺激性、腐蚀性都很小，无毒、无臭，不渗入肉、蛋内造成长期残留。

使用方法参考下表：

消毒对象	消毒液浓度（毫克/升）	稀释倍数	使用方法	作用时间（分钟）	效　果
空舍消毒	300	20	喷雾	30	杀灭病原微生物
带鸡消毒	200	30	喷雾	20	控制传染病
孵化厅、室	100	60	喷雾	30	净化孵化环境
孵化器具	200	30	浸泡	5	杀灭病原切断传播途径
种蛋	100	60	浸泡	5	控制垂直传播
鸡饮水	6～12	1 000	随兑随饮		防止疫病经水传播，主要控制肠道病，免疫前两天停用
消毒池、槽	500	12	每天更换		切断传播途径，加5%火碱
人员洗手消毒	100	60	浸泡冲刷	2	杀灭手上病原，防止接触传播
发病期（带鸡）	300	20	喷雾	30	杀灭病原，控制蔓延
环境消毒	300	20	喷雾	30	净化环境，消灭传染源
饲养用具	200	30	浸泡冲刷	30	杀灭病原，防止接触传播
工作服消毒	100	60	浸泡清洗	30	防止带菌服传播疫病
空圈栏消毒	300	20	喷雾	30	杀灭各种病原菌
带畜消毒	200	30	喷雾	30	控制疫病传播，降温降尘除臭
畜饮水消毒	6～12	1 000	随兑随饮		防止疫病经水传播，改善水质，免疫前后两天停用
食槽饮水器消毒	200	30	浸泡冲刷	30	防止病从口入
分娩舍、仔畜舍	200	30	喷雾	30	控制病原体入侵，预防传染病
畜发病期	300	20	喷雾	30	杀灭病原，控制蔓延
环境消毒	300	20	喷雾	30	净化环境，消灭传染源
挤奶设备消毒	300	20	浸泡	30	防止通过用具接触传播
奶牛羊乳房消毒	200	30	擦洗	10	防止乳房感染，污染乳汁

注：带畜消毒的喷雾量，可根据不同季节及畜龄，50～100 毫升/米^3

第二节　主要疫病的消毒

一、高致病性禽流感的消毒

（一）消毒原则

出现动物禽流感疫情后，动物防疫部门应及时开展工作，指导现场消毒，进行消毒效果评价。

消毒工作应在疫情发生后及时有效地进行。对必须消毒的对象采取严格的消毒措施。消毒工作应避免盲目，如采取其他有效措施可以使污染物品无害化时，可以不进行消毒处理。

1. 对死禽和宰杀的家禽、禽舍、排泄物进行终末消毒。

2. 对划定的动物疫区内禽类密切接触者，在停止接触后应对其及其衣物进行消毒。

3. 对划定的动物疫区内的饮用水应进行消毒处理，对流动水体和较大的水体等消毒较困难者可以不消毒，但应严格进行管理。

4. 对划定的动物疫区内可能污染的物体表面在出封锁线时进行消毒。

5. 必要时对禽舍的空气进行消毒。

（二）消毒方法

消毒工作应该由进行过培训有现场消毒经验的人员进行，掌握消毒剂的配制方法和消毒器械的操作方法，针对不同的消毒对象采取相应的消毒方法。

1. 对禽舍及场地内外采用喷洒消毒液的方式进行消毒，消毒后对污物、粪便、饲料等进行清理；清理完毕再用消毒液以喷洒方式进行彻底消毒，消毒完毕后再进行清洗；不易冲洗的禽舍清除废弃物和表土，进行堆积发酵处理。

禽舍的地面、墙壁、门窗用0.1%过氧乙酸溶液或500毫克/升有效氯含氯消毒剂溶液喷雾。泥土墙吸液量为150～300毫升/米^2，水泥墙、木板墙、石灰墙为100毫升/米^2，地面喷药量为200～300毫升/米^2。以上消毒处理，作用时间应不少于60分钟。舍内空气消毒应先密闭门窗，每立方米用15%过氧乙酸溶液7毫升（1克/米^3），放置瓷或玻璃器皿中加热蒸发，熏蒸1小时，即可开门窗通风。或以0.5%过氧乙酸溶液（8毫升/米^3）气溶胶喷雾消毒，作用30分钟。

2. 禽的排泄物、分泌物等，稀薄者每1 000毫升可加漂白粉50克，搅匀放置2小时。成形粪便可用20%漂白粉乳剂2份加于1份粪便中，混匀后，作用2小时。对禽舍的粪便也可以集中消毒处理时，可按粪便量的1/10加漂白粉，搅匀加湿后作用24小时。

3. 金属设施设备，可采取火焰、熏蒸等方式消毒；木质工具及塑料用具采取用消毒液浸泡消毒；工作服等采取浸泡或高温高压消毒。

饲养用具可用0.1%过氧乙酸溶液或500毫克/升有效氯含氯消毒剂溶液浸泡20分钟后，再用清水洗净。

4. 动物尸体应焚烧或喷洒消毒剂后在远离水源的地方深埋，要采取有效措施防止污染水源。

5. 在出入疫点、疫区的交通路口设立消毒站点，对所有可能被污染的运载工具应当严格消毒，从车辆上清理下来的废弃物进行无害化处理。

运输工具车、船内外表面和空间可用0.1%过氧乙酸溶液或500毫克/升有效氯含氯消毒剂溶液喷洒至表面湿润，作用60分钟。

6. 垃圾，可焚烧的尽量焚烧，也可喷洒10 000毫克/升有效氯含氯消毒剂溶液，作用60分钟以上，消毒后深埋。

7. 对小水体的污水每10升加入10 000毫克/升有效氯含氯消毒溶液10毫升，或加漂白粉4克。混匀后作用1.5～2小时，余氯为4～6毫克/升时即可。较大的水体应加强管理，疫区解除前严禁使用。

8. 疫点每天消毒 1 次连续 1 周，1 周以后每两天消毒 1 次。疫区内疫点以外的区域每两天消毒 1 次。

二、口蹄疫的消毒

（一）消毒原则

出现口蹄疫疫情后，动物防疫部门应及时开展工作，指导现场消毒，进行消毒效果评价。

消毒工作应在疫情发生后及时有效地进行。对必须消毒的对象采取严格的消毒措施。消毒工作应避免盲目，如采取其他有效措施可以使污染物品无害化时，可以不进行消毒处理。

1. 对病死牛猪羊和宰杀的牛猪羊、畜舍、排泄物和分泌物等进行终末消毒。

2. 对划定的动物疫区内牛羊猪及其密切接触者，在停止接触后应对其及其衣物进行消毒。

3. 对划定的动物疫区内的饮用水应进行消毒处理，对流动水体和较大的水体等消毒较困难者可以不消毒，但应严格进行管理。

4. 对划定的动物疫区内可能污染的物体表面在出封锁线时进行消毒。

5. 必要时对畜舍的空气进行消毒。

（二）消毒方法

1. 疫点内饲养圈舍清理、清洗和消毒，首先对圈舍内外消毒后再行清理和清洗。对地面和各种用具等彻底冲洗，并用水洗刷圈舍、车辆等，对所产生的污水进行无害化处理。

2. 对金属设施设备，可采取火焰、熏蒸等方式消毒。

3. 饲养圈舍的饲料、垫料等作深埋、发酵或焚烧处理；粪便等污物作深埋、堆积密封或焚烧处理。

4. 交通工具可采用清洗消毒和消毒液喷洒的方式消毒。

5. 出入疫点、疫区的交通要道设立临时性消毒点，对出入人员、运输工具及有关物品进行消毒。

6. 消毒人员的所有衣服用消毒剂浸泡后清洗干净，其他物品都要用适当的方式进行消毒。

7. 疫点每天消毒 1 次连续 1 周，1 周后每两天消毒 1 次，疫区内疫点以外的区域每两天消毒 1 次。

三、高致病性猪蓝耳病的消毒

（一）消毒原则

出现高致病性猪蓝耳病疫情后，动物防疫部门应及时开展工作，指导现场消毒，进行消毒效果评价。

消毒工作应在疫情发生后及时有效地进行。对必须消毒的对象采取严格的消毒措施。消毒工作应避免盲目，如采取其他有效措施可以使污染物品无害化时，可以不进行消毒处理。

1. 对病死猪和宰杀的猪、畜舍、排泄物和分泌物等进行终末消毒。

2. 对划定的动物疫区内猪及其密切接触者，在停止接触后应对其及其衣物进行消毒。

3. 对划定的动物疫区内的饮用水应进行消毒处理，对流动水体和较大的水体等消毒较困难者可以不消毒，但应严格进行管理。

4. 对划定的动物疫区内可能污染的物体表面在出封锁线时进行消毒。

5. 必要时对畜舍的空气进行消毒。

（二）消毒方法

高致病性猪蓝耳病病毒在外界环境中存活能力较差，只要消毒措施得当，一般均能获得较好的消毒效果。养猪生产实践中常用的消毒剂，如醛类、含氯消毒剂、酚类、氧化剂、碱类等均能杀灭环境中的病毒。

1. 常用消毒剂

醛类消毒剂：有甲醛、聚甲醛等，其中以甲醛的熏蒸消毒最为常用。密闭的圈舍可按每立方米 7～21 克高锰酸钾加入 14～42 毫升福尔马林进行熏蒸消毒。熏蒸消毒时，室温一般不应低于 15℃，相对湿度应为 60%～80%，可先在容器中加入高锰酸钾后再加入福尔马林，密闭门窗 7 小时以上便可达到消毒目的，然后敞开门窗通风换气，消除残余的气味。

含氯消毒剂：包括无机含氯消毒剂和有机含氯消毒剂，消毒效果取决于有效氯的含量，含量越高，消毒能力越强。可用5%漂白粉溶液喷洒动物圈舍、笼架、饲槽及车辆等进行消毒。

碱类制剂：主要有氢氧化钠和生石灰等，消毒用的氢氧化钠制剂大部分是含有 94%氢氧化钠的粗制碱液，使用时常加热配成 1%～2%的水溶液，用于被病毒污染的禽舍地面、墙壁、运动场和污物等的消毒，也用于屠宰场、食品厂等地面以及运输车船等的消毒。喷洒 6～12 小时后用清水冲洗干净。

2. 注意事项

（1）疫点内饲养圈舍清理、清洗和消毒，首先对圈舍内外消毒后再行清理和清洗。对地面和各种用具等彻底冲洗，并用水洗刷圈舍、车辆等，对所产生的污水进行无害化处理。

（2）对金属设施设备，可采取火焰、熏蒸等方式消毒。

（3）饲养圈舍的饲料、垫料等作深埋、发酵或焚烧处理；粪便等污物作深埋、堆积密封或焚烧处理。

（4）交通工具清洗消毒和消毒液喷洒的方式消毒。

（5）出入疫点、疫区的交通要道设立临时性消毒点，对出入人员、运输工具及有关物品进行消毒。

（6）消毒人员的所有衣服用消毒剂浸泡后清洗干净，其他物品都要用适当的方式进行消毒。

（7）疫点每天消毒 1 次连续 1 周，1 周后每两天消毒 1 次，疫区内疫点以外的区域每两天消毒 1 次。

第三节　消毒效果监测

一、紫外线消毒效果的监测

紫外线灯的监测方法有物理监测法、化学监测法和生物监测法。

1. 物理监测法　利用紫外线照度计测定紫外线灯管辐照度值。

（1）检测方法　测定时，用无水乙醇棉球擦拭紫外线灯管，以除去表面灰尘。开启紫外线灯 5 分钟后，将测定波长为 253.7 纳米的紫外线辐照计探头置于被检紫外线灯下垂直距离

1 米的中央处，待仪表稳定后，所示数据即为该紫外线灯的辐照度值。

(2) 结果判定　普通 30 瓦直管型紫外线灯，新灯辐照强度≥90 微瓦/厘米^2 为合格；使用中紫外线灯辐照强度≥70 微瓦/厘米^2 为合格；30 瓦高强度紫外线新灯的辐照强度≥180 微瓦/厘米^2 为合格。对非直管型或不是 30 瓦的紫外线灯的检测距离和辐照度值合格标准值，可随产品用途和实际使用方法而定。原则上，应不低于产品使用说明书规定的辐照度值。

2. 化学监测法　利用紫外线与消毒剂量指示卡（化学指示卡）检测紫外线灯管辐照强度。该指示卡是根据紫外线光敏涂料可随照射剂量呈相应色变的原理设计的。

(1) 检测方法　测定时，用无水乙醇棉球擦拭紫外线灯管，以除去表面灰尘。开启紫外线灯 5 分钟后，将紫外线化学指示卡置于被检紫外线灯下垂直距离 1 米的中央处，并将有光敏涂层的一面朝向灯管，照射 1 分钟。

(2) 结果判定　照射后，光敏涂层由白色变为紫红色，与旁边相应的标准色块相比较，当光敏涂层与旁边相应的标准色块相一致时，即可判定紫外线灯的辐照强度合格。

此外，也可用生物监测法。

二、物品和环境表面及空气消毒效果的生物学监测法

用于表面消毒效果监测和空气消毒效果监测，一般采用营养琼脂平板培养法进行。表面消毒效果检测时可采用营养琼脂平板压印法或棉拭子法；空气消毒效果的监测采用布点法，即室内面积≤30 米^2，对角线内、中、外处设 3 点，内、外点布点部位距墙壁 1 米处；室内面积＞30 米^2，设 4 角及中央 5 点，4 角的布点部位距墙壁 1 米处。

三、手和皮肤黏膜消毒效果的监测

1. 手的消毒效果监测　被检人五指并拢，用浸有含相应中和剂的无菌洗脱液棉拭子在双手指屈面从指根到指端往返涂擦两次（一只手涂擦面积约 30 厘米^2），并随之转动采样棉拭子，剪去操作者手接触部位，将棉拭子投入已注入 10 毫升含相应中和剂的无菌洗脱液试管内，用营养琼脂平板进行培养，计数菌落，判定结果。

2. 皮肤黏膜的消毒效果检测　用 5 厘米×5 厘米灭菌规格板，放在被检皮肤处；若表面不足 5 厘米×5 厘米，在皮肤黏膜部位划一固定区域或用相应面积的规格板采样；不规则的黏膜皮肤处可用棉拭子直接涂擦采样。用浸有含相应中和剂的无菌洗脱液的棉拭子一支，在规格板内横竖往返均匀涂擦各 5 次，并随之转动棉拭子，剪去手接触的部位，将棉拭子投入已经注入 10 毫升含相应中和剂的无菌洗脱液的试管内用营养琼脂平板进行培养，计数菌落，判定结果。

[本章小结]

本章主要学习了疫点疫区的消毒、重大动物疫病的消毒及消毒效果监测等。

[复习题]

1. 什么是疫点？
2. 疫点消毒的程序与原则有哪些？

3. 疫点的动物圈舍、环境、用具、设备、粪便如何消毒？
4. 疫点消毒的注意事项有哪些？
5. 常见疫病的消毒原则与方法有哪些？
6. 无害化处理包含哪些内容？
7. 如何进行空气及物品消毒效果的监测？

第二十章　预防接种

第一节　生物制品的基础知识

一、减毒活疫苗的作用机理

减毒活疫苗的作用机理是动物接种减毒活疫苗后，疫苗里的微生物在动物体内复制，在复制过程中，微生物刺激机体产生免疫反应，激发体液免疫和细胞免疫，从而达到对疫病的有效保护的作用。

二、灭活疫苗的作用机理

灭活疫苗的作用机理与减毒活疫苗不太相似。当灭活疫苗注射入动物体内后，疫苗中的抗原在动物体内不能复制，当适量的抗原被机体吸收时，刺激机体产生免疫应答，从而产生针对该抗原的抗体，抵抗环境中的该抗原对动物机体的侵袭。如果疫苗中的抗原含量过低，动物机体吸收速度过快，产生的免疫应答就不够强烈，产生的保护效力就比较低。生产中，通过在灭活疫苗中加入佐剂，使抗原释放的速度变慢，抗原持续释放、持续刺激机体产生较强的免疫应答。

第二节　兽用生物制品管理办法的主要内容

一、总则

1. 依据《兽药管理条例》和《兽药管理条例实施细则》。

2. 适用范围：凡在我国境内从事兽用生物制品研究、生产、经营、进出口、监督、使用等活动的单位和个人，必须遵守本办法。

3. 农业部负责全国兽用生物制品的管理工作。县级以上人民政府农牧行政管理机关负责辖区内兽用生物制品的管理工作。

二、生产管理

1. 开办兽用生物制品生产企业（含科研、教学单位的生物制品生产车间和三资企业）的单位必须在立项前提出申请，经所在地省、自治区、直辖市农牧行政管理机关（以下简称

省级农牧行政管理机关）提出审查意见后报农业部审批。

2. 经批准开办兽用生物制品生产企业的单位必须按照《兽药生产质量管理规范》（以下简称兽药GMP）规定进行设计和施工。

3. 兽用生物制品生产企业所生产的兽用生物制品必须取得产品批准文号。

4. 兽用生物制品制造与检验所用的菌（毒、虫）种等应采用统一编号，实行种子批制度，分级制备、鉴定、保管和供应。

5. 兽用生物制品实行批签发制度，兽用生物制品生产企业生产的兽用生物制品，必须将每批产品的样品和检验报告报中国兽医药品监察所。

6. 用于紧急防疫的兽用生物制品，由农业部安排生产，严禁任何其他部门和单位以“紧急防疫”等名义安排生产兽用生物制品。

三、经营管理

1. 预防用生物制品由动物防疫机构组织供应。供应具备与供应品种相适应的储藏和运输条件及相应的管理制度，并必须取得省级农牧行政管理机关核发的可以经营预防用生物制品的《兽药经营许可证》。

2. 具备下列条件的养殖场可以向所在地县级以上人民政府农牧行政管理机关提出自购疫苗的申请。经审查批准后，可以向兽用生物制品生产企业、进口兽用生物制品总代理商和具有供应资格的动物防疫机构订购本场自用的预防用生物制品。

（1）具有相应资格的兽医技术人员，能独立完成本场的防疫工作。

（2）具有与所需制品的品种、数量相适应的运输、储藏条件。

（3）具有购入验收、储藏保管、使用核对等管理制度。

县级以上人民政府农牧行政管理机关必须在收到申请的30个工作日内作出是否同意的答复。当作出不同意的答复时，应当说明理由。

3. 经营非预防用生物制品的企业应当具备相应的储藏条件和相应的管理制度，由省级农牧行政管理机关审批并核发《兽药经营许可证》。《兽药经营许可证》应当注明经营范围。

四、新生物制品研制阶段的管理

1. 兽用新生物制品的研究、田间试验及区域试验，必须严格遵守《兽用新生物制品管理办法》的规定。

2. 严禁未经批准擅自进行田间试验和区域试验。擅自进行田间试验和区域试验的，其试验结果不予认可。

3. 研制单位在进行兽用新生物制品的田间试验和区域试验时，不得收取费用，试验损耗费用及造成的损失由研制单位承担。

五、进出口管理

1. 外国企业在中国销售其已经在我国登记的兽用生物制品时，必须委托中国境内一家已取得相应《兽药经营许可证》的企业作为总代理商。外国企业驻中国办事机构不得从事进口兽用生物制品的销售活动。

2. 进口已在我国登记的或进口少量用于科学研究而尚未登记的兽用生物制品，进口单位必须按照《进口兽药管理办法》的规定进行申请，取得农业部核发的《进口兽药许可证》后，方可进口。

六、使用管理

1. 兽用生物制品的使用必须在兽医指导下进行。

2. 兽用生物制品的使用单位和个人在使用兽用生物制品的过程中，如出现产品质量及技术问题时，必须及时向县以上农牧行政管理机关报告，并保存尚未用完的兽用生物制品备查。

3. 兽用生物制品的使用单位和个人订购的预防用生物制品，只许自用，严禁以技术服务、推广、代销、代购、转让等名义从事或变相从事兽用生物制品经营活动。

七、质量监督和罚则

1. 中国兽医药品监察所负责全国兽用生物制品的质量监督工作和质量技术仲裁。省级兽药监察所负责本辖区内兽用生物制品的质量监督工作。

2. 严禁任何单位和个人生产、经营有下列情形之一的兽用生物制品：

(1) 无产品批准文号的。

(2) 未粘贴进口兽用生物制品专用标签的。

(3) 未经批准擅自进行田间试验、区域试验的，或者田间试验、区域试验的范围、期限不符合规定的，或者田间试验、区域试验收取费用的。

(4) 以技术服务、推广、代销、代购、转让等名义从事或变相从事经营活动的。

(5) 其他农业部明文规定禁止生产、经营的。

3. 生产、经营假兽用生物制品或农业部明文规定禁止生产、经营的兽用生物制品的，责令其停止生产、经营该制品，没收非法生产、经营的制品和非法收入，有违法所得的，并处违法所得3倍以下罚款，但是最高不超过3万元；没有违法所得的，可以处1万元以下罚款；并可以责令该企业停产、停业整顿或者吊销《兽药生产许可证》、《兽药经营许可证》。

4. 对生产、经营劣兽用生物制品的，令其停止生产、经营该制品，没收非法生产、经营的制品和非法收入，有违法所得的，并可以处违法所得3倍以下的罚款；但是最高不得超过3万元；没有违法所得的，可以处1万元以下罚款；情节和后果严重的，可以责令该企业停产、停业整顿或者吊销《兽药生产许可证》、《兽药经营许可证》。

5. 未取得《兽药生产许可证》、《兽药经营许可证》，擅自生产、经营兽用生物制品的，责令其停止生产、经营该制品，没收全部非法生产、经营的制品和非法收入，有违法所得的，并可以处违法所得3倍以下罚款，但是最高不得超过3万元；没有违法所得的，可以处1万元以下罚款。

第三节　免疫接种

一、掌握制定免疫程序的依据

一个地区、一个动物饲养场发生的传染病往往不止一种，动物饲养场往往需要多种疫苗

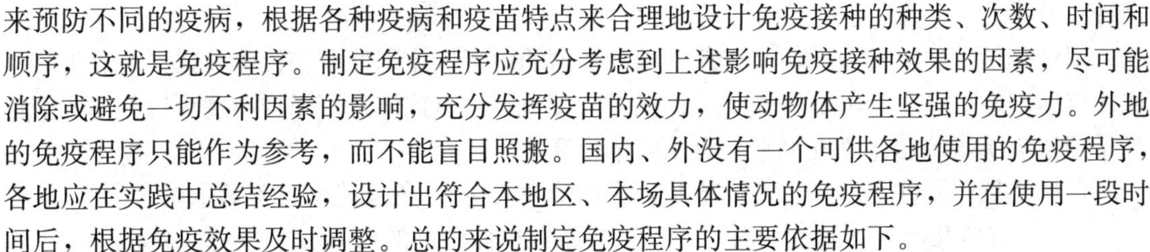

来预防不同的疫病，根据各种疫病和疫苗特点来合理地设计免疫接种的种类、次数、时间和顺序，这就是免疫程序。制定免疫程序应充分考虑到上述影响免疫接种效果的因素，尽可能消除或避免一切不利因素的影响，充分发挥疫苗的效力，使动物体产生坚强的免疫力。外地的免疫程序只能作为参考，而不能盲目照搬。国内、外没有一个可供各地使用的免疫程序，各地应在实践中总结经验，设计出符合本地区、本场具体情况的免疫程序，并在使用一段时间后，根据免疫效果及时调整。总的来说制定免疫程序的主要依据如下。

1. 疫病流行情况 免疫接种前首先要进行流行病学调查，了解当地及周边地区有哪些传染病流行范围、流行特点（季节、畜别、年龄、发病率、死亡率），然后制定适合本地区或本场的免疫计划。免疫接种的种类主要是有可能在该地区暴发与流行的疫病，有目的的开展免疫接种。对当地没有发生可能，也没有从外地传入可能性的传染病，就没有必要进行传染病的免疫接种。尤其是毒力较强和有散毒危险的弱毒疫苗，更不能轻率的使用。

2. 抗体水平 动物体内的抗体水平（先天所获得的母源抗体和后天免疫所获得的抗体）与免疫效果有直接关系，抗体水平越高，对免疫接种效果干扰越大，科学的免疫程序应该是先进行抗体水平监测，依据使用情况、抗体消长规律等来确定免疫接种时机。

3. 疫病的发生规律 不同的疫病各有其发生发展规律，有的疫病对各种年龄的动物都有致病性（如鸡新城疫、猪瘟等），而有的疫病只危害一定年龄的动物（仔猪黄痢主要危害5日龄以内仔猪，仔猪白痢主要危害10～30日龄仔猪，仔猪副伤寒主要危害1～4月龄幼猪，猪丹毒主要危害架子猪；鸡传染性法氏囊病主要危害2～5周龄鸡，鸡产蛋下降综合征主要危害产蛋高峰的鸡；鸭瘟主要危害产蛋鸭，鸭病毒性肠炎主要危害1～3周龄的雏鸭等）；有的传染病一年四季均可发生（猪瘟、鸡新城疫等），有的传染病发生有一定季节性（日本乙型脑炎、鸡痘等以蚊子活跃的季节最易流行等）。因此，应依据不同疫病发生的日龄、季节设计免疫程序，免疫的时间应在该病发病高峰前1～2周。这样，一则可以减少不必要的免疫次数，二则可以把不同疫病的免疫时间分隔开，避免了同时接种多种疫苗所导致的疫苗间相互干扰及免疫应激。这是免疫程序的时间设计基础。

4. 生产需求 种畜（禽）免疫程序是不同的。一是种畜（禽）生产周期长，一次免疫不足以提供长期的免疫力，因此需多次免疫。二是种畜（禽）免疫后还应保证子代母源抗体水平。因此，要根据生产需要不同，制定不同的免疫程序。

5. 饲养管理水平 农村散养动物，小、中、大型饲养场，其饲养管理水平不同，传染病发生的情况及免疫程序实施情况也不一样，免疫程序设计也应有所不同。

6. 疫苗的性质 不同类型的疫苗其免疫期、免疫途径、用途等均不相同。因此，设计免疫程序时应充分考虑选择合理的免疫途径、合理的疫苗类型去刺激动物产生有效的免疫力。

7. 免疫效果 一个免疫程序实行一段时间后，可根据免疫效果、免疫监测情况，进行适当调整或继续实行。

二、评估免疫效果

免疫接种后是否达到了预期的效果，为改进免疫接种方法和改进疫苗质量就必须通过一定的方法对免疫效果进行评价，一般可采用以下几种方法。

1. 抗体监测 大部分疫苗接种动物后可产生特异性的抗体，通过抗体来发挥免疫保护作用。因此，通过监测动物接种疫苗后是否产生了抗体以及抗体水平的高低，就可评价免疫接种的效果。

用免疫学方法随机抽样，检查免疫接种畜禽的血清抗体阳性率和抗体几何平均滴度。由血清抗体阳性率可以看出是否达到了该病的防疫密度，由抗体几何平均滴度可以看出是否达到了抵抗该疾病的总体免疫水平。实用简单粗算法是：

血清抗体阳性率（%）＝抗体几何平均滴度的对数/免疫检测总畜禽数×100%

抗体几何平均滴度的对数＝各被检畜禽抗体滴度的对数和/被检畜禽数

2. 攻毒保护试验 如无法进行免疫监测时，可选用攻毒保护试验来评价免疫接种的效果。一般是从免疫接种动物中抽取一定数量的动物，用对应于疫苗的强毒的病原微生物进行人工感染，若试验动物可以很好地抵抗强毒攻击，则说明免疫效果良好。如果攻毒后部分动物或大部分动物仍然发病，则说明免疫效果不好或免疫失败（此方法有散毒危险，只限于科研单位研究疫苗时应用）。

3. 流行病学评价 可通过流行病学调查，用发病率、病死率、成活率、生长发育与生产性能等指标与免疫接种前的或同期的未免疫接种畜禽群的相应指标进行对比，可初步评价免疫接种效果。

用流行病学调查的方法随机抽样，检查免疫接种组和未接种对照组的患病率，计算其保护率（保护效价）和保护指数，保护率越高，防疫效果越好。简单计算法是：

保护率（保护效价）（%）＝对照组患病率－接种组患病率×100%

保护指数＝对照组患病率/接种组患病率

正确的免疫效果评价结论，应将抗体监测、攻毒保护试验与流行病学效果评价结合起来综合评定。

三、分析动物免疫失败的原因

（一）疫苗方面

1. 查看免疫记录和免疫档案，确认疫苗的生产厂家和生产批号 生产厂家生产的疫苗质量差，如效价或蚀斑量不够，油乳剂灭活疫苗乳化程度不高，抗原均匀度不好。

2. 查疫苗

（1）查疫苗的外观、运输、保存情况是否与疫苗要求相符合。

（2）查疫苗毒株的血清型与所预防的疫病病原的血清型是否一致。

3. 查疫苗使用情况

（1）疫苗稀释不当，没有按规定使用指定的稀释液的配制，如饮水免疫时没有加脱脂乳，饮水免疫中使用了含氯的自来水，使用了金属饮水器或饮水器中有残留的消毒药。气雾免疫中没按规定量使用疫苗，疫苗稀释中没按规定使用无离子水或蒸馏水等。

（2）操作不当，如饮水免疫时，饮水器数量过少，畜禽饮水不均匀；饮水免疫前没有断水，因而免疫畜禽饮水时间太长，造成疫苗效力下降；实施喷雾免疫时未调试好喷雾器，造成雾滴过大或过小等；注射免疫时，注射器定量控制失灵；针头过短、过粗，拔出针头后，疫苗从针孔溢出；有时打“飞针”，注射不确实。肌肉注射鸡马立克病疫苗时，1 小时内没有注射完疫苗，此刻疫苗中的病毒量减少。滴鼻或点眼免疫时，放鸡过快，药液未完全吸入。

（3）在使用活疫苗免疫前后 7 天内使用抗菌药物，影响免疫效果。

(4) 免疫程序不合理如接种时间和次数的安排不恰当，不同疫苗之间相互干扰；如经气雾、滴鼻、点眼或饮水进行鸡新城疫免疫后，在7天内以同样方法接种鸡传染性支气管炎疫苗时，其免疫效果受影响；如接种鸡传染性支气管炎疫苗后2周内接种鸡新城疫疫苗，其效果不好；鸡传染性喉气管炎弱毒疫苗接种前后1周内接种鸡传染性支气管炎疫苗或鸡新城疫、传染性支气管炎联苗时，鸡传染性喉气管炎免疫效果降低等。

4. 查同批疫苗在其他场免疫情况 看同批疫苗在其他养殖场的免疫情况是否正常。

（二）动物机体方面

1. 查母源抗体水平 母源抗体水平高会影响免疫效果。

2. 查免疫时机体的健康状况 免疫抑制性疾病（鸡新城疫、鸡传染性法氏囊炎、鸡传染性贫血、网状内皮组织增生症、呼肠孤病毒、禽流感、马立克氏病、J型白血病、猪瘟、猪圆环病毒病Ⅱ型、猪繁殖与呼吸综合征等）、中毒病、代谢等疾病都会影响机体对疫苗的免疫应答能力，从而影响免疫效果。

3. 查机体的营养、日龄、遗传因素 畜禽发生严重的营养不良，维生素A、硒、锌等缺乏，特别是蛋白质营养缺乏时，会影响免疫球蛋白的产生，造成机体免疫功能下降，从而影响免疫效果。幼龄动物，机体免疫器官尚未发育成熟，免疫应答能力不完全，因此，过早免疫，免疫效果不好。由于遗传因素，不同品种、不同个体，对疫苗免疫应答能力也有差异。

（三）查免疫程序

免疫程序不合理如接种时间和次数的安排不恰当，不同疫苗之间相互干扰；如经气雾、滴鼻、点眼或饮水进行鸡新城疫免疫后，在7天内以同样方法接种鸡传染性支气管炎疫苗时，其免疫效果受影响；如接种鸡传染性支气管炎疫苗后2周内接种鸡新城疫疫苗，其效果不好；鸡传染性喉气管炎弱毒疫苗接种前后1周内接种鸡传染性支气管炎疫苗或鸡新城疫、传染性支气管炎联苗时，鸡传染性喉气管炎免疫效果降低等。

（四）环境因素

1. 查免疫时环境中病原性微生物污染情况 当环境中有大量的病原微生物存在时，使用任何一种疫苗，往往都不能达到最佳的免疫效果。

2. 查免疫时的环境卫生情况 环境卫生不良可造成动物机体抵抗力下降，也可影响免疫效果。

（五）其他因素

饲养密度过大、舍内湿度过高、舍内通风不良、严重的噪音、突然惊吓及突然换料等因素，均可对畜禽群造成不同程度的应激，从而使其在一段时间内抵抗力降低，影响免疫效果。因此，免疫接种时应尽量避免产生应激因素。在使用活疫苗免疫前后7天内使用抗菌药物，影响免疫效果。

四、处理接种后的不良反应

（一）观察免疫接种后动物的反应

免疫接种后，在免疫反应时间内，动物防疫员要对被接种动物进行反应情况观察，详细观察饮食、精神等情况，并抽测体温，对有反应的动物应予登记，反应严重的应及时救治。一般经7～10天，没有反应，可以停止观察。

1. 正常反应 是指因疫苗本身的特性而引起的反应，其性质与反应强度因疫苗制品不同而异，一般表现为短时间精神不好或食欲稍减等。对此类反应一般可不作任何处理，会很快自行消退。

2. 严重反应 这和正常反应在性质上没有区别，主要表现在反应程度较严重或反应动物超过正常反应的比例。常见的反应有震颤、流涎、流产、瘙痒、皮肤丘疹、注射部位出现肿块、糜烂等，最为严重的可引起免疫动物的急性死亡。引起严重反应的原因可能是某批疫苗质量问题，或免疫方法不当或某些动物敏感性不同等。

3. 合并症 这是指与正常反应性质不同的反应，主要与接种生物制品性质和动物个体体质有关，只发生在个别动物，反应比较严重，需要及时救治。

（1）*血清病* 是由于抗原抗体复合物产生的一种超敏反应，多发生于一次大剂量注射动物血清制品后，注射部位出现红肿、体温升高、荨麻疹、关节痛等，需精心护理和注射肾上腺素等。

（2）*过敏性休克* 个别动物于注射疫苗后30分钟内出现不安、呼吸困难、四肢发冷、出汗、大小便失禁等，需立即救治。

（3）*全身感染* 指活疫苗接种后因机体防御机能较差或遭到破坏时发生的全身感染和诱发潜伏感染，或因免疫器具消毒不彻底致使注射部位或全身感染。

（4）*变态反应* 多为荨麻疹。

（二）处理动物免疫接种后的不良反应

1. 免疫接种后如产生严重不良反应，应根据不同的反应及时进行救活，可以采用的急救措施有抗休克、抗过敏、抗炎症、抗感染、强心补液、镇静解痉等。

2. 局部处理常用的措施有消炎、消肿、止痒，对神经、肌肉、血管损伤等病例采用理疗、药疗和手术的方法治疗。

3. 对合并感染的病例用抗生素治疗。

（三）预防动物免疫接种后的不良反应

1. 保持动物舍温度、湿度、光照适宜，通风良好；做好日常消毒工作。

2. 制定科学的免疫程序，选用适宜的毒力或毒株的疫苗。

3. 应严格按照疫苗的使用说明进行免疫接种，注射部位要准确，接种操作方法要规范，接种剂量要适当。

4. 免疫接种前对动物进行健康检查，掌握动物健康状况。凡发病的，精神、食欲、体温不正常的，体质瘦弱的，幼小的，年老的，怀孕后期的动物均应不予接种或暂缓接种。

5. 对疫苗的质量、保存条件、保存期均要认真检查，必要时先做小群动物接种实验，然后再大群免疫。

6. 免疫接种前，避免动物受到寒冷、转群、运输、脱水、突然换料、噪音、惊吓等应激反应。可在免疫前后3～5天在饮水中添加速溶多维，或维生素C、维生素E等以降低应激反应。

7. 免疫前后给动物提供营养丰富、均衡的优质饲料，提高机体非特异免疫力。

[本章小结]

本章主要学习了减毒活疫苗和灭活疫苗的作用机理；兽用生物制品管理办法的主要内

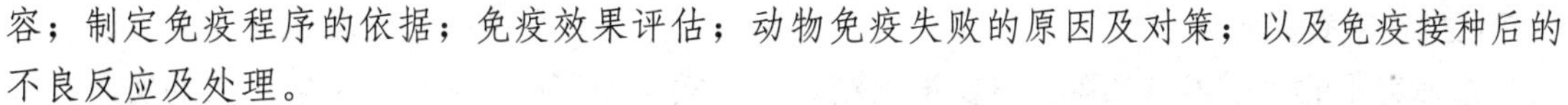

容；制定免疫程序的依据；免疫效果评估；动物免疫失败的原因及对策；以及免疫接种后的不良反应及处理。

[复习题]

1. 简述活疫苗和灭活疫苗的作用机理。
2. 接种疫苗常见的不良反应有哪些？如何急救和预防？
3. 紧急免疫接种的目的和意义是什么？
4. 免疫失败的常见原因有哪些？应采取哪些对策？
5. 制定免疫程序的依据有哪些？
6. 如何评价免疫效果？
7. 简述兽用生物制品管理办法的主要内容。

第二十一章　监测、诊断样品的采集与运送

第一节　病死畜禽的解剖与病变组织器官的采集

采取病料时，应根据生前发病情况或对疾病的初步诊断印象，有选择地采取相应病变最严重的脏器或最典型的病变内容物。如分不清病的性质或种类时，可全面采取病料。

采样原则：采取病死动物样品时，须在动物卫生监督机构或动物疫病预防控制机构监督下配合采样。采集有病变的器官组织，要采集病变和健康组织交界处，先采实质器官，如肝、脾和肾，后采集污染的器官组织，如胃肠等。

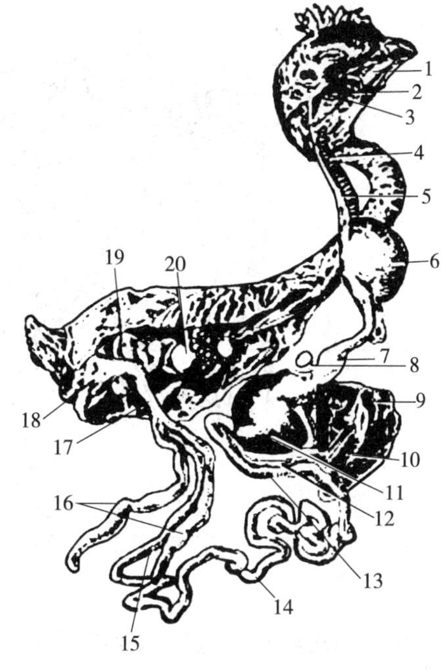

图 21-1　鸡的内脏器官

1. 口腔　2. 喉　3. 咽　4. 气管　5. 食管　6. 嗉囊　7. 腺胃　8. 脾　9. 肝　10. 胆囊　11. 肌胃　12. 胰　13. 十二指肠　14. 空肠　15. 回肠　16. 盲肠　17. 直肠　18. 泄殖腔　19. 输卵管　20. 卵巢

一、小家畜或家禽活体或尸体的采取

把病死畜禽或将病畜禽致死后，装入密封塑料袋内，装入有冰袋的冷藏箱内，及时送往实验室。

二、实质器官的采取

（一）器材准备

灭菌剪刀数把、灭菌毛剪数把、灭菌镊子数把、密封塑料袋数个、灭菌平皿数个、刀片数个、酒精灯、酒精棉球、铂金耳、某些灭菌培养基。

(二)采样原则

先采集小的实质器官如脾、肾、淋巴结，小的实质器官可以完整的采取。大的实质器官如心、肝、肺等，采集有病变的部分，要采集病变和健康组织交界处。

(三)采样

不同的检验目的样品要求不同，采集方法也有差异。

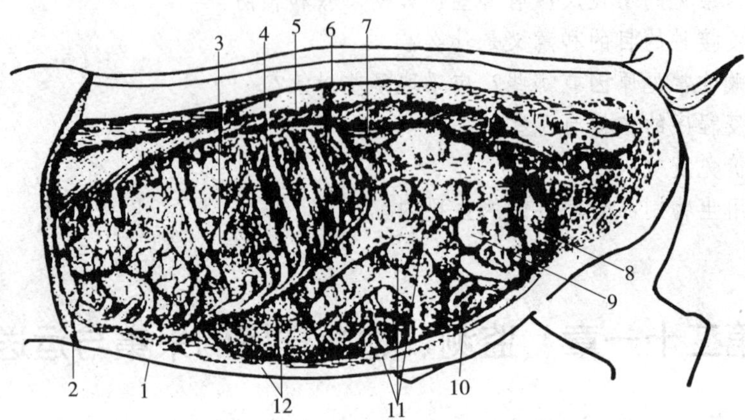

图 21-2　猪的内脏器官

1. 心脏　2. 肺　3. 膈　4. 大网膜　5. 脾　6. 胰　7. 左肾
8. 膀胱　9. 盲肠　10. 空肠　11. 结肠　12. 肝

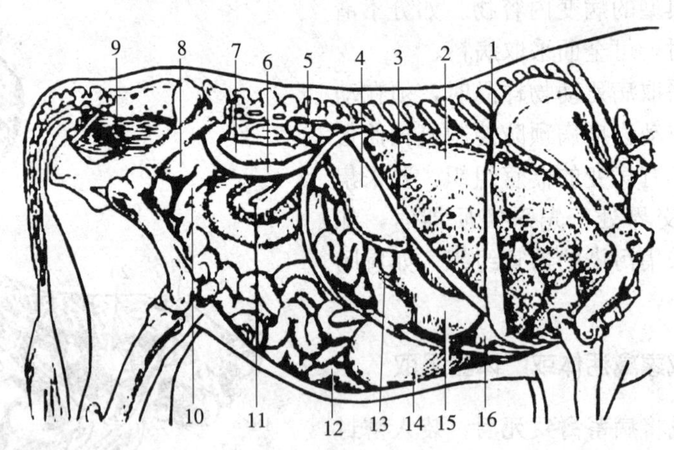

图 21-3　牛的内脏器官

1. 第 7 肋骨　2. 肺　3. 膈　4. 肝　5. 肾　6. 十二指肠
7. 结肠近袢　8. 盲肠　9. 直肠　10. 回肠　11. 结肠远袢
12. 空肠　13. 胆囊　14. 皱胃　15. 瓣胃　16. 网胃

1. 采集病理组织学检验的组织样品　样品必须新鲜。

(1) 选择采样部位　选择病灶及临近正常组织的组织交界部位。

(2) 采样　切取约 1 厘米×1 厘米组织块。若同一组织有不同的病变，应同时各取一块。切取组织样品的刀具应十分锋利。

(3) 保存　取材后立即放入 10 倍于组织块的 10%的福尔马林溶液中固定。组织块厚度

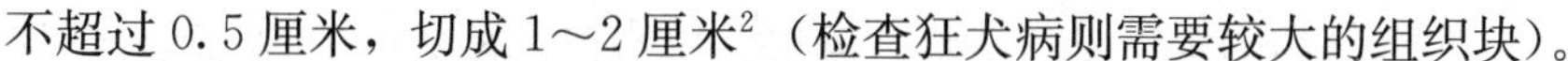

不超过 0.5 厘米，切成 1～2 厘米^2（检查狂犬病则需要较大的组织块）。

(4) 注意事项　组织块切忌挤压、刮摸和水洗。如作冷冻切片用，则将组织块放在 0～4℃容器中，尽快送实验室检验。

2. 采集病原分离的组织样品　微生物学检验的病料应新鲜，尽可能减少污染。

(1) 细菌分离的样品　选取病变组织与健康组织交接部位，先以烧红的刀片烧烙组织表面，在烧烙部位刺一孔，用灭菌后的铂金耳伸入孔内，取少量组织作涂片镜检或划线接种于适宜的培养基上。根据镜检结果和临床症状，再采集组织块。

采集的所有组织应分别放入灭菌容器内或灭菌塑料袋内，贴上标签，立即冷藏运送到实验室，必要时也可以作暂时冻结处理，但冻结时间不宜过长。

如遇尸体已经腐败，某些疫病的致病菌可从长骨、肋骨的骨髓中分离细菌。

(2) 用于病毒检验样品采集制备方法　做病毒检验时，必须用无菌技术采集。

可用一套已消毒的器械切取所需器官组织块，每取一个组织块，应用火焰消毒剪镊等取样器械。组织块应分别放入灭菌容器内并立即密封，贴上标签，注明日期、组织或动物名称，注意防止组织间相互污染。

将采取的样品放入冷藏容器立即送实验室。如果运送时间较长，可作冻结状态，也可以将组织块浸泡在 pH7.4 乳汉液或磷酸缓冲肉汤保护液内，并按每毫升保护液加入青霉素、链霉素各1 000国际单位，然后放入冷藏瓶内送实验室。

三、畜禽肠管及肠内容物样品采集与制备方法

（一）器材准备

灭菌剪刀数把、灭菌毛剪数把、灭菌镊子数把、密封塑料袋数个、酒精灯、酒精棉球、棉线、灭菌吸管、灭菌的 30%甘油盐水缓冲保存液、广口瓶若干个，记号笔。

（二）肠管的采集

1. 确定有病变的肠管部位。

2. 用棉线扎紧病变明显处（约 5～10 厘米）的两端，自扎线外侧剪断，把该段肠管置于灭菌容器中，冷藏送检。

（三）肠管内容物的采集

选择肠道病变明显部位，用棉线扎紧病变明显处（约 10～15 厘米）的两端，用灭菌吸管吸取内容物，用灭菌生理盐水轻轻冲洗；将肠内容物放入盛有灭菌的 30%甘油盐水缓冲保存液中送检。也可烧烙肠壁表面，用吸管扎穿肠壁，从肠腔内吸取内容物。

四、采集皮肤样品

（一）采样准备

灭菌剪刀数把、灭菌毛剪数把、灭菌镊子数把、密封塑料袋数个、酒精灯、酒精棉球、灭菌的 30%甘油盐水缓冲保存液、10%饱和盐水溶液、广口瓶数个、灭菌凸刃小刀、灭菌平皿数个，记号笔。

（二）采集样品

1. 皮肤样品的采集　死亡后的动物皮肤样品，用灭菌器械采取病变部位及与之交界的小部分健康皮肤（大约 10 厘米×10 厘米），保存于 30%的甘油缓冲液中或 10%饱和盐水溶液中。

活动物的病变皮肤，如有新鲜的水疱皮、结节、痂皮等可直接无菌剪取3～5克。

活动物的寄生虫病，如疥螨、痒螨等，在患病皮肤与健康皮肤交界处，用凸刃小刀，刀刃与皮肤表面垂直，刮取皮屑、直到皮肤轻度出血，接取皮屑供检验。

2. 保存 病原检验样品的制备方法：剪取的皮肤样品应放入灭菌容器内，加适量pH7.4的50%甘油磷酸盐缓冲液，可加适量抗生素，加盖密封后，尽快冷冻保存。

组织学检验样品制备方法：剪取的作组织学检验的皮肤样品应立即投入固定液内固定保存。

寄生虫检验样品制备方法：供寄生虫检验的皮肤样品可放入有盖容器内。

五、脑采集

全脑做病毒检查，可将脑浸入30%甘油盐水液中或将整个头部割下，泡入浸过消毒液的纱布中，置于不漏水的容器内保存。

牛、羊海绵状脑病采样的组织，采样时先打开头盖骨，取脑干延髓的脑闩区域，需冰冻保存（－70℃，无条件则－20℃保存）；其余大脑、小脑、脑干组织采集后立即置于10%福尔马林中，越快越好。尽量取全脑组织，包括大脑、小脑和脑干。注意脑组织需在动物死亡后尽快采集。（在枕骨大孔处用剪刀剪开脑硬膜，目的是便于插入采样勺。然后用一个手指伸入枕骨大孔中，沿着延脑（延髓）转一周，目的是切断延脑与头骨之间相连的神经和血管，以便于脑组织顺利挖出。从延脑腹侧（也即勺子从枕骨大孔的上面进入）将采样勺插入枕骨大孔中，插入时采样勺要紧贴枕骨大孔的腔壁，以免损坏延脑组织。采样勺插入的深度约为5～7厘米（采羊脑时插入深度约为4厘米），然后向上一扳勺子手柄，同时往外抠出脑组织和勺子，延脑便可完整取出。

注意：尽量保护好延脑“三叉口”处（脑闩部，）的组织的完整性。

作狂犬病的尼格里氏体检查的脑组织，取样应较大，一部分供在载玻片上作触片用，另一部分供固定，用Zenker氏固定液固定（重铬酸钾36克、氯化高汞54克、氯化钠60克、冰醋酸50毫升，蒸馏水950毫升）。作其他包涵体检查的组织用氯化高汞甲醛固定液（氯化高汞饱和水溶液9份、甲醛溶液1份）。

六、其他

为监测环境卫生或调查疫病，从遗弃物、通风管、下水道、孵化厂或屠宰场采集自然样品。将固体平面培养基暴露静置于空气中，采集空气中的微生物。

附录 主要动物疫病监测、诊断样品采集部位

随着养殖业的发展，动物疫病呈现出了多样化，为了及时掌握动物疫情，应了解主要动物疫病的检测、诊断采样部位。见下表：

主要动物疫病监测、诊断样品的采集部位表

疫病名称	样品采集部位
禽流感 新城疫	鼻、咽、气管分泌物，肝、脾、肾、脑、肠管及肠内容物、粪便、泄殖腔拭子
禽白血病	全血、病变组织、泄殖腔拭子、脾、气管黏膜、脑

（续）

疫病名称	样品采集部位
鸡白痢	全血，粪便、肝，脾
家禽支原件	鼻、咽、气管分泌物，肺、气骨黏膜
鹦鹉热	全血、眼结膜分泌物、粪便、气囊、肝、脾、心包，肾、腹水、泄殖腔拭子
鸡病毒性关节炎	水肿的腱鞘、胫跗关节、脾、胫股关节的滑液
鸡传染性喉气管炎	鼻气管分泌物、气管黏膜
鸡传染性支气管炎	肺，气管黏膜
鸡传染性法氏囊病	法氏囊、肾、脾
禽伤寒	全血、粪便、肝、脾、胆囊
禽痘	水泡皮、水泡液
马立克氏病	全血、皮肤、皮屑、羽毛尖、脾
禽白血病	全血、病变组织
鸡白痢	全血、粪便、肝、脾
鸭病毒性肝炎	全血、肝
鸭瘟	全血、鼻、咽分泌物、粪便、病变组织
牛瘟	眼结膜分泌物、粪便、肠黏膜
牛海绵状脑病	脑
牛肺疫	肺、胸、腹积液
牛传染性鼻气管炎	全血、眼、鼻、气管分泌物、气管黏膜、肺淋巴结、流产胎儿、胎盘
牛病毒性腹泻一黏膜病	全血、粪便、肠黏膜、淋巴结、耳部皮肤
牛流行热	全血、脾、肝、肺
绵羊痘和山羊痘	全血、新鲜病变组织及水泡液、淋巴结
山羊关节炎/脑炎	关节液、关节软骨、滑膜细胞
蓝舌病	全血、脾、肝
犬瘟热	实质器官、分泌物
兔病毒性出血	全血、肾、肺、唾液
古典猪瘟	急性病例首选扁桃体、慢性病例应首选直肠末端。此外还应采集脾脏、肾脏、淋巴结和回肠末端
伪狂犬病	采集病猪或未断奶死亡仔猪的脑组织（中脑、脑桥或延髓）以及扁桃体；对隐性感染猪主要采集病毒比较富集的三叉神经
猪繁殖与呼吸综合征	采集病猪或疑似病猪的肺脏、脾脏；对新鲜死胎、弱仔以及哺乳仔猪还应加采血液、胸腔积液、扁桃体等
猪圆环病毒	主要采集病猪尤其是断奶仔猪的肺脏和淋巴结等
猪细小病毒病	采集出产母猪的流产胎儿、死胎、木乃伊胎及弱仔的脑、肾、睾丸、肺、肝等；母猪的胎盘、阴道分泌物等
猪流行性乙型脑炎	子宫内膜、流产胎儿的大脑、发病种猪的睾丸
猪流感	主要采集急性发病猪的鼻拭子、气管或支气管拭子、肝、脾等
猪传染性胸膜肺炎	主要采集病死猪的肺脏，急性死亡猪应该采集心血、胸水以及鼻腔中的血色分泌物等
猪传染性胃肠炎	粪便、小肠及内容物
猪传染性脑脊髓炎	脑、脊髓、唾液、粪便
猪流行性腹泻	粪便、小肠及内容物
猪密螺旋体痢疾	粪便、病变肠段及内容物
细小病毒病	牛：肠黏膜，局部淋巴结；犬：小肠及内容物、粪便
布氏杆菌病	流产胎儿、胎盘、乳汁、精液
巴氏杆菌病	全血（涂片）、肝、肾、脾、肺
副结核病	粪便、直肠黏膜、肠系膜淋巴结
结核病	乳汁、痰液、粪便，尿、病灶分泌物、病变组织
类鼻疽	鼻、咽、气管分泌物、胸腔淋巴结化脓灶、肺、肝、脾
水泡性口炎	全血、水疱皮、水疱液、病变淋巴结

（续）

疫 病 名 称	样 品 采 集 部 位
炭 疽	全血（涂片）、脾、耳部皮肤
狂犬病	唾液、脑
衣原体病	阴道、子宫分泌物、流产胎儿、胎盘、粪、乳汁
其他疫病	尽可能采集病原比较富集的组织脏器、胸水、腹水及分泌物等

第二节　样品采集生物安全与防范措施

在兽医科研和诊断检测工作中，样品采集是不可缺少的必须进行的工作，在进行样品采集时，在保证样品质量的同时，由于许多动物疫病为人畜共患，所以也应注意采样人员的生物安全防护工作，保证采样人员的健康。

一、采样生物安全

1. 活体采样时动物的自身活动可能产生新的危害，如抓咬伤工作人员。

2. 危害的情况也可能由工作人员操作不小心或正在使用的器材设备等引起的，如刀片割破、针头刺伤等。

3. 动物中也可能有隐性感染病，可污染环境，工作人员和其他有关人不知不觉地吸入动物发散的气溶胶，都有可能造成严重后果。

4. 病死动物所带病原的复杂性、未知性，解剖采样过程可能会对工作人员构成威胁，对环境造成污染（污水、血液）及对周围的动物构成威胁。

二、采样的生物安全措施

为了保护工作人员、合作者和当地公众免于受到感染，严谨的操作技术规范是必不可少的。尽管我们不断面对新出现的疾病，并且由于一些 21 世纪新技术的使用，使疾病可能出现了新的传播方式，但是接触传染性因子的基本途径以及这些传染性因子进入人类身体的方式并没有改变。病原体只能以相对来说很少的途径侵入人类身体。将这些侵入位点保护起来，是实现生物安全和控制感染的预防性方法。

1. 重大动物疫病没有允许禁止采样，怀疑炭疽时首先采耳尖血涂片检查，确诊后禁止剖检。

2. 采样人员必须是兽医技术人员　具备动物传染病感染、传播流行与预防的相关知识，熟练掌握各种动物的保定技术、各种采样技术。

3. 采样协助人员的培训　当相关工作人员在与动物接触时，应该学会避免不必要的风险，工作人员应根据其工作地点具有的风险性接受相应的培训，所有的人员也都必须了解采样的动物可能带有疫病与人畜共患病，以及可能的感染与传播方式。工作过程中出现的异常情况处置，以及个人卫生以及其他的方面等知识。

4. 操作规范　可以作为一条规则的是，生物安全是建立在接受过培训的人员认真履行安全准则的基础上的。

健康采样时与免疫时基本相近，但与动物接触时间更长、更密切，如果是病死动物的采

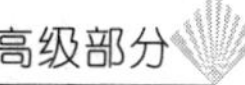

样，感染和扩散的风险更大，防护、操作要更严格。同时还要保护样品质量和生物安全。

（1）健康采样时遵守出入养殖场（户）的隔离消毒措施，防止通过免疫人员的活动造成疫病传播，由于各养殖场动物的免疫、抵抗力不同，可能在一个场有动物隐性带毒不发病，一旦人为机械带入另一个养殖场，可能引起动物感染发病和流行。所以出入养殖场必须更换隔离衣和手套并做好胶靴消毒。如果是发病场更应严格，

（2）进入养殖场，首先观察动物是否健康，一是动物疫病发生某些疫病时，可能产生对人的攻击行为，如奶牛狂犬病、疯牛病等。

（3）尽可能使用物理限制设备，保定动物，既保证人的安全，也保证样品的质量。

（4）做好采样器械的消毒，避免样品的交叉污染。

（5）对动物进行保定，作好人员防护，防止出现针刺伤风险。

（6）尖锐物品处理，注射用针头、刀片一旦使用完毕，必须立刻被投入尖锐物品箱内以待处理。

（7）病死动物要在隔离区（下铺塑料布）或实验室剖检、采样，采样后的动物尸体、废弃物等进行烧毁或深埋等无害化处理。

（8）采样结束，采样人员需更衣消毒，对采样的环境进行清洁消毒。

三、样品采集过程中的生物安全

1. 样品的包装　包装要求有三项基本原则：第一、确保物品不打碎容器也不漏到容器内。第二、即使在容器打碎的情况下，确保物品不会漏出。第三、贴标签（说明何种物品）。

2. 冷冻材料

冰：包装时使用冰作冷冻剂，一定要采取防渗漏措施。

干冰：使用干冰作冷冻剂，必须将干冰放入第二层容器内外，第二层容器必须用防震材料进行固定，以免干冰挥发后发生松动。美国邮政管理局和运输部要求外包装，必须使用透气材料，以便干冰挥发。

液氮：包装必须耐受极低的温度并且有可以运输液氮的文件证明。

具体包装要求可参照农业部第 503 号公告《高致病性动物病原微生物菌（毒）种或者样本运输包装规范》。

[本章小结]

本章主要学习了病死畜禽的解剖与病变组织器官的采集方法；主要动物疫病监测、诊断样品的采集部位；样品采集生物安全隐患与措施；样品保存、运输过程中的生物安全。

[复习题]

1. 简述高致病性禽流感、鸡新城疫、猪瘟和口蹄疫的样品采集部位。
2. 简述病死畜禽的采样原则。
3. 简述如何进行牛、羊海绵状脑病的采样。
4. 样品采集的生物安全隐患有哪些？
5. 简述采样的生物安全措施。
6. 运输样品的包装原则有哪些？

第二十二章　药品与医疗器械的使用

第一节　药物在保管过程中失效的原因

学习目标：能分析药物在保管过程中失效的原因。

一、密封不严

一些药物在保管时密封不严，与空气中的氧气发生化学反应或吸收空气中的二氧化碳、水分等使药品变质或失效。如乙醚密封不严易与空气中的氧发生反应，氧化生成有毒的过氧化物和乙醛；硫酸亚铁易氧化生成黄褐色不溶性硫酸铁。保存时密封不严，漂白粉在潮湿的条件下，可吸收二氧化碳，慢慢放出氧而使效力降低。密封不严时有些粉剂药品能吸收空气中的水分、有害气体、灰尘等影响本身质量，如活性炭吸收水分后会降低吸附作用。

二、日光照射

日光可使许多药品直接发生化学变化（氧化、还原、分解、聚合等）而变质。如肾上腺素遇光可逐渐变成红色银盐和汞盐，颜色变深，毒性增大；双氧水遇光可分解生成氧和水。

三、保存温度不适宜

温度增高不仅会使药品的挥发速度加快，更主要的是可促进氧化、分解等化学反应而加速药品变质，如抗生素和生物制品保存温度过高，很容易使效力降低或失效；温度过高易使软膏、胶囊剂溶化、粘连、软化，使薄荷油、碘酊等挥发性药物挥发速度加快。但温度过低也会使一些药品或制剂产生沉淀，如甲醛在9℃以下生成聚合甲醛而析出白色沉淀；低温还易使液体药物冻结，造成容器破裂；灭活疫苗冻结后效力减低或失效。

四、湿度太大或太小

湿度对药品质量影响很大。湿度过大，能使药品吸湿而发生潮解、稀释、变形、发霉；湿度太小，易使含结晶水的药品风化（失去结晶水），药品风化后在使用中难以掌握正确的剂量，对剧毒药品易超量而引起中毒。

五、微生物与昆虫侵害

药品露置空气中，由于微生物与昆虫侵入，而使药品发生腐败、霉变与虫蛀。

六、保存时间超过有效期

有些药品因理化性质不太稳定，易受外界因素影响，贮存一定时间后，会使含量下降或毒性增加。如抗生素、生物制品、脏器制剂和某些化学药品，为了保证使用安全有效，都规定了有效期，应当在有效期内使用，过了有效期时药品效力就会减低、失效或毒性增加。

第二节　器械保管

学习目标：能对常用电热设备、普通生物显微镜进行妥善保管、维护。

一、常用电热设备的保管和维护

（一）恒温培养箱

1. 构造　恒温培养箱有隔水式恒温培养箱和电热式恒温培养箱两种。隔水式恒温培养箱是以金属制的贮水夹层保温，箱外有加水孔和水位指标，除外层箱门外，还有一个内层玻璃门，箱顶有温度计和排气孔；在门旁侧，有温度调节器和指示灯泡，多用浸入式热管加热。电热式恒温培养箱也是由外壁和内壁两层的空腔和电热丝组成，是用电热丝直接加热外壁和内壁之间有绝缘保温的石棉板，内壁是铜（或铁）制的热传导板，温箱底上有电炉丝，而温度调节器、指示灯、温度计和排气孔等与隔水式恒温培养箱相同。

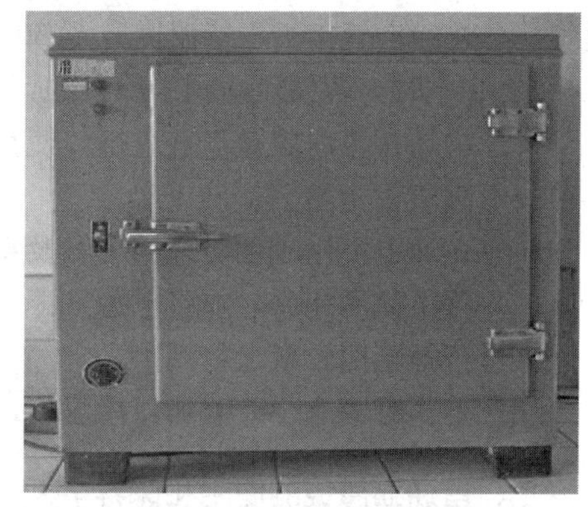

图 22-1　恒温培养箱

2. 保管

（1）应放置在平整坚实的台面上，要放置平稳。

（2）必须使用单独的三孔插座并配置适当的电度表及保险丝，三孔插座的接地端应有可靠的接地线。

（3）应放置在干燥、通风处，并保持清洁。

（4）电源线不可缠绕在金属物上或放置在潮湿的地方；必须防止橡胶老化以致漏电。

（5）若不经常使用或使用完毕后，感温探头头部要用保护帽套住。

3. 使用

（1）隔水式恒温培养箱在通电前应先加水到达规定指示处，同时应经常检查水位，及时添加温水。电热式恒温培养箱在使用时，应将风顶适当旋开以利调节箱内温度；应在箱内放一个盛水的容器，以保持一定的湿度；箱内底板因接近电炉丝，不宜放置培养物。

（2）为了便于热空气对流，箱内培养物不宜放置过挤。无论放入或取出培养物，都应随手关闭箱门，以免影响箱内温度。

（3）应经常注意箱上温度计所指示的温度是否与所需要温度相符。

（4）使用完毕，应及时切断电源并将旋钮转至零位，确保安全。

图 22-2　电热干燥箱

（二）电热干燥箱

1. 构造　普通的干燥箱是由双层铁板构成，中腔加石棉板以防散热。底部为热源装置，热源多为电热器。干燥箱有自动调节器，以保持温度恒定。有的干燥箱加鼓风机，可使箱内温度均匀；顶部有排气孔和温度计。

2. 保管 同恒温培养箱。

3. 使用和维护 主要用于玻璃器皿和金属制品等的干热灭菌和干燥用。

(1) 必须使用单独的三孔插座并配置适当的电度表及保险丝，三孔插座的接地端必须有可靠的接地线。

(2) 灭菌时，装好待灭菌物品，关闭箱门，接通电源，开始加热，应开启箱顶上的活塞通气孔，将冷空气排出，待温度升至 60℃时，将活塞关闭。灭菌时，可使温度升至 160℃，维持 1～2 小时。若仅需达到干燥目的，可一直开启活塞通气孔，温度只需 60℃左右即可。

(3) 物品在箱内放置不宜过挤，使空气流动畅通，保证灭菌效果；干燥箱底板因接近电热器故不宜放置物品。

(4) 在通电使用时，切忌用手触及箱左侧空间内的电器部分或用湿布揩抹及用水冲洗。

(5) 每次使用完后，须将电源切断，为避免玻璃器皿炸裂，待箱内温度降低 60℃以下时，方可打开箱门，取出物品。

(6) 工作时应有专人监测箱内温度，温度不能超过 170℃，以免棉塞或包扎纸被烤焦。

二、普通显微镜的使用和保养

普通光学显微镜是根据光学原理和利用各种透镜而制成，由于它是利用普通光线为光源，因此称其为普通光学显微镜。这种显微镜的构造有两种，一是固定载物台，借助于镜臂上的粗细调焦螺旋，调节镜筒的升降，以寻找标本中的目的物，目前这种老式的显微镜已被淘汰；另一种是固定镜筒于镜臂上，借助于粗细调焦螺旋，调节载物台的升降，使载物台和标本升降到合适的焦点，以观察目的物。现主要介绍后者。

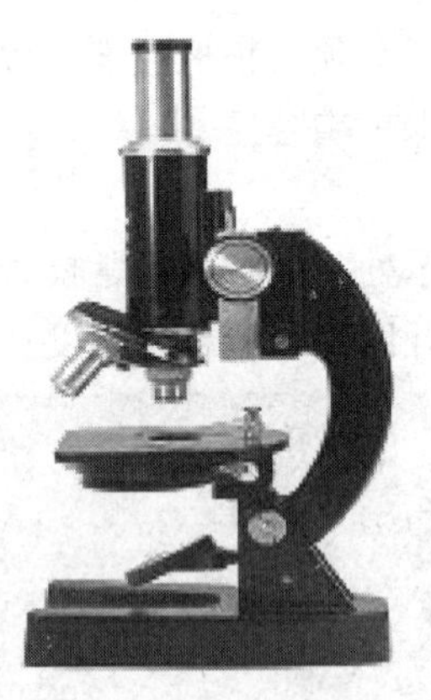

图 22-3 显微镜

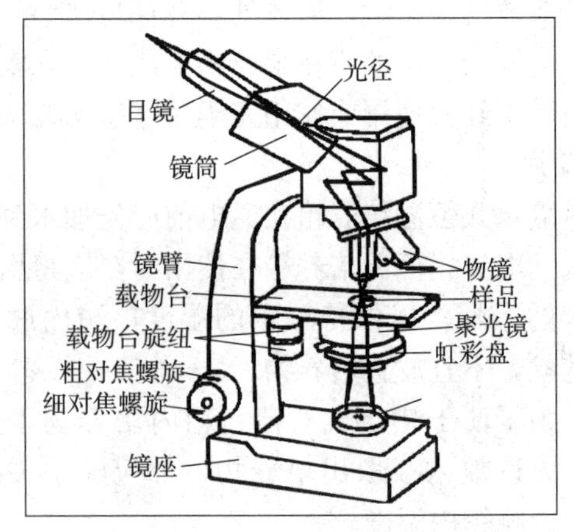

图 22-4 显微镜结构

(一) 显微镜的主要构造

普通光学显微镜的构造主要分为三部分：机械部分、照明部分和光学部分。

1. 机械部分

(1) 镜座 是显微镜的底座，用以支持整个镜体。

(2) 镜柱　是镜座上面直立的部分，用以连接镜座和镜臂。

(3) 镜臂　一端连于镜柱，一端连于镜筒，是取放显微镜时手握部位。

(4) 镜筒　连在镜臂的前上方，镜筒上端装有目镜，下端装有物镜转换器。

(5) 物镜转换器（旋转器）　接于棱镜壳的下方，可自由转动，盘上有3～4个圆孔，是安装物镜部位，转动转换器，可以调换不同倍数的物镜，当听到碰叩声时，方可进行观察，此时物镜光轴恰好对准通光孔中心，光路接通。

(6) 镜台（载物台）　在镜筒下方，形状有方、圆两种，用以放置玻片标本，中央有一通光孔，我们所用的显微镜其镜台上装有玻片标本推进器（推片器），推进器左侧有弹簧夹，用以夹持玻片标本，镜台下有推进器调节轮，可使玻片标本作左右、前后方向的移动。

(7) 调节器　是装在镜柱上的大小两种螺旋，调节时使镜台作上下方向的移动。

①粗调节器（粗螺旋）　大螺旋称粗调节器，移动时可使镜台作快速和较大幅度的升降，所以能迅速调节物镜和标本之间的距离使物象呈现于视野中，通常在使用低倍镜时，先用粗调节器迅速找到物象。

②细调节器（细螺旋）　小螺旋称细调节器，移动时可使镜台缓慢地升降，多在运用高倍镜时使用，从而得到更清晰的物像，并借以观察标本的不同层次和不同深度的结构。

2. 照明部分　装在镜台下方，包括反光镜，集光器。

(1) 反光镜　装在镜座上面，可向任意方向转动，它有平、凹两面，其作用是将光源光线反射到聚光器上，再经通光孔照明标本，凹面镜聚光作用强，适于光线较弱的时候使用，平面镜聚光作用弱，适于光线较强时使用。

(2) 集光器（聚光器）　位于镜台下方的集光器架上，由聚光镜和光圈组成，其作用是把光线集中到所要观察的标本上。

①聚光镜　由一片或数片透镜组成，起汇聚光线的作用，加强对标本的照明，并使光线射入物镜内，镜柱旁有一调节螺旋，转动它可升降聚光器，以调节视野中光亮度的强弱。

②光圈（虹彩光圈）　在聚光镜下方，由十几张金属薄片组成，其外侧伸出一柄，推动它可调节其开孔的大小，以调节光量。

3. 光学部分

(1) 目镜　装在镜筒的上端，通常备有2～3个，上面刻有5×、10×或15×符号以表示其放大倍数，一般装的是10×的目镜。

(2) 物镜　装在镜筒下端的旋转器上，一般有3～4个物镜，其中最短的刻有“10×”符号的为低倍镜，较长的刻有“40×”符号的为高倍镜，最长的刻有“100×”符号的为油镜，此外，在高倍镜和油镜上还常加有一圈不同颜色的线，以示区别。

在物镜上，还有镜口率（N. A.）的标志，它反应该镜头分辨力的大小，其数字越大，表示分辨率越高，各物镜的镜口率如下表：

物镜	镜口率（N. A.）	工作距离（毫米）
10×	0.25	5.40
40×	0.65	0.39
100×	1.30	0.11

表中的工作距离是指显微镜处于工作状态（物象调节清楚）时物镜的下表面与盖玻片（盖玻片的厚度一般为0.17毫米）上表面之间的距离，物镜的放大倍数愈大，它的工作距离

愈小。

显微镜的放大倍数是物镜的放大倍数与目镜的放大倍数的乘积，如物镜为10×，目镜为10×，其放大倍数就为10×10=100。

（二）显微镜的使用方法

1. 低倍镜的使用

（1）取镜和放置　显微镜平时存放在柜或箱中，用时从柜中取出，右手紧握镜臂，左一手托住镜座，将显微镜放在自己左肩前方的实验台上，镜座后端距桌边3～6厘米为宜，便于坐着操作。

（2）对光　用拇指和中指移动旋转器（切忌手持物镜移动），使低倍镜对准镜台的通光孔（当转动听到碰叩声时，说明物镜光轴已对准镜筒中心）。打开光圈，上升集光器，并将反光镜转向光源，以左眼在目镜上观察（右眼睁开），同时调节反光镜方向，直到视野内的光线均匀明亮为止。

（3）放置玻片标本　取一玻片标本放在镜台上，一定使有盖玻片的一面朝上，切不可放反，用推片器弹簧夹夹住，然后旋转推片器螺旋，将所要观察的部位调到通光孔的正中。

（4）调节焦距　以左手按逆时针方向转动粗调节器，使镜台缓慢地上升至物镜距标本片约5毫米处，应注意在上升镜台时，切勿在目镜上观察。一定要从右侧看着镜台上升，以免上升过多，造成镜头或标本片的损坏。然后，两眼同时睁开，用左眼在目镜上观察，左手顺时针方向缓慢转动粗调节器，使镜台缓慢下降，直到视野中出现清晰的物像为止。

如果物象不在视野中心，可调节推片器将其调到中心（注意移动玻片的方向与视野物象移动的方向是相反的）。如果视野内的亮度不合适，可通过升降集光器的位置或开闭光圈的大小来调节，如果在调节焦距时，镜台下降已超过工作距离（>5.40毫米）而未见到物象，说明此次操作失败，则应重新操作，切不可心急而盲目地上升镜台。

2. 高倍镜的使用

（1）选好目标　一定要先在低倍镜下把需进一步观察的部位调到中心，同时把物象调节到最清晰的程度，才能进行高倍镜的观察。

（2）转动转换器，调换上高倍镜头，转换高倍镜时转动速度要慢，并从侧面进行观察（防止高倍镜头碰撞玻片），如高倍镜头碰到玻片，说明低倍镜的焦距没有调好，应重新操作。

（3）调节焦距　转换好高倍镜后，用左眼在目镜上观察，此时一般能见到一个不太清楚的物象，可将细调节器的螺旋逆时针移动约0.5～1圈，即可获得清晰的物像（切勿用粗调节器!）

如果视野的亮度不合适，可用集光器和光圈加以调节，如果需要更换玻片标本时，必须顺时针（切勿转错方向）转动粗调节器使镜台下降，方可取下玻片标本。

3. 油镜的使用

（1）在使用油镜之前，必须先经低、高倍镜观察，然后将需进一步放大的部分移到视野的中心。

（2）将集光器上升到最高位置，光圈开到最大。

（3）转动转换器，使高倍镜头离开通光孔，在需观察部位的玻片上滴加一滴香柏油，然后慢慢转动油镜，在转换油镜时，从侧面水平注视镜头与玻片的距离，使镜头浸入油中而又

不以压破载玻片为宜

（4）用左眼观察目镜，并慢慢转动细调节器至物象清晰为止。如果不出现物象或者目标不理想要重找，在加油区之外重找时应按：低倍→高倍→油镜程序。在加油区内重找应按：低倍→油镜程序，不得经高倍镜，以免油沾污镜头。

（5）油镜使用完毕，先用擦镜纸沾少许二甲苯将镜头上和标本上的香柏油擦去，然后再用干擦镜纸擦干净。

4. 显微镜使用的注意事项

（1）持镜时必须是右手握臂、左手托座的姿势，不可单手提取，以免零件脱落或碰撞到其他地方。

（2）轻拿轻放，不可把显微镜放置在实验台的边缘，以免碰翻落地。

（3）保持显微镜的清洁，光学和照明部分只能用擦镜纸擦拭，切忌口吹手抹或用布擦，机械部分用布擦拭。

（4）水滴、酒精或其他药品切勿接触镜头和镜台，如果沾污应立即擦净。

（5）放置玻片标本时要对准通光孔中央，且不能反放玻片，防止压坏玻片或碰坏物镜。

（6）要养成两眼同时睁开的习惯，以左眼观察视野，右眼用以绘图。

（7）不要随意取下目镜，以防止尘土落入物镜，也不要任意拆卸各种零件，以防损坏。

（8）使用完毕后，必须复原才能放回镜箱内，其步骤是：取下标本片，转动旋转器使镜头离开通光孔，下降镜台，平放反光镜，下降集光器（但不要接触反光镜）、关闭光圈，推片器回位，盖上绸布和外罩，放回实验台柜内。最后填写使用登记表。（注：反光镜通常应垂直放，但有时因集光器没提至应有高度，镜台下降时会碰坏光圈，所以这里改为平放）。

第三节　器械使用

学习目标：能正确使用离心机、超净工作台。

一、离心机的使用

离心机系借离心力分离液相非均一体系的设备。离心就是利用离心机转子高速旋转产生的强大离心力，加快液体中颗粒的沉降速度，把样品中不同沉降系数和浮密度的物质分开。

（一）操作步骤

1. 将离心机放置在平整而坚实的台面上，其底部的三个橡胶吸脚能够把离心机牢牢地固定在台面上。

2. 将要离心的试样加入离心管中。

3. 将装有样品的离心管分别放入两个完整的并且配备了橡皮垫的离心套管中。置天平两侧配平，向较轻的一侧离心管套内用滴管加水，直到平衡。

4. 检查离心机内有无异物和没有用的套管。将已配平的两个套管对称地放置于离心机的离心平台上。

5. 盖好上盖，观察转速旋钮是否处于“0”的位置。开启电源。

图 22-5　离心机

6. 调节定时旋钮于所需的时间（分钟）。（有些离心机没有定时旋钮，则当离心机转速到达要求时，人工记录离心时间）

7. 慢慢顺时针转动转速旋钮，离心机开始工作，旋至所需的转速位置。

8. 达到离心时间后，将转速旋钮逆时针转回“0”的位置，转头开始减速，等到转头完全停止转动后方可打开离心盖，取出离心管和离心管套。

9. 离心机使用完毕后，切断电源。倒去离心套管内的平衡水并将套管倒置于干燥处晾干。

（二）注意事项

1. 离心管中液体不要装得太满。

2. 对称放置的试样必须配平。

3. 离心机启动时，应由低速逐渐转入高速，停止时也应由高速逐渐转入低速，不要变化太快，以免产生剧烈震动。停止时应让离心管自然停转，在未停妥之前切勿用外力强行制动。

4. 在使用过程中，应尽量避免试液洒在机器上面及转头里面，用毕及时清理，擦拭干净。

5. 离心机应定期检修，至少每年一次。转轴上应常加润滑油。启动后如有不正常声音或剧烈震动，马上关闭电源检查故障原因。

6. 使用过程中应注意避免碰到强酸强碱而产生腐蚀。

二、超净工作台的使用

1. 超净工作台的安放

（1）应安放于卫生条件较好的地方，便于清洁。

（2）安放位置应远离有震动及噪声大的地方。

（3）严禁安放在产生大尘粒及气流大的地方，以保证操作区空气的正常。

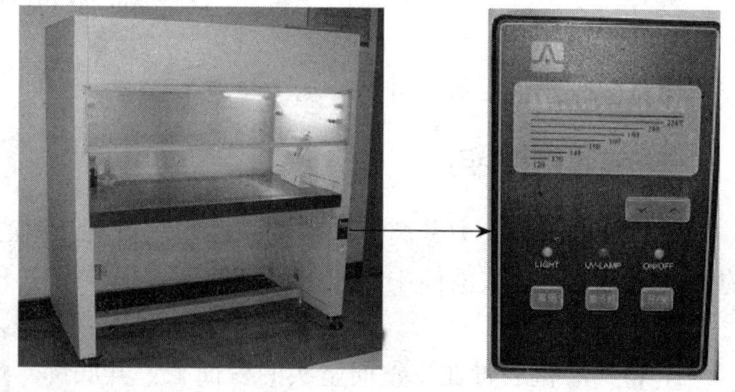

图 22-6　超净工作台

2. 使用前的检查

（1）接通超净工作台的电源。

（2）打开风机开关，使风机开始正常运转，这时应检查高效过滤器出风面是否有风送出。

（3）检查照明及紫外设备能否正常运行。

（4）工作前必须对工作台周围环境及空气进行超净处理，认真进行清洁工作，并采用紫外线灭菌法进行灭菌处理。

（5）净化工作区内严禁存放不必要的物品，以保持洁净气流流动不受干扰。

3. 使用

（1）使用工作台时，先经过清洁液浸泡的纱布擦拭台面，然后用消毒剂擦拭消毒。

(2) 接通电源，提前50分钟打开紫外灯照射消毒，处理净化工作区内工作台表面积累的微生物，30分钟后，关闭紫外灯，开启送风机。

(3) 工作台面上，不要存放不必要的物品，以保持工作区内的洁净气流不受干扰。

(4) 操作结束后，清理工作台面，收集各废弃物，关闭风机及照明开关，用清洁剂及消毒剂擦拭消毒。

(5) 最后开启工作台紫外灯，照射消毒30分钟后，关闭紫外灯，切断电源。

(6) 每月进行一次维护检查，并填写维护记录。

[本章小结]

本章学习了药物在保管过程中失效的常见原因，恒温培养箱、电热干燥箱的保管、使用和维护方法，离心机、超净工作台的使用方法。

[复习题]

1. 药物在保管过程中失效的常见原因有哪些?
2. 如何保管和维护恒温培养箱、电热干燥箱、普通显微镜?
3. 如何使用离心机?
4. 如何使用超净工作台?

第二十三章　临床诊断与给药

第一节　主要动物疫病临床诊断

学习目标：能通过临床症状及病理变化对动物疾病进行初步诊断，能进行畜禽血液、粪便及尿的常规检验。

一、主要重大动物疫病与人畜共患病的临床诊断

(一) 高致病性禽流感

高致病性禽流感是一种由甲型流感病毒的高致病力亚型（也称禽流感病毒）引起禽的烈性传染性疾病。按病原体类型的不同，禽流感可分为高致病性、低致病性和非致病性禽流感三大类。非致病性禽流感不会引起明显症状，仅使染病的禽鸟体内产生病毒抗体。低致病性禽流感可使禽类出现轻度呼吸道症状，食量减少，产蛋量下降，出现零星死亡。高致病性禽流感最为严重，发病率和死亡率均高，感染的鸡群常常“全军覆没”。

【流行特点】鸡、火鸡、鸭、鹅、等多种禽类易感，多种野鸟也可感染发病。一年四季均可流行，但在冬季和春季容易流行，各种品种和不同日龄的禽类均可感染高致病性禽流感，发病急、传播快，其致死率可达100%。

【临床症状】主要表现为：急性发病死亡或不明原因死亡，潜伏期从几小时到数天，最长可达21天；脚鳞出血；鸡冠出血或发绀、头部和面部水肿；鸭、鹅等水禽可见神经和腹

泻症状，有时可见角膜炎症，甚至失明；部分禽产蛋突然下降。

【病理变化】消化道、呼吸道黏膜广泛充血、出血；腺胃黏液增多，可见腺胃乳头出血，腺胃和肌胃之间交界处黏膜可见带状出血；心冠及腹部脂肪出血；输卵管的中部可见乳白色分泌物或凝块；卵泡充血、出血、萎缩、破裂，有的可见“卵黄性腹膜炎”；脑部出现坏死灶、血管周围淋巴细胞管套、神经胶质灶、血管增生等病变；胰腺和心肌组织局灶性坏死。

【诊断要点】

(1) 急性发病死亡或不明原因死亡。

(2) 鸡冠出血或发绀、头部和面部水肿；脚鳞出血。

(3) 腺胃乳头出血，腺胃和肌胃之间交界处黏膜可见带状出血。

(4) 胰腺、气管及其他组织广泛严重出血。

(二) 口蹄疫

口蹄疫是由口蹄疫病毒引起的偶蹄动物的一种急性、热性、高度接触性传染病。其临诊特征是在口腔黏膜、蹄部、乳房皮肤发生水疱和溃烂。本病被 OIE 列为 A 类动物疫病。

【流行特点】本病主要侵害偶蹄动物，牛最易感，羊、猪次之。牧区一般秋末开始、冬季加剧、春季减轻、夏季平息；但在农区季节性表现不明显。本病传播迅速，通常沿交通线由一点向四周扩散，或由一个点向远距离的另一个点跳跃式传播。

【临床症状】本病潜伏期最短 1～2 天，最长 14 天。病初体温升高，精神委顿，闭口流涎，1～2 天后唇内面、齿龈、舌面黏膜发生水疱，不久水疱破溃，形成边缘不整的红色烂斑。同时或稍后，趾间及蹄冠皮肤表现热、肿、痛，继而发生水疱，烂斑，鼻镜、乳房也可看到水疱。患畜跛行，水疱破溃后体温下降，全身症状好转。但幼畜患病常呈急性胃肠炎和心肌炎，死亡率较高。

【病理变化】主要的病变在反刍动物的食管和前胃黏膜上可见水疱和烂斑。在幼畜主要是心肌炎变化，表现为不规则的灰黄色至灰白色条纹斑点，俗称“虎斑心”。

【诊断要点】

(1) 体温升高，流涎。

(2) 唇内面、齿龈、舌面黏膜发生水疱。

(3) 患畜跛行，趾间、蹄冠及乳房皮肤发生水疱、烂斑。

(4) 反刍动物食管和前胃黏膜可见水疱和烂斑，幼畜表现为“虎斑心”变化。

(三) 猪瘟

猪瘟是由猪瘟病毒引起猪的一种急性、热性传染病。以急性发热的致死性败血症为其特征。猪瘟传染性极强，具有高的发病率和死亡率，流行非常广泛，几乎世界各国都有本病，我国目前仍有发生，造成较大的经济损失。

【流行特点】仅限于猪发病，不同品种、年龄、性别的猪均能感染，发病率和病死率都高。无季节性，一年四季均可发生。近年来猪瘟流行发生了变化，出现非典型猪瘟、温和型猪瘟，呈散发性流行。

【临床症状】按病程可分为最急性型、急性型、慢性型、温和型或称非典型型 4 种类型。其中最常见的是急性和慢性型。

(1) 最急性型　多见于流行初期，突然高热稽留，皮肤和黏膜紫绀，有少数出血点，病

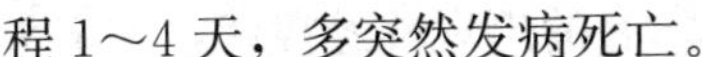

程 1～4 天，多突然发病死亡。

（2）急性型　持续高热（41℃左右），沉郁嗜眠，好钻草窝，发抖，弓腰，行动缓慢，间有呕吐；先便秘后腹泻，粪便恶臭，内有纤维素性白色黏液和血丝；眼中有多量黏液脓性分泌物，使眼睑粘连；鼻、唇、耳、下颌、四肢、腹下、外阴等处的皮肤点状出血，指压不褪色。公猪包皮积尿，混浊异臭；幼猪可见磨牙、运动障碍及痉挛等神经症状。病程 1～3 周死亡。

（3）慢性型　多见消瘦贫血，衰弱无力，行动蹒跚，体温时高时低，食欲时好时坏，便秘和腹泻交替。皮肤有紫斑或坏死干痂。病程 1 个月以上。不死亡猪则表现长期发育不良成为僵猪。

（4）温和型或称非典型型　其临床症状较轻，不典型，病情缓和，病程长达 2～3 个月，发病率和病死率均低，死亡的多是幼猪，成年一般可耐过。怀孕母猪感染后可不发病，但可侵袭胎儿，常引起流产、产死胎、木乃伊胎、弱仔或新生仔猪先天性头部和四肢颤抖，或无明显症状，终身带毒。存活的仔猪因免疫耐受，断奶后又复发出现猪瘟典型症状。

【病理变化】死于急性猪瘟的猪，皮肤、黏膜、浆膜和实质器官均有出血点或斑。全身淋巴结发生急性出血性炎，肿大，呈鲜红色或暗红色，切面湿润、隆突，呈红白相间的大理石样花纹。肾脏色彩变淡，皮质部有数量不等的小出血点（雀卵肾）。脾脏的边缘常有不同大小和形态的暗红色出血性梗死灶。发生点状出血，膀胱、喉头黏膜和心包膜等处有许多点状出血。肠黏膜，尤其是回肠末端、盲肠和回盲瓣处可见数量不等的纽扣状溃疡和坏死。

病程稍长的病例，胸腔变化明显，可见纤维素性肺炎或坏死性化脓性肺炎，肺胸膜粗糙，胸腔内有纤维素性渗出液。

慢性病猪出血性病变轻微，纤维素性坏死性肠炎明显，断奶仔猪肋骨和肋软骨连合处发生钙化，黄色骺线增厚明显。

温和型病例常见不到上述典型病变或很轻微。

【诊断要点】

（1）体温升高，稽留不退；皮肤和黏膜发红或紫绀，有点状出血。

（2）全身淋巴结肿大，切面呈红白相间的大理石样花纹。

（3）脾脏的边缘有暗红色出血性梗死灶。

（4）肾脏、膀胱、喉头黏膜和心包膜等处有许多点状出血。

（5）肠黏膜可见数量不等的纽扣状溃疡和坏死。

（四）鸡新城疫

鸡新城疫是由鸡新城疫病毒引起鸡的一种急性、热性、败血性、高度接触性传染病。其特征为呼吸困难、下痢、神经功能紊乱、黏膜和浆膜出血。

【流行特点】主要侵害鸡，火鸡、珠鸡、野鸡。不同品种、年龄、性别的鸡都易感，但幼雏和中雏易感性最高。主要经呼吸道和消化道感染。一年四季均可发生，但春、秋季多发。感染率、发病率、病死率都很高。近年来常发生非典型新城疫，其发病率和病死率略低。

【临床病变】最急性型，突然发病，无任何症状而死亡。急性型，病初体温升高达43～44℃、食欲减退或废绝、精神沉郁、缩颈闭眼、状似昏睡、冠髯暗紫、产蛋减少或停止。随着病程的发展，出现比较典型的症状：口腔和鼻腔分泌物增多，嗉囊肿满；呼吸困难、张口呼吸、并发出“咯咯”声；下痢，粪便呈绿色，有时混有血丝。有的出现神经症状，如偏头转颈，作圆圈运动或共济失调，肢、腿麻痹。最后体温下降，昏迷死亡。病程2～5天。5天以上不死者，神经症状明显，头颈向后或向一侧扭转，常伏地旋转，反复发作，瘫痪或半瘫痪，10～20天死亡。温和型成鸡产蛋急剧下降，间有下痢，病程较长。

【病理变化】剖检尸僵发生较早，头向后或呈S状弯曲，呈观星状，急性型营养状况良好，慢性型则极度消瘦。全部消化道有炎症，肌胃角质下层及腺胃、十二指肠黏膜上均有大小不等的出血点、出血斑或溃疡，特别是腺胃乳头点状出血明显。盲肠扁桃体肿大、出血、坏死。口、鼻、咽喉气管黏膜充血或出血，心外膜脂肪及全身脂肪组织上有针尖状出血点。

【诊断要点】

（1）体温升高，口腔和鼻腔分泌物增多，嗉囊肿满。

（2）张口呼吸、并发出“咯咯”声；下痢，粪便呈绿色。

（3）腺胃肿胀、乳头点状出血；盲肠扁桃体肿大、出血、坏死。

（4）全身黏膜和浆膜充血或出血，心外膜脂肪及全身脂肪组织上有针尖状出血点。

（五）高致病性猪蓝耳病

高致病性猪蓝耳病是由猪繁殖与呼吸综合征病毒变异株引起的一种急性高致死性疫病。仔猪发病率可达100％、死亡率可达50％以上，母猪流产率可达30％以上，育肥猪也可发病死亡是其特征。

【流行特点】高致病性猪蓝耳病呈区域性流行，一年四季均可发生，高热、高湿季节发病明显增加。不同日龄、不同品种的猪均可发病。发病急、传染性强、发病率高、治疗效果差、死亡率高，病程7～15天。

【临床症状】主要表现为猪群突然发病，体温明显升高，可达41℃以上；精神沉郁，食欲下降或食欲废绝；眼结膜炎、眼睑水肿；咳嗽、气喘等呼吸道症状；皮肤发红，耳部发绀，腹下和四肢末梢等处皮肤呈紫红色斑块状或丘疹样；部分病猪出现后躯无力、不能站立或共济失调等神经症状；仔猪发病率可达100％、死亡率可达50％以上，母猪流产率可达30％以上，成年猪也可发病死亡。

【病理变化】主要表现为肉眼可见肺水肿、出血、淤血，以心叶、尖叶为主的灶性暗红色实变；扁桃体出血、化脓；脑出血、淤血，有软化灶及胶冻样物质渗出；心肌出血、坏死；脾脏边缘或表面出现梗死灶；淋巴结出血；肾脏呈土黄色，表面可见针尖至小米粒大出血斑点；部分病例可见胃肠道出血、溃疡、坏死。以上病变随猪的个体差异、病程不同而有所不同。

【诊断要点】

（1）突然发病，体温明显升高；眼结膜炎、眼睑水肿。

（2）皮肤发红，耳部发绀，腹下和四肢末梢等处皮肤呈紫红色斑块状或丘疹样；脾脏边缘或表面出现梗死灶。

（3）肺水肿、出血、淤血，以心叶、尖叶为主的灶性暗红色实变。

（4）扁桃体、淋巴结出血；肾脏呈土黄色，表面可见针尖至小米粒大出血斑点。

（六）小反刍兽疫

小反刍兽疫是小反刍兽的一种以发热、眼、鼻分泌物、口炎、腹泻和肺炎为特征的急性病毒病。感染动物的临床症状类似于牛瘟，小反刍兽疫病毒感染绵羊和山羊可引起临床症

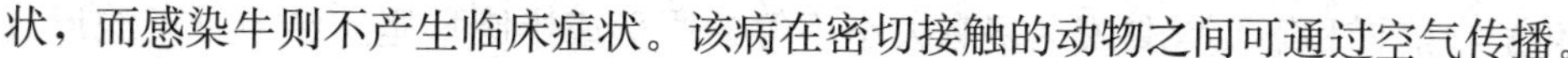

状，而感染牛则不产生临床症状。该病在密切接触的动物之间可通过空气传播。

【流行特点】主要感染山羊、绵羊、羚羊、美国白尾鹿等小反刍动物，自然发病仅见于山羊和绵羊。山羊发病比较严重，绵羊也偶有严重病例发生。牛、猪等可以感染，但通常为亚临床经过。目前，主要流行于非洲西部、中部和亚洲的部分地区。

【临床症状】本病潜伏期一般4～6天，最长可达21天。临床表现为发病急，高热达41℃以上，并可持续3～5天；病畜精神沉郁，食欲减退，鼻镜干燥。口鼻腔分泌物逐步变成黏液脓性，如果病畜不死，这种症状可持续14天。发热开始4天内，齿龈充血，进一步发展到口腔黏膜弥漫性溃疡和大量流涎。随后出现坏死性病灶，开始口腔黏膜出现小的粗糙的红色浅表坏死病灶，以后变成粉红色，感染部位包括下唇、下齿龈等处。严重病例可见坏死病灶波及齿龈、腭、颊部及其头、舌头等处。后期出现血样腹泻。肺炎、咳嗽、胸部啰音以及腹式呼吸等。本病发病率可达100%，严重暴发期死亡率为100%，中等暴发致死率不超过50%。幼年动物发病严重，发病率和死亡都很高。

【病理变化】该病尸体剖检变化与牛瘟相似，糜烂性损伤从嘴延伸到瘤、网胃交接处。在大肠内，盲肠、结肠结合处出现特征性线状出血或斑马样条纹；淋巴结肿大；脾脏出现坏死病变和肺尖肺炎病变。

【诊断要点】

（1）体温升高，流黏液脓性鼻漏，呼出恶臭气体。

（2）口腔黏膜弥漫性溃疡和大量流涎，并出现坏死性病灶。

（3）后期出现血样腹泻、肺炎、咳嗽以及腹式呼吸等。

（4）糜烂性损伤从嘴延伸到瘤、网胃交接处，盲肠、结肠结合处出现特征性线状出血或斑马样条纹。

（5）淋巴结肿大；脾脏出现坏死病变和肺尖肺炎病变。

（七）绵羊痘

绵羊痘是由绵羊痘病毒引起绵羊的一种急性传染病。以在皮肤和黏膜上发生特异的痘疹为特征。绵羊痘发生于许多国家，特别是在亚洲、中东和北非。我国也存在本病。绵羊痘传播快，流行广泛，发病率高，妊羊易引起流产，经常造成严重的经济损失。

【流行特点】所有品种、性别和年龄的绵羊均可感染，但细毛羊较粗毛羊和土种羊易感性大，病情也较重；羔羊较成年羊敏感，病死率亦高。本病主要流行于冬末春初，气候严寒、雨雪、霜冻、喂枯草和饲养管理不良等因素都可促进发病和加重病情。

【临床症状】潜伏期平均6～8天。病羊体温升高，呼吸、脉搏加快，结膜潮红、肿胀，流黏液性鼻液，持续1～4天后，即出现痘疹，痘疹多发于无毛或毛少部位，开始为红斑，1～2天后形成丘疹，呈球状突出于皮肤表面，指压褪色，逐渐变为水疱，内有清亮黄色的液体，中央常常下陷呈脐形（痘脐）。水疱经过2～3天变为脓疱。如果没有继发感染，则在几天内逐渐干燥，形成棕色痂皮，痂皮下生长新的上皮组织而愈合，病程为2～3周。

有的病例仅出现体温升高的症状，不出现或仅出现少量痘疹，或痘疹呈硬结状，在几天内干燥后脱落，不形成水疱和脓疱，即所谓的“顿挫型绵羊痘”、“一过型绵羊痘”、“石痘”。有的病例全身症状重剧，痘疱内出血（出血痘），脓疱相互融合形成大脓疱（融合痘）或者伴发皮肤坏死甚至坏疽（坏疽痘），形成溃疡。此等非典型病例，常因继发败血症或脓毒败血症而死亡，病死率可达20%～50%。

【病理变化】在前胃和第四胃黏膜上多有大小不等的圆形或半圆形坚实结节，有的形成糜烂和溃疡。咽喉和支气管黏膜也有痘疹。

【诊断要点】

(1) 无毛或毛少部位出现红斑、后为丘疹、逐渐变为水疱，再变为脓疱，最后形成痂皮。

(2) 痘疹呈硬结状或出现出血痘、融合痘或者坏疽痘。

(3) 前胃和第四胃黏膜出现大小不等的圆形或半圆形坚实结节，有的形成糜烂和溃疡。

(八) 狂犬病

本病俗称疯狗病，是由狂犬病病毒引起的一种人畜共患的急性传染病。主要侵害中枢神经系统。动物表现为极度的神经兴奋而狂暴不安和意识障碍，最后发生麻痹而死亡。

【流行特点】本病一般多为散发。无明显的季节性，但以温暖季节发病较多。咬伤部位越接近头部或伤口越深，其发病率越高。

【临床症状】潜伏期变动很大，与动物易感性、伤口距中枢距离、病毒毒力和数量有关，一般2～8周，有时更长。各种动物临床表现大致相似，一般可见狂暴和麻痹两种类型。

狂暴型：前驱期1～2天。病畜精神沉郁，躲于暗处，情绪和食欲异常，常异嗜。喉头轻度麻痹，吞咽时颈部伸展。瞳孔散大，反射机能亢进，轻度刺激易兴奋。唾液分泌增多，后躯软弱。兴奋期2～4天，病畜高度兴奋，攻击人畜，狂暴与沉郁交替出现，疲惫时卧地不起，表现出斜视和惶恐的表情，当再次刺激时又狂暴不安，四处冲撞、乱咬。随着病程发展，陷于意识障碍，反射紊乱，消瘦、声音嘶哑，眼球凹陷，瞳孔散大或缩小，流涎。麻痹期1～2天，病畜四肢麻痹、吞咽困难、最后因呼吸中枢麻痹或衰竭而死亡。

麻痹型：病初见吞咽困难、流涎、张口，后发生四肢麻痹，进而全身麻痹而死亡。病程5～6天。

【病理变化】尸体消瘦，胃内充满异物，胃黏膜发炎、出血。软脑膜的小血管扩张充血，轻度水肿。脑灰质和白质的小血管充血，点状出血。组织学检查，脑组织表现为非化脓性脑炎变化。

【诊断要点】

(1) 异嗜、瞳孔散大，反射机能亢进，唾液分泌增多。

(2) 病畜高度兴奋，攻击人畜，狂暴与沉郁交替出现。

(3) 随后意识障碍，反射紊乱，消瘦、声音嘶哑，眼球凹陷，瞳孔散大或缩小。

(4) 病畜四肢麻痹、吞咽困难、最后因呼吸中枢麻痹或衰竭而亡。

(5) 剖解见脑膜、脑灰质和白质小血管充血、出血。

(九) 炭疽

本病是由炭疽杆菌引起的各种动物感染的一种急性败血性传染病，其临床表现为突然发病，高热，黏膜呈蓝紫色，濒死期自然。

【流行特点】本病的发生有一定的季节性和地区性，多发生于6～8月份，吸血昆虫多、雨水多、江河泛滥或低洼地放牧等容易发生传染。

【临床症状】潜伏期1～5天，根据病程可分为最急性、急性和亚急性三型。

最急性型：见于初期，病畜突然嗷叫倒地，体温升高，站立不稳，呼吸困难，肌肉发抖，口鼻流出混有血液的泡沫，不久呈虚脱状，惊厥而死，病程仅数小时。

急性型：体温升高至40～42℃，食欲和反刍减弱或停止，先兴奋哞叫，后极度沉郁。

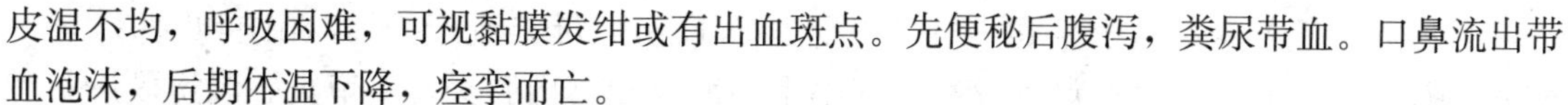

皮温不均，呼吸困难，可视黏膜发绀或有出血斑点。先便秘后腹泻，粪尿带血。口鼻流出带血泡沫，后期体温下降，痉挛而亡。

亚急性型：症状与急性型相似但较轻，病程较长，部分病畜体表发生局限性炎性水肿，初坚硬有热痛，后逐渐变冷，最后坏死并形成溃疡，称为痈性炭疽或炭疽痈。

【病理变化】炭疽尸体严禁剖解，一般取耳血镜检。在特殊情况下需剖解时要在严格控制的条件下进行。病死畜尸僵不全，瘤胃臌气、肛门突出，天然孔有血样泡沫流出，黏膜发绀并有出血点。血液黑色、不凝固。皮下、肌肉及浆膜有红色或黄色胶样浸润。脾脏显著肿大3～4倍，淋巴结肿大出血，胃肠道呈出血性坏死炎症。

【诊断要点】

（1）体温升高、呼吸困难，可视黏膜发绀或有出血斑。

（2）病死畜尸僵不全，天然孔流出混有血液的泡沫。

（3）血液黑色、不凝固，脾脏显著肿大3～4倍。

（十）结核病

本病是由结核分枝杆菌引起的人畜共患的慢性传染病。其特点是在多种组织器官形成结核结节，继而结节中心干酪样坏死或钙化。本病古老而且分布广泛，世界各地都有发生，尤其在奶牛中流行较严重，既影响畜牧业发展，也危害人类健康。

【流行特点】本病侵害多种动物，人亦较敏感。家畜中以牛最易感，特别是奶牛。多为散发，无明显的季节性和地区性。

【临床症状】潜伏期长短不一，几天至数年。通常呈慢性经过。由于患病器官不同，症状不一。肺结核时以长期顽固的干咳为主要症状。乳房结核常在乳区发生局限性或弥散性硬结，无热无痛。淋巴结结核常见于颌、咽、颈和腹股沟等部位，淋巴结肿大突出于体表，无热无痛。肠结核以持续性下痢或与便秘交替出现为特征。

【病理变化】特征性的变化是被侵害的组织和器官形成特异性结核结节。结节由粟粒大至豌豆大，呈灰白色或黄白色、半透明，较坚硬，多为散在，有的互相融合形成较大的集合性结节。病程较长的结节中心发生干酪样坏死或钙化，或形成脓肿和空洞。

【诊断要点】

（1）长期顽固性干咳；持续性下痢与便秘交替出现。

（2）淋巴结肿大突出于体表，无热无痛，在乳区发生局限性或弥散性硬结，无热无痛。

（3）被侵害的组织和器官形成特异性结核结节。

（十一）布鲁氏菌病

本病简称布病，是由布鲁氏菌引起的人畜共患的慢性传染病，也是一种自然疫源性疾病。动物布病以生殖系统发炎、流产、不孕、睾丸炎、关节炎为其特征。现已广泛分布于世界，对畜牧业生产及人类健康均带来严重危害。

【流行特点】本病无季节性，但以春季产羔季节较多发生。一般母畜比公畜、成年动物比幼龄动物多发。初孕畜流产多见，经产者流产较多。在老疫群中发生流产的较少，但发生子宫炎、乳房炎、胎盘停滞、久配不孕、关节炎的较多。

【临床症状】

（1）牛　孕牛主要表现流产，多发生在怀孕5～7月。流产前数日有分娩预兆。流产后多数伴发胎衣不下或子宫内膜炎，在2～7周后恢复。病公牛可发生睾丸炎或附睾炎。

（2）羊　流产多发生于妊娠80～110天，而且初配母羊流产为多，山羊可达50%～80%，绵羊可达40%。流产母羊少数胎衣不下，继发子宫内膜炎、关节炎、乳房硬肿，严重者造成不孕。公羊呈现睾丸炎、精索炎、关节炎等。

（3）猪　多呈隐性经过，部分出现临床症状，流产、不孕。流产可发生于任何孕期，流产后从阴道流出黏液性红色分泌物，经过8～10天可自愈，有的病例胎衣不下，继发子宫内膜炎，屡配不孕。公猪睾丸肿大，有热痛，最后睾丸萎缩。

【病理变化】主要病变在胎儿。胎盘呈淡黄色胶样浸润，表面附有糠麸样絮状物和脓汁。胎膜增厚，有出血点。胎儿胃内有黏液性絮状物，胸腔积液，淋巴结和脾脏肿大，有坏死灶。妊畜子宫黏膜和绒毛膜之间存在淡灰色污秽不洁的渗出物和脓块，绒毛膜上有多量出血点。病公畜精囊有出血点和坏死灶，睾丸实质内有坏死灶和化脓灶。慢性病例睾丸和附睾肿大。

【诊断要点】

（1）患畜主要表现生殖系统发炎、流产、不孕、睾丸炎和关节炎等。

（2）胎盘呈淡黄色胶样浸润，表面附有糠麸样絮状物和脓汁。胎膜增厚，有出血点。

（3）胎儿胃内有黏液性絮状物，胸腔积液，淋巴结和脾脏肿大，有坏死灶。

（十二）钩端螺旋体病

本病是由各型致病性钩端螺旋体所引起的急性传染病，各种家畜和人都可感染。动物感染后大多数无明显的临床症状，呈急性经过的病畜其临床表现为短期发热、贫血、黄疸、血红蛋白尿、黏膜及皮肤坏死等症状。

【流行特点】本病一年四季都可发生，但以夏、秋季多发，而以7～9月间最多发。地面积水是促成流行的主要条件。

【临床症状】

（1）牛　急性呈高热，精神沉郁，反刍停止，鼻镜干燥，甚至龟裂，泌乳量减少或停止，乳白色变黄呈初乳状，常混有血凝块。结膜黄染，有血红蛋白尿，此时病牛体温下降。常在口腔黏膜、耳部、头部、乳房和外生殖器的皮肤上发生坏死。

（2）猪　成年猪大多数无明显症状。幼龄仔猪常呈急性经过，病猪短期发热及结膜炎，精神沉郁，可视黏膜黄染，头部浮肿。后期出现皮肤坏死，尿淡黄色或红褐色，后期妊娠猪可发生流产和死胎。

【病理变化】以皮肤有坏死灶，皮下组织和可视黏膜黄染，各脏器的出血点尤其是肺脏出血点为特征。在牛肾脏表面还可见有灰白色或红棕色小病灶，淋巴结明显肿胀，脾脏稍肿等变化。

【诊断要点】

（1）短期发热、贫血、黄疸、血红蛋白尿、黏膜及皮肤坏死等症状。

（2）皮肤有坏死灶，皮下组织和可视黏膜黄染。

（3）各脏器的出血点尤其是肺脏出血点为特征。

二、其他常见疫病的临床诊断

（一）猪其他常见疫病的临床诊断

1. 猪丹毒　猪丹毒是由猪丹毒杆菌引起的一种急性、热性传染病。病程多为急性败血

型或亚急性疹块型，也有表现为慢性，多发生关节炎或心内膜炎。

【流行特点】主要发生于猪，尤其是架子猪最易感，随着年龄的增长而易感性降低；其他畜禽和人感染很少发病。本病一年四季都有发生，有些地方以炎热多雨季流行最盛；另一些地方不但发生于夏季，就是冬春季节也可形成流行高潮。本病常呈散发性或地方流行性，个别情况下也呈暴发性流行。

【临床症状】

（1）急性型（败血型） 见个别病猪不表现任何症状而突然死亡，其他猪相继发病。多数猪病情稍缓，体温在42℃以上稽留，虚弱，不愿走动，卧地不食，有时有呕吐。结膜充血。粪便干硬呈栗状，附有黏液，后期出现下痢。皮肤有红斑，指压褪色。病死率高。病程3～4天。病死率80%左右，不死者转为疹块型或慢性型。

（2）亚急性型（疹块型） 皮肤出现疹块。病初少食，口渴，便秘，有时恶心呕吐，体温升高至41℃以上。通常于发病后2～3天在胸、腹、背、肩、四肢等部位的皮肤发生疹块，呈方形、菱形、偶呈圆形，稍突起于皮肤表面，大小约一至数厘米，从几个到几十个不等。初期疹块充血，指压褪色；后期淤血，呈紫蓝色，压之不褪色。疹块发生后，体温开始下降，病势减轻，经数日至旬余，病猪可能康复。若病势较重或长期不愈，则有部分或大部分皮肤坏死，久而变成革样痂皮。也有不少病猪在发病过程中，症状恶化而变为败血症而死。病程约为1～2周。

（3）慢性型 常见有多发性关节炎和慢性心内膜炎，也可见慢性坏死性皮炎。关节炎主要表现四肢关节的炎性肿胀，病腿僵硬、疼痛。以后急性症状消失，而以关节变形为主，呈现一肢或两肢的跛行或卧地不起。病猪食欲如常，但生长缓慢，体质虚弱，消瘦。病程数周至数月。

【病理变化】急性败血型病猪主要呈败血症变化。如皮肤呈弥漫性蓝紫色。脾脏充血、肿大，呈樱桃红色。肾脏淤血、肿大，肾皮质和实质内密布针尖大的出血点。胃和十二指肠有卡他性出血性溃疡。亚急性病变主要在皮肤。慢性型在心脏房室瓣上有菜花状的疣状物，有关节炎的病例可在关节腔内见有纤维素性炎性渗出物。

【诊断要点】

（1）体温升高稽留，粪便干硬呈栗状，附有黏液。

（2）胸、腹、背、肩、四肢等部位皮肤发生疹块，指压褪色，后期淤血。

（3）有时可见多发性关节炎、慢性心内膜炎和慢性坏死性皮炎。

（4）急性病猪主要呈败血症变化，脾、肾肿等脏器肿大、充血、出血。

（5）亚急性病变主要在皮肤坏死。慢性型在心脏房室瓣上有菜花状的疣状物。

2. 猪肺疫 猪肺疫是由多杀性巴氏杆菌引起的一种急性、败血性传染病。其特征是急性病例呈败血症，组织器官发生出血性炎症，能造成大批死亡；慢性病例主要表现为慢性纤维素性胸膜肺炎和慢性胃肠炎。

【流行特点】本病呈散发或地方流行性。各年龄猪均易感。全年都可发生，但以秋末、春初气候骤变季节易发生，常与猪瘟等其他病混合感染或继发感染。

【临床症状】急性病例主要症状为体温升高（41～42℃），颈下咽喉部发热、红肿、坚硬，严重者上延至耳根，向后可达胸前。呼吸困难，张口呼吸，呈犬坐姿势，黏膜发绀，心脏衰弱。后期体躯下部皮肤变红，最后窒息而亡。有的病猪呈败血症状，突然死亡。

慢性病例表现慢性肺炎和慢性胃肠炎症状。病猪持续性咳嗽、呼吸困难，食欲不振，体温时高时低，渐进消瘦。有的出现关节肿胀、皮肤湿疹。大多数因衰竭而亡。

【病理变化】急性病例最突出的病理变化是咽喉部及其周围组织有出血性胶样浸润，皮下组织可见大量胶冻样液体。全身淋巴结肿大，切面弥漫性出血。肺脏可见各期肺炎病变，小叶间组织增生和水肿，肺炎区切面红白相间，呈大理石样花纹。胸腔和心包腔积有浆液纤维素性渗出物。胸腹腔实质器官发生不同程度的变性。全身浆膜、黏膜散在点状出血。胃肠黏膜发生卡他性炎症。

慢性病例其特征是发生纤维素性坏死肺炎、浆液纤维素性胸膜炎、心包炎以及关节炎等。

【诊断要点】

（1）体温升高，颈下咽喉部发热、红肿、坚硬。

（2）呼吸困难，呈犬坐姿势，黏膜发绀。

（3）慢性病例表现慢性肺炎和慢性胃肠炎症状，持续性咳嗽、呼吸困难，渐进消瘦。

（4）咽喉部及其周围组织有出血性胶样浸润，全身淋巴结肿大，切面弥漫性出血。

（5）全身浆膜、黏膜散在点状出血，肺炎区切面红白相间，呈大理石样花纹。

3. 猪链球菌病　猪链球菌病是由不同血清群链球菌感染引起猪的不同临床症状类型疾病的总称。猪Ⅱ型链球菌病的特征为高热，出血性败血症，脑膜脑炎，跛行和急性死亡；慢性型链球菌病的特征为关节炎、心内膜炎和化脓性淋巴结炎。

【流行特点】各种年龄的猪都易感，但新生仔猪和哺乳仔猪的发病率、病死率最高，其次是架子猪和怀孕母猪。本病一年四季均可发生，以5～11月发生较多。急性败血型链球菌病呈地方流行性，可于短期内波及同群，并急性死亡。慢性型多呈散发。

【临床症状】少数猪呈最急性型，不见症状突然死亡。

多数猪呈急性败血型，突然高热稽留，食欲减退或废绝，结膜潮红、出血、流泪，流鼻液，呼吸急迫，间有咳嗽。颈部皮肤最先发红，由前向后发展，最后于腹下、四肢下端和耳的皮肤变成紫红色并有出血点，跛行。个别病例出现血尿、便秘或腹泻，粪带血，多在3～5天内死亡。

急性脑膜脑炎型，主要表现为脑膜炎症状，尖叫、抽搐，共济失调，口吐白沫，昏迷不醒，最后衰竭麻痹，常在2天内死亡。

亚急性型，与急性型相似，但病情缓和，病程稍长。

慢性型，主要表现为关节炎、心内膜炎、化脓性淋巴结炎、子宫炎、乳房炎、咽喉炎、皮炎等。

【病理变化】败血型病例剖检见各器官充血、出血。各浆膜有浆液性炎症变化，心包液增多，脾肿大呈暗红，脾包膜上有纤维素沉着。脑膜脑炎型病变为脑膜充血、出血，脑脊髓液浑浊，增多，脑实质有化脓性炎症变化。关节炎型病例见关节肿胀、充血，滑液浑浊，严重者关节软骨坏死，关节周围组织有多发性化脓灶。

【诊断要点】

（1）突然高热稽留，结膜潮红、出血，呼吸急迫，间有咳嗽。

（2）皮肤变成紫红色并有出血点。

（3）尖叫、抽搐，共济失调，口吐白沫等神经症状。

（4）各器官充血、出血，呈败血症状。

4. 猪副伤寒 本病是由沙门氏菌引起，主要发生于2～4月龄仔猪的一种传染病。临床上以出现肠炎和持续性下痢为其特征。

【流行特点】主要发生在饲养密度较大的断奶后仔猪群。饲养管理条件不好可暴发，如条件不改善，常可持续较长时间。本病的发生无明显的季节性，而以冬春两季气候寒冷、剧变、多雨的情况下发病更多。常与猪瘟、猪气喘病混合感染。

【临床症状】急性病例呈败血症症状，突然发病，体温升高，食欲废绝。初便秘，后下痢，排恶臭稀便。病后2～3天在鼻端、两耳及四肢下部皮肤发紫，病猪低头呆立，步态摇晃，体温下降，不久死亡。

慢性病例最常见。病猪体温稍升高，病初便秘，后呈持续性或间歇性腹泻，排淡黄色或黄绿色恶臭稀便，混有血液、坏死组织或纤维素絮片。病猪渐进性消瘦，最后因脱水而死亡。

【病理变化】急性病例主要呈败血症变化。慢性病例的主要病变在盲肠、结肠和回肠。可见肠壁淋巴滤泡肿胀隆起，以后发生坏死和溃疡。肠黏膜呈弥漫性坏死性糜烂，表面被覆一层灰黄色或黄绿色易剥离的麸皮样物质，肠壁粗糙增厚，重剧病例，肠黏膜大片坏死脱落。脾、肝和肠系膜淋巴结常可见针尖大小灰黄色坏死灶或灰白色结节。

【诊断要点】

（1）体温升高，初便秘，后下痢，排恶臭稀便，慢性则持续性或间歇性腹泻。

（2）鼻端、两耳及四肢下部皮肤发紫。

（3）急性病例主要呈败血症变化。

（4）慢性病例肠壁发生坏死和溃疡，肠黏膜表面被覆一层灰黄色或黄绿色易剥离的麸皮样物质。

（5）脾、肝和肠系膜淋巴结常可见针尖大小灰黄色坏死灶或灰白色结节。

5. 猪大肠杆菌病 猪大肠杆菌病是由致病性大肠杆菌引起的一组疾病的总称，它包括小猪生后数日内可发生的仔猪黄痢，2～3周龄发生的仔猪白痢和6～15周龄可发生的仔猪水肿病。

● **仔猪黄痢** 仔猪黄痢又称早发性大肠杆菌病，发生于初生仔猪，病程短而致死率高。以排黄色或黄白色稀便为其特征。

【流行特点】主要发生于一周龄以内的哺乳仔猪，1～3日龄多发。一窝仔猪的发病率可达50%～90%，病死率有的可高达100%。

【临床症状】最急性的病仔猪常于分娩后10小时突然死亡。2～3日龄感染时病程稍长，表现腹泻。排粪次数增加，1小时内数次。粪便黄色或黄白色糊状，含有凝乳小块。病猪精神沉郁，不吃奶，口渴，迅速消瘦，最后脱水衰竭而亡。

【病理变化】严重脱水，十二指肠黏膜充血、出血、肠内容物黄色或黄白色，空肠、回肠病变较轻，明显积气。肠系膜淋巴结充血、肿大，切面多汁。心、肝、肾变性，有小出血点。

【诊断要点】

①发生于一周龄以内的哺乳仔猪。

②腹泻，排黄色或黄白色糊状粪便，含有凝乳小块。

③严重脱水，十二指肠黏膜充血、出血、肠内容物黄色或黄白色。

● **仔猪白痢** 又称迟发性大肠杆菌病，发生于10～30日龄哺乳仔猪。以排灰白色、有腥臭味的糨糊样稀便为其特征。

【流行特点】主要发生在10～30日龄哺乳仔猪；全年都可发生，但较集中于产仔季节；同窝仔猪间传播快，常呈整窝发病。

【临床特征】病初即下痢，粪便呈乳白色、淡黄绿色或灰白色，常混有黏液而呈糊状，并含有气泡，有特殊的腥臭味。肛门、尾部常附有黏粪。被毛粗乱无光，眼结膜及皮肤苍白，渴欲增加。后期常继发肺炎而亡。

【病理变化】胃肠黏膜潮红充血，肠内有少量糊状内容物，味酸臭，或肠管空虚，充满气体，肠壁菲薄，胆囊肿大，肠系膜淋巴结轻度肿大。

【诊断要点】

①主要发生在10～30日龄哺乳仔猪。

②下痢，粪便呈乳白色、淡黄绿色或灰白。

③胃肠黏膜潮红充血，肠壁菲薄，胆囊肿大，肠系膜淋巴结轻度肿大。

● **仔猪水肿病** 本病是由某些溶血性大肠杆菌病所引起的断乳仔猪的一种急性散发性传染病。以突然发病、头部水肿、共济失调、惊厥和麻痹为特征。

【流行特点】主要发生于断乳仔猪，无明显季节性，但以4～5月和9～10月份发生较多。常见于断奶不久的肥胖仔猪。有时一窝突然发病，病程短，死亡率高，有时仅1～2头发病突然死亡，而同窝其他猪或病症轻微或无症状。

【临床症状】病猪突然精神高度沉郁，食欲废绝。眼睑、头部、下颌间发生水肿，严重时可引起全身水肿。病初表现兴奋，共济失调，转圈、痉挛等神经症状，步态不稳，后期卧地不起，最后嗜睡或昏迷。病猪眼睑剧烈肿胀，四肢下部及两耳发紫，呼吸急促，最后衰竭而死。

【病理变化】眼睑和头部水肿，切开水肿部有清亮和茶色液体，胃充满食物，而小肠相当空虚。肠系膜呈胶冻样水肿、淋巴结水肿、充血、出血。肺水肿、心包、胸腔和腹腔积液，液体在空气中很快凝固，或成冻胶状。脑膜充血，脑实质水肿或出血。

【诊断要点】

①主要发生于断乳仔猪。

②眼睑、头部、下颌间发生水肿，四肢下部及两耳发紫。

③病初表现兴奋，共济失调，转圈、痉挛等神经症状，后期卧地不起，最后衰竭而死。

④肠系膜呈胶冻样水肿、淋巴结水肿、充血、出血；肺水肿、心包、胸腔和腹腔积液。

6. 猪气喘病 猪气喘病是由猪肺炎支原体引起猪的一种慢性呼吸道传染病。主要症状为咳嗽，气喘。

【流行特点】仅见于猪，不同年龄、性别和品种的猪均能感染，但乳猪和断乳仔猪易感性高，发病率和病死率较高，其次是怀孕后期和哺乳期的母猪，育肥猪发病较少，病情也轻。母猪和成年猪多呈慢性和隐性。一年四季都可发生，但气候骤变、阴湿寒冷时发病多。饲养管理和卫生条件是影响本病发生和流行的重要因素。

【临床症状】急性型，病初精神不振，头下垂，站立一隅或趴伏在地，呼吸次数剧增。

呼吸困难，严重者张口喘气，喘鸣似拉风箱，有明显腹式呼吸。咳嗽次数少而低沉，体温一般正常。病程一般为1～2周，病死率也较高。

慢性型，常见于老疫区的架子猪、育肥猪和后备母猪。主要症状为咳嗽，病初长期单咳，清晨赶猪喂食和剧烈运动时，咳嗽最明显。以后严重呈连续性或痉挛性咳嗽，咳嗽时站立不动、垂头、弓背、伸颈，用力咳嗽多次，直到呼吸道分泌物咳出咽下为止。随后呼吸困难，次数增加，腹式呼吸，夜发鼾声。这些病状时急时缓。病程长，可拖延2～3个月，甚至长达半年以上。

隐性型，仅个别偶尔咳喘。

【病理变化】两侧肺脏的心叶、尖叶和膈叶前下部见有融合性支气管肺炎病变，其特点为两侧病变对称，与正常肺组织界限明显，病变部呈灰红色或灰黄色，硬度增加，外观似胰脏。切面多汁，组织致密，气管和支气管内有多量黏性泡沫样分泌物。病程长的病例，病变部坚韧度增加，呈灰黄色或灰白色，肺门淋巴结和纵隔淋巴结明显肿大，呈灰白色，切面湿润。

【诊断要点】

（1）呼吸困难、喘鸣似拉风箱，有明显腹式呼吸，咳嗽次数少而低沉。

（2）慢性病初长期单咳，以后严重呈连续性或痉挛性咳嗽。

（3）心叶、尖叶和膈叶前下部见有融合性支气管肺炎病变，呈灰红色或灰黄色，外观似胰脏。

（4）肺门淋巴结和纵隔淋巴结明显肿大，切面湿润。

7. 猪附红细胞体病　附红细胞体病是多种动物（猪、牛、羊和猫）共患传染病，病猪以急性黄疸性贫血和发热为特征。

【流行特点】各种年龄、不同品种的猪都有易感性，但仔猪更易感，发病率和病死率均较成年猪高。饲养管理不良、气候恶劣、并发其他疾病等应激因素，可使隐性感染猪发病，或扩大传播或使病情加重。

【临床症状】仔猪感染后症状明显，主要表现皮肤和黏膜苍白，黄疸，发热，精神沉郁，食欲不振，病后1至数日死亡。自然恢复者常影响生长发育，形成“僵猪”。

成年母猪感染后，根据其临床表现可分为急性和慢性两种。急性病例主要呈现持续高热（40～42℃），厌食，偶有乳房和阴唇水肿，产仔后奶量减少，缺乏母性，产后第三天起逐渐恢复自愈。慢性病猪呈现体躯衰弱，黏膜苍白及黄疸，不发情或屡配不孕，如有其他疾病或营养不良，可使症状加重，甚至死亡。

【病理变化】主要变化为贫血及黄疸，皮肤及黏膜苍白，血液稀薄，全身性黄疸。肝脏肿大，呈黄棕色，胆囊内充满浓稠的胆汁。脾肿大变软。有时可见淋巴结水肿，胸腹腔及心包囊内积有多量液体。

【诊断要点】

（1）仔猪表现皮肤和黏膜苍白，黄疸，发热。

（2）成年母猪主要呈现持续高热（40～42℃），厌食，偶有乳房和阴唇水肿；不发情或屡配不孕。

（3）血液稀薄，全身性黄疸。

（4）肝脏肿大，呈黄棕色，胆囊内充满浓稠的胆汁。脾肿大变软。

（二）主要禽病的临床诊断

1. 鸡传染性法氏囊病 鸡传染性法氏囊病是由传染性法氏囊病病毒引起鸡的一种急性、高度致死性传染病。严重腹泻，以胸、腿部肌肉出血，法氏囊肿大、出血和坏死为特征。本病发病率高、病程短，感染鸡发生免疫抑制，是目前危害养鸡业的重要疫病之一。

【流行特点】自然条件下只侵害鸡，以2～15周龄鸡易感，尤其3～6周龄小鸡最易感。在育雏季节常见本病发生和流行。鸡感染后一般在第三天开始死亡，5～7天达到高峰，以后逐渐减少。

【临床症状】病初废食，沉郁。伏卧于地，严重腹泻，排白色或绿色带泡沫的稀粪。病鸡脱水，极度虚弱，衰竭而死。病程5～7天。

【病理变化】感染早期（3～5天内）法氏囊显著肿大，浆膜面被覆淡黄色胶冻样水肿液，囊内积留有干酪样或混浊的黏液，黏膜皱褶增厚、水肿，散在有鲜红或出血斑点和灰黄色米粒大的坏死灶。有时法氏囊严重出血，外观呈暗红或紫红色（似紫葡萄样），囊内有淡黄色糊状物。病后期死亡雏鸡的法氏囊则萎缩，囊腔中有灰黄色干酪样坏死物。胸、腿、翅部肌肉有条纹或斑块状出血，肌肉干燥。有些病例可见腺胃和肌胃交界处的黏膜面出血。肾肿大，实质脆弱，肾小管中充满灰白色尿酸盐。直肠与泄殖腔内充满灰白、或灰黄色黏液状稀粪。

【诊断要点】

（1）严重腹泻，排白色或绿色带泡沫的稀粪。

（2）感染早期法氏囊显著肿大，后期萎缩，囊腔中有灰黄色干酪样坏死物。

（3）胸、腿、翅部肌肉有条纹或斑块出血。

2. 鸡马立克氏病 鸡马立克氏病是由鸡马立克氏病病毒引起鸡的一种淋巴组织增生性传染病。其特征为外周神经、虹膜、性腺、各种脏器、肌肉和皮肤等发生淋巴细胞浸润、增生和各内脏器官、皮肤形成肿瘤结节。

【流行特点】主要侵害鸡，其他禽类较少感染。雏鸡最易感，随年龄增长，易感性降低。

【临床症状】发病后表现多型性。神经型的以运动失调、肢体麻痹所致的“劈叉”姿势为多见。眼型的以虹膜褪色、单侧或双眼灰白色混浊所致的“白眼病”或瞎眼为多见。皮肤型的以颈、背、翅、腿和尾部形成大小不等的结节及瘤状物为多见。也有少数病例为混合型。

【病理变化】

（1）神经型 最恒定的病变部位是外周神经，最多受侵害的外周神经有腰荐神经丛、坐骨神经、臂神经丛、颈部迷走神经、腹腔迷走神经等。坐骨神经与臂神经丛病变多为单侧性。受侵害的神经横纹消失，变为灰白色或黄白色，局部性或弥漫性肿大、增粗可以达正常2～3倍以上。病变常为单侧性，将两侧神经对比有助于诊断。

（2）内脏型 常见一种或多种器官受侵害，最常被侵害的是卵巢，其次为肾、脾、肝、心、肺、胰、肠系膜、腺胃和肠道，发生淋巴细胞瘤性病灶。增生的肿瘤性淋巴组织呈结节状肿块或弥漫地浸润在器官的实质内。结节型在病变器官的表面或实质内呈灰白色的肿瘤结节，其数量不一，大小不等，小的如粟粒大，大的直径可达数厘米，结节的切面平滑、呈灰白色，很难与鸡的淋巴细胞性白血病病灶相区别；弥漫性病变器官呈弥漫性肿大，可比正常增大数倍，色彩变淡。母鸡的卵巢病变最多见，卵巢显著增大，失去正常结构，形成很厚的

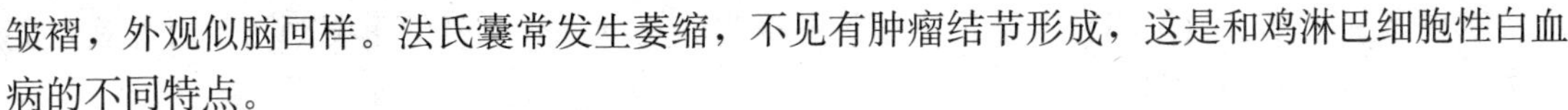

皱褶，外观似脑回样。法氏囊常发生萎缩，不见有肿瘤结节形成，这是和鸡淋巴细胞性白血病的不同特点。

（3）眼型　可见一侧或两侧虹膜出现环状或斑点状褪色，呈灰白色，故俗称“灰眼病”。此时，病鸡瞳孔缩小，边缘不整齐。

（4）皮肤型　羽毛囊肿大，形成结节状或瘤状物，多见于大腿、颈部、躯干背部等生长有粗大羽毛的部位。

【诊断要点】

（1）神经型多见运动失调、肢体麻痹所致的“劈叉”姿势。

（2）眼型多见虹膜褪色、单侧或双眼灰白色混浊所致的“白眼病”或瞎眼。

（3）皮肤型多见以颈、背、翅、腿和尾部形成大小不等的结节及瘤状物。

（4）内脏多种器官发生肿瘤性淋巴组织浸润，呈结节状肿块或弥漫地在器官的实质内。

3. 禽霍乱　禽霍乱是由多杀性巴氏杆菌引起禽类共患的一种急性、热性、败血性传染病。其特征为广泛出血性炎症，呼吸困难，腹泻。

【流行特点】多种禽均易感，尤其鸡、鸭、鸽最易感。本病发生无明显季节性，在冷热交替，气候剧变，闷热，潮湿，多雨的时期发病较多。多呈散发性或地方流行性，偶有暴发性。

【临床症状】鸡霍乱，最急性的见于流行初期，以高产蛋鸡为多见，常表现突然发病，迅速死亡，病程短则几分钟，长则数小时。急性的为最常见，病鸡主要表现体温升高43～44℃，精神沉郁，食欲减退或废绝，羽毛蓬松，翅下垂，昏睡，口渴增加；呼吸困难，口鼻分泌物增多，冠髯青紫；常有剧烈腹泻，排黄绿色稀粪；病程1～3天，死亡率高。慢性的见于流行后期，病鸡消瘦，腹泻，羽毛粗乱无光，有的口、鼻、眼流浆性分泌物，单侧或双眼肿胀；有的关节肿大，跛行；病程长达2周以上，衰竭死亡。

鸭霍乱以急性为主，与病鸡症状相似，但常摇头，多发性关节炎明显，跗、腕及肩关节肿胀，起立、行走困难。不愿下水。病程1～3天。

鹅霍乱与鸭相似。仔鹅发病和死亡较成年鹅为重，常以急性为主，精神委顿，食欲废绝，下痢，喉头分泌物多，眼结膜有出血点，病程1～2天。

鸽霍乱来势猛，病情重，死亡快。病鸽不食，精神沉郁，闭目缩颈，羽毛松乱，伏卧一角。饮欲增加，嗉囊充满黏液，下痢，排绿色稀便。病程1～2天。

【病理变化】剖检内脏器官均有大小不一出血点，肝脏稍肿大，表面有许多灰白色或灰黄色针尖大小的坏死灶。慢性病例肝呈绿色，雌性常见卵巢出血，卵黄囊破裂，腹腔脏器表面上附着干酪样的卵黄样物质。

【诊断要点】

（1）突然发病，迅速死亡。

（2）体温升高，呼吸困难，冠髯青紫，剧烈腹泻，排黄绿色稀粪。

（3）内脏器官均有大小不一出血点。

（4）肝脏肿大、脂变，表面有许多灰白色或灰黄色针尖大小的坏死灶。

4. 鸡白痢　鸡白痢是由鸡沙门氏菌引起的，主要侵害2～3周龄以内的雏鸡，以急性败血症和排白色糨糊便为特征，发病率和死亡率均较高。随着日龄的增加，鸡的抵抗力也增强，成年鸡感染后，常取慢性或隐性经过，但所产的蛋常存在有大量鸡白痢沙门氏菌，严重地影响种蛋受精率、孵化率和幼雏育成率，并成为养鸡场持久感染的重要原因，对养鸡业危害甚大。

【流行特点】除鸡外，多种鸟类也可感染，成为无症状的传播者。不同品种的鸡其易感性有显著的差别，一般来说，轻型蛋鸡比重型肉鸡易感性低。本病主要发生在2～3周龄的雏鸡，尤其是10日龄以前的雏有较高的发病率和致死率。不良的饲养管理，温度忽高忽低，雏群密度过大和环境潮湿等容易激发本病。

【临床症状】病雏常聚堆，翅下垂，精神萎靡，不食、嗜睡，排白色稀便，并污染肛门周围的绒毛，粪便干结后封住肛门，影响排便，病雏排便时发出尖叫，腹部膨大。有的病争论关节肿大，有的呼吸困难。带菌蛋孵出的雏，大部分在7日内死亡。孵出后感染的雏，通常在生后2～3周内死亡。成年鸡一般不表现症状，但可使种蛋的受精率和孵化率下降。部分鸡可表现精神萎靡，排白色稀便，鸡冠和肉髯苍白，母鸡产蛋率明显下降或停产。有的鸡可因卵黄炎而引起腹膜炎，腹膜增厚，腹水增加，呈“垂腹”现象。

【病理变化】早期病雏病变轻微，仅肝脏肿大、充血或有条纹状出血。病程长的可见卵黄吸收不良，呈油脂样或干酪样。特征性病变是在肝、肺、心脏、肠及肌胃上有黄色坏死点或小结节。成年母鸡可见卵巢变形，囊肿状，卵黄性腹膜炎，腹膜脏器粘连，急性和慢性心包炎。

【诊断要点】

（1）腹泻、排白色稀便，病雏排便时尖叫，腹部膨大。

（2）肝、肺、心脏、肠及肌胃上有黄色坏死点或小结节。

5. 禽副伤寒 禽副伤寒是由多种沙门氏菌引起的疾病的总称。各种家禽都可感染。以下痢、结膜炎和消瘦为其特征。这一类细菌常引起人的食物中毒，因此，在公共卫生上有重要意义。

【流行特点】最常见于2周龄以内的幼雏，而以6～10日龄雏的死亡最多，1月龄以上的禽很少因感染本病而死亡。各种禽类都可互相传染。该菌也常在各种家畜体内发现。

【临床症状】

（1）雏鸡 急性败血型雏常无明显临床表现突然死亡。10日龄左右的雏感染后，表现精神委顿，头、翅下垂，喜拥挤在温暖的地方，食欲消失，口渴增加，下痢，排水样稀便，常沾污肛门周围羽毛，并于1～2天内死亡，死亡率为10%～80%。随日龄的增长，死亡率降低。成年鸡表现虚弱，发生结膜炎和鼻炎、下痢、肛门附近沾有干粪，大部分病鸡能在短期内康复。

（2）雏鸭 以1～3周龄雏鸭最易感。病雏不食、颤抖、喘气、眼睑水肿，自眼鼻流出清水样分泌物，虚弱，动作迟钝和不协调。肛门常黏膜有粪便，常突然跌倒而死。

【病理变化】

（1）雏鸡 最急性病雏鸭病变不明显。病程稍长者可见消瘦、脱水、卵黄凝固。肝、脾淤血和有出血条纹或针尖大灰白色坏死点。肾淤血，心包炎，心包膜和心外膜粘连，心包液增多、含纤维素性渗出物。小肠尤其是十二指肠部分呈明显的出血性肠炎。肩肠内有淡黄白色干酪样物。常有肺炎病变。

（2）雏鸭 肝肿大呈古铜色，表面有灰白色小坏死点，气囊膜混浊不透明，常附有黄色纤维素性渗出物。其他病变与雏鸡相似。

【诊断要点】

(1) 雏鸡下痢，排水样稀便，常沾污肛门周围羽毛。

(2) 雏鸭不食、颤抖、喘气、眼睑水肿，自眼鼻流出清水样分泌物。

(3) 肝、脾淤血和有出血条纹或针尖大灰白色坏死点。

(4) 小肠尤其是十二指肠部分呈明显的出血性肠炎。

6. 鸭瘟 鸭瘟是由鸭瘟病毒引起鸭的一种急性、接触性、败血性传染病。其特征为体温升高、两腿麻痹、下痢、流泪和部分病鸭头颈肿大。

【流行特点】成年鸭和产蛋母鸭发病和死亡较为严重，1月龄以下雏鸭较少发病。一年四季都可发生，以春夏和秋冬之交为多见。呈地方流行性。

【临床症状】病鸭主要表现体温升高，食欲减退或废绝，翅下垂，两脚麻痹无力，行动困难，共济失调，不能站立。眼流浆性、脓性分泌物，眼睑肿胀或头颈浮肿。下痢，排出绿色或灰白色稀粪。病程2～5天，死亡率高。

【病理变化】剖检可见咽喉、食道和泄殖腔等处黏膜的假膜性坏死性炎症，腺胃出血，肝有坏死灶。皮下组织及胸腹腔浆膜有黄色胶样浸润。

【诊断要点】

(1) 体温升高，食欲废绝，共济失调，眼睑肿胀或头颈浮肿。

(2) 下痢，排出绿色或灰白色稀粪。

(3) 咽喉、食道和泄殖腔等处黏膜的假膜性坏死性炎症。

(4) 腺胃出血，肝有坏死灶，皮下组织及胸腹腔浆膜有黄色胶样浸润。

7. 鸭病毒性肝炎 鸭病毒性肝炎是由鸭肝炎病毒引起鸭的一种急性、高度致死性传染病。其特征为发病急，传播迅速及致死率高，临床表现为角弓反张，病理变化为肝炎和出血。

【流行特点】本病仅雏鸭易感，日龄越小易感性越高，成鸭感染后多不发病。经接触感染，也可经呼吸道感染。1周龄内的雏鸭病死率可达95%，1～3周龄的雏鸭病死率为50%或更低，4～5周龄的小鸭发病率与病死率较低。本病一年四季均可发生，但主要在孵化季节，南方多在2～5月和9～10月间，北方多在4～8月间。

【临床症状】雏鸭突然发病，精神萎靡，缩颈，翅下垂，不爱活动，行动呆滞或跟不上群，常蹲下，眼半闭、厌食，有的出现腹泻，粪便稀薄带绿色。发病半日到1日即发生全身性抽搐，病鸭多侧卧，头向后背，故称“背脖病”，两脚痉挛性地反复踢蹬，有时在地上旋转。出现抽搐后，约十几分钟即死亡。喙端和爪尖淤血呈暗紫色。1周龄内雏鸭死亡之快是惊人的。

【病理变化】剖检可见肝脏肿大脆弱，呈灰黄色或淡红色斑驳状，表面散在有暗红色或鲜红色小点状出血，有时形成较大的出血斑。脾脏肿大，有暗红色出血斑。肾脏肿大、淤血。其他脏器多无明显病变。

【诊断要点】

(1) 雏鸭突然发病，全身性抽搐，多侧卧，头向后背，两脚痉挛性地反复踢蹬。

(2) 喙端和爪尖淤血呈暗紫色。

(3) 肝脏肿大，呈灰黄色或淡红色斑驳状，表面散在有暗红色或鲜红色小点状出血(斑)。

（4）脾脏肿大，有暗红色出血斑。肾脏肿大、淤血。

8. 小鹅瘟 小鹅瘟是由小鹅瘟病毒引起雏鹅的一种急性、败血性传染病。其特征为精神沉郁、食欲废绝和严重下痢。

【流行特点】本病主要侵害4～20日龄雏鹅，传染快，病死率高。1周龄以内的雏鹅死亡率可达100%，10日龄以上者死亡率一般不超过60%，20日龄以上的发病率低，1月龄以上的鹅极少发病。

【临床症状】最急性的常见于1周龄内的雏鹅，无前驱症状突然死亡，稍缓和的见精神萎靡不振，衰弱，倒地两脚划动，不久即死亡。急性的常见15日龄内雏鹅，厌食，嗉囊松软，内有大量液体和气体。排灰白或淡黄绿色混有气泡的稀粪。呼吸用力，端鼻流出浆性分泌物，喙端色泽变暗；临死前出现两腿麻痹或抽搐，衰竭死亡，病程1～2天。亚急性的多见于15日龄以上雏鹅，以委顿、消瘦和拉稀为主要症状，病程3～5天或更长。

【病理变化】剖检时可见靠近卵黄蒂和回盲部的肠段极度膨大，质地坚实，长2～5厘米，状如香肠，类似的变化可有2～3处。剖开肠管，肠腔内为一灰白色或灰黄色的栓塞物，完全阻塞肠腔。栓子切面的中心为深褐色干燥的肠内容物，外面包围着灰白色的纤维素性渗出物和坏死脱落的黏膜组织形成的假膜。有些病例在小肠内形成扁平的带状纤维素性凝固物或黏膜面被覆纤维素凝块或碎屑，形成不典型的栓塞物。栓塞的肠段肠壁极薄，表面光滑平整，呈浅红色或苍白色。

【诊断要点】

（1）雏鹅突然发病死亡。

（2）嗉囊松软，内有大量液体和气体，排灰白或淡黄绿色混有气泡的稀粪。

（3）回盲部的肠段极度膨大，状如香肠，内为灰白色或灰黄色的栓塞物。

（4）栓塞的肠段肠壁极薄，表面光滑平整，呈浅红色或苍白色。

（三）主要牛羊病的临床诊断

1. 牛流行热 牛流行热又称暂时热、三日热，是由牛流行热病毒引起牛的一种急性、热性传染病。其特征为突然发热，流泪、流鼻涕、流涎，呼吸困难，运动障碍。传染快，病程短，多呈良性转归。

【流行特点】主要侵害黄牛、奶牛和水牛，犏牛、牦牛较少发生。本病传播迅速，感染率、发病率高，易呈流行性。常发生于多雨、炎热、吸血昆虫（蚊、蠓）活跃的6～10月份。周期性明显，3～5年流行一次。

【临床症状】临床主要表现发病突然、高热稽留2～3天，此期间结膜潮红，羞明流泪，眼睑水肿。鼻镜干燥，食欲废绝，反刍停止。流浆性鼻液，大量流涎，呼吸困难。阵发性肌肉震颤，四肢疼痛，行走困难，站立不动并出现跛行，严重者卧地不起。有的便秘或腹泻。发病率高，病死率很低，病程短，多呈良性转归。

【病理变化】剖检尸僵不全，皮下气肿，血凝不良。肺水肿和间质性气肿。肝肿大、发黄，胆囊肿大。淋巴结严重充血、出血和水肿。真胃和肠道黏膜呈卡他性炎症，心内、外膜有出血点。

【诊断要点】

（1）发病突然、高热稽留，结膜潮红、眼睑水肿。

（2）流浆性鼻液，大量流涎，呼吸困难，站立不动并出现跛行。

（3）尸僵不全，皮下气肿，血凝不良，肺水肿和间质性气肿。

（4）肝肿大、发黄，胆囊肿大。淋巴结严重充血、出血和水肿。

2. 气肿疽 气肿疽是反刍动物的一种急性败血性传染病。其临床特征是在肌肉丰满处发生急性气性肿胀，按压有捻发音，局部变黑，故又叫黑腿病、鸣疽。世界各地均有发生，我国多发生于黄牛。

【流行特点】本病主要发生于黄牛，特别是 2 岁以下的小黄牛，其他牛发生的很少。羊和猪偶有发生。炎热及多雨的夏季发生较多，严冬少见，本病多呈地方流行性。

【临床特征】潜伏期一般为 3～5 天。常突然发病，精神沉郁，不愿运动，体温升高达 41～42℃，不久在股、臀、肩等肌肉丰满的部位出现界限不明显的炎性气性肿胀，初期有热有痛，数小时后变冷且无知觉。肿胀局部皮肤干硬呈暗红或黑色，叩之如鼓，压之有捻发音，肿胀部切开后流出污红色带泡沫的本能臭液体，肌肉呈黑红色。肿胀常迅速向四周蔓延，病牛全身症状迅速恶化，呼吸困难，结膜紫绀，脉搏细速，病牛跛行或卧地不起。体温下降，如不及时治疗，常 1～2 天内死亡。

【病理变化】尸体迅速腐败和膨胀，临死时口、鼻、肛门常流出带泡沫的红色液体。患部肌肉黑红色，肌肉充满气体，致使肌肉断面呈疏松多孔的海绵状，味酸臭。局部淋巴结肿胀、充血、出血、心包、胸腔和腹腔间或有数量不等的红色液体。

【诊断要点】

（1）体温升高，在肌肉丰满的部位出现界限不明显的炎性气性肿胀。

（2）肿胀局部皮肤干硬呈暗红或黑色，叩之如鼓，压之有捻发音。

（3）呼吸困难，结膜紫绀，病牛跛行或卧地不起。

（4）尸体迅速腐败和膨胀，患部肌肉黑红色，肌肉充满气体，味酸臭。

3. 牛传染性胸膜肺炎 本病是高度接触传染性疾病。以呈现纤维素性肺炎和胸膜肺炎为特征，常现亚急性或慢性经过。过去我国北方地区常有发生，造成了严重损失，目前已基本消灭。

【流行特点】主要侵害黄牛、奶牛、牦牛和犏牛，舍饲期间最易发生，水牛少见。在常发地区多为慢性或隐性传染，呈散发，在新发地区可呈暴发或地方流行性。牛群转移、集聚、厩舍拥挤，冬春气候异常是诱发本病的重要因素。

【临床症状】一般潜伏期 2～4 周，短的 1 周，长的达 4 个月之久。病初症状不明显，仅在清晨饮水或运动时，发生短干弱咳，体温略高，易被忽视。随着病变的蔓延，症状逐渐明显，出现急性或慢性型症状。

急性型主要呈胸膜肺炎的症状。病牛高热稽留，咳嗽，鼻流浆液性或脓性鼻汁，呼吸增数，呈现腹式呼吸，呼吸时鼻翼开张，前肢外展，发出“吭”声。触压肋间有疼痛表现。胸部听诊肺泡音减弱或消失，出现啰音、支气管呼吸音、胸膜摩擦音，叩诊呈现浊音区或水平浊音区等。病的后期，心脏衰弱，胸前、腹下和肉垂水肿，可视黏膜发绀，消化机能障碍，泌乳停止，迅速消瘦，多因窒息而死亡，或者转为慢性。

慢性型食欲时好时坏，体瘦无力，常发短咳，胸部听、叩诊变化不明显。胸前、腹下和颈部常有乳肿。这种病牛经过治疗可以逐渐恢复，但成为带菌牛，当遇不良环境而使机体抵抗力下降时又可转为急性。

【病理变化】初期以小叶性支气管肺炎为特征，病变部充血，水肿，呈红色或紫红色。

中期，呈纤维素性肺炎和浆液性纤维素性胸膜炎变化，肺实质往往同时存在不同阶段的肝变区，切面红灰相间，呈大理石样花纹。肺间质水肿、增宽，呈灰白色。淋巴管高度扩张。胸膜增厚，表面有纤维素性附着物，胸腔积液，内有蛋花样纤维蛋白凝块。后期肺部病灶有的坏死并被结缔组织包围，有的坏死组织液化形成脓腔或空洞，有的瘢痕化。胸膜肥厚、粘连。肺门淋巴结和纵隔淋巴结肿大、出血。

【诊断要点】

（1）高热稽留，咳嗽，鼻流浆液性或脓性鼻汁，腹式呼吸。

（2）胸部听诊出现啰音、支气管呼吸音、胸膜摩擦音，叩诊呈现浊音区或水平浊音区等。

（3）心脏衰弱，胸前、腹下和肉垂水肿，可视黏膜发绀。

（4）初期肺充血，水肿，呈红色或紫红色，中期肺间质水肿、增宽，呈灰白色，后期肺部病灶坏死并被结缔组织包围。

（5）胸膜肥厚、粘连。肺门淋巴结和纵隔淋巴结肿大、出血。

4. 羊快疫　羊快疫是绵羊的一种急性传染病，其特征是发病突然，病程短促，真胃黏膜呈出血性、坏死性炎。多造成急性死亡，对养羊业危害较大。

【流行特点】本病多发生于绵羊，山羊少见。病羊年龄多在6月至2岁之间，营养多在中等以上。鹿也可感染。一般多在秋、冬和初春气候聚变，阴雨连绵之际或采集了冰冻带霜的草料之后发生。

【临床特征】发病突然，急剧者往往未见临床症状就突然死亡。病程稍长者，精神沉郁，离群独处，不愿走动，或者运动推敲。口内排带泡沫的血样唾液，腹部胀满，有腹痛症状。有的病羊在临死前因结膜充血而呈“红眼”。体温表现不一，有的正常，有的升高至41.5℃左右。病羊最后极度衰竭，昏迷，磨牙，常在24小时内死亡。

【病理变化】主要病变为真胃黏膜有大小不等的出血斑块和表面坏死，黏膜下层水肿。胸腔、腹腔、心包大量积液，心内、外膜有点状出血。肝肿大、质脆，胆囊胀大。如病羊死后未及时剖检，则可因迅速腐败而出现其他死后变化。

【诊断要点】

（1）发病突然，急剧者往往未见临床症状就突然死亡。

（2）口内排带泡沫的血样唾液，腹部胀满，有腹痛症状。

（3）真胃黏膜有大小不等的出血斑块和表面坏死，黏膜下层水肿。

（4）胸腔、腹腔、心包大量积液，心内、外膜有点状出血。肝、胆囊肿大。

5. 羔羊痢疾　羔羊痢疾是急性毒血症。以剧烈腹泻和小肠发生溃疡为特征。可使羔羊大批死亡，给养羊业带来重大损失。

【流行特点】本病主要危害7日龄以内的羔羊，以2～3日龄的发病最多，7日龄以上的很少患病。纯种细毛羊发病率和病死率最高，土种羊抵抗力较强，杂交羊介于其间，其中杂交代数愈高者，发病率和病死率也愈高。牧草品质差而又没有搞好补饲的年份，气候最冷或变化较大的月份，最易发生羔羊痢疾。

【临床特征】潜伏期1～2天。病初精神委顿，不吮奶，随即发生持续性的腹泻。粪便由粥状很快转为水样，黄白色或灰白色，恶臭，后期便中带血，甚至成为血便。病羔逐渐虚弱，卧地不起。若不及时治疗，常在1～2天内死亡。有的病羔腹胀而不下痢或只排少量稀

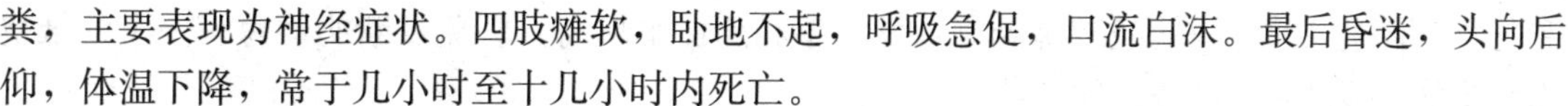

粪，主要表现为神经症状。四肢瘫软，卧地不起，呼吸急促，口流白沫。最后昏迷，头向后仰，体温下降，常于几小时至十几小时内死亡。

【病理变化】主要病变在消化道。小肠（特别是回肠）黏膜充血发红，并有直径1～2毫米的溃疡，溃疡周围有一出血带环绕。有的肠内容物呈血色。肠系膜淋巴结肿胀充血，间或出血。

【诊断要点】

（1）持续性的腹泻，粪便由粥状很快转为水样，黄白色或灰白色，恶臭，后期便中带血。

（2）有的病羔腹胀而不下痢或只排少量稀粪，主要表现为神经症状。

（3）小肠黏膜充血发红，并有直径1～2毫米的溃疡，溃疡周围有一出血带环绕。

（4）肠系膜淋巴结肿胀充血，间或出血。

6. 山羊传染性胸膜肺炎　本病又称烂肺病，是山羊特有的接触传染性疾病。其临床特征是呈现纤维素性肺炎和胸膜炎症状。我国时有发生。

【流行特点】本病仅见于山羊，尤以3岁以下的奶山羊最易感染。本病常呈地方流行性。多发生在山区和草原。接触传染性很强，一旦发病，20天左右即可波及全群。主要见于冬季和早春枯草季节，寒冷潮湿、阴雨连绵、羊群密集等因素可促进本病流行，而且病死率也较高。

【临床特征】潜伏期短者5～6天，长者3～4周，平均18～20天。急性病例发展迅速。病羊高热、可达41～42℃，精神沉郁，食欲废绝。不久出现肺炎，呼吸困难湿咳，初期流出浆液性鼻汁，几天后变为黏液脓性或铁锈色，鼻汁常附在鼻孔周围，继而出现胸膜炎变化，按压胸壁表现敏感疼痛。听诊出现湿性啰音、支气管呼吸音和摩擦音，叩诊出现浊音区。胸膜肺炎的变化通常多偏于一侧。有的病羊发生眼睑肿胀、流泪或有黏液脓性眼眵。孕羊常发生流产。病羊多在7～10天死亡，濒死期体温降到常温以下，幸免不死的转为慢性。此时症状不明显，仅表现瘦弱，间有咳嗽或腹泻等。

【病理变化】主要病变在胸腔，多见一侧发生纤维素性肺炎。胸膜增厚、粗糙乃至粘连，胸腔内积有多量含有纤维蛋白凝块液体。病程长者，肺肝变区机化，结缔组织增生，甚至有包囊形成的坏死灶。

【诊断要点】

（1）病羊高热、食欲废绝，不久出现肺炎，呼吸困难、湿咳。

（2）初期流出浆液性鼻汁，几天后变为黏液脓性或铁锈色。

（3）听诊出现湿性啰音、支气管呼吸音和摩擦音，叩诊出现浊音区。

（4）病变多见一侧性纤维素性肺炎，胸膜增厚、胸腔内积有多量含有纤维蛋白凝块液体。

（四）主要兔病的临床诊断

1. 兔病毒性出血症　本病俗称“兔瘟”，是兔的急性、烈性传染病，以呼吸系统出血，实质器官淤血肿大和点状出血为特征。本病于1984年初首先在我国江苏等地暴发，后蔓延至国内部分地区。目前在许多国家也报道了类似的疾病。本病发病迅速，传播猛烈，发病率和死亡率高，对养兔业危害甚大。

【流行特点】各品种家兔均有易感性，但长毛兔最易感。3月龄以上的青壮年兔发病率和死亡率高达100%，而且膘情越好，发病率和死亡率越高。乳兔及断奶幼兔有一定的抵抗力。本病多发于春季，夏季较少见。

【临床症状】人工感染潜伏期为48～72小时。最急性病例，常突然抽搐，惨叫几声而死。急性的，体温升至40℃以上，精神沉郁，不食，几小时后体温下降，呼吸困难，惊厥，蹦跳，倒地抽搐，鸣叫而死。

【病理变化】鼻腔流出鲜红色分泌物，鼻腔、气管黏膜有出血。全肺出血，心包水肿，心内、外膜有小点状出血。肝淤血肿大，有出血点或出血斑，肝表面有灰白色坏死灶。胆囊增大，充满暗绿浓稠胆汁，黏膜脱落。脾淤血、肿大，质脆质深。肾肿大，有少量出血点。胃黏膜脱落，十二指肠和空肠黏膜有点状出血。淋巴结肿大，有针尖大出血点。

【诊断要点】

（1）常突然抽搐，惨叫几声而死。

（2）鼻腔流出鲜红色分泌物。

（3）肺出血，心包水肿，心内、外膜有小点状出血。

（4）肝淤血肿大，有出血点或出血斑，肝表面有灰白色坏死灶。

2. 兔巴氏杆菌病　本病又称兔出血性败血症，是9周龄至6月龄家兔常见多发的一种重要传染病，由于家兔对多杀性巴氏杆菌十分敏感，因而病死率也很高，对养兔业危害很大。

【流行特点】本病的发生无明显的季节性，但以冷热交替、气候多变的春秋季节以及多雨闷热潮湿的季节发病较多，呈散发或地方性流行。一般发病率为20%～70%不等。

【临床症状】由于巴氏杆菌毒力、感染途径以及病程长短的不同，其症状及病变也不相同，可分为以下几个病型：

（1）*鼻炎型*　是最常见的一种病型，其临床特征是流浆液性、黏液性鼻汁，病兔常用前爪擦揉外鼻孔，时有喷嚏、咳嗽。鼻孔周围被毛潮湿并附有鼻痂，常因鼻孔被堵塞而出现鼻塞性呼吸音。

（2）*地方性肺炎型*　即使大部分肺实质发生病变，但肺炎的临床表现不明显或无，往往仅见食欲减退或精神沉郁，但在捕捉或驱赶运动后，突然死亡。

（3）*败血症*　不显任何症状常突然死亡，如与其他病并发，则可见到相应的症状。

（4）*中耳炎型（斜颈病）*　斜颈是其主要临床表现，患病侧耳下垂。耳内有黄白色奶油状分泌物。严重病例，病兔可向头的一侧滚转，一直斜颈到抵住兔笼的侧壁为止。吃食、饮水困难，消瘦，可能出现脱水现象，当感染扩散到脑膜和脑组织时，则可能出现运动失调和神经症状。

【诊断要点】

（1）鼻炎型流浆液性、黏液性鼻汁，时有喷嚏、咳嗽，出现鼻塞性呼吸音。

（2）肺炎型在捕捉或驱赶运动后，突然死亡，肺实质发生病变。

（3）败血症常不见任何症状突然死亡。

（4）中耳炎型表现为斜颈、患病侧耳下垂，耳内有黄白色奶油状分泌物。

3. 兔魏氏梭菌病　本病又称兔魏氏梭菌性肠炎，是由A型魏氏梭菌所产外毒素引起的肠毒血症。以急剧腹泻、排黑色水样或带血胶冻样粪便，盲肠浆膜出血斑和胃黏膜出血、溃疡为特征。发病率与病死率较高。

【流行特点】除哺乳仔兔外，不同年龄、品种、性别的家兔均有易感性。毛用兔及獭兔最易发病，1～3月龄幼兔发病率最高。一年四季均可发生，但多见于冬春两季。饲养管理不良，卫生条件差，各种应激因素可诱使本病暴发。

【临床症状】病兔精神沉郁，不吃食，排水样粪便，有特殊腥臭。体温不高，于水泻的当日或次日死亡，绝大多数为最急性。少数病例病程约1周或更长，最终死亡。

【病理变化】胃底黏膜脱落，有大小不一的溃疡。肠黏膜弥漫性出血，小肠充满气体，肠壁薄而透明。盲肠和结肠充满气体和黑绿色稀薄内容物，有腐败气体。肝脏脆。脾呈深褐色。心脏表面血管怒张呈树枝状。

【诊断要点】

（1）排水样粪便，有特殊腥臭，多为急性死亡。

（2）肠黏膜弥漫性出血，小肠充满气体，肠壁薄而透明。

（3）盲肠和结肠充满气体和黑绿色稀薄内容物，有腐败气体。

（4）心脏表面血管怒张呈树枝状。

第二节　主要动物寄生虫病的诊断

学习目标：掌握几种寄生虫病的临床诊断和检查方法。

一、日本血吸虫病

本病为我国重要的人兽共患寄生虫病，分布于长江流域12个省（市、自治区），病原为日本分体吸虫，除寄生于人体外，还可寄生于牛、羊、猪、犬、马、骡、驴、猫等各种家畜及多种野生动物的门静脉和肠系膜静脉内。

【临床症状】犊牛受害较成年牛严重。分为急性型和慢性型，以慢性为常见。急性型体温40℃以上，间歇热或稽留热；精神沉郁，行动迟缓；食欲不振，下痢，排出物多呈糊状，夹杂有血液和黏液团块；贫血，卧地不起，严重者衰竭而死。慢性型表现为消化不良，发育迟缓，极度消瘦，往往变为侏儒牛。母牛流产或不孕。

【实验室检查】对可疑病牛常以水洗沉淀法进行粪便虫卵检查。日本血吸虫卵特征为椭圆形，内含毛蚴，卵壳周围有坏死组织及不洁污物附着。也可采用毛蚴孵化法或直肠黏膜活组织内虫卵检查法。

【诊断要点】

（1）体温40℃以上，间歇热或稽留热。

（2）食欲不振，下痢，排出物多呈糊状，夹杂有血液和黏液团块。

（3）贫血，极度消瘦。

二、牛羊绦虫病

本病是由裸头科的许多种绦虫寄生于绵羊、山羊、黄牛、水牛、骆驼及鹿的小肠所引起。对羔羊和犊牛危害严重，不仅可影响生长发育，甚至可引起死亡。常呈地方性流行，在我国三北牧区普遍存在。

【临床症状】莫尼茨绦虫主要感染1个半月到8个月龄的羔羊或犊牛，无卵黄腺绦虫常见于成年牛、羊，曲子宫绦虫幼畜或成年家畜都可感染。严重感染时，幼畜消化不良，便秘，腹泻，慢性臌气，贫血，消瘦，最后衰竭而死。有时有神经症状，呈现抽搐和痉挛及旋回病样症状。有的由于大量虫体聚集成团，引起肠阻塞、肠套叠、肠扭转，甚至肠破裂。

【粪便检查】检查粪便中的绦虫节片，特别是在清晨清扫羊舍时，查看新鲜粪便，如在粪球表面发现黄白色、圆柱形、长约1厘米，厚达0.2～0.3厘米孕卵节片即可确诊。

用饱和盐水浮集法检查粪便，有时可以发现莫尼茨绦虫卵，呈不正圆形、四角形、三角形的四周隆厚中部较薄的饼形，直径56～67微米，卵内有特殊的梨形器，内含六钩蚴。曲子宫绦虫和无卵黄腺绦虫数个虫卵包含在1个卵袋内，较难检出。

【诊断要点】

(1) 幼畜消化不良，便秘，腹泻。

(2) 慢性臌气，贫血，消瘦。

(3) 抽搐和痉挛及旋回病样症状。

(4) 大量虫体聚集成团，引起肠阻塞、肠套叠、肠扭转，甚至肠破裂。

三、牛羊螨病

螨病又叫疥癣，俗称癞病，是指由疥螨科或痒螨科的螨寄生在畜禽体表而引起的慢性寄生性皮肤病。剧痒、湿疹性皮炎、脱毛，患部逐渐向周围扩张和具有高度传染性为本病特征。

【临床特征】

(1) 绵羊痒螨病　多发于背、臀部密毛部位，然后波及全身。在头号群中首先应引起注意的是羊毛结成束和体躯下部泥泞不洁，而后看到零散的毛丛悬垂于羊体，好像披着破棉絮样，甚至全身被毛脱光。

(2) 水牛痒螨病　多发于角根、背部、腹侧及臀部。体表形成很薄的“油漆起爆”状的痂皮，此种痂皮薄似纸，干燥，表面平整，一端稍微翘起，另一端与皮肤紧贴，若轻轻揭开，则在皮肤相连端痂皮下，可见许多黄白色痒螨在爬动。

(3) 牛疥螨病　常发生于牛的头部、颈部、尾根等被毛较短的部位，严重时可遍及全身。

(4) 绵羊疥螨病　主要在头部明显，嘴唇周围、口角两侧、鼻孔边缘和耳根下面也有。发病后期病变部位形成坚硬白色胶皮样痂皮。

【实验室检查】在症状不够明显时，需采取患部皮肤上的痂皮，检查有无虫体，才能确诊。检查方法是，在患部与健部交界处用锐匙或外科刀刮取表皮，装入试管内，加入10%苛性钠（或苛性钾）溶液煮沸，待毛、痂皮等固形物大部溶解后，沉淀20分钟，吸取沉渣，滴载玻片上，用低倍显微镜检查。镜检时，有时还能发现蚴螨、若螨和虫卵。

【诊断要点】

(1) 羊被毛结成束和体躯下部泥泞不洁，后像披着破棉絮样，甚至全身被毛脱光；

(2) 牛体表形成很薄的“油漆起爆”状的痂皮；

四、弓形虫病

弓形虫病是一种世界性分布的人兽共患原虫病，在人、畜及野生动物中广泛传播。猪暴

发本病时，常可引起整个猪群发病，死亡率可高达80%以上。

【临床症状】3～5月龄的仔猪多呈急性发作，症状与猪瘟相似，体温升高至40～42℃，呈稽留热；精神沉郁；食欲减退或废绝，多便秘，有时下痢，呕吐，呼吸困难，咳嗽；体表淋巴结，尤其腹股沟淋巴结明显肿大；身体下部及耳部有淤血斑或大面积发绀。病程10～15天。孕猪往往发生流产或死胎。绵羊多数呈隐性感染，仅少数有神经症状（转圈运动）及呼吸困难、鼻漏；怀孕母羊，多流产。犬的症状类似犬瘟热、犬传染性肝炎，幼龄犬症状严重，主要表现为发热、精神萎靡、黏膜苍白、眼和鼻有分泌物、厌食、咳嗽、呼吸困难，甚至发生出血性腹泻、剧烈呕吐及麻痹和其他症状。怀孕母犬发生流产或早产。

【病理变化】肺稍膨胀，暗红色带有光泽，间质增宽，有针尖至粟粒大出血点和灰白色坏死灶，切面流出多量带泡沫液体。全身淋巴结肿大，灰白色，切面湿润，有粟粒大、灰白色或黄白色坏死灶和大小不一的出血点。肝、脾、肾亦有坏死灶和出血点。盲肠和结肠有少数散在的黄豆大至榛实大浅溃疡，淋巴滤泡肿大或有坏死。心包、胸腹腔液增多。

【实验室检查】涂片检查：采取胸、腹腔渗出液或肺、肝、淋巴结等作涂片检查。涂片标本自然干燥后，甲醇固定，姬氏液或瑞氏液染色后，显微镜油镜检查。弓形虫速殖子呈新月形或橘瓣状，长4～7微米，宽2～4微米，胞浆蓝色，中央有一紫红色的核。有时在宿主细胞内可见到数个到数十个正在繁殖的虫体，呈柠檬状、圆形、卵圆形等各种形状，即所谓虫体集落（假囊）。

【诊断要点】

（1）体温升高至40～42℃，呈稽留热。

（2）体表淋巴结明显肿大；身体下部及耳部有淤血斑或大面积发绀。

（3）怀孕母畜发生流产或早产。

（4）肺肿大，有针尖至粟粒大出血点和灰白色坏死灶，切面流出多量带泡沫液体。

（5）肝、脾、肾亦有坏死灶和出血点。

五、猪旋毛虫病

旋毛虫病是一种重要的人兽共患的寄生虫病，也是一种自然疫源性疾病。已知约有100多种动物在自然条件下可以感染旋毛病，包括肉食兽、杂食兽、啮齿类和人，其中哺乳动物至少有65种，家畜中主要见于猪和犬。我国云南、西藏、河南、湖北、黑龙江、吉林、辽宁、福建、贵州、甘肃等省（区）都有本病流行的报道。其中以东北3省犬的旋毛虫感染率最高，河南、湖北省猪的旋毛虫感染率最高。

【临床症状】成虫寄生在小肠时引起肠炎。主要危害是在幼虫进入肌肉时，在临床上可出现体温升高、肌肉疼痛或僵硬、水肿、嗜酸性粒细胞增多等症状。但由于缺乏特异性症状，往往误诊为其他疾病。

【实验室检查】猪、犬旋毛虫大多在宰后肉检中发现，检查方法为采两侧隔肌角各一小块，重30～50克，先撕去肌膜用肉眼观察，是否有细小的白点；然后在肉样上顺肌纤维方向剪取24块小肉片（约麦粒大）摊一在载玻片上，排成两行，用另一载玻片压上，两端用橡皮筋缚紧，在低倍（40～50倍）显微镜下顺序进行检查，以发现包囊和尚未形成包囊的幼虫。新鲜屠体中的虫体及包囊均清晰，若放置时间较久，则因肌肉发生自溶肉汁渗入包囊，幼虫较模糊，包囊可能完全看不清，此时用美蓝溶液（0.5 毫升饱和美蓝酒精溶液）染色，染色后肌纤维呈淡蓝色，包囊呈蓝色或淡蓝色，虫体不着色。对钙化包囊的镜检，可加数滴 5%～10%盐酸或 5%冰醋酸使之溶解，1～2 小时后肌纤维透明呈淡灰色，包囊膨胀轮廓清晰。

【诊断要点】

（1）体温升高、肌肉疼痛或僵硬、水肿。

（2）隔肌角有细小的白点。

六、鸡球虫病

鸡球虫病是全世界普遍发生、威胁密集封闭式工厂化养鸡发展的一种重要的疾病。主要危害 3 月龄以内的雏鸡，15～50 日龄时更为严重。除引起死亡外，病愈鸡长期不得康复，生长、发育及增重、产蛋受到严重影响。

【临床症状】柔嫩艾美耳球虫引起的盲肠球虫病多发于 15～50 日龄的幼雏，病雏羽毛松乱，翅下垂，眼半闭，缩颈呆立或挤成一堆。不食，嗉囊充满液体。粪极稀、带血，以后拉血液，明显贫血，自血便后 1～2 天内大批死亡。毒害艾美耳球虫引起小肠球虫病，多见于大雏到仔鸡阶段，成年产蛋鸡往往也可成群发病，症状与柔嫩艾美耳球虫相似，但排泄的血便混有黏液，色泽稍黑。

【病理变化】柔嫩艾美耳球虫急性死亡病例可见盲肠肿胀，充满血液。发病 2～3 天后，盲肠硬化变脆充满血和干酪状物质。发病 4～6 天后，盲肠显著萎缩，内容物极少，全部呈樱红色。毒害艾美耳球虫急性死亡病例，小肠中段气胀，粗细达两倍以上，肠道肉含有大量血液黏液，黏膜上有无数粟粒大的出血点和灰白色病灶。虽然盲肠中往往也充满血液，但这是小肠出血流入盲肠的结果。

【实验室检查】镜检粪便或肠管病变部刮屑物发现卵囊也是诊断本病的重要手段。但在急性血便症状时，往往找不到卵囊，因此时处于裂殖体增殖期尚未形成卵囊，如果取病变部刮屑物涂片姬姆萨氏液染色，常可发现大量裂殖体、裂殖子和宿主的脱落上皮细胞等，粪检可检出无数卵囊。也不能单独根据粪检发现卵囊就确诊为球虫病。因为鸡群中无症状有卵囊的隐性感染极为普遍，因此，必须结合症状和病变进行综合判断。

【诊断要点】

（1）病鸡拉稀、带血，以后拉血液，明显贫血。

（2）盲肠肿胀，充满血液，逐渐硬化变脆充满血和干酪状物质。

（3）小肠中段气胀，粗细达两倍以上，黏膜上有无数粟粒大的出血点和灰白色病灶。

七、兔球虫病

兔球虫病是家兔最常见、危害最严重的一种原虫病。常发于温暖多雨季节，4 月龄内的幼兔发病率和死亡率都高，耐过的兔生长发育受到严重影响。

【临床症状】病兔食欲骤减，精神沉郁，眼、鼻分泌的及唾液分泌增多，口周围被毛湿润；腹泻或腹泻便秘交替出现，尿频或常呈排尿姿势，有时兔笼内的粪便被尿液软化，污染后肢和肛门周围；腹围增大，肝区触诊疼痛。病的后期，幼兔虚弱消瘦，结膜苍白，常常出现神经症状，头后仰，四肢抽搐，尖叫，极度衰弱而死。

【病理变化】肝脏肿大，肝表面和切面散布有许多淡黄色或灰白色、粟粒大至豌豆大脓样结节病灶。慢性经过时，肝脏变硬体积缩小。肠腔充满气体，最常受分割的是十二指肠，肠壁增厚，黏膜潮红肿胀，散布点状出血，被覆多量黏液。慢性经过时，肠壁肥厚，呈淡灰色，在盲肠，尤其是蚓突部，常呈黄白色、细小硬结节。

【实验室检查】用直接涂片法或饱和盐水浮集法检查病兔粪便或肝、肠病变刮屑物，镜检发现大量卵囊即可确诊。

【诊断要点】

（1）腹泻或腹泻便秘交替出现，尿频或常呈排尿姿势。

（2）腹围增大，肝区触诊疼痛。

（3）肝脏肿大，肝表面和切面散布有许多淡黄色或灰白色、粟粒大至豌豆大脓样结节病灶。

（4）肠腔充满气体，肠壁增厚，黏膜潮红肿胀，散布点状出血，被覆多量黏液。

八、兔螨病

本病在全国各地普遍存在，传播迅速，尤以冬季笼舍阴暗潮湿时，蔓延很快，是危害养兔业发展的一种严重疾病。

【临床特征】

（1）兔痒螨病　主要发生于外耳道内，可引起外耳道炎，渗出物干燥成黄色痂皮，塞满耳道如纸卷样。病耳发痒和化脓，变重下垂，不断摇头和用脚搔抓耳朵；有时不觉，可延至筛骨及脑部，引起癫痫发作。

（2）兔疥螨病　一般先由嘴、鼻周围及脚爪部发病。奇痒，病兔不停用嘴啃咬脚部或用脚搔抓嘴、鼻等处，严重发痒时前后脚抓地。病变向鼻梁、眼圈、前脚底面和后脚根部蔓延，病变部出现灰白色结痂，使患部变硬，造成采食困难，迅速消瘦，直到死亡。

（3）兔背肛螨病　多寄生于兔的头部（嘴、上唇、含颌下和眼周围）和掌部毛较短部分，也可蔓延至生殖器部分。

（4）兔足螨病　常在头部皮肤、外听道及脚掌下面寄生，传播较慢，易于治愈。

【实验室检查】参阅牛羊螨病。

【诊断要点】

（1）兔痒螨病引起外耳道炎，渗出物干燥成黄色痂皮，塞满耳道如纸卷样。

（2）兔疥螨病发病兔奇痒，不停用嘴啃咬脚部或用脚搔抓嘴、鼻等处，后患处出现灰白色结痂。

第三节　给　　药

学习目标：能掌握药物的配伍禁忌，能正确实施气管注射、胸腔注射的给药方法。

一、药物的配伍禁忌

凡是两种或两种以上的药物配伍时，各药物之间由于相互作用或通过机体代谢与生理机能的影响，而造成使用不便、降低或丧失疗效、甚至增加毒性的变化，称为配伍禁忌。兽医在开写处方和使用药物时应当注意这个问题，药剂人员在发药时，也要认真审核处方，以免发生医疗事故。配伍禁忌可分为物理性、化学性和药理性。

（一）物理性配伍禁忌

物理性配伍禁忌是指某些药物配伍时，由于其物理性状的改变而引起药物调配和临床应用困难、疗效降低。常表现为分离、析出、潮解、液化。

（二）化学性配伍禁忌

化学性配伍禁忌是指某些药物配伍时会发生化学变化，导致药物作用变化，使疗效减小或丧失，甚至产生毒性物质。化学变化一般呈沉淀、变色、产气、燃烧或爆炸等现象，但也有一些化学变化难以从外观看出来，如水解等。化学变化不但改变了药物的性状，更重要的是使药物失效或增加毒性，甚至引起燃烧或爆炸等危险。常见的化学配伍禁忌如下几种现象：

1. 发生沉淀 两种或两种以上的液体配合在一起时，各成分之间发生化学变化，生成沉淀。例如葡萄糖酸钙与碳酸盐、水杨酸盐、苯甲酸钠、乙醇配伍，安钠咖与氯化钙、酸类、碱类药物配伍时，就会发生沉淀等。

2. 产生气体 在配制过程中或配制后放出气体，产生的气体可冲开瓶塞，使药物喷出，药效改变，甚至容器爆炸等现象。例如碳酸氢钠与酸类、酸性盐类配合时，就会发生中和、产生气体等。

3. 变色 是由于药物间发生化学变化，或受光、空气影响而引起。变色可影响药效，甚至完全失效。易引起变色的有亚硝酸盐类、碱类和高铁盐类，如碘及其制剂与鞣酸配合会发生脱色，与含淀粉类药物配合则呈蓝色。

4. 燃烧或爆炸 多由强氧化剂与还原剂配合所引起。如高锰酸钾与甘油、糖与氧化剂、甘油和硝酸混合或一起研磨时，均易发生不同程度的燃烧或爆炸。强氧化剂有：高锰酸钾、过氧化氢、漂白粉、氯化钾、浓硫酸、浓硝酸等。还原剂有：各种有机物质，活性炭、硫化物、碘化物、磷、甘油、蔗糖等。

（三）药理性配伍禁忌

药理性配伍禁忌是指两种以上药物配伍时，药理作用互相抵消或毒性增强。

在一般情况下，用药时应避免配伍禁忌。但在个别的特殊情况下，有时可依配伍禁忌作为药物中毒后的解毒原理。例如：在生物碱内服中毒时，服用鞣酸等进行解毒；又如，将水合氯醛与咖啡因配合应用来减少水合氯醛对延脑和心脏的副作用。

常用药物配伍禁忌见下表：

类别	药　物	禁忌配合的药物	变　化
抗生素类	青霉素	酸性药 四环素类注射液 碱性药液（如磺胺药、碳酸氢钠） 快效抑菌剂	沉淀、分解失效 沉淀、分解失效 沉淀、分解失效 疗效降低
	头孢菌素（先锋霉素类）	强效利尿剂（如速尿）	肾脏毒性增强
	红霉素	碱性药液（如磺胺药） 碳酸氢钠注射液 氯化钠、氯化钙、林可霉素	沉淀、检出游离碱 混浊、沉淀 颉颃作用

（续）

类别	药　　物	禁忌配合的药物	变　　化
抗生素类	链霉素	较强的酸、碱性液 利尿剂	破坏、失效 肾脏毒性增强
	四环素类	中性及碱性溶液如碳酸氢钠阳离子（一价、二价或三价）	分解失效 降低吸收
	氯霉素类	青霉素类 氟喹诺酮类	疗效降低 互相颉颃
合成抗菌药	磺胺类药物	酸性药物 普鲁卡因 氯化铵	析出沉淀、疗效降低、增加肾脏毒性
	氟喹诺酮类	呋喃类药物 金属阳离子 强酸、强碱药液	疗效降低、影响吸收、析出沉淀
抗蠕虫药	左咪唑	碱性药物	分解失效
	敌百虫	碱性药物	毒性增强
	硫双二氯酚	乙醇、稀碱液	毒性增强
抗球虫药	氨丙啉	维生素 B_1	疗效降低
	二甲硫胺	维生素 B_1	疗效降低
	莫能菌素、盐霉素或马杜霉素	泰妙霉素、竹桃霉素	抑制动物生长或引起中毒反应
解热镇痛药	阿司匹林	碱性药物（如碳酸氢钠、氨苯碱等）	分解、失效
	水杨酸钠	铁等金属离子制剂	氧化、变色
	安乃近	氯丙嗪	体温剧降
	氨基比林	高锰酸钾	氧化、失效
祛痰药	氯化铵	碳酸氢钠、碳酸钠等碱性药磺胺药	分解 肾脏毒性增强
平喘药	氨茶碱	酸性药液如维生素 C、四环素类盐酸盐、盐酸氯丙嗪	析出茶碱沉淀
	麻黄素	肾上腺素、去甲肾上腺素	毒性增强
利尿药	速尿（呋喃苯胺酸）	氨基苷类抗生素 头孢菌素类	耳毒性增强 肾毒性增强
解毒药	碘解磷定	碱性药物	水解为氰化物
	亚甲蓝	强碱性药物、氧化剂	破坏、失效
	亚硝酸钠	氧化剂、金属盐	分解成亚硝酸 被还原
	依地酸钠钙	铁制剂（如硫酸亚铁）	干扰作用

二、气管注射给药

（一）操作步骤

1. 猪、羊采取仰卧保定，牛、马采取站立保定，使其前躯稍高于后躯。

2. 术部剪毛、消毒。

3. 术者左手触摸气管并找准两气管环的间隙，右手持连有针头的注射器，垂直刺入气管内。

4. 缓慢注入药液。若操作中动物咳嗽，则要停止注射，直至其平静下来再继续注入。

5. 注完药液拔出针头，术部消毒。

（二）注意事项

1. 药液注射前，应将其加温至接近动物体温，以减轻刺激反应。

2. 所注药液剂量要小，刺激性要小。

3. 为了避免动物咳嗽，可先注入2%普鲁卡因2～5毫升，然后再注入所需药液。

三、胸腔注射给药

（一）操作步骤

1. 动物站立保定。

2. 术部剪毛、消毒。

术部部位：猪，左侧在第6肋间，右侧在第5肋间；牛、羊，左侧在第6或第7肋间，右侧在第5或第6侧肋间；马、骡，左侧在第7或第8肋间，右侧在第5或第6肋间；犬，左侧在第7肋间，右侧在第6肋间，一律选择于胸外静脉上方2厘米处。

3. 术者左手将术部皮肤稍向前方拉动1～2厘米，以便使刺入胸膜腔的针孔与皮肤上的针孔错开，右手持连接针头的注射器，在靠近肋骨前缘处垂直于皮肤刺入（深度约3～5厘米）。针头通过肋间肌时有一定阻力，进入胸膜腔时阻力消失，有空虚感。

4. 注入药液（或吸取胸腔积液）。

5. 拔出针头，使局部皮肤复位，术部消毒。

（二）注意事项

1. 刺针时，针头应该靠近肋骨前缘刺入，以免刺伤肋间血管或神经。

2. 刺入胸腔后，应该立即闭合好针头胶管，以防止空气窜入胸腔而形成气胸。

3. 必须在确定针头刺入胸腔内后，才可以注入药液。

四、相关知识

普鲁卡因的作用原理：普鲁卡因是局部麻醉药，主要作用于局部、能可逆性地阻断神经冲动的传导，对感觉神经有高度选择性，引起机体特定区域丧失感觉。

[本章小结]

本章学习了常见动物疫病的主要临床症状，血、粪、尿常规检验方法，常见动物疫病的主要病理变化，药物配伍禁忌，气管、腹腔注射法，皮屑溶解法检查螨虫，血液涂片检查原虫方法等。

[复习题]

1. 描述本章中常见动物疫病的主要临床要点。
2. 血液常规检验的项目有哪些？如何检验？
3. 尿液常规检验的项目有哪些？如何检验？
4. 粪便常规检验的项目有哪些？如何检验？
5. 药物的配伍禁忌有哪些类型？药物主要配伍禁忌有哪些？
6. 如何进行气管注射？
7. 如何进行胸腔注射？
8. 描述本章中常见动物寄生虫病的主要临床症状。

第二十四章　患病动物的处理

第一节　中毒病的处理

学习目标：能根据临床症状识别中毒病，并能正确处理。

一、中毒病处理的一般原则

尽快中断毒物对机体的继续侵害，促进解毒和排毒，给予必要的支持疗法。

二、畜禽常见中毒病的诊断及处理

（一）亚硝酸盐中毒的诊断及处理

1. 问诊　问饲喂、饮水情况。如有饲喂富含硝酸盐饲料病史，可引起亚硝酸盐中毒。

白菜、甜菜、油菜、盖菜、包菜和野菜等青绿饲料，都含有不同数量的硝酸盐，特别是大量使用氮肥的植物，含的硝酸盐更多。当上述饲料加工调制或保存不当，如在锅内长时间闷煮或堆积过久，发热腐烂，均可使硝酸盐还原菌活跃，使硝酸盐转化为亚硝酸盐，以致发生中毒。猪常在喂食后10分钟至1小时左右突然发病，吃食多的动物最严重。牛在采食后约经1～5小时始见发病。亚硝酸盐中毒是富含硝酸盐的饲料在饲喂前的调制中或采食后的瘤胃内产生大量亚硝酸盐，造成高铁血红蛋白症，导致机体缺氧的一种急性、亚急性中毒。本病多发生于猪，其次是牛、羊，其他动物较少发生。

2. 检查　临床检查若发现病畜有饲喂富含硝酸盐饲料病史，且病畜表现狂躁不安或呆立不动，流涎，呕吐，并有腹痛，呼吸困难，肌肉震颤，走路摇晃、歪斜或转圈。皮肤发紫，口黏膜、眼结膜呈青紫色，耳尖及四肢末梢发凉，体温正常或低于正常（37～37.5℃）。轻症或可耐过，重症者倒地、痉挛，约经15～30分钟死亡。死前呼吸极度困难，也有不呈现任何症状而突然死亡的。死后剖检可见可视黏膜、肌肉、内脏、血液呈棕褐色或蓝紫色，血液凝固不良，胃、小肠充血或呈现出血性炎症，肺淤血、水肿，肝肿大，心肌有点状出血。即可诊断为亚硝酸盐中毒。

3. 处理

(1) 对病畜立即静注或肌注特效药物1%美蓝溶液，每千克体重0.1～0.2毫升，必要时可在24小时内再重复注射一次；也可静注5%甲苯胺蓝，每千克体重5毫克；静注或肌注维生素C（可使高铁血红蛋白还原为低铁血红蛋白）；心脏衰弱时，肌注10%安钠咖；呼吸困难时肌注尼可刹米；必要时可静注5%葡萄糖生理盐水或复方氯化钠溶液；耳尖、尾尖等处放血，每千克体重1～2.5毫升。

(2) 不要饲喂堆积发热和腐烂的青菜，煮食（青菜）时要时时揭开锅盖，并多搅拌，煮好后不要闷在锅里过夜。

(二) 食盐中毒的诊断及处理

食盐中毒是以消化道炎症和脑水肿、变性乃至坏死为病理基础，以突出的神经症状和一定的消化紊乱为临床特征的饲料中毒病。本病可发生于各种动物，常见于猪和鸡。

1. 问诊 问饲喂、饮水情况。如有饲喂含盐量高的酱渣、酱油渣、咸菜水、咸鱼粉等病史，或是饲料中食盐过多或没拌匀，均可引起食盐中毒。

2. 检查 患病动物的主要症状为猪常突然发病，开始呈现视觉和听觉障碍，对刺激反应迟钝，同时表现兴奋不安，转圈、前冲、后退，肌肉痉挛、震颤、阵发性惊厥，虚嚼，口吐白沫。口渴贪饮，有时由于意识障碍又忘却饮水。眼结膜和口黏膜发红，少尿。鸡则表现口渴，腹泻，痉挛，头颈扭曲，最终因腿和翅麻痹和全身衰竭而死亡。剖检见胃肠黏膜充血、水肿、出血；血液稀薄，不易凝固；脑、脊髓各部有不同的充血、水肿，骨骼肌水肿，常伴有心包积液等。

3. 处理

(1) 无特效解毒药，首先应立即停喂含盐饲料和饮水，多次小量给予清水，切忌突然大量给水或任其随意暴饮。为恢复阳离子平衡，可静脉放血，随即静注25%葡萄糖溶液或静注10%葡萄糖酸钙或10%氯化钙，也可静注（或腹腔注射）5%葡萄糖溶液，再肌注10%安钠咖。兴奋不安或强烈痉挛时，静注溴化钙液或肌注苯巴妥钠。严重便秘时，灌服蓖麻油并用温肥皂水灌肠。

(2) 严格控制食盐和含盐分高的饲料的用量；供给充足、清洁、卫生的饮水；饲喂全价饲料，特别是钙、磷、镁等矿物质含量要充足。

(三) 棉籽饼中毒的诊断及处理

棉籽饼中毒是因过量或长期饲喂棉籽饼而引起的家畜中毒病。本病主要发生于犊牛、仔猪、禽等。

1. 问诊 问饲喂情况。病畜如有过量或长期饲喂棉籽饼饲喂病史，均可引起食盐中毒。棉籽饼中的主要有毒物质是游离棉酚，少量棉籽饼和其他饲料配合或棉籽饼经脱毒处理后，可以用作饲料，但没脱毒的棉籽饼饲喂量过多或长期饲喂容易发生中毒。

2. 检查 棉籽饼中毒多为慢性蓄积性中毒，急性中毒少见。

轻度中毒时，症状不典型，主要表现为食欲减退，持续性下痢和进行性消瘦为主。

重度中毒时，主要表现为出血性胃肠炎症状，食欲明显减退、废绝，病牛反刍停止，先便秘后腹泻，排黑褐色、恶臭并混有黏液和血液的粪便。病程延长，常表现夜盲症、干眼，甚至失明。排尿带痛，有血尿或血红蛋白尿。病后期出现心力衰竭和肺水肿，病畜呼吸困难，鼻腔常流出混有细小泡沫的鼻液，眼结膜发绀，肌肉震颤，行走摇晃，颈、胸、腹下部常出现水肿，最后因窒息、衰竭死亡。猪除有与牛相似症状外，常表现呕吐，怀孕母猪可出现流产、死胎及产弱仔等现象。禽中毒后表现厌食、沉郁、胃肠炎、排稀粪，还可影响蛋的质量，蛋黄略显绿色，蛋白略带红色，最后因呼吸和循环衰竭死亡。患病畜禽一般体温不高。

3. 处理

（1）无特效解毒药，重在预防。一旦发生本病，只能采取一般解毒措施和对症治疗。排除肠内容物可使用盐类泻剂，用 3%～5%碳酸氢钠或 0.1%高锰酸钾洗胃或灌肠；对出现出血性胃肠炎的病畜可用止泻剂和黏浆剂；解毒、保肝、强心和制止渗出。

（2）预防一是限制棉籽饼的饲喂量和连续饲喂时间。二是棉籽饼在饲喂前需经过脱毒处理。加入棉籽饼重量 10%的大麦粉或面粉，然后加水煮沸 1 小时；也可将棉籽饼用 0.1%硫酸亚铁或 1%氢氧化钙或 2%熟石灰水浸泡一昼夜，然后用清水冲洗1～2次后再喂；也可将棉籽饼煮熟并在 80～85℃水中泡 6～8 小时后再喂。三是在日粮中增加蛋白质、维生素、青绿饲料等。

（四）黄曲霉毒素中毒的诊断及处理

黄曲霉毒素中毒是人、畜共患的真菌毒素中毒病。

1. 问诊 病畜如有采食了含有黄曲霉毒素的发霉饲料病史，均可引起黄曲霉毒素中毒。

2. 检查 本病的特征是主要引起肝损伤，导致皮下、肌肉、内脏出血，消化机能障碍和神经症状，慢性病例可发生肝硬变或肝癌，但体温不高。主要表现为渐进性食欲减少，口渴，异嗜，大便干燥，表面附有黏液与血液。可视黏膜贫血、黄疸。常有神经症状，间歇性抽搐，兴奋，角弓反张和共济失调等，常于数日内死亡。

3. 处理

（1）本病目前尚无特效药物治疗，只能采取排出毒物，保护肝脏，制止出血和其他对症治疗。

（2）预防本病发生是关键。一是严防饲料发霉和不喂霉败饲料。二是对轻度发霉饲料，可选用下列方法去毒处理后饲喂并限制喂量。挑除霉粒法：将霉败变色的饲料挑除，可使含毒量降低；水洗法：将发霉玉米磨成面粉，倒入缸中加水 3～4 倍，搅拌静置浸泡，每天换水 2 次，直至浸泡的水由茶黄色变成无色为止；脱胚去毒法：将玉米磨碎，加入 3～4 倍水，搅拌、轻搓，待胚浮起时，捞出或随水倾出，反复 3～4 次，可降低含毒量 80%。或将玉米用 3 号碾米机碾轧 3 次，胚部及外皮均去掉，可降低含毒量 80%～90%。

（五）瘤胃酸中毒的诊断及处理

瘤胃酸中毒系瘤胃积食的一种特殊类型，是牛羊等反刍兽由于突然超量采食谷粒等富含可溶性糖类物质，瘤胃内急剧产生、积聚并吸收乳酸等有毒物质所致的一种急性消化性酸中毒。

1. 问诊 问饲喂、饲料品质情况。病畜如有由粗饲料突然变为精料；粗饲料缺乏或品质不良；突然变更精饲料的种类或其性状；偷食或偏食超量的精料等病史，均能引起该病。

能造成急性瘤胃酸中毒的饲料物质有：谷粒饲料，如玉米、小麦、大麦、青玉米、燕麦、黑麦、高粱、稻谷；块茎块根类饲料，如饲用甜菜、马铃薯、甘薯、甘蓝；酿造副产品，如酿酒后干谷粒、酒糟；面食品，如生面团、黏豆包；水果类，如葡萄、苹果、梨、桃等。

2. 检查 最急性的病例常表现高度沉郁和衰弱，体温低下，重度脱水，腹部膨胀，瘤胃内容物稀软，心率增速，多在3～5小时内突然死亡。急性病例病程约在数小时至96小时不等，表现沉郁，食欲废绝，瞳孔轻度散大或正常，反应迟钝，不反刍，瘤胃胀满，冲击式触诊瘤胃有振水音，蠕动消失。粪稀软或水样，有酸臭味，心跳可达100～140次/分，呼吸加快或困难，体温正常或偏低，多为36.5～38.5℃，眼窝下陷，血液黏稠，尿少色浓或无尿。后期可出现神经症状，步态不稳，卧地不起，头颈侧屈，昏迷而死亡。轻微型病例表现食欲减退等消化不良症状。

3. 处理

（1）治疗时，首先应使用胃管排出胃内液状内容物，然后用10%石灰水或1%碳酸氢钠液反复洗胃，直至瘤胃内容物无酸臭味或呈弱碱性为止。纠正酸中毒可静脉注射5%碳酸氢钠溶液和5%糖盐水。脱水时，应及时用5%糖盐水或复方氯化钠液每日2～3次静脉注射。严重的瘤胃酸中毒病畜，可进行瘤胃切开术排出内容物。

（2）加强饲养管理，饲料要相对稳定，加喂精料要有过渡期，不要突然大量饲喂谷物精料，经常要补饲青草等。

（六）氟乙酰胺中毒的诊断及处理

1. 问诊 病畜常有误食（饮）被氟乙酰胺处理或污染的植物、种子、饲料、毒饵、饮水病史。

2. 检查 临床检查若发现病畜误食（饮）被氟乙酰胺处理或污染的植物、种子、饲料、毒饵、饮水。且临床牛、羊表现食毒后9～18小时突然倒地，全身抽搐，角弓反张，心动过速，心律失常，迅速死亡。猪常表现心动过速，共济失调，痉挛，倒地抽搐，数小时内死亡。犬、猫表现兴奋，狂奔，嚎叫，心动过速，呼吸困难，数分钟内死于循环和呼吸衰竭。即可诊断为氟乙酰胺中毒。

3. 处理 首先应用特效解毒药，立即肌肉注射解氟灵即乙酰胺。剂量为每日每千克体重0.1～0.3克。以0.5%普鲁卡因液稀释，分2～4次注射。首次注射为日量的一半，连续用药3～7天。亦可用乙二醇乙酸酯100毫升溶于500毫升水中饮服或灌服；也可用5%酒精和5%醋酸（剂量为各2毫升/千克）内服。

同时施行催吐、稀胃、导泻等中毒病的一般急救措施，并用镇静剂、强心剂、等作对症治疗。

第二节 产科疾病的处理

学习目标： 能正确处理常见产科疾病，能做剖腹取胎术。

一、常见产科疾病的诊断及处理

（一）乳房炎的诊断及处理

乳房炎是哺乳母畜的一种常见疾病，常一个或多个乳腺发炎。

1. 问诊 问圈舍卫生、乳房、饲喂、断乳情况。如圈舍不卫生，乳房损伤或被仔畜咬伤，母畜在分娩前后，饲喂大量多汁、发酵饲料，乳汁分泌过多，乳汁积滞；断乳方法不当等均可引起乳房炎；子宫炎也可继发乳房炎。

2. 检查 临床检查常发现：急性乳房炎，乳区潮红、肿胀、发热而有痛感。泌乳减少

或停止，乳汁稀薄并有凝乳块或絮状物，有的有血液或脓汁；严重时还有体温升高，食欲不振，精神沉郁等全身症状。慢性乳房炎，乳房硬结，无弹性，泌乳量减少，乳汁发黄间有凝块，全身症状不明显。

3. 处理

(1) *局部疗法* 炎症初期用冷敷法，以减少渗出；2～3 天后改为热敷、红外线照射或涂擦鱼石脂等刺激剂，以促进炎性产物吸收；轻症病例可用挤乳一按摩法，即 2～3 小时挤乳 1 次，再按摩 20 分钟；急、重病例可用乳房内注药法，即先挤净乳汁，用碘酊消毒乳头，用乳房导管往患区乳房中注入抗生素类药物，并轻揉乳房，促进药物扩散。

(2) *全身疗法* 肌肉或静脉注射抗生素类药物。

(3) *加强饲养管理* 保持圈舍清洁干燥，并定期进行消毒；在临产前或产后数日，应减少多汁、发酵饲料，以控制乳汁的分泌。断乳前要渐次减少哺乳次数，使乳腺活动慢慢降低，禁止突然断乳。防止乳头外伤及污染，及时治疗其他疾病，以防继发感染。

(二) 子宫内膜炎的诊断及处理

子宫内膜炎是子宫黏膜的黏液性或化脓性炎症，是母畜常见的生殖器官疾病。

1. 问诊 病畜如有难产、胎衣不下、子宫脱出、产道损伤；或配种、阴道检查、人工授精时消毒不严感染细菌等病史，可引起子宫内膜炎。

2. 检查 临床检查常见急性子宫内膜炎与慢性子宫内膜炎两种。

急性子宫内膜炎，多见于产后母畜，体温升高，精神沉郁，食欲减退或废绝，时常拱背努责，从阴道流出灰红色或黄白色脓性腥臭的分泌物，常混有胎衣碎片。严重时，常引起败血症和脓毒症。

慢性子宫内膜炎，临床症状不明显。表现不发情或发情不正常，屡配不孕。

3. 处理

(1) 急性期首先应清除子宫内炎性分泌物，可用 0.1%雷佛诺尔或 0.1%高锰酸钾溶液进行冲洗，隔 30 分钟后用青霉素溶于蒸馏水注入子宫腔内。一般每隔 1～3 天冲洗 1 次，如渗出物多，应增加冲洗次数。

(2) 有全身症状时，可用青霉素、链霉素等药物治疗，并配合应用维生素 C。

(3) 保持圈舍清洁卫生，临产时更换清洁垫草。助产要严格消毒。产后加强管理，人工授精时严格执行操作规程。处理难产，取出胎畜、胎衣后，将抗生素胶囊直接塞入子宫腔内可预防本病。

(三) 胎衣不下的诊断及处理

产后 12 小时，胎衣还没有排出体外，就可认为是胎衣不下。

1. 问诊 问饲养管理、营养、运动、动物体质、胎水、胎畜情况。如孕畜（尤其在怀孕后期）饲养管理不当，营养不良，运动不足，体质瘦弱或过度肥胖，胎水过多，胎畜过大等，均可造成子宫收缩力量不够使胎畜胎盘与母体胎盘黏着一起而致本病。此外，子宫内膜炎、胎膜炎、布氏杆菌病，常因胎畜胎盘与母体胎盘粘连也会发生本病。

2. 检查 全部胎衣不下时，往往从阴门中垂出一部分胎膜。有时胎衣全部停留在子宫及阴道内，做阴道检查才可发现，滞留的胎衣在 24～48 小时即发生腐败，散发出难闻的气味，并有胎衣碎块随恶露排出，腐败分解产物被吸收后，则发生全身中毒症状，精神萎靡，食欲反刍减少以至废绝，体温升高，呼吸增数，排尿困难，腹痛，骚动不安，如不及时治疗，常因败血症而死亡。部分胎衣不下时，如果不详细检查，不易发现。但经 3～5 天未排出的胎衣就开始腐败，随同恶露一起排出。有的也可引起败血症。

胎衣不下治疗不及时，往往并发子宫内膜炎、子宫颈炎、阴道炎等一系列生殖器疾病。产后发情及受胎时间延迟，甚至丧失受孕能力，有的受胎后容易流产，并发瘤胃迟缓、积食及臌胀等疾病。

3. 处理 治疗方法可分为药物治疗和手术剥离两类。

（1）药物治疗

①灌水法。将 0.1%的高锰酸钾溶液或明矾水，加温至 40℃，灌入子宫内，以增加胎衣的重量，使胎衣和子宫壁容易分离，迅速排出。

②肌注马来酸麦角新碱注射液，以增加子宫收缩的能力，促使胎衣排出。

③灌服羊水。羊水在分娩时收集好，贮存于清洁的玻璃瓶中，置于温度不高于 30℃处，可保存 2～3 天。分娩后 6 小时胎衣未排出时即可灌服，如果胎盘没有发生粘连，灌服后 2～6小时即排出。否则隔 6 小时后，可再按同量灌服一次。

为了防止胎衣腐败，引起子宫感染，可以将青霉素粉剂、金霉素胶囊，隔日送入子宫，连用 2～3 次。

（2）手术剥离法

①采取站立保定、术者指甲剪短、磨光滑，手和手臂严格消毒，涂上润滑剂。

②助手将尾系于一侧，并用 0.1%高锰酸钾液或 0.1%新洁尔灭液洗净外阴部。

③向子宫内灌入 10%浓盐水或 0.1%高锰酸钾。术者一手将露出在外面的胎膜理顺（不使其扭转）握紧，但须注意不要拉断；一手伸进子宫，沿着绒毛膜处即可摸到胎盘附着的地方。

④用拇指、食指及中指将它捏住，轻轻地从母体胎盘上剥离。剥离时必须由近至远逐渐剥离，而且须将近处上下左右的胎盘都剥离下来之后，再向前剥。等到胎畜胎盘有 1 米以上脱离于母体胎盘时，轻轻一拉即易全部完整地剥离下来。

（四）阴道脱和子宫脱的诊断及处理

阴道脱和子宫脱是指阴道或子宫因某种原因，部分或全部脱出于阴门口外的一种疾病。

阴道脱多发生于怀孕末期，子宫脱多发生于分娩以后数小时内，但也有分娩后 1～3 天发生的。

1. 问诊 问饲养管理、营养、，运动、动物体质、胎水、胎儿、胎衣、助产情况。如怀孕期饲养管理不当，饲料单一、营养不足、缺乏运动、体质瘦弱、过劳等致使会阴部组织松弛，无力固定子宫或阴道；难产时手术助产不当，强力而迅速拉出胎畜；胎儿过大，胎水过多或怀孕后长期卧于前高后低的地方；产后胎衣不下，产后努责强烈等都可引起此病的发生。此外，瘤胃臌气、瘤胃积食、便秘、腹泻也能诱发本病。

2. 检查 临床检查常发现部分脱出和全部脱出两种：

（1）阴道部分脱出，为阴道壁部分从阴门中脱出。子宫部分脱出，为子宫角翻入子宫颈或阴道而发生套叠，仅有不安努责和类似疝痛症状，通过阴道检查才可发现。

（2）阴道和子宫全部脱出通常由部分脱出发展而来。阴道全脱时，阴道襞翻至阴门外呈球状，比拳头大，在脱出后端，有子宫颈的开口，其下面有尿道的开口，色红润，时间稍长则干裂，呈紫色。子宫全部脱出时，子宫角、子宫体及子宫颈都外翻于阴门外，且可下垂到

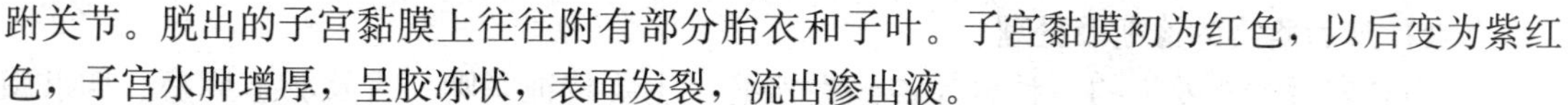

跗关节。脱出的子宫黏膜上往往附有部分胎衣和子叶。子宫黏膜初为红色，以后变为紫红色，子宫水肿增厚，呈胶冻状，表面发裂，流出渗出液。

3. 处理

（1）*加强护理* 为防止脱出部分继续扩大和损伤，可将其尾固定于前躯，防止摩擦脱出部分，减少感染机会；给予易消化的饲料等；强迫采取前低后高的卧（站）姿，减轻腹压，使其能够自行回复。如果不能自行回复的，必须及时进行整复。

（2）*整复前准备* 整复前将母畜站立保定于前低后高、干燥的地方，并清除直肠内的积粪，以免整复中排粪，影响手术进行。用0.1%温高锰酸钾液或0.1%新洁尔灭溶液冲洗脱出的阴道或子宫表面以及阴唇周围的污物，除去坏死组织及残留的胎衣等，再用温收敛性药物（如3%～5%明矾水等），或其他消炎收敛药液冲洗和涂擦。

（3）*整复* 术者握拳顶住脱出部顶端中央，趁母畜不努责时，小心地用力向前推进，在推进时，助手须帮助将脱出部抬高与阴道平行，并在两侧帮助压迫，将已送入阴门的部分压住，由后向前一部分一部分推进，待子宫恢复正常位置后，插入阴道的手在里面停留片刻（以防努责时再脱），再慢慢抽出拳头。为防止感染，可塞入抗生素或磺胺类胶囊。

（4）*缝合* 为防止子宫重复脱出可在阴门上作2～3个纽扣内翻缝合，或用不锈钢铁丝在阴门裂中点穿透两侧阴户，铁丝两端用螺丝固定。经3～5天后子宫不再脱出时拆除。

（5）*平时注意加强饲养管理* 饲料要多样化、营养要丰富，怀孕后期，要特别配给适量的矿物质饲料。每天要适当运动，休息场所要平坦。母畜分娩时，要由兽医或有经验的人接产。

（五）难产的诊断及处理

1. 问诊 问胎儿产出情况。如在分娩过程中，胎儿不能正常产出，分娩过程受阻，就是难产。难产发生原因常有产力性难产、产道性难产、胎儿性难产三种情况。产力性难产多见于母畜体质虚弱、阵缩及努责无力等。产道性难产常见于宫颈狭窄、阴道及阴门狭窄、骨盆变形及狭窄。胎儿性难产常见于胎儿的姿势、位置、方向异常，胎儿过大、畸形等。

2. 检查 不同原因造成的难产，临床检查不尽相同，主要有分娩过程中痛苦呻吟，时作努责，阴户肿胀，流出黏液或黄红色液体，但不见胎儿产出，或产出部分胎儿间隔很长时间不能继续排出。

3. 处理 发现难产，首先确定难产种类，查明原因。可将手伸入产道，检查子宫颈是否开张，骨盆腔是否狭窄，有无肿瘤，胎儿是否进入盆腔口，胎儿是否过大，以及胎位、胎向、胎姿是否正常。

（1）由于胎儿过大或产道狭窄所致难产，可在产道涂少量润滑剂，用手牵引缓缓拖出，必要时可进行剖腹产或截胎术。

（2）由于子宫收缩无力而致难产，如子宫颈已经开张，胎儿产出无障碍时，可注射垂体后叶素或催产素。

（3）因胎位、胎向、胎姿异常，如横位，首先将胎儿推入腹腔，纠正胎儿的胎位，采取正生或倒生，助手牵引两前肢或两后肢慢慢拉出。经助产仍不能产出时，可考虑剖腹产。

（4）助产时所用器械必须严格消毒，术者指甲应剪短、磨光，手臂应消毒并涂擦润滑油，母畜外阴部应用0.1%高锰酸钾洗净。

（5）加强饲养管理，供给全价配合饲料，适当加强运动，不要过早配种。

（六）产后瘫痪的诊断及处理

本病是产后突然发生的一种急性神经性疾病。主要特征是咽、舌及肠道麻痹、四肢瘫痪，并失去知觉。常见于高产母牛，山羊次之，有些母猪也经常发生。在检查病畜血液时，血钙显著下降呈现低血钙症。

1. 问诊 问母畜生产、产后、饲养、运动情况。如母畜产后出现低血糖和低血钙，饲养管理不当，产后护理不好，缺乏运动等，均可引起生产瘫痪。

2. 检查 临床检查若发现产后病畜病初肌肉震颤，站立不稳，行步摇晃，很快就不能站立。典型病例，头颈弯向胸腹壁一侧，强行拉直放开后又弯向一侧。病畜神智昏迷，瞳孔散大，眼睛对光反射微弱或消失，针刺皮肤无反应。舌咽麻痹，口鼻流涎。胃肠麻痹，蠕动消失，直肠内蓄积大量干燥粪便，往往有不同程度的胃臌胀。泌乳减少或停止。泌尿生殖道麻痹，膀胱内大量蓄尿。有时伴发子宫套叠。病情重时，体温常降至35℃左右，触摸全身各处发凉，呼出冷气。即可诊断为生产瘫痪。

3. 处理

（1）尽早治疗是提高疗效的最有效措施。治疗方法是补钙和对症治疗。可静脉注射葡萄糖酸钙，注射速度要慢。

（2）治疗同时特别注意给病畜保温；不宜过早饲喂，以防止误咽；发病后不能将初乳挤得太空，挤出2/3的乳量即可。

（3）加强科学饲养，日粮适当补充糖、钙及维生素，并保障钙、磷比例适当，增加光照，适当运动。

二、剖腹取胎术

剖腹取胎术是用外科手术方法切开腹壁和子宫取出胎儿，以解救难产的一种手术。如能掌握施术时机和手术要领，常可收到良好效果。

经矫正无效又无法截胎的胎向、胎位及胎势不正，无法矫正的子宫扭转，子宫颈狭窄或闭锁，骨盆狭窄、畸形及肿瘤，胎儿畸形、胎儿过大，软产道高度水肿，干尸化胎儿用药物催产无效，以及母畜生命垂危只需抢救仔畜者等，均可施行剖腹产术。

（一）操作步骤

1. 术前准备

（1）*确定手术部位* 马、猪的术部可选在左侧腹壁，距肋弓7～8厘米，沿腹内斜肌走向切口。牛、羊的术部可选在腹白线与乳静脉之间腹下部或髋结节与脐部之间的连线上（左、右均可）。犬、猫的术部可选用耻骨前缘2厘米，沿腹白线向前切开，也可选在腹侧壁。切口长度，马约20～25厘米，乳牛30～35厘米，黄牛25～30厘米，猪、羊12～15厘米，猫4～6厘米，犬5～12厘米。根据母畜及胎儿的大小，切口长度以取出胎儿为度。

（2）*保定* 大动物以柱栏站立保定为好。另外也可采取侧卧或半仰卧保定法，但须垫高臀部以降低腹压。中、小动物可采用侧卧式半仰卧保定。

（3）*消毒* 术部在剪毛、剃毛、洗净后，用碘酒、酒精消毒。切口周围铺上手术巾，腹下地面铺上消过毒的塑料布。

（4）*麻醉* 可采用腰旁神经干传导麻醉，并配合局部浸润麻醉。也可以每千克体重静脉注射氯丙嗪1毫克作全身镇静，并配合局部浸润麻醉。

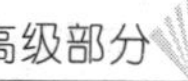

2. 手术步骤

（1）切开腹壁　按确定的切口长度分层切开腹壁，各层腹壁肌肉的切口与皮肤切口要等长，切开时尽量避开大的血管及神经。如要切断大血管，须先作双重结扎。腹内斜肌可钝性分离。切开腹膜后，须用消毒好的大纱布块浸以生理盐水，按压住切口，防止肠管、网膜脱出。

（2）拉出子宫　手先伸入腹腔，确定怀孕子宫角后，再伸入孕角下，隔着子宫壁握住胎儿的一部分，小心地将子宫大弯拉向腹壁之外，并在子宫与腹壁切口之间填入已消毒的大纱布块，然后将消毒的塑料薄膜盖在预定的子宫襞切线周围，以防止切开子宫后的胎水、血液及污物流入腹腔。

（3）切开子宫　在孕角大弯上，避开子叶（犬猫避开胎盘）纵向切开子宫壁，切口长度不得小于腹壁切口，以免拉出胎儿时撕裂子宫壁，不利于缝合。猪要在子宫角基部切开，以便取出同侧仔猪之后，再取出对侧和产道中的胎儿。否则，还需在对侧子宫角上再做切口。

（4）拉出胎儿　先剥离子宫切口周围的胎衣，并尽可能将胎衣引出切口之外撕破，放出全部胎水，然后握住胎儿两后肢（正生时）或两前肢及头部（倒生时），缓缓地拉出胎儿（拉出太快可引起母畜休克）。倘若胎儿气肿，通过切口困难，可行截胎后，分别取出。

（5）剥离胎衣　马、猪、犬、猫的胎衣在拉出胎儿之后，一般会自行脱落，可马上取出。但牛、羊的胎衣，往往不会脱落，如取胎后当时剥离，既费时间，又易引起大量出血，不利于母畜健康。所以，为了不妨碍缝合子宫和关闭腹腔，可将其游离的胎膜剪去，余下部分待术后经产道自行排出。

（6）缝合子宫　除去隔离用的塑料薄膜及纱布块，彻底清除子宫及其附近的血块、污物后缝合。用肠线或丝线穿上圆利针连续缝合浆膜和肌层，为第一道缝合。消毒后再用同样的针线用连续内翻缝合做浆膜和肌层第二道缝合，而且要超出第一道缝合起止点 2～3 厘米，以免切口两端缝合不好。同时，在第一道缝好之前，子宫内应放入金霉素或土霉素胶囊 3～4 粒。子宫缝好后，可用青霉素生理盐水洗净子宫表面的血污，并涂以抗生素软膏，再将其放还原位。

（7）缝合腹壁　与常规外科腹腔手术相同，即腹膜与腹横肌、腹斜肌一次连续缝合，再缝合皮肤（锁边缝合），最后做一结系绷带。缝好腹膜之前，腹腔内须注入青霉素、链霉素各 160 万～200 万国际单位。

（二）注意事项

术后全身应用抗生素治疗 3～4 天，要防止创口污染和裂开。根据需要可采取强心、补液、解毒等对症治疗。对子宫内的胎衣，可用子宫收缩药物促进排出。创口愈合良好者，可于术后 8～12 天拆线。

三、相关知识

（一）雌激素对母畜禽的作用机理

卵巢分泌的雌激素主要为雌二醇，现已人工合成了许多高效的雌激素，目前常用已烯雌粉、已烷雌酚等。无论内服剂或注射剂，合成的雌激素进入体内后不易被破坏，作用持久。

1. 雌激素的药理作用　促进生殖器官的发育，保持第二性征；促进母畜发情；促进乳腺导管的发育和泌乳，与孕酮配合使用效果更为明显；促进蛋白质合成，对反刍动物更为明显，曾用于牛、羊育肥。但其残留具有致癌作用，现已禁用。

2. 临床应用 利用雌激素刺激子宫收缩及子宫颈口松弛的作用，通过肌肉注射或直接注入子宫，促进产后胎衣、死胎或木乃伊胎儿的排出，用于子宫炎、子宫积脓、子宫内膜炎的冲洗。对发情症状微弱的母畜可用雌激素催情。可刺激乳腺发育，用于牛、羊的催乳。

(二) 常量元素、微量元素对母畜禽的作用机理

动物体内可检测到的矿物质元素有40～50种。通常把占动物体干物质总重0.01%以上的称为常量元素，如钙、磷、镁、钾、钠、氯、硫等11种；把占动物体干物质总重0.01%以下的称为微量元素，如铁、铜、锰、锌、碘、钴、硒等16种。

常量元素和微量元素是畜禽机体的重要结构物质，并且在营养物质代谢中起着重要作用，是一些激素和维生素的组成部分，它们对调节体液渗透压，维持体液酸碱平衡，影响其他物质在体内的溶解度，对维持正常的生理机能与物质代谢起着特殊的生理学作用和生化效应。总之，矿物质元素是畜禽机体不可缺的成分，各种元素都有不同的营养作用，但在畜禽体内的新陈代谢过程中，不是孤立的，而且是互相联系与相互制约的，故在畜禽饲养上应注意各种矿物质元素的用量和比例。

第三节 传染病的处理

学习目标： 能正确处理动物传染病。

一、传染病的处理原则

1. 对国家规定的一、二、三类传染病，不能随意处置，应按有关规定及时报告疫情，由政府出面采取扑灭措施，严防随意处置造成疫情扩散。

2. 对当地过去未发生过的危害较大的新病，也应报告当地动物卫生监督机构、动物疫病预防控制机构和兽医主管部门进行处置。

3. 对治疗需要很长时间，所需治疗费用超过患病动物治愈后的价值的疫病，应将患病动物作淘汰处理。

4. 治疗必须及早进行，不能拖延时间，以免延误病情，造成更大经济损失。

5. 治疗要针对病原体，消除致病原因，又要帮助机体增强抵抗力，调整和恢复生理机能，采取综合性治疗措施。

二、几种主要畜禽传染病的处理

对畜牧业生产危害较大的畜禽传染病主要为：高致病性禽流感、高致病性猪蓝耳病、口蹄疫、布鲁氏菌病、猪瘟、新城疫、炭疽等，相关处理方法参阅农业部制定发布的重大动物疫病防治技术规范。

[本章小结]

本章学习了常见中毒病（亚硝酸盐、食盐、棉籽饼、黄曲霉素中毒）的检查和处理方法，常见产科病（乳房炎、子宫内膜炎、胎衣不下、阴道脱和子宫脱、难产、生产瘫痪）的问诊、检查和处理，剖腹取胎方法，高致病性禽流感的诊断及处理。

[复习题]

1. 食盐中毒、棉籽饼中毒、亚硝酸盐中毒、黄曲霉毒素中毒、瘤胃酸中毒的主要症状是什么？如何处理？

2. 乳房炎、子宫内膜炎、胎衣不下、难产、阴道脱和子宫脱、生产瘫痪的主要症状是什么？如何处理？

3. 如何做剖腹取胎？

4. 高致病性禽流感如何诊断及处理？

5. 雌激素对母畜禽的作用机理是什么？

第二十五章　培训与指导

第一节　培　　训

一、培训的目的意义

为了加强动物防疫工作的管理，预防、控制和扑灭动物疫病，促进养殖业发展，保护人体健康，需要大批能胜任本职工作的动物疫病防治员。

通过培训，使动物疫病防治从业人员了解动物疫病防治必需的专业理论，掌握专业基本技能。还要使被培训人员了解和掌握本行业专业理论和操作技术的发展趋势，接受并能应用国际、国内新知识、新技能和新观念，不断提高自身业务水平，以适应当今科学技术飞速发展和经济全球化的形势，能胜任本职工作。同时，也是为了初、中级从业人员尽快提高水平，更新和深化知识与技能，为取得更高一级职业资格做准备。

二、培训机构

培训机构必须具有满足教学需要的标准教室和符合国家标准的检测仪器、材料及具有资质的行政机构、大专院校或特定法人的部门，如满足培训要求的各级兽医防疫、检疫及行政执法部门和大专院校等。

三、培训教师

培训初、中级的教师应具有本职业高级职业资格证书或相关专业中级及以上专业技术职务任职资格，培训高级的教师应具有相关专业高级专业技术职务任职资格。

四、培训对象

培训对象为从事动物疫病防治工作的防治员。按照培养目标的不同，可以分为初级、中级和高级动物疫病防治员培训。

（1）*初级动物疫病防治员培训*　所谓初级职业培训，是指根据动物疫病防治员职业技能标准中的“初级”要求，以培养初级技术工人和熟练工人为目标的培训形式，培训时间不少于 150 标准学时。

（2）中级动物疫病防治员培训　所谓中级职业培训，是指根据动物疫病防治员职业技能标准中的“中级”要求，主要以培养中级技术工人为目标的培训形式，培训时间不少于120标准学时。

（3）高级动物疫病防治员培训　所谓高级职业培训，是指根据动物疫病防治员职业技能标准中的“高级”要求，主要以培养高级技术工人为目标的培训形式，培训时间不少于 90 学时。

根据培训对象对动物疫病防治知识的掌握情况，又可将培训分为以下两种类型：

一是从业前培训，所谓的从业前培训也称就业前培训，是指对将要从事动物疫病防治工作人员获得就业能力，进行必备的专业知识、技能的培训和训练。也就是前面所说的初级疫病防治员培训。

二是在岗培训，所谓的在岗培训，是从事初级动物疫病防治员工作的人员根据工作需要进行的专业知识、技能的培训。主要由用人单位组织实施，也可委托职业培训机构和职业学校实施。在岗培训是用人单位开展职工培训的主要形式之一。在岗培训应按照岗位规范的要求，根据培训对象、培训内容的不同情况组织进行。在岗培训的方式可以灵活多样，一般应根据生产工作的实际需要加以确定。

五、培训内容

动物疫病防治员的培训内容包括基本知识和工作技能两个方面：

基本知识主要包括职业道德基本知识、专业基础知识、相关法律法规知识。专业基础知识包括畜禽解剖生理基础知识、常用兽药基础知识、动物病理学基础知识、兽医微生物学基础知识、动物免疫学基础知识、动物传染病防治基础知识、动物寄生虫病防治基础知识、动物饲养管理卫生基础知识、兽用生物制品基础知识。

工作技能包括初级、中级和高级不同要求的动物畜（禽）舍卫生消毒、预防接种、采集、运送病料、药品与医疗器械的使用、临床观察与给药、动物阉割、患病动物的处理等方面的技能。

六、培训方式

通常的培训方式主要分为两大类：信息显示法和模拟法。两类方法所用的技巧不同，针对性也有差别，下面作一介绍。

1. 信息显示法　信息显示法中的显示技术主要包括：授课视听，电脑化培训，综合考察（与行为造型非常相似），群体（培训小组）或敏感性培训，实验室教育等。

（1）授课　即教师按照准备好的讲稿系统地向受训者传授知识，这是传统模式的培训方法。这种方法的优点：有利于系统地讲解和接受知识，容易掌握和控制学习进度，培训费用相对较低，可同时对许多人进行培训。这种方法的缺点是：讲授内容具有强制性，学员无权选择学习内容，缺乏实际操作机会。

（2）视听法　即将讲授或示范的技术拍摄成幻灯片、影片、录像、录音、电脑等视听材料进行培训的方法，信息靠感官刺激传递进入大脑。这种方法因为它是利用人体的某些感觉去体会的一种培训，所以比单纯讲授给人的印象更深刻。随着视听技术的发展，培训活动应该大力提倡这种形式的培训。另外，视听教材可以反复使用，从而可以更好地适应学员的个

别差异和不同水平的要求。这种方法的缺点：视听设备和教材的购置要花费较多的费用和时间，不太容易选择合适的视听教材。

2. 模拟法 模拟方法包括案例教学法、角色扮演法、操作示范法、管理游戏法等。下面介绍案例教学法和操作示范法。

（1）案例教学法 案例法是借助于一定的视听媒介，如文字、录音、录像等，描述客观存在的真实情况，然后就其中存在的问题开展讨论、分析，从而提高人们观察问题和解决问题的能力和方法。

（2）操作示范法 由一位有经验的技术人员或直接管理人员在工作岗位上或在现场对受训者进行培训。示范者的任务是教给受训者如何做，提出怎样才能做好的建议，并给予受训者激励。这里要注意的是：①让受训人员特别要注意重要的、难做的部分怎么做；②示范完成后，针对培训内容与受训者交流想法。

七、培训的组织与实施

培训组织部门根据培训的要求和安排对所确定的受训人员进行培训。培训的实施包括培训设计和培训实施。

1. 培训设计

（1）设计培训计划 在培训计划中要规定培训课程或活动的结果必须达到什么标准要求，所定的标准既要切合实际，又要便于检查控制，以利于对培训工作进行有效的控制；在确定达标人数、成绩、出勤率等数量要求时，要尽量量化。培训要制定规章制度与控制措施，以监督培训方案的贯彻落实。培训部主管人员还必须通过旁听或参加有关培训活动或课程，监督检查培训工作的正常进行。对培训工作的控制还包括：将受训人员的参与态度及成绩同奖罚措施挂钩，以鼓励其积极自觉参加培训；培训定期举行例会，与部门主管或培训老师讨论有关部门培训事宜，听取有关人员对培训工作的建议、设想等反馈意见。

（2）设计培训内容 培训教师应根据培训计划进行培训内容和方法的设计，这是进入实质性培训工作的第一步。这步工作的好坏将直接影响受训人员对培训内容的接受程度。培训教师在接受任务后，要做的工作是对自己将要教的内容怎么来教，作一个安排。中国有句老话“因材施教”，指的是培训教师应对受训人员的学历、工作经验、素质等状况进行分析，结合内容特点来选择培训的方法。

2. 选择编写培训教材 根据培训内容和形式选择适当的培训教材，既可以选择现有教材，也可根据培训对象的实际水平编写教材，主要有以下几种：

（1）国家统编的动物疫病防治员培训教程。

（2）动物医学大学、高职、中等职业学校教材，包括动物解剖学、生理学、病理学、诊断学、微生物学、传染病学、寄生虫病学等动物医学基础知识教材及其实验实习教程。

（3）动物疫病防治操作规程和有关动物疫病防治的国家标准、行业标准、地方标准。

（4）国内外对动物疫病防治的最新研究结果、新的诊断防治技术。

（5）有关动物疫病防治的法律法规。

（6）结合本单位人员和培训目的由培训教师实际编写的教材。

（7）由本行业专家编写的兽医专门技术专著，如兽医诊断实验室的建设与管理、动物传染病等。

3. 培训实施 当负责培训项目的人员将有关培训的具体安排通知给受训人以后，实施阶段正式开始了。培训实施指培训教师按照设计好的培训内容和方法在规定的时间场所对所确定的受训人员进行实际培训。实施步骤如下：

（1）*下达培训通知* 下达培训通知包括报道时间、地点、手续、联系人等。

（2）*准备培训用品* 准备培训所需场地、仪器、设备、实验药品、动物等。

（3）*进行培训* 依据初、中级动物疫病防治员的培训计划内容，对其进行技术培训。基本方法：①对新知识新技能讲授、示范、检查、提问、重述，每次讲授一个要点，确保受训人员都明白；②让受训人员练习，并向他们进一步提出问题，观察和帮助改正不足，确保受训人员知道应该怎么去做；③动手让受训人员独立工作，培训老师不定期进行检查，根据受训人员的需要来帮助他们。

（4）*培训考核与评估* 为了检查是否实现了培训的目标以及培训的组织和管理工作做得怎样，以便从中吸取教训，做好以后的培训工作，对培训的结果应该进行评估。在培训项目开始前，根据培训计划，制定初、中、高级动物疫病防治员进行培训考核内容、方法、评分标准等。在培训项目培训后，对培训内容进行考核。评估的目的是为了后期培训项目的计划安排更为合理。在培训结束时，对培训进行定量、定性的全面评估。

八、培训经费

1. 经费来源 由学员交纳和政府职能部门提供相结合。

2. 经费使用 经费主要应用于培训学员所需要的实验耗材、试剂，场地使用，外聘教师及再培训过程中所发生的一些杂费。

九、培训的注意事项

1. 按培训计划提前发出通知，把培训教材或资料发到学员手中，使有关人员安排好工作，并作好相应准备。

2. 提前选择和确定与培训计划相适应的培训教师、场地或教室，如集中讲课，准备好授课用多媒体资料及其他教学用具；现场操作培训，准备好比学员人数略多的实习材料和动物、操作工具、用具、防护用具、消毒剂和消毒设备。

3. 实验室检验技术培训，要准备充足的病料、诊断试剂、实验仪器设备、防护服等。

4. 操作前要讲清楚本实验操作过程、要领、仪器设备使用方法、注意事项，以免发生意外。

5. 保证学员食宿安全，掌握、控制学员学习、生活纪律，保证培训顺利完成。

第二节 指 导

指导是培训的补充与延续，通过对动物疫病防治员的指导，使其能准确、快速掌握动物疫病防治员所需技能，更好地完成本职工作。

一、制定指导计划

依据初、中级动物疫病防治员的技术范围、水平、标准和现有从业人员的素质及工作需要，确定指导的对象、内容、时间、地点、方式、方法和指导教师等。

二、指导的内容

1. 知识方面 动物疫病防治员的知识内容主要包括职业道德基本知识、专业基础知识、相关法律法规知识。专业基础知识包括动物解剖生理基础知识、常用兽药基础知识、动物病理学基础知识、兽医微生物学基础知识、动物免疫学基础知识、动物传染病防治基础知识、动物寄生虫病防治基础知识、动物饲养管理卫生基础知识、兽用生物制品基础知识。

2. 技能方面 工作技能包括初级、中级和高级不同要求的动物畜（禽）舍卫生消毒、预防接种、采集、运送病料、药品与医疗器械的使用、临床观察与给药、动物阉割、患病动物的处理等方面的技能。此外还要根据实际需要掌握一些实验室检验技术，兽医诊断技术，动物传染病和寄生虫的诊断、预防、控制、扑灭技术，国内外兽医新技术应用等。

三、指导的方法

1. 发放指导资料 提出学习目标、重点、难点、思考题等。被指导人员主要采取自学方式学习，指导教师对集中问题组织短期学习班集中指导。

2. 现场操作指导 指导教师亲临实验室或工作现场，以示教、示范、指导性操作、操作后点评等方式进行指导，可使学员直观、快速、具体、详细地掌握工作技能。

3. 通过现代通讯技术进行指导 通过电话、通信、网络等方式指导。

四、注意事项

1. 指导教师应明确初、中级动物疫病防治员的技术范围、水平、标准，具有较高的专业知识和实际工作经验。

2. 指导应具有较强的针对性，以发挥指导的真正作用。

3. 指导工作要有计划性，避免盲目性。

4. 指导方法有多种形式，要依据具体情况选择效果好、方便可行的方式，要应用新技术和新方法。

5. 对指导工作要定期总结和指导效果评估。

[本章小结]

本章主要学习了培训的目的意义、培训机构、培训教师、培训对象、培训内容、培训方式、培训的组织与实施、培训注意事项，指导的内容、方法和注意事项等。

[复习题]

1. 动物疫病防治员技术培训的目的是什么?
2. 动物疫病防治员技术培训的内容有哪些?
3. 动物疫病防治员技术培训常用的方式有哪些?
4. 如何选择动物疫病防治员技术培训的教材?
5. 动物疫病防治员技术指导的内容有哪些?
6. 如何对动物疫病防治员进行技术指导?

附录

附录一　中华人民共和国动物防疫法

（1997 年 7 月 3 日第八届全国人民代表大会常务委员会第二十六次会议通过
2007 年 8 月 30 日第十届全国人民代表大会常务委员会第二十九次会议修订）

第一章　总　　则

第一条　为了加强对动物防疫活动的管理，预防、控制和扑灭动物疫病，促进养殖业发展，保护人体健康，维护公共卫生安全，制定本法。

第二条　本法适用于在中华人民共和国领域内的动物防疫及其监督管理活动。

进出境动物、动物产品的检疫，适用《中华人民共和国进出境动植物检疫法》。

第三条　本法所称动物，是指家畜家禽和人工饲养、合法捕获的其他动物。

本法所称动物产品，是指动物的肉、生皮、原毛、绒、脏器、脂、血液、精液、卵、胚胎、骨、蹄、头、角、筋以及可能传播动物疫病的奶、蛋等。

本法所称动物疫病，是指动物传染病、寄生虫病。

本法所称动物防疫，是指动物疫病的预防、控制、扑灭和动物、动物产品的检疫。

第四条　根据动物疫病对养殖业生产和人体健康的危害程度，本法规定管理的动物疫病分为下列三类：

（一）一类疫病，是指对人与动物危害严重，需要采取紧急、严厉的强制预防、控制、扑灭等措施的；

（二）二类疫病，是指可能造成重大经济损失，需要采取严格控制、扑灭等措施，防止扩散的；

（三）三类疫病，是指常见多发、可能造成重大经济损失，需要控制和净化的。

前款一、二、三类动物疫病具体病种名录由国务院兽医主管部门制定并公布。

第五条　国家对动物疫病实行预防为主的方针。

第六条　县级以上人民政府应当加强对动物防疫工作的统一领导，加强基层动物防疫队伍建设，建立健全动物防疫体系，制定并组织实施动物疫病防治规划。

乡级人民政府、城市街道办事处应当组织群众协助做好本管辖区域内的动物疫病预防与控制工作。

第七条　国务院兽医主管部门主管全国的动物防疫工作。

县级以上地方人民政府兽医主管部门主管本行政区域内的动物防疫工作。

县级以上人民政府其他部门在各自的职责范围内做好动物防疫工作。

军队和武装警察部队动物卫生监督职能部门分别负责军队和武装警察部队现役动物及饲养自用动物的防疫工作。

第八条　县级以上地方人民政府设立的动物卫生监督机构依照本法规定，负责动物、动物产品的检疫工作和其他有关动物防疫的监督管理执法工作。

第九条　县级以上人民政府按照国务院的规定，根据统筹规划、合理布局、综合设置的原则建立动物疫病预防控制机构，承担动物疫病的监测、检测、诊断、流行病学调查、疫情报告以及其他预防、控制等技术工作。

第十条　国家支持和鼓励开展动物疫病的科学研究以及国际合作与交流，推广先进适用的科学研究成果，普及动物防疫科学知识，提高动物疫病防治的科学技术水平。

第十一条　对在动物防疫工作、动物防疫科学研究中做出成绩和贡献的单位和个人，各级人民政府及有关部门给予奖励。

第二章　动物疫病的预防

第十二条　国务院兽医主管部门对动物疫病状况进行风险评估，根据评估结果制定相应的动物疫病预防、控制措施。

国务院兽医主管部门根据国内外动物疫情和保护养殖业生产及人体健康的需要，及时制定并公布动物疫病预防、控制技术规范。

第十三条　国家对严重危害养殖业生产和人体健康的动物疫病实施强制免疫。国务院兽医主管部门确定强制免疫的动物疫病病种和区域，并会同国务院有关部门制定国家动物疫病强制免疫计划。

省、自治区、直辖市人民政府兽医主管部门根据国家动物疫病强制免疫计划，制订本行政区域的强制免疫计划；并可以根据本行政区域内动物疫病流行情况增加实施强制免疫的动物疫病病种和区域，报本级人民政府批准后执行，并报国务院兽医主管部门备案。

第十四条　县级以上地方人民政府兽医主管部门组织实施动物疫病强制免疫计划。乡级人民政府、城市街道办事处应当组织本管辖区域内饲养动物的单位和个人做好强制免疫工作。

饲养动物的单位和个人应当依法履行动物疫病强制免疫义务，按照兽医主管部门的要求做好强制免疫工作。

经强制免疫的动物，应当按照国务院兽医主管部门的规定建立免疫档案，加施畜禽标识，实施可追溯管理。

第十五条　县级以上人民政府应当建立健全动物疫情监测网络，加强动物疫情监测。

国务院兽医主管部门应当制定国家动物疫病监测计划。省、自治区、直辖市人民政府兽医主管部门应当根据国家动物疫病监测计划，制定本行政区域的动物疫病监测计划。

动物疫病预防控制机构应当按照国务院兽医主管部门的规定，对动物疫病的发生、流行等情况进行监测；从事动物饲养、屠宰、经营、隔离、运输以及动物产品生产、经营、加工、贮藏等活动的单位和个人不得拒绝或者阻碍。

第十六条 国务院兽医主管部门和省、自治区、直辖市人民政府兽医主管部门应当根据对动物疫病发生、流行趋势的预测，及时发出动物疫情预警。地方各级人民政府接到动物疫情预警后，应当采取相应的预防、控制措施。

第十七条 从事动物饲养、屠宰、经营、隔离、运输以及动物产品生产、经营、加工、贮藏等活动的单位和个人，应当依照本法和国务院兽医主管部门的规定，做好免疫、消毒等动物疫病预防工作。

第十八条 种用、乳用动物和宠物应当符合国务院兽医主管部门规定的健康标准。

种用、乳用动物应当接受动物疫病预防控制机构的定期检测；检测不合格的，应当按照国务院兽医主管部门的规定予以处理。

第十九条 动物饲养场（养殖小区）和隔离场所，动物屠宰加工场所，以及动物和动物产品无害化处理场所，应当符合下列动物防疫条件：

（一）场所的位置与居民生活区、生活饮用水源地、学校、医院等公共场所的距离符合国务院兽医主管部门规定的标准；

（二）生产区封闭隔离，工程设计和工艺流程符合动物防疫要求；

（三）有相应的污水、污物、病死动物、染疫动物产品的无害化处理设施设备和清洗消毒设施设备；

（四）有为其服务的动物防疫技术人员；

（五）有完善的动物防疫制度；

（六）具备国务院兽医主管部门规定的其他动物防疫条件。

第二十条 兴办动物饲养场（养殖小区）和隔离场所，动物屠宰加工场所，以及动物和动物产品无害化处理场所，应当向县级以上地方人民政府兽医主管部门提出申请，并附具相关材料。受理申请的兽医主管部门应当依照本法和《中华人民共和国行政许可法》的规定进行审查。经审查合格的，发给动物防疫条件合格证；不合格的，应当通知申请人并说明理由。需要办理工商登记的，申请人凭动物防疫条件合格证向工商行政管理部门申请办理登记注册手续。

动物防疫条件合格证应当载明申请人的名称、场（厂）址等事项。

经营动物、动物产品的集贸市场应当具备国务院兽医主管部门规定的动物防疫条件，并接受动物卫生监督机构的监督检查。

第二十一条 动物、动物产品的运载工具、垫料、包装物、容器等应当符合国务院兽医主管部门规定的动物防疫要求。

染疫动物及其排泄物、染疫动物产品，病死或者死因不明的动物尸体，运载工具中的动物排泄物以及垫料、包装物、容器等污染物，应当按照国务院兽医主管部门的规定处理，不得随意处置。

第二十二条 采集、保存、运输动物病料或者病原微生物以及从事病原微生物研究、教学、检测、诊断等活动，应当遵守国家有关病原微生物实验室管理的规定。

第二十三条 患有人畜共患传染病的人员不得直接从事动物诊疗以及易感染动物的饲

养、屠宰、经营、隔离、运输等活动。

人畜共患传染病名录由国务院兽医主管部门会同国务院卫生主管部门制定并公布。

第二十四条　国家对动物疫病实行区域化管理，逐步建立无规定动物疫病区。无规定动物疫病区应当符合国务院兽医主管部门规定的标准，经国务院兽医主管部门验收合格予以公布。

本法所称无规定动物疫病区，是指具有天然屏障或者采取人工措施，在一定期限内没有发生规定的一种或者几种动物疫病，并经验收合格的区域。

第二十五条　禁止屠宰、经营、运输下列动物和生产、经营、加工、贮藏、运输下列动物产品：

（一）封锁疫区内与所发生动物疫病有关的；

（二）疫区内易感染的；

（三）依法应当检疫而未经检疫或者检疫不合格的；

（四）染疫或者疑似染疫的；

（五）病死或者死因不明的；

（六）其他不符合国务院兽医主管部门有关动物防疫规定的。

第三章　动物疫情的报告、通报和公布

第二十六条　从事动物疫情监测、检验检疫、疫病研究与诊疗以及动物饲养、屠宰、经营、隔离、运输等活动的单位和个人，发现动物染疫或者疑似染疫的，应当立即向当地兽医主管部门、动物卫生监督机构或者动物疫病预防控制机构报告，并采取隔离等控制措施，防止动物疫情扩散。其他单位和个人发现动物染疫或者疑似染疫的，应当及时报告。

接到动物疫情报告的单位，应当及时采取必要的控制处理措施，并按照国家规定的程序上报。

第二十七条　动物疫情由县级以上人民政府兽医主管部门认定；其中重大动物疫情由省、自治区、直辖市人民政府兽医主管部门认定，必要时报国务院兽医主管部门认定。

第二十八条　国务院兽医主管部门应当及时向国务院有关部门和军队有关部门以及省、自治区、直辖市人民政府兽医主管部门通报重大动物疫情的发生和处理情况；发生人畜共患传染病的，县级以上人民政府兽医主管部门与同级卫生主管部门应当及时相互通报。

国务院兽医主管部门应当依照我国缔结或者参加的条约、协定，及时向有关国际组织或者贸易方通报重大动物疫情的发生和处理情况。

第二十九条　国务院兽医主管部门负责向社会及时公布全国动物疫情，也可以根据需要授权省、自治区、直辖市人民政府兽医主管部门公布本行政区域内的动物疫情。其他单位和个人不得发布动物疫情。

第三十条　任何单位和个人不得瞒报、谎报、迟报、漏报动物疫情，不得授意他人瞒报、谎报、迟报动物疫情，不得阻碍他人报告动物疫情。

第四章　动物疫病的控制和扑灭

第三十一条　发生一类动物疫病时，应当采取下列控制和扑灭措施：

（一）当地县级以上地方人民政府兽医主管部门应当立即派人到现场，划定疫点、疫区、

受威胁区，调查疫源，及时报请本级人民政府对疫区实行封锁。疫区范围涉及两个以上行政区域的，由有关行政区域共同的上一级人民政府对疫区实行封锁，或者由各有关行政区域的上一级人民政府共同对疫区实行封锁。必要时，上级人民政府可以责成下级人民政府对疫区实行封锁。

（二）县级以上地方人民政府应当立即组织有关部门和单位采取封锁、隔离、扑杀、销毁、消毒、无害化处理、紧急免疫接种等强制性措施，迅速扑灭疫病。

（三）在封锁期间，禁止染疫、疑似染疫和易感染的动物、动物产品流出疫区，禁止非疫区的易感染动物进入疫区，并根据扑灭动物疫病的需要对出入疫区的人员、运输工具及有关物品采取消毒和其他限制性措施。

第三十二条 发生二类动物疫病时，应当采取下列控制和扑灭措施：

（一）当地县级以上地方人民政府兽医主管部门应当划定疫点、疫区、受威胁区。

（二）县级以上地方人民政府根据需要组织有关部门和单位采取隔离、扑杀、销毁、消毒、无害化处理、紧急免疫接种、限制易感染的动物和动物产品及有关物品出入等控制、扑灭措施。

第三十三条 疫点、疫区、受威胁区的撤销和疫区封锁的解除，按照国务院兽医主管部门规定的标准和程序评估后，由原决定机关决定并宣布。

第三十四条 发生三类动物疫病时，当地县级、乡级人民政府应当按照国务院兽医主管部门的规定组织防治和净化。

第三十五条 二、三类动物疫病呈暴发性流行时，按照一类动物疫病处理。

第三十六条 为控制、扑灭动物疫病，动物卫生监督机构应当派人在当地依法设立的现有检查站执行监督检查任务；必要时，经省、自治区、直辖市人民政府批准，可以设立临时性的动物卫生监督检查站，执行监督检查任务。

第三十七条 发生人畜共患传染病时，卫生主管部门应当组织对疫区易感染的人群进行监测，并采取相应的预防、控制措施。

第三十八条 疫区内有关单位和个人，应当遵守县级以上人民政府及其兽医主管部门依法作出的有关控制、扑灭动物疫病的规定。

任何单位和个人不得藏匿、转移、盗掘已被依法隔离、封存、处理的动物和动物产品。

第三十九条 发生动物疫情时，航空、铁路、公路、水路等运输部门应当优先组织运送控制、扑灭疫病的人员和有关物资。

第四十条 一、二、三类动物疫病突然发生，迅速传播，给养殖业生产安全造成严重威胁、危害，以及可能对公众身体健康与生命安全造成危害，构成重大动物疫情的，依照法律和国务院的规定采取应急处理措施。

第五章 动物和动物产品的检疫

第四十一条 动物卫生监督机构依照本法和国务院兽医主管部门的规定对动物、动物产品实施检疫。

动物卫生监督机构的官方兽医具体实施动物、动物产品检疫。官方兽医应当具备规定的资格条件，取得国务院兽医主管部门颁发的资格证书，具体办法由国务院兽医主管部门会同国务院人事行政部门制定。

本法所称官方兽医，是指具备规定的资格条件并经兽医主管部门任命的，负责出具检疫等证明的国家兽医工作人员。

第四十二条　屠宰、出售或者运输动物以及出售或者运输动物产品前，货主应当按照国务院兽医主管部门的规定向当地动物卫生监督机构申报检疫。

动物卫生监督机构接到检疫申报后，应当及时指派官方兽医对动物、动物产品实施现场检疫；检疫合格的，出具检疫证明、加施检疫标志。实施现场检疫的官方兽医应当在检疫证明、检疫标志上签字或者盖章，并对检疫结论负责。

第四十三条　屠宰、经营、运输以及参加展览、演出和比赛的动物，应当附有检疫证明；经营和运输的动物产品，应当附有检疫证明、检疫标志。

对前款规定的动物、动物产品，动物卫生监督机构可以查验检疫证明、检疫标志，进行监督抽查，但不得重复检疫收费。

第四十四条　经铁路、公路、水路、航空运输动物和动物产品的，托运人托运时应当提供检疫证明；没有检疫证明的，承运人不得承运。

运载工具在装载前和卸载后应当及时清洗、消毒。

第四十五条　输入到无规定动物疫病区的动物、动物产品，货主应当按照国务院兽医主管部门的规定向无规定动物疫病区所在地动物卫生监督机构申报检疫，经检疫合格的，方可进入；检疫所需费用纳入无规定动物疫病区所在地地方人民政府财政预算。

第四十六条　跨省、自治区、直辖市引进乳用动物、种用动物及其精液、胚胎、种蛋的，应当向输入地省、自治区、直辖市动物卫生监督机构申请办理审批手续，并依照本法第四十二条的规定取得检疫证明。

跨省、自治区、直辖市引进的乳用动物、种用动物到达输入地后，货主应当按照国务院兽医主管部门的规定对引进的乳用动物、种用动物进行隔离观察。

第四十七条　人工捕获的可能传播动物疫病的野生动物，应当报经捕获地动物卫生监督机构检疫，经检疫合格的，方可饲养、经营和运输。

第四十八条　经检疫不合格的动物、动物产品，货主应当在动物卫生监督机构监督下按照国务院兽医主管部门的规定处理，处理费用由货主承担。

第四十九条　依法进行检疫需要收取费用的，其项目和标准由国务院财政部门、物价主管部门规定。

第六章　动物诊疗

第五十条　从事动物诊疗活动的机构，应当具备下列条件：

（一）有与动物诊疗活动相适应并符合动物防疫条件的场所；

（二）有与动物诊疗活动相适应的执业兽医；

（三）有与动物诊疗活动相适应的兽医器械和设备；

（四）有完善的管理制度。

第五十一条　设立从事动物诊疗活动的机构，应当向县级以上地方人民政府兽医主管部门申请动物诊疗许可证。受理申请的兽医主管部门应当依照本法和《中华人民共和国行政许可法》的规定进行审查。经审查合格的，发给动物诊疗许可证；不合格的，应当通知申请人并说明理由。申请人凭动物诊疗许可证向工商行政管理部门申请办理登记注册手续，取得营业执照后，方可从事动物诊疗活动。

第五十二条 动物诊疗许可证应当载明诊疗机构名称、诊疗活动范围、从业地点和法定代表人（负责人）等事项。

动物诊疗许可证载明事项变更的，应当申请变更或者换发动物诊疗许可证，并依法办理工商变更登记手续。

第五十三条 动物诊疗机构应当按照国务院兽医主管部门的规定，做好诊疗活动中的卫生安全防护、消毒、隔离和诊疗废弃物处置等工作。

第五十四条 国家实行执业兽医资格考试制度。具有兽医相关专业大学专科以上学历的，可以申请参加执业兽医资格考试；考试合格的，由国务院兽医主管部门颁发执业兽医资格证书；从事动物诊疗的，还应当向当地县级人民政府兽医主管部门申请注册。执业兽医资格考试和注册办法由国务院兽医主管部门商国务院人事行政部门制定。

本法所称执业兽医，是指从事动物诊疗和动物保健等经营活动的兽医。

第五十五条 经注册的执业兽医，方可从事动物诊疗、开具兽药处方等活动。但是，本法第五十七条对乡村兽医服务人员另有规定的，从其规定。

执业兽医、乡村兽医服务人员应当按照当地人民政府或者兽医主管部门的要求，参加预防、控制和扑灭动物疫病的活动

第五十六条 从事动物诊疗活动，应当遵守有关动物诊疗的操作技术规范，使用符合国家规定的兽药和兽医器械。

第五十七条 乡村兽医服务人员可以在乡村从事动物诊疗服务活动，具体管理办法由国务院兽医主管部门制定。

第七章 监督管理

第五十八条 动物卫生监督机构依照本法规定，对动物饲养、屠宰、经营、隔离、运输以及动物产品生产、经营、加工、贮藏、运输等活动中的动物防疫实施监督管理。

第五十九条 动物卫生监督机构执行监督检查任务，可以采取下列措施，有关单位和个人不得拒绝或者阻碍：

（一）对动物、动物产品按照规定采样、留验、抽检；

（二）对染疫或者疑似染疫的动物、动物产品及相关物品进行隔离、查封、扣押和处理；

（三）对依法应当检疫而未经检疫的动物实施补检；

（四）对依法应当检疫而未经检疫的动物产品，具备补检条件的实施补检，不具备补检条件的予以没收销毁；

（五）查验检疫证明、检疫标志和畜禽标识；

（六）进入有关场所调查取证，查阅、复制与动物防疫有关的资料。

动物卫生监督机构根据动物疫病预防、控制需要，经当地县级以上地方人民政府批准，可以在车站、港口、机场等相关场所派驻官方兽医。

第六十条 官方兽医执行动物防疫监督检查任务，应当出示行政执法证件，佩戴统一标志。

动物卫生监督机构及其工作人员不得从事与动物防疫有关的经营性活动，进行监督检查不得收取任何费用。

第六十一条　禁止转让、伪造或者变造检疫证明、检疫标志或者畜禽标识。

检疫证明、检疫标志的管理办法，由国务院兽医主管部门制定。

第八章　保障措施

第六十二条　县级以上人民政府应当将动物防疫纳入本级国民经济和社会发展规划及年度计划。

第六十三条　县级人民政府和乡级人民政府应当采取有效措施，加强村级防疫员队伍建设。

县级人民政府兽医主管部门可以根据动物防疫工作需要，向乡、镇或者特定区域派驻兽医机构。

第六十四条　县级以上人民政府按照本级政府职责，将动物疫病预防、控制、扑灭、检疫和监督管理所需经费纳入本级财政预算。

第六十五条　县级以上人民政府应当储备动物疫情应急处理工作所需的防疫物资。

第六十六条　对在动物疫病预防和控制、扑灭过程中强制扑杀的动物、销毁的动物产品和相关物品，县级以上人民政府应当给予补偿。具体补偿标准和办法由国务院财政部门会同有关部门制定。

因依法实施强制免疫造成动物应激死亡的，给予补偿。具体补偿标准和办法由国务院财政部门会同有关部门制定。

第六十七条　对从事动物疫病预防、检疫、监督检查、现场处理疫情以及在工作中接触动物疫病病原体的人员，有关单位应当按照国家规定采取有效的卫生防护措施和医疗保健措施。

第九章　法律责任

第六十八条　地方各级人民政府及其工作人员未依照本法规定履行职责的，对直接负责的主管人员和其他直接责任人员依法给予处分。

第六十九条　县级以上人民政府兽医主管部门及其工作人员违反本法规定，有下列行为之一的，由本级人民政府责令改正，通报批评；对直接负责的主管人员和其他直接责任人员依法给予处分：

（一）未及时采取预防、控制、扑灭等措施的；

（二）对不符合条件的颁发动物防疫条件合格证、动物诊疗许可证，或者对符合条件的拒不颁发动物防疫条件合格证、动物诊疗许可证的；

（三）其他未依照本法规定履行职责的行为。

第七十条　动物卫生监督机构及其工作人员违反本法规定，有下列行为之一的，由本级人民政府或者兽医主管部门责令改正，通报批评；对直接负责的主管人员和其他直接责任人员依法给予处分：

（一）对未经现场检疫或者检疫不合格的动物、动物产品出具检疫证明、加施检疫标志，或者对检疫合格的动物、动物产品拒不出具检疫证明、加施检疫标志的；

（二）对附有检疫证明、检疫标志的动物、动物产品重复检疫的；

（三）从事与动物防疫有关的经营性活动，或者在国务院财政部门、物价主管部门规定外加收费用、重复收费的；

（四）其他未依照本法规定履行职责的行为。

第七十一条 动物疫病预防控制机构及其工作人员违反本法规定，有下列行为之一的，由本级人民政府或者兽医主管部门责令改正，通报批评；对直接负责的主管人员和其他直接责任人员依法给予处分：

（一）未履行动物疫病监测、检测职责或者伪造监测、检测结果的；

（二）发生动物疫情时未及时进行诊断、调查的；

（三）其他未依照本法规定履行职责的行为。

第七十二条 地方各级人民政府、有关部门及其工作人员瞒报、谎报、迟报、漏报或者授意他人瞒报、谎报、迟报动物疫情，或者阻碍他人报告动物疫情的，由上级人民政府或者有关部门责令改正，通报批评；对直接负责的主管人员和其他直接责任人员依法给予处分。

第七十三条 违反本法规定，有下列行为之一的，由动物卫生监督机构责令改正，给予警告；拒不改正的，由动物卫生监督机构代作处理，所需处理费用由违法行为人承担，可以处一千元以下罚款：

（一）对饲养的动物不按照动物疫病强制免疫计划进行免疫接种的；

（二）种用、乳用动物未经检测或者经检测不合格而不按照规定处理的；

（三）动物、动物产品的运载工具在装载前和卸载后没有及时清洗、消毒的。

第七十四条 违反本法规定，对经强制免疫的动物未按照国务院兽医主管部门规定建立免疫档案、加施畜禽标识的，依照《中华人民共和国畜牧法》的有关规定处罚。

第七十五条 违反本法规定，不按照国务院兽医主管部门规定处置染疫动物及其排泄物，染疫动物产品，病死或者死因不明的动物尸体，运载工具中的动物排泄物以及垫料、包装物、容器等污染物以及其他经检疫不合格的动物、动物产品的，由动物卫生监督机构责令无害化处理，所需处理费用由违法行为人承担，可以处三千元以下罚款。

第七十六条 违反本法第二十五条规定，屠宰、经营、运输动物或者生产、经营、加工、贮藏、运输动物产品的，由动物卫生监督机构责令改正、采取补救措施，没收违法所得和动物、动物产品，并处同类检疫合格动物、动物产品货值金额一倍以上五倍以下罚款；其中依法应当检疫而未检疫的，依照本法第七十八条的规定处罚。

第七十七条 违反本法规定，有下列行为之一的，由动物卫生监督机构责令改正，处一千元以上一万元以下罚款；情节严重的，处一万元以上十万元以下罚款：

（一）兴办动物饲养场（养殖小区）和隔离场所，动物屠宰加工场所，以及动物和动物产品无害化处理场所，未取得动物防疫条件合格证的；

（二）未办理审批手续，跨省、自治区、直辖市引进乳用动物、种用动物及其精液、胚胎、种蛋的；

（三）未经检疫，向无规定动物疫病区输入动物、动物产品的。

第七十八条 违反本法规定，屠宰、经营、运输的动物未附有检疫证明，经营和运输的动物产品未附有检疫证明、检疫标志的，由动物卫生监督机构责令改正，处同类检疫合格动物、动物产品货值金额百分之十以上百分之五十以下罚款；对货主以外的承运人处运输费用一倍以上三倍以下罚款。

违反本法规定，参加展览、演出和比赛的动物未附有检疫证明的，由动物卫生监督机构责令改正，处一千元以上三千元以下罚款。

第七十九条　违反本法规定，转让、伪造或者变造检疫证明、检疫标志或者畜禽标识的，由动物卫生监督机构没收违法所得，收缴检疫证明、检疫标志或者畜禽标识，并处三千元以上三万元以下罚款。

第八十条　违反本法规定，有下列行为之一的，由动物卫生监督机构责令改正，处一千元以上一万元以下罚款：

（一）不遵守县级以上人民政府及其兽医主管部门依法作出的有关控制、扑灭动物疫病规定的；

（二）藏匿、转移、盗掘已被依法隔离、封存、处理的动物和动物产品的；

（三）发布动物疫情的。

第八十一条　违反本法规定，未取得动物诊疗许可证从事动物诊疗活动的，由动物卫生监督机构责令停止诊疗活动，没收违法所得；违法所得在三万元以上的，并处违法所得一倍以上三倍以下罚款；没有违法所得或者违法所得不足三万元的，并处三千元以上三万元以下罚款。

动物诊疗机构违反本法规定，造成动物疫病扩散的，由动物卫生监督机构责令改正，处一万元以上五万元以下罚款；情节严重的，由发证机关吊销动物诊疗许可证。

第八十二条　违反本法规定，未经兽医执业注册从事动物诊疗活动的，由动物卫生监督机构责令停止动物诊疗活动，没收违法所得，并处一千元以上一万元以下罚款。

执业兽医有下列行为之一的，由动物卫生监督机构给予警告，责令暂停六个月以上一年以下动物诊疗活动；情节严重的，由发证机关吊销注册证书：

（一）违反有关动物诊疗的操作技术规范，造成或者可能造成动物疫病传播、流行的；

（二）使用不符合国家规定的兽药和兽医器械的；

（三）不按照当地人民政府或者兽医主管部门要求参加动物疫病预防、控制和扑灭活动的。

第八十三条　违反本法规定，从事动物疫病研究与诊疗和动物饲养、屠宰、经营、隔离、运输，以及动物产品生产、经营、加工、贮藏等活动的单位和个人，有下列行为之一的，由动物卫生监督机构责令改正；拒不改正的，对违法行为单位处一千元以上一万元以下罚款，对违法行为个人可以处五百元以下罚款：

（一）不履行动物疫情报告义务的；

（二）不如实提供与动物防疫活动有关资料的；

（三）拒绝动物卫生监督机构进行监督检查的；

（四）拒绝动物疫病预防控制机构进行动物疫病监测、检测的。

第八十四条　违反本法规定，构成犯罪的，依法追究刑事责任。

违反本法规定，导致动物疫病传播、流行等，给他人人身、财产造成损害的，依法承担民事责任。

第十章　附　　则

第八十五条　本法自 2008 年 1 月 1 日起施行。

附录二 常用兽药

一、抗微生物药物

（一）抗生素

1. 主要作用于革兰氏阳性菌的抗生素

（1）青霉素G（苄青霉素）

青霉素G为有机酸，难溶于水，可与金属离子或有机碱结合成盐，临床常用的有钠盐、钾盐、普鲁卡因盐和苄星盐。

【性状】其钠（钾）盐为白色结晶性粉末，易溶于水，但在水溶液中极不稳定。普鲁卡因青霉素为白色结晶性粉末，微溶于水。苄星青霉素为白色结晶性粉末，难溶于水。

【作用与用途】为窄谱杀菌性抗生素，对多种革兰氏阳性菌（包括球菌和杆菌）、部分革兰氏阴性球菌、螺旋体、梭状芽孢杆菌（如破伤风杆菌）、放线菌等有强大的作用，但对革兰氏阴性杆菌作用很弱，对结核杆菌、立克次体、病毒等无效。临床上主要用于革兰氏阳性菌引起的各种感染。

【用法与用量】青霉素G钠（钾），肌肉注射：1次量，每千克体重，猪、羊1万～1.5万国际单位，马、牛0.5万～1万国际单位，每天2～3次；狗、猫、兔2万～4万国际单位，每天3～4次。牛乳房灌注，挤乳后每个乳室10万国际单位，每天1～2次。

普鲁卡因青霉素，肌肉注射：1次量，每千克体重，成年家畜用量同青霉素G，每日1～2次；猪、羊、驹、犊1万～1.5万国际单位，马、牛0.5万～1万国际单位，每日1次；狗、猫、兔2万国际单位，每天1～2次。

苄星青霉素，肌肉注射：1次量，各种家畜，每千克体重1万～2万国际单位，隔2～3天1次。

复方苄星青霉素，深部肌肉注射：1次量，各种家畜，每千克体重，1万～2万国际单位，每隔1～2天1次。

【注意事项】青霉素在干燥条件下稳定，在水溶液中极不稳定，宜在用前溶解配制并尽快用完，若一次用不完，可暂存于4℃冰箱，但须当日内用完；青霉素在近中性（pH6～7）溶液中较为稳定，应用时最好用注射用水或生理盐水溶解，溶于葡萄糖中亦有一定程度的分解；严禁与碱性药液（如碳酸氢钠等）配伍；青霉素遇盐酸氯丙嗪、重金属盐即分解或沉淀失效；青霉素类与四环素类、大环内酯类、磺胺药呈颉颃作用，不宜联合应用。

（2）氨苄青霉素（氨苄西林、氨比西林）

【性状】为白色结晶性粉末，微溶于水，其游离酸含3分子结晶水（口服用），其钠盐（注射用）易溶于水。

【作用与用途】为半合成青霉素类抗生素，对革兰氏阳性菌的作用与青霉素相近或略差，对多数革兰氏阴性菌如大肠杆菌、沙门氏杆菌、变形杆菌、巴氏杆菌、副溶血性嗜血杆菌等的作用，不及卡那霉素、庆大霉素和多黏菌素。内服或肌肉注射均易吸收。主要用于敏感菌所引起的败血症、呼吸道、消化道及泌尿生殖道感染。本品与庆大霉素等氨基苷类抗生素联用疗效增强。

【用法与用量】混饮：每升水，家禽 50～100 毫克。内服，一次量，每千克体重，猪、羊 5～20 毫克，马、牛 4～15 毫克，狗、猫、兔 11～22 毫克，每天 1～2 次。静脉注射或皮下注射：一次量，每千克体重，猪、羊、马、牛 2～7 毫克，狗、猫、兔 10 毫克，每天 1～2 次。乳管内注入：每个乳室，牛 75 毫克。

【注意事项】本品在水溶液中很不稳定，应临用时现配，并尽快用完；本品在酸性溶液中分解迅速，宜用中性溶液作溶剂。

(3) 羟氨苄青霉素（阿莫西林）

【性状】为近白色晶粉，微溶于水，对酸稳定，在碱性溶液中易被破坏。

【作用与用途】抗菌谱与氨苄青霉素相似，但作用快而强。内服吸收良好，优于氨苄青霉素。临床用途与氨苄青霉素相似。

【用法与用量】混饮：每升水，家禽 50～100 毫克，连用 3～5 天。内服：一次量，每千克体重，猪、绵羊、牛 5～10 毫克，狗、猫 11～22 毫克，每天 2～3 次。静脉或肌肉注射：一次量，每千克体重，猪、羊、马、牛、狗、猫 5～10 毫克，每天 1～2 次。

(4) 头孢噻呋（头孢替呋、赛得福）

【性状】白色至灰黄色粉末，易溶于水。

【作用与用途】动物专用的第三代头孢菌素类抗生素，其抗菌谱广，抗菌活性强，对革兰氏阳性菌、革兰氏阴性菌及厌氧菌均有强大的抗菌活性。适用于各种敏感菌引起的呼吸道、泌尿道等感染，尤其适用于防治大肠杆菌、沙门氏杆菌、绿脓杆菌、葡萄球菌等引起的鸡苗早期死亡，1 日龄仔猪的大肠杆菌性黄痢及剪脐带、打耳号、剪齿、剪尾等引起的伤口感染，以及猪传染性胸膜肺炎、牛的支气管肺炎等，一般不适用于奶牛及奶羊的乳腺炎的治疗。

【用法与用量】静脉、肌肉或皮下注射：一次量，每千克体重，牛、马、羊、犬 2.2～4.4 毫克，猪 3～5 毫克，每天 1 次。1 日龄鸡苗每只 0.1～0.2 毫克，可加入马立克疫苗中混用。

(5) 红霉素

【性状】为白色碱性晶体物质，极微溶于水，易溶于乙醇，其盐类则易溶于水。本品在碱性溶液中抗菌作用较强。

【作用与用途】抗菌谱与苄青霉素相似，对革兰氏阳性菌中的金黄色葡萄球菌、链球菌、肺炎球菌等作用较强，对革兰氏阴性菌中的巴氏杆菌、布氏杆菌也有一定作用；此外，本品还对支原体、立克次体、钩端螺旋体、放线菌有效，但对大肠杆菌、沙门氏杆菌等肠道杆菌无作用。

【用法与用量】混饮：每升水，禽 100 毫克（以活性药物计），连用 3～5 天。内服：1 次量，每千克体重，仔猪、羔羊、犊牛、马驹 2.2 毫克，每天 3～4 次；狗、猫 2～10 毫克，每天 2～3 次，连用 5～7 天。静脉注射（乳糖酸盐）：一次量，每千克体重，猪 1～3 毫克，羊、牛、马 1～2 毫克，狗、猫 1～5 毫克，每天 2 次。肌肉注射（硫氰酸盐）：一次量，每千克体重，禽 20～30 毫克，猪、羊、马、牛 2 毫克，狗、猫 1～5 毫克，每天 2 次。

(6) 替米考星

替米考星是由泰乐菌素的一种水解产物半合成的动物专用品种，临床用其磷酸盐或酒石酸盐。

【作用与用途】具有广谱抗病原体作用，对革兰氏阳性菌、某些革兰氏阴性菌（如巴氏杆菌、猪胸膜肺炎放线杆菌）、支原体（鸡败血支原体、猪肺炎支原体）、螺旋体等均有抑制作用。临床主要用于由敏感菌和支原体引起的家畜肺炎、鸡慢性呼吸道病和泌乳动物的乳腺炎防治。

【用法与用量】混饲：每1 000千克饲料，猪 200～400 克；混饮：每升水，鸡 75～150 毫克，连用 5 天。内服：一次量，每千克体重，猪 15 毫克，每天 1 次，连用 5 天。乳管内注入：一次量，每乳室，奶牛 300 毫克。

【注意事项】本品禁止静脉注射。

2. 主要作用于革氏阴性菌的抗生素

(1) 链霉素

【性状】其硫酸盐为白色或类白色粉末，易溶于水。

【作用与用途】对结核杆菌和多数革兰氏阴性杆菌有效，对革兰氏阳性菌的作用较青霉素弱。对钩端螺旋体、放线菌、支原体亦有一定作用。主要用于结核病及畜禽的巴氏杆菌病、钩端螺旋体病、大肠杆菌、沙门氏杆菌等敏感菌引起的呼吸道、消化道、泌尿道感染及败血症等。

【用法与用量】混饮：每升水，家禽 200～300 毫克。内服：一次量，每头，仔猪、羔羊 0.25～0.5 克，每天 2 次；犊牛、驹 1 克，每天 2～3 次，连用 10 天。肌肉注射：一次量，每千克体重，猪、羊、牛、马、狗 10 毫克，每天 2 次。皮下注射：一次量，每千克体重，猫 15 毫克，每天 2 次。

【注意事项】禽类对链霉素敏感，使用时应严格控制剂量，并注意观察。

(2) 庆大霉素（艮他霉素）

【性状】其硫酸盐为白色或类白色结晶性粉末，易溶于水，对温度及酸碱度的变化较稳定。本品 1 毫克相当于1 000国际单位。

【作用与用途】抗菌谱较广、抗菌活性较强，尚有抗支原体作用，但链球菌、厌氧菌、结核杆菌对本品耐药。主要用于绿脓杆菌、变形杆菌、大肠杆菌、沙门氏杆菌、耐药金黄色葡萄球菌等引起的感染。内服不易吸收，可用于肠道感染。

【用法与用量】混饮：每升水，家禽预防用 20～40 毫克，治疗 50～100 毫克。内服：一次量，每千克体重，仔猪、羔羊、犊牛、驹 5 毫克，每天 2～3 次。肌肉或静脉注射：一次量，每千克体重，猪、羊、牛、马 1～1.5 毫克，狗、猫 2～4 毫克，每天 2 次。乳室灌注：每乳室，牛 250～400 毫克。

(3) 卡那霉素

【性状】其硫酸盐为白色或类白色晶粉，易溶于水，水溶液稳定。

【作用与用途】对多数革兰氏阴性菌有强大的抗菌作用，对金黄色葡萄球菌、结核杆菌、支原体亦有效。但对绿脓杆菌、厌氧菌无效。主要用于多数革兰氏阴性菌和部分耐药金黄色葡萄球菌所引起的呼吸道、泌尿道感染和败血症、乳腺炎等，内服用于肠道感染，对鸡慢性呼吸道病、猪喘气病等亦有一定效果。

【用法与用量】混饲：每1 000千克饲料，家禽 150～250 克。混饮：每升水，家禽 100 毫克。内服：一次量，每千克体重，禽 20～40 毫克，猪、羊、牛、马 3～6 毫克，狗、猫 5～10毫克，每天 3 次，连用 7 天。肌肉注射：一次量，每千克体重，鸡、鸽 10～30 毫克，鸭 20～40 毫克，每天 2 次；猪、羊、牛、马 1～15 毫克，每天 2 次；狗、猫 5 毫克，每天 2～3次。

3. 广谱抗生素

（1）土霉素（氧四环素）

【性状】为淡黄色至暗黄色结晶，难溶于水，其盐酸盐为黄色晶粉，性质较稳定，易溶于水。

【作用与用途】为广谱抗生素，对革兰氏阳性菌、革兰氏阴性菌都有抑制作用，对衣原体、立克次体、支原体、螺旋体等也有一定的抑制作用。主要用于防治畜禽大肠杆菌、沙门氏杆菌（如犊牛白痢、羔羊痢疾、仔猪黄白痢、幼畜副伤寒等）、巴氏杆菌、布氏杆菌感染及猪喘气病、鸡慢性呼吸道病等；作为饲料添加剂使用，具有促进生长和提高饲料转化率的作用。

【用法与用量】混饲：每1 000千克饲料，预防狗钩端螺旋体病 750～1 500克，连喂 7 天；混饮：每升水，家禽 100～400 毫克，猪 110～280 毫克。内服：一次量，每千克体重，家禽 50 毫克，猪、羊、犊、驹 10～20 毫克，狗、猫 20 毫克，每天 2～3 次，连用 10 天。静脉或肌肉注射：一次量，每千克体重，鸡 25 毫克，猪、羊、牛、马 2.5～5.0 毫克，狗、猫 5～10 毫克，每天 2 次。

（2）四环素

【性状】其盐酸盐为黄色晶粉，易溶于水，水溶液不稳定，应现用现配。

【作用与用途】抗菌作用、抗菌谱及临床用途等与土霉素相似，但对大肠杆菌和变形杆菌的作用较好，内服吸收优于土霉素。

【用法与用量】混饮、混饲及内服用量同土霉素。静脉注射：一次量，每千克体重，家畜 2.5～5 毫克，每天 2 次。

【注意事项】盐酸四环素水溶液为强酸性，刺激性大，不宜肌肉注射，静脉注射时勿漏出血管外。

（3）多西环素（强力霉素、脱氧土霉素）

【性状】其盐酸盐为淡黄色或黄色晶粉，易溶于水，水溶液较四环素、土霉素稳定。

【作用与用途】为高效、广谱、低毒的半合成四环素类抗生素，抗菌谱与土霉素相似，但作用强 2～10 倍，对土霉素、四环素耐药的金黄色葡萄球菌仍然有效。内服吸收良好，有效血药浓度维持时间较长。

【用法与用量】混饲：每1 000千克饲料，家禽 100～200 克；混饮：每升水，家禽 50～100 毫克，每天 1 次，连续 5～7 天。内服：一次量，每千克体重，禽 10～20 毫克，猪、羊 2～5 毫克，牛、马 1～3 毫克，狗、猫 5～10 毫克，每天 1 次。静脉注射：一次量，每千克体重，猪、羊 1～3 毫克，牛 1～2 毫克，狗、猫 2～4 毫克，每天 1 次。肌肉注射：一次量，每千克体重，禽 10 毫克，每天 1 次。

（4）甲砜霉素（硫霉素）

【性状】为白色无臭结晶性粉末，对光、热稳定，有引湿性。其甘氨酸盐（1 克相当于甲砜霉素 0.792 克）为白色晶粉，易溶于水。

【作用与用途】为广谱抗生素，对大多数革兰氏阳性菌和阴性菌均有抑制作用，但对阴性菌作用较阳性菌强。此外，本品对放线菌、钩端螺旋体、某些支原体、部分衣原体和立克次体也有作用。临床上主要用于治疗沙门氏杆菌、大肠杆菌及巴氏杆菌等引起的肠道、呼吸道及泌尿道感染。

【用法与用量】混饲：每1 000千克饲料，禽 200～300 克，猪 200 克。内服、静脉注射、肌肉注射：一次量，每千克体重，禽 20～30 毫克，猪、羊、牛 25 毫克，每天 2 次。

（5）氟苯尼考（氟甲砜霉素、氟洛芬尼）

【性状】是人工合成的甲砜霉素的单氟衍生物，呈白色或灰白色结晶性粉末，无臭，极微溶于水。

【作用与用途】属动物专用的广谱抗生素，具有广谱、高效、低毒、吸收良好、体内分布广泛和不致再生障碍性贫血等特点。对多数革兰氏阴性菌和阳性菌、某些支原体都有效，且抗菌活性优于甲砜霉素，猪胸膜肺炎放线杆菌对本品高度敏感。临床上主要用于牛、猪、家禽的多种细菌性疾病的治疗。

【用法与用量】混饲：每1 000千克饲料，猪 50 克，鸡 100～200 克，连用 3～5 天；混饮：每升水，禽 50～100 毫克，连用 3～5 天。内服：一次量，每千克体重，猪、鸡 20～30 毫克，1 天 2 次，连用 3～5 天。肌肉注射：一次量，每千克体重，牛 20 毫克，猪、鸡 20～30 毫克，2 天 1 次，连用 2 次。

【注意事项】本品对胚胎有毒性，禁用于哺乳期和孕期动物。

（二）合成抗菌药物

1. 氟喹诺酮类

（1）诺氟沙星（氟哌酸）

【性状】为白色至淡黄色粉，难溶于水，常用于其烟酸盐和乳酸盐。

【作用与用途】广谱抗菌药物，对支原体和多数革兰氏阴性菌有较强的杀灭作用，对部分革兰氏阴性菌亦有作用。适用于敏感菌引起的消化道、呼吸道、泌尿生殖道、皮肤感染及支原体病。

【用法与用量】混饲：每1 000千克饲料，禽 100～200 克。混饮：每升水 50～100 毫升。内服：一次量，每千克体重，家畜 10 毫升，每天 2 次。肌肉注射：一次量，每千克体重，禽、猪 5 毫克，犬、兔 10 毫克，每天 2 次。

（2）恩诺沙星（乙基环丙沙星、乙基环丙氟哌酸）

【性状】为微黄色或淡橙色结晶性粉末，味微苦，遇光色渐变为橙红色，在水中极微溶解。

【作用与用途】动物专用的第三代氟喹诺酮类广谱抗菌药物，对革兰氏阴性菌、革兰氏阳性菌和支原体均有效，其抗菌活性明显优于诺氟沙星，对支原体的作用较泰乐菌素、泰牧霉素强。

【用法与用量】混饲：每1 000千克饲料，家禽 100 克；混饮：每升水，禽 25～75 毫克。内服：一次量，每千克体重，鸡 5～10 毫克，鹦鹉 15 毫克，猪、羊、牛、马 2.5 毫克，狗、猫、兔 5～10 毫克，每天 2 次。

（3）沙拉沙星（福乐星）

【性状】难溶于水，略溶于氢氧化钠溶液，其盐酸盐微溶于水。

【作用与用途】为动物专用广谱抗菌药物，对革兰氏阳性菌、革兰氏阴性菌及支原体的作用，均明显优于诺氟沙星。内服吸收迅速，但不完全，从动物体内消除迅速，宰前休药期短。混饲、混饮或内服，对肠道感染疗效突出，主要用于治疗支原体病或敏感菌引起的呼吸道、消化道感染和败血症等。

【用法与用量】混饲：每1 000千克饲料，家禽 50～100 克；混饮：每升水，家禽 25～50 毫克。内服：一次量，每千克体重，2.5 毫克，每天 2 次；肌肉注射：一次量，每千克体重，鸡、猪 2.5 毫克，每天 2 次。

2. 磺胺类

磺胺类药物一般为白色或淡黄色结晶性粉末，在水中溶解度低，制成钠盐后易溶于水，水溶液呈强碱性。本类药对大多数革兰氏阳性菌和革兰氏阴性菌均有效，但对支原体、螺旋体、立克次体无效。本类药与抗菌增效剂联用，抗菌范围扩大，疗效明显增强。本类药物对肾脏有不良影响，故应注意与碳酸氢钠合用。此外，本类药物影响产蛋，产蛋家禽禁用。

（1）磺胺嘧啶（大安、SD）

【作用与用途】内服吸收迅速，有效血药浓度维持时间较长，可通过血脑屏障进入脑脊液，是治疗脑部细菌感染的有效药物。常与抗菌增效剂（TMP）配伍，用于敏感菌引起的脑部、呼吸道及消化道感染，亦常用于治疗弓形虫病［多与乙胺嘧啶或三甲氧苄氨嘧啶（TMP）同用］，还可用于治疗全身性感染。

【用法与用量】混饲：每1 000千克饲料，家禽2 000克；混饮：每升水，家禽1 000毫克。内服：一次量，每千克体重，各种家畜首次量 0.14～0.2 克，维持量减半 0.07～0.1 克，每日 2 次，连用 5 天。静脉或肌肉注射：一次量，每千克体重，各种家畜每千克体重 0.07～0.1 克，每天 2 次。

（2）磺胺甲基异恶唑（新诺明、SMZ）

【作用与用途】抗菌作用与磺胺-6-甲氧嘧啶相似或略弱，强于其他磺胺药。与抗菌增效剂（TMP）合用后，其抗菌作用增强数倍至数十倍，并具有杀菌作用。但本品易在酸性尿中析出结晶造成泌尿道损害。临床用于敏感菌引起的呼吸道和消化道感染。

【用法与用量】混饲：每1 000千克饲料，家禽1 000～2 000克；混饮：每升水，家禽600～1 200毫克。内服：一次量，每千克体重，家畜首次量 0.05～0.1 克，维持量 0.025～0.05 克，每天 1～2 次，连用 5～7 天。

（3）磺胺-6-甲氧嘧啶（磺胺间甲氧嘧啶、泰灭净、SMM）

【作用与用途】体外抗菌作用在本类药中最强，对大多数革兰氏阳性菌和革兰氏阴性菌有抑制作用，对球虫、住白细胞原虫、弓形虫等亦有较强作用。本品较少引起泌尿系统损害。主要用于防治敏感菌所引起的呼吸道、泌尿道和消化道细菌感染等。

【用法与用量】混饲：每1 000千克饲料，家禽治疗1 000～2 000克，预防 500～1 000克；混饮：每升水，家禽 250～1 000毫克。内服：一次量，每千克体重，家禽 0.05～0.1 克，每天 1～2 次；家畜首次量 0.05～0.1 克，维持量 0.025～0.05 克，每天 2 次，连喂 4～6 天。静脉或肌肉注射：一次量，每千克体重，家禽 0.05～0.1 克，家畜 0.05 克，每天 2 次。乳室灌注：每乳室，牛 2～5 克，每天 1 次；子宫灌注：牛 4～5 克，每天 1 次。

（4）磺胺-5-甲氧嘧啶（磺胺对甲氧嘧啶、消炎磺、SMD）

【作用与用途】抗菌范围广、抗菌作用较磺胺-6-甲氧嘧啶弱，但副作用小，乙酰化率低，且溶解度高，对泌尿道感染疗效较好。主要用于防治球虫病、敏感菌引起的呼吸道、消化道、皮肤感染及败血症等。

【用法与用量】混饲、混饮、内服用量同磺胺-6-甲氧嘧啶。

3. 二氨基嘧啶类（抗菌增效剂）

为合成广谱抗菌药，当与磺胺药合用时，可使磺胺药抗菌范围扩大，抗菌作用增强。但本类药单独使用时，细菌易产生抗药性。

（1）三甲氧苄氨嘧啶（TMP）

【性状】为白色或类白色晶粉，味苦，不溶于水，易溶于酸性溶液。

【作用与用途】抗菌范围广，对多数革兰氏阳性菌和革兰氏阴性菌均有抑制作用。内服或注射后吸收迅速，临床上主要与磺胺药或某些抗生素（如青霉素、红霉素、四环素、庆大霉素等）配伍，用于呼吸道、消化道、泌尿生殖道感染及腹膜炎、败血症等，亦常与某些磺胺药如磺胺-6-甲氧嘧啶、磺胺-5-甲氧嘧啶、磺胺甲基异噁唑、磺胺嘧啶等配伍，用于禽球虫病、卡氏住白细胞原虫病、传染性鼻炎、禽霍乱、大肠杆菌病等的治疗。

【用法与用量】复方制剂（含本品1份，各磺胺药5份）混饲（按本药和磺胺药二者总量计）：每1 000千克饲料，家禽200～400克；混饮：每升水，家禽120～200毫克。复方制剂（含本品1份，各磺胺药5份）内服、静脉或肌肉注射：一次量（按本品和磺胺药总量计），每千克体重，禽20～30毫克，各种家畜20～25毫克，每天2次。

（2）二甲氧苄氨嘧啶（敌菌净、DVD）

【性状】为白色晶粉，无味，微溶于水。

【作用与用途】抗菌作用和抗菌范围与三甲氧苄氨嘧啶（TMP）相似，对球虫、弓形虫亦有抑制作用。内服吸收较少，在消化道内保持较高的浓度。常与磺胺药配伍，用于防治肠道细菌感染、禽和兔的球虫病及猪的弓形虫病。

【用法与用量】混饲：每1 000千克饲料，禽、兔200克。内服：一次量，每千克体重，禽、兔10毫克。

4. 喹噁啉类

（1）喹乙醇（快育灵）

【性状】为浅黄色晶粉，味苦。在热水中溶解，在冷水中微溶，在乙醇中几乎不溶。

【作用与用途】广谱抗菌药物，兼有促进生长作用。对革兰氏阴性菌作用较强，对革兰氏阳性菌及密螺旋体亦有抑制作用。主要用于防治禽霍乱、鸡大肠杆菌病、葡萄球菌病、仔猪腹泻等病及作为抗菌促生长剂使用。

【用法与用量】混饲，每1 000千克饲料，禽抗菌促生长25～35克，预防细菌病50～80克，治疗100～200克；促进猪生长时，2月龄以前50克，2～4月龄15～50克，治疗量为50～100克。

【注意事项】本品安全范围小，超量易中毒，家禽较敏感，连续应用可引起中毒甚至死亡，故使用时必须严格控制剂量，混饲必须均匀。

（2）痢菌净（乙酰甲喹）

【性状】鲜黄色结晶或黄白色粉末，遇光色变深，微溶于水。

【作用与用途】广谱抗菌药物，对革兰氏阴性菌的作用较强，对猪痢疾密螺旋体作用显著。主要用于防治猪密螺旋体痢疾（血痢），亦用于治疗猪的细菌性肠炎、腹泻及鸡霍乱、犊牛副伤寒等，并可用作饲料添加剂。

【用法与用量】内服：一次量，每千克体重，鸡 2.5～5 毫克，猪、牛 5～10 毫克，每天 2 次，拌料饲喂，连用 3 天。肌肉注射：一次量，每千克体重，禽 5 毫克，猪、犊牛 2.5～5 毫克，每天 2 次。

二、抗寄生虫药物

（一）抗蠕虫药

1. 驱线虫药

（1）*左咪唑（左旋咪唑）*

【性状】白色晶粉，易溶于水，在酸性水溶液中稳定，在碱性水溶液中易水解失效。

【作用与用途】广谱、高效、低毒驱线虫药，临床广泛用于驱除各种畜禽消化道和呼吸道的多种线虫成虫和幼虫及肾虫、心丝虫、脑脊髓丝虫、眼虫等，具有良好效果，并具有明显的免疫增强作用。

【用法与用量】内服、混饲、饮水、皮下或肌肉注射、皮肤涂擦、点眼给药均可，依药物剂型和治疗目的不同选择用法。不同剂型、不同给药途径的驱虫效果相同。内服，每千克体重，马、牛、羊、猪 7.5～8 毫克，犬、猫 10 毫克，家禽 20～40 毫克，鸽 40 毫克。家禽混饲或饮水给药时，将上述药量混合于 12 小时内能用完的饲料或饮水中。皮下注射或肌肉注射，每千克体重，牛、羊、猪 7.5～8 克，犬、猫 10 毫克，马 5～8 毫克，家禽 25 毫克。治疗牛、马、犬、猫、家禽眼虫病，用 1%～5%左咪唑溶液点眼。涂敷耳根部皮肤，用 10%左旋咪唑擦剂，每 10 千克体重猪用 1 毫升。

【注意事项】马较敏感，骆驼更敏感，应精确计算用量。中毒时可用阿托品解毒。猪、羊宰前 3 天、牛宰前 7 天应停药。

（2）*丙硫咪唑（阿苯哒唑，抗蠕敏）*

【性状】白色或浅黄色粉末，无臭，无味，溶于水。

【作用与用途】广谱、高效、低毒驱蠕虫药，对多种动物的各种线虫和绦虫均有良好效果，对绦虫蚴和吸虫亦有较好效果，对棘头虫亦有效。

【用法用量】内服，每千克体重，牛、羊、猪、马 8～10 毫克（驱线虫、绦虫）或 10～20 毫克（驱吸虫），禽 20～30 毫克，犬 25 毫克。

治疗猪囊虫病：每千克体重，20 毫克，肌肉注射，每天 1 次，连用 3 次；或每千克体重，60 毫克，一次肌肉注射。

治疗猪旋毛虫病：每千克体重 20 毫克，内服，每天 1 次，连用 3 次；或每千克体重，200 毫克，分 3 次肌肉注射；或 0.03%浓度混饲，连用 10 天。

治疗羊脑脊髓丝虫病：每千克体重，5 毫克，内服，每天 1 次，连用 2～3 次；或每千克体重，10～20 毫克，内服，隔 3 天再用 1 次。

【注意事项】该药对马裸头绦虫、姜片形吸虫和细颈囊尾蚴无效，对猪棘头虫效果不稳定。妊娠牛、羊慎用。牛、羊宰前 14 天应停药。

（3）*苯硫咪唑（芬苯哒唑）*

【性状】无色粉末，不溶于水，易溶于二甲亚砜。

【作用与用途】广谱、高效、低毒驱蠕虫药，对各种动物的各种胃肠道线虫、网尾线虫、冠尾线虫的成虫和幼虫均具有很高的驱除效果，并具有杀灭虫卵作用。驱除莫尼茨绦虫、片形吸虫、矛形双腔吸虫和前后盘吸虫等亦有较好效果。

【用法与用量】内服，每千克体重，牛、羊、猪、马 5 毫克，羔羊 5～10 毫克，鸡 25～30 毫克，犬 20～50 毫克，猫 55 毫克，连用 3 天。

【注意事项】牛、羊宰前 14 天应停药。

（4）伊维菌素（害获灭、虫克星、灭虫丁）

【性状】新型大环内酯抗生素类驱虫、杀虫药。白色结晶粉末，几乎不溶于水，性质稳定，但溶液易受光线影响而降解。由阿维菌素 B1a（约占 80%）和阿维菌素 B1b（约占 20%）组成。

【作用与用途】对各种畜禽的寄生线虫和节肢动物均有驱杀活性，具有广谱、高效、低毒、用量小等优点。用于驱除畜禽的多数线虫和杀灭各期牛皮蝇蚴、羊鼻蝇蚴、马胃蝇蚴及疥螨、痒螨、蠕形螨、蜱、虱等各种外寄生虫，均有极好的效果。

【用法与用量】注射剂、粉剂、片剂、胶囊剂、浇注剂可供皮下注射、内服、灌服、混饲或沿背部浇注：每千克体重，猪 0.3 毫克，牛、羊、骆驼、马、犬、猫、兔、禽等均按 0.2 毫克。必要时间隔 7～10 天，再用药 1 次。

【注意事项】泌乳动物及 1 月内临产母牛禁用。牛、羊、猪宰前 28 天停用本药。本品安全范围较大，很少出现不良反应；若用量过大引起中毒，可用印防己毒素解救。

2. 驱绦虫药

（1）氯硝柳胺（灭绦灵）

【性状】黄白色结晶粉末，无臭，无味，不溶于水，稍溶于乙醇。

【作用与用途】为新型灭绦虫药，对多种绦虫均有很高疗效。主要用于牛、羊、犬、猫、马、家禽绦虫病的防治。

【用法与用量】内服或混饲。内服，一次量，每千克体重，牛 60～70 毫克，羊 75～100 毫克，马 200～300 毫克，犬 100～150 毫克，猫 200 毫克，鸡 50～60 毫克。

（2）吡喹酮

【性状】无色结晶粉末，无臭，微苦，微溶于水，溶于多数有机溶剂。

具有良好的驱杀效果；对各种血吸虫病、矛形双腔吸虫病等也有较好的疗效。

【用法与用量】驱绦虫，内服，每千克体重，牛、羊 10～20 毫克（治疗细颈囊尾蚴病按 75 毫克，连用 3 天），猪 50 毫克，家禽 20 毫克，犬、猫 2.5～5 毫克。治疗血吸虫病，内服，每千克体重，牛 40～60 毫克，羊 60 毫克。皮下注射，每千克体重，牛 30 毫克。

（3）氢溴酸槟榔碱

【性状】白色结晶粉末，味苦，遇光易变质，易溶于水、酒精。

【作用与用途】是畜禽的一种良好驱绦虫药，主要用于驱除犬及禽类的绦虫。

【用法与用量】内服，每千克体重，犬 1.5～2 毫克，鸡 3 毫克，鸭、鹅 1～2 毫克。

【注意事项】犬用药前应禁食 16～18 小时。马属动物敏感，猫最敏感，不用为宜。中毒时可用阿托品解救。

3. 驱吸虫药

（1）硝氯酚（拜耳-9015）

【性状】黄色结晶粉末。不溶于水，易溶于碱性溶液、丙酮和冰醋酸中。

【作用与用途】高效、低毒驱肝片吸虫药，对肝片吸虫有良好的驱除效果，但对未成熟虫体效果较差，对前后盘吸虫移行期幼虫有较好效果。

【用法与用量】内服，每千克体重，牛 3～4 毫克，羊 4～5 毫克，猪 3～6 毫克。肌肉注射，每千克体重，牛 0.5～1.0 毫克，羊 0.75～1.0 毫克。

【注意事项】超量用药引起中毒，可用安钠咖、毒毛旋花子苷、维生素 C 治疗，忌用钙制剂。

(2) 三氯苯唑（肝蛭净）

【性状】白色或类白色粉末。不溶于水。

【作用与用途】新型高效抗片形吸虫药物，对各种日龄的肝片吸虫均有明显杀灭效果，对大片形吸虫、前后盘吸虫亦有良效。

【用法与用量】内服，每千克体重，牛 12 毫克，羊、鹿 10 毫克。

【注意事项】对鸟类有轻微毒性，对鱼有高度毒性。牛、羊宰前 28 天应停药。

4. 抗血吸虫药

六氯对二甲苯（血防-846）

【性状】白色或微黄色结晶粉末，有微臭，无味，不溶于水，可溶于酒精及动植物油。

【作用与用途】广谱抗吸虫药，对血吸虫童虫和成虫均有抑杀作用，且对童虫作用优于成虫，对雌虫作用优于雄虫。对片形吸虫病、前后盘吸虫病、矛形双腔吸虫病亦有较高疗效，对姜片吸虫也有驱除作用。

【用法与用量】治疗血吸虫病，内服，每千克体重，黄牛 120 毫克，水牛 90 毫克，每天 1 次，连服 10 天。治疗其他吸虫病，牛、羊、猪 200 毫克，一次内服。

【注意事项】该药排泄缓慢，可导致肝组织变性或坏死，偶有血尿、兴奋等副反应。出现血尿时，可皮下注射或静脉注射 10%维生素 C 10～20 毫升，兴奋时，可肌肉注射氯丙嗪（每千克体重 1 毫克）。

（二）抗原虫药

1. 抗球虫药

(1) 氯嗪苯乙腈（杀球灵、伏球、地克珠利、球佳）

【性状】微黄色至灰棕色粉末，不溶于水和有机溶剂，性质稳定。

【作用与用途】是一种新型广谱、高效、低毒，目前用药浓度最低的抗球虫药。主要作用于球虫子孢子和裂殖生殖早期，对其他发育阶段亦有作用。临床上主要用于预防鸡、鸭、兔的各种球虫病，均有极好效果，亦有较好的治疗效果。

【用法用量】鸡、鸭、兔混饲连用，每1 000千克饲料添加 1 克。商品预混剂含氯嗪苯乙腈 0.5%。

(2) 甲基三嗪酮（百球清）

【性状】澄明、黏稠、无色或淡黄色液体，性质稳定，在饮水中的稳定性可维持 48 小时以上。

【作用与用途】广谱、高效抗球虫新药。对球虫所有细胞内发育阶段的虫体均有显著杀灭作用，以对第二代裂殖体作用最强。临床上主要作治疗用药，对鸡、火鸡、鸭、鹅、鸽、兔等球虫病均有极好治疗效果，对住肉孢子虫、弓形虫亦有活性。

【用法与用量】饮水给药，每1 000千克饮水中添加 25 克，连用 2 天。百球清为含 2.5%甲基三嗪酮的液体制剂。

(3) 氯羟吡啶（克球粉、克球多、可爱丹）

【性状】白色至淡黄褐色粉末，不溶于水，在大多数有机溶剂中溶解度亦很低。

【作用与用途】本品主要作用于球虫的子孢子和第一代裂殖体，作用峰期在感染后第一天。因此适合作预防用药和早期治疗用药。对鸡、鸭的多种球虫均有效，对兔球虫亦有一定效果。

【用法与用量】混饲给药，每1 000千克饲料，禽，预防 125～150 克，治疗量加倍；兔，预防 200 克。克球粉预混剂含氯羟吡啶 25%。

【注意事项】本品毒性较低，肉鸡可连续应用，后备鸡群可用至 16 周龄。因本品影响鸡对球虫产生免疫力，故种鸡不宜使用。产蛋鸡禁用，肉鸡上市前应停药 5～7 天。

(4) 莫能霉素（莫能菌素、莫能星）

【性状】结晶粉末，性质稳定，难溶于水，易溶于醇、氯仿等有机溶剂。

【作用与用途】广谱抗球虫药，对鸡、火鸡、羔羊、犊牛和兔的各种球虫均有抑制作用。主要作用于球虫第一代裂殖体，作用峰期在感染后第二天。本品对牛有促生长作用。

【用法与用量】混饲给药，每1 000千克饲料，禽 100～125 克，羔羊、犊牛 20～30 克，兔 10～20 克，连用 1～2 个月。莫能霉素预混剂含莫能霉素 20%。

【注意事项】每1 000千克饲料中莫能霉素用量达到 150～200 克时，可引起肉鸡中毒；超过 200 克时，影响蛋鸡产蛋；达到 150 克时，抑制兔增重，个别兔会发生腹泻甚至死亡。肉鸡宰前 3 天停药，产蛋鸡禁用。不能与其他抗球虫药并用。与盐霉素并用，仅有累加作用。

(5) 马杜拉霉素

【性状】白色粉末结晶。不溶于水，可溶于多种有机溶剂。

【作用与用途】抗球虫机理与莫能霉素相似。作用于球虫的第一代裂殖生殖阶段，对鸡的各种球虫均具有杀灭作用，并对多种革兰氏阳性菌有效。临床主要用于预防鸡的球虫病。

【用法与用量】混饲连用，鸡每1 000千克饲料中添加 5 克。本品预混剂含马杜拉霉素 1%。

【注意事项】本品安全范围小，每1 000千克鸡料中用量达 7 克时可影响增重，达 9 克时可引起中毒甚至死亡。其他家畜禁用，兔每1 000克料中加 5 克即引起死亡。肉鸡宰前休药期为 5 天。

(6) 氨丙啉（氨丙嘧吡啶、安保乐、安普罗利）

【性状】白色或淡黄褐色结晶粉末。无臭，味酸。易溶于水。性质稳定。

【作用与用途】本品主要抑制球虫第一代裂殖体，对于孢子和配子体也有一定抑制作用，活性峰期在感染后第三天。对鸡、羊、牛球虫均有良好效果，临床广泛用于鸡球虫病的防治。

【用法与用量】混饲或饮水给药，兔和家禽，预防按每1 000千克饲料或饮水加本品 80～125 克，连用 2～4 周；治疗量加倍，连用 1～2 周，后改预防量。犊牛按每千克体重 10～15 毫克，内服或混饲，每天一次，连用 5 天。羔羊按每千克体重 50 毫克，每天 1 次，连用 10 天。

【注意事项】使用本品期间，每千克饲料中维生素 B_1 的含量以不超过 10 毫克为宜，以免降低药效。

由于本品抗球虫范围不广，故常与其他抗球虫药联合应用，以扩大抗虫谱和增强抗球虫效果。常用的复方制剂有：

复方氨丙啉（加强氨丙啉，加强安保乐）：由 25%氨丙啉、1.6%乙氧酰胺苯甲酯（衣索巴）和载体组成，药效比单用氨丙啉强得多。禽混饲预防时每1 000千克饲料加 66.5～133 克（不包括载体），治疗量加倍。停药期为 3 天。

强效氨丙啉：由 20%氨丙啉、1%衣索巴、12%磺胺喹噁啉和载体组成，药效比复方氨丙啉更强。给药浓度与复方氨丙啉相同，每1 000千克料中最高不得超过 165 克（不包括载体）。休药期 7 天，产蛋鸡禁用。

(7) 尼卡巴嗪

【性状】淡黄色粉末，几乎不溶于水，无味或略带特殊气味。性质稳定。

【作用与用途】作用于球虫第二代裂殖体，活性峰期在感染后第四天。对鸡的各种球虫均有良好的预防效果。本药不影响鸡球虫产生免疫力，而且球虫对本药产生抗药性的速度慢，故在养鸡生产中应用很普遍。

【用法与用量】混饲，每1 000千克饲料添加 125 克，育雏期可连续用药。商品预混剂含本品 25%。

【注意事项】产蛋鸡禁用，宰前 7 天应停药，种鸡、高温季节慎用。

(8) 磺胺氯吡嗪（三字球虫粉）

【性状】白色或淡黄色粉末，无味，难溶于水，其钠盐易溶于水。

【作用与用途】是一种较新型的磺胺类药，其作用特点与磺胺喹噁啉相同。但抗菌作用更强，对禽、兔球虫病均有良好治疗效果，临床主要用于治疗暴发性球虫病。

【用法与用量】禽、兔按 0.03%浓度饮水或 0.06%浓度混饲，连用 3 天。三字球虫粉含磺胺氯吡嗪 30%。

【注意事项】产蛋鸡禁用，宰前 4 天停药。

2. 抗锥虫药

萘磺苯酰脲（拜耳-205、那加诺尔）

【性状】白色或微粉红色粉末，味涩，微苦，易溶于水，遇光逐渐分解。

【作用与用途】本品主要抑制锥虫的分裂繁殖而发挥杀锥虫作用，且药物可在家畜体内存留较长时间，故用于各种家畜的伊氏锥虫病、媾疫锥虫病的治疗和预防，均有良好效果。

【用法与用量】对泰勒虫，每千克体重，马 10～15 毫克，牛 15～20 毫克，骆驼 20～30 毫克，配成 10%灭菌水溶液静脉注射，治疗时间隔 7 天再用药 1 次；预防时发病季节每 2 个月用药 1 次，也可皮下注射或肌肉注射给药。

【注意事项】药液必须现配现用。心脏、肾脏、肝脏病患畜慎用。

3. 抗梨形虫药

三氮脒（贝尼尔、血虫净）

【性状】黄色或橙色结晶性粉末，无臭，微苦，易溶于水，遇光、热变成橙红色。

【作用与用途】具有杀伤家畜血液中寄生性原虫的作用，是治疗家畜各种梨形虫病、锥虫病和边虫病的高效药物，并具有一定的预防作用和杀菌能力。

【用法与用量】每千克体重，马 3～4 毫克，羊 3～5 毫克，乳牛 2～5 毫克，黄牛 3～7 毫克，犬 3.5 毫克，配成 5%水溶液分点肌肉深部注射，根据病情，间隔 1 天，连用 2～3 次。

【注意事项】室温保存变色者仍可使用。宰前 28～35 天应停用本药。

三、杀虫药

1. 氰戊菊酯（杀灭菊酯、速灭菊酯、速灭杀丁）

【性状】浅黄色结晶，难溶于水，易溶于二甲苯等多数有机溶剂。对光稳定，在酸性溶液中稳定，在碱性溶液中易分解。

【作用与用途】为接触毒杀虫剂，兼有胃毒和驱避效力。对蜱、螨、虱、蚤、蚊、蠓、蚋、蝇等畜禽体外寄生虫均有良好杀灭作用，属高效、广谱拟除虫菊酯杀虫剂。

【用法与用量】20%杀灭菊酯乳油剂，治疗鸡膝螨病，用水稀释1 000～2 500倍；灭疥螨、痒螨、皮蝇蛆、蝇用 500～1 000倍液；灭硬蜱、软蜱、蚊、蚤用2 500～5 000倍液；灭刺皮螨、虱、螨、蚋用4 000～5 000倍液。采取药浴法、喷洒法、患部涂擦法用药均可，一般用药 1～2 次，间隔 7～10 天。治疗兔痒螨病，用水或植物油做1 000倍稀释，每个耳道内滴药 2～3 毫升，必要时隔 10 天再用 1 次。

【注意事项】对人、畜、禽安全，但对鱼和蜜蜂有剧毒。忌与碱性药物配合使用或同用。

2. 溴氰菊酯（敌杀死、倍特）

【性状】白色结晶粉末，难溶于水，易溶于有机溶剂。在酸性和中性溶液中稳定，但遇碱则分解。

【作用与用途】与氰戊菊酯相似。对杀灭畜禽体外各种寄生虫均有良好效果，而且对蟑螂、蚂蚁等害虫也有很强的杀灭作用。

【用法与用量】2.5%敌杀死乳油剂防治硬蜱、疥螨、痒螨，可用 250～500 倍稀释液；灭软蜱、虱、蚤用 500 倍稀释液，用水稀释后喷洒、药浴、直接涂擦均可，隔 8～10 天再用药 1 次，效果更好。2.5%可湿性粉剂（凯素灵）多用于滞留喷洒灭蚊、蝇、蠓、蚋等多翅目昆虫，按 10～15 毫克/米^2 喷洒畜禽笼舍、用具、墙壁等，灭蝇效力可维持数月，灭蚊等效果可维持 1 个月左右。

【注意事项】同氰戊菊酯。

3. 二嗪农（螨净）

【性状】无色油状液体，难溶于水，易溶于酒精。性质不稳定，在酸、碱溶液中均迅速分解。

【作用与用途】新型、广谱有机磷类杀螨、杀虫剂，对螨有特效。外用对螨、虱、蜱、蝇、蚊等有极佳的杀灭效果。对蚊、蝇的药效可保持 6～8 周。

【用法与用量】25%乳油剂，喷淋或涂擦。猪用水稀释1 000倍，其他家畜为 400 倍。药浴，绵羊初次浸泡以1 000倍稀释，补充药液时以 330 倍稀释；牛初次浸泡以 400 倍稀释，补充药液时以 170 倍稀释。场地用药，将本品 10 倍稀释后，每平方米地面喷洒 50 毫升。

【注意事项】本品对家畜毒性较小，但猫和禽类较敏感，对蜜蜂有剧毒。不能与其他胆碱酯类驱虫剂同时使用。动物屠宰前 2 周停止使用，奶牛挤奶前 3 天停药。

附录三　违禁药品的目录

为保证动物源性食品安全，维护人民身体健康，根据《兽药管理条例》的规定，2002年农业部制定了《食品动物禁用的兽药及其他化合物清单》（农业部公告第193号），对于清单所列的药物，严禁生产、销售和使用。

食品动物禁用的兽药及其他化合物清单

序　号	兽药及其他化合物名称	禁止用途	禁用动物
1	β-兴奋剂类：克仑特罗 Clenbuterol、沙丁胺醇 Salbutamol、西马特罗 Cimaterol 及其盐、酯及制剂	所有用途	所有食品动物
2	性激素类：己烯雌酚 Diethylstilbestrol 及其盐、酯及制剂	所有用途	所有食品动物
3	具有雌激素样作用的物质：玉米赤霉醇 Zeranol、去甲雄三烯醇酮 Trenbolone、醋酸甲孕酮 Mengestrol，Acetate 及制剂	所有用途	所有食品动物
4	氯霉素 Chloramp Henicol，及其盐、酯（包括：琥珀氯霉素 Chloramp Henicol Succinate）及制剂	所有用途	所有食品动物
5	氨苯砜 Dapsone 及制剂	所有用途	所有食品动物
6	硝基呋喃类：呋喃唑酮 Furazolidone、呋喃它酮 Furaltadone、呋喃苯烯酸钠 Nifurstyrenate sodium 及制剂	所有用途	所有食品动物
7	硝基化合物：硝基酚钠 Sodium nitropHenolate、硝呋烯腙 Nitrovin 及制剂	所有用途	所有食品动物
8	催眠、镇静类：安眠酮 Methaqualone 及制剂	所有用途	所有食品动物
9	林丹（丙体六六六）Lindane	杀虫剂	水生食品动物
10	毒杀芬（氯化烯）Camahechlor	杀虫剂、清塘剂	水生食品动物
11	呋喃丹（克百威）Carbofuran	杀虫剂	水生食品动物
12	杀虫脒（克死螨）Chlordimeform	杀虫剂	水生食品动物
13	双甲脒 Amitraz	杀虫剂	水生食品动物
14	酒石酸锑钾 Antimonypotassiumtartrate	杀虫剂	水生食品动物
15	锥虫胂胺 Tryparsamide	杀虫剂	水生食品动物
16	孔雀石绿 Malachitegreen	抗菌、杀虫剂	水生食品动物
17	五氯酚酸钠 PentachloropHenolsodium	杀螺剂	水生食品动物
18	各种汞制剂 包括：氯化亚汞（甘汞）Calomel，硝酸亚汞 Mercurous nitrate、醋酸汞 Mercurous acetate、吡啶基醋酸汞 Pyridyl mercurous acetate	杀虫剂	动物
19	性激素类：甲基睾丸酮 Methyltestosterone、丙酸睾酮 Testosterone Propionate、苯丙酸诺龙 Nandrolone PHenylpropionate、苯甲酸雌二醇 Estradiol Benzoate 及其盐、酯及制剂	促生长	所有食品动物

（续）

序　号	兽药及其他化合物名称	禁止用途	禁用动物
20	催眠、镇静类：氯丙嗪 Chlorpromazine、地西泮（安定）Diazepam 及其盐、酯及制剂	促生长	所有食品动物
21	硝基咪唑类：甲硝唑 Metronidazole、地美硝唑 Dimetronidazole 及其盐、酯及制剂	促生长	所有食品动物
19	性激素类：甲基睾丸酮 Methyltestosterone、丙酸睾酮 Testosterone Propionate 苯丙酸诺龙 Nandrolone PHenylpropionate、苯甲酸雌二醇 Estradiol Benzoate 及其盐、酯及制剂	促生长	所有食品动物
20	催眠、镇静类：氯丙嗪 Chlorpromazine、地西泮（安定）Diazepam 及其盐、酯及制剂	促生长	所有食品动物
21	硝基咪唑类：甲硝唑 Metronidazole、地美硝唑 Dimetronidazole 及其盐、酯及制剂	促生长	所有食品动物

附录四　药物的残留及停药期规定

长期使用化学药物防治疫病，其蛋、肉、乳产品中会有一定的药物残留，被人食用后，影响人类的身体健康。为了加强兽药使用管理，保证动物性产品质量安全，2003 年 5 月 22 日农业部公告第 278 号公布了部分兽药的停药期规定。停药期是指食品动物从停止给药到许可屠宰或它们的产品(蛋、乳)许可上市的间隔时间。弃蛋期是指蛋鸡从停止给药到它们所产的蛋许可上市的间隔时间。弃奶期是指奶牛从停止给药到它们所产的奶许可上市的间隔时间。

停 药 期 规 定

序号	兽药名称	执行标准	停　药　期
1	乙酰甲喹片	兽药规范 92 版	牛、猪 35 日
2	二氢吡啶	部颁标准	牛、肉鸡 7 日，弃奶期 7 日
3	二硝托胺预混剂	兽药典 2000 版	鸡 3 日，产蛋期禁用
4	土霉素片	兽药典 2000 版	牛、羊、猪 7 日，禽 5 日，弃蛋期 2 日，弃奶期 3 日
5	土霉素注射液	部颁标准	牛、羊、猪 28 日，弃奶期 7 日
6	马杜霉素预混剂	部颁标准	鸡 5 日，产蛋期禁用
7	双甲脒溶液	兽药典 2000 版	牛、羊 21 日，猪 8 日，弃奶期 48 小时，禁用于产奶羊
8	巴胺磷溶液	部颁标准	羊 14 日
9	水杨酸钠注射液	兽药规范 65 版	牛 0 日，弃奶期 48 小时
10	四环素片	兽药典 90 版	牛 12 日、猪 10 日、鸡 4 日，产蛋期禁用，产奶期禁用
11	甲砜霉素片	部颁标准	28 日，弃奶期 7 日
12	甲砜霉素散	部颁标准	28 日，弃奶期 7 日，鱼 500 度日
13	甲基前列腺素 F_2a 注射液	部颁标准	牛 1 日，猪 1 日，羊 1 日
14	甲硝唑片	兽药典 2000 版	牛 28 日

（续）

序号	兽药名称	执行标准	停　药　期
15	甲磺酸达氟沙星注射液	部颁标准	猪 25 日
16	甲磺酸达氟沙星粉	部颁标准	鸡 5 日，产蛋鸡禁用
17	甲磺酸达氟沙星溶液	部颁标准	鸡 5 日，产蛋鸡禁用
18	甲磺酸培氟沙星可溶性粉	部颁标准	28 日，产蛋鸡禁用
19	甲磺酸培氟沙星注射液	部颁标准	28 日，产蛋鸡禁用
20	甲磺酸培氟沙星颗粒	部颁标准	28 日，产蛋鸡禁用
21	亚硒酸钠维生素 E 注射液	兽药典 2000 版	牛、羊、猪 28 日
22	亚硒酸钠维生素 E 预混剂	兽药典 2000 版	牛、羊、猪 28 日
23	亚硫酸氢钠甲萘醌注射液	兽药典 2000 版	0 日
24	伊维菌素注射液	兽药典 2000 版	牛、羊 35 日，猪 28 日，泌乳期禁用
25	吉他霉素片	兽药典 2000 版	猪、鸡 7 日，产蛋期禁用
26	吉他霉素预混剂	部颁标准	猪、鸡 7 日，产蛋期禁用
27	地西泮注射液	兽药典 2000 版	28 日
28	地克珠利预混剂	部颁标准	鸡 5 日，产蛋期禁用
29	地克珠利溶液	部颁标准	鸡 5 日，产蛋期禁用
30	地美硝唑预混剂	兽药典 2000 版	猪、鸡 28 日，产蛋期禁用
31	地塞米松磷酸钠注射液	兽药典 2000 版	牛、羊、猪 21 日，弃奶期 3 日
32	安乃近片	兽药典 2000 版	牛、羊、猪 28 日，弃奶期 7 日
33	安乃近注射液	兽药典 2000 版	牛、羊、猪 28 日，弃奶期 7 日
34	安钠咖注射液	兽药典 2000 版	牛、羊、猪 28 日，弃奶期 7 日
35	那西肽预混剂	部颁标准	鸡 7 日，产蛋期禁用
36	吡喹酮片	兽药典 2000 版	28 日，弃奶期 7 日
37	芬苯哒唑片	兽药典 2000 版	牛、羊 21 日，猪 3 日，弃奶期 7 日
38	芬苯哒唑粉（苯硫苯咪唑粉剂）	兽药典 2000 版	牛、羊 14 日，猪 3 日，弃奶期 5 日
39	苄星邻氯青霉素注射液	部颁标准	牛 28 日，产犊后 4 天禁用，泌乳期禁用
40	阿司匹林片	兽药典 2000 版	0 日
41	阿苯达唑片	兽药典 2000 版	牛 14 日，羊 4 日，猪 7 日，禽 4 日，弃奶期 60 小时
42	阿莫西林可溶性粉	部颁标准	鸡 7 日，产蛋鸡禁用
43	阿维菌素片	部颁标准	羊 35 日，猪 28 日，泌乳期禁用
44	阿维菌素注射液	部颁标准	羊 35 日，猪 28 日，泌乳期禁用
45	阿维菌素粉	部颁标准	羊 35 日，猪 28 日，泌乳期禁用
46	阿维菌素胶囊	部颁标准	羊 35 日，猪 28 日，泌乳期禁用
47	阿维菌素透皮溶液	部颁标准	牛、猪 42 日，泌乳期禁用
48	乳酸环丙沙星可溶性粉	部颁标准	禽 8 日，产蛋鸡禁用
49	乳酸环丙沙星注射液	部颁标准	牛 14 日，猪 10 日，禽 28 日，弃奶期 84 小时
50	乳酸诺氟沙星可溶性粉	部颁标准	禽 8 日，产蛋鸡禁用
51	注射用三氮脒	兽药典 2000 版	28 日，弃奶期 7 日
52	注射用苄星青霉素（注射用苄星青霉素 G）	兽药规范 78 版	牛、羊 4 日，猪 5 日，弃奶期 3 日
53	注射用乳糖酸红霉素	兽药典 2000 版	牛 14 日，羊 3 日，猪 7 日，弃奶期 3 日
54	注射用苯巴比妥钠	兽药典 2000 版	28 日，弃奶期 7 日
55	注射用苯唑西林钠	兽药典 2000 版	牛、羊 14 日，猪 5 日，弃奶期 3 日
56	注射用青霉素钠	兽药典 2000 版	0 日，弃奶期 3 日
57	注射用青霉素钾	兽药典 2000 版	0 日，弃奶期 3 日
58	注射用氨苄青霉素钠	兽药典 2000 版	牛 6 日，猪 15 日，弃奶期 48 小时
59	注射用盐酸土霉素	兽药典 2000 版	牛、羊、猪 8 日，弃奶期 48 小时
60	注射用盐酸四环素	兽药典 2000 版	牛、羊、猪 8 日，弃奶期 48 小时

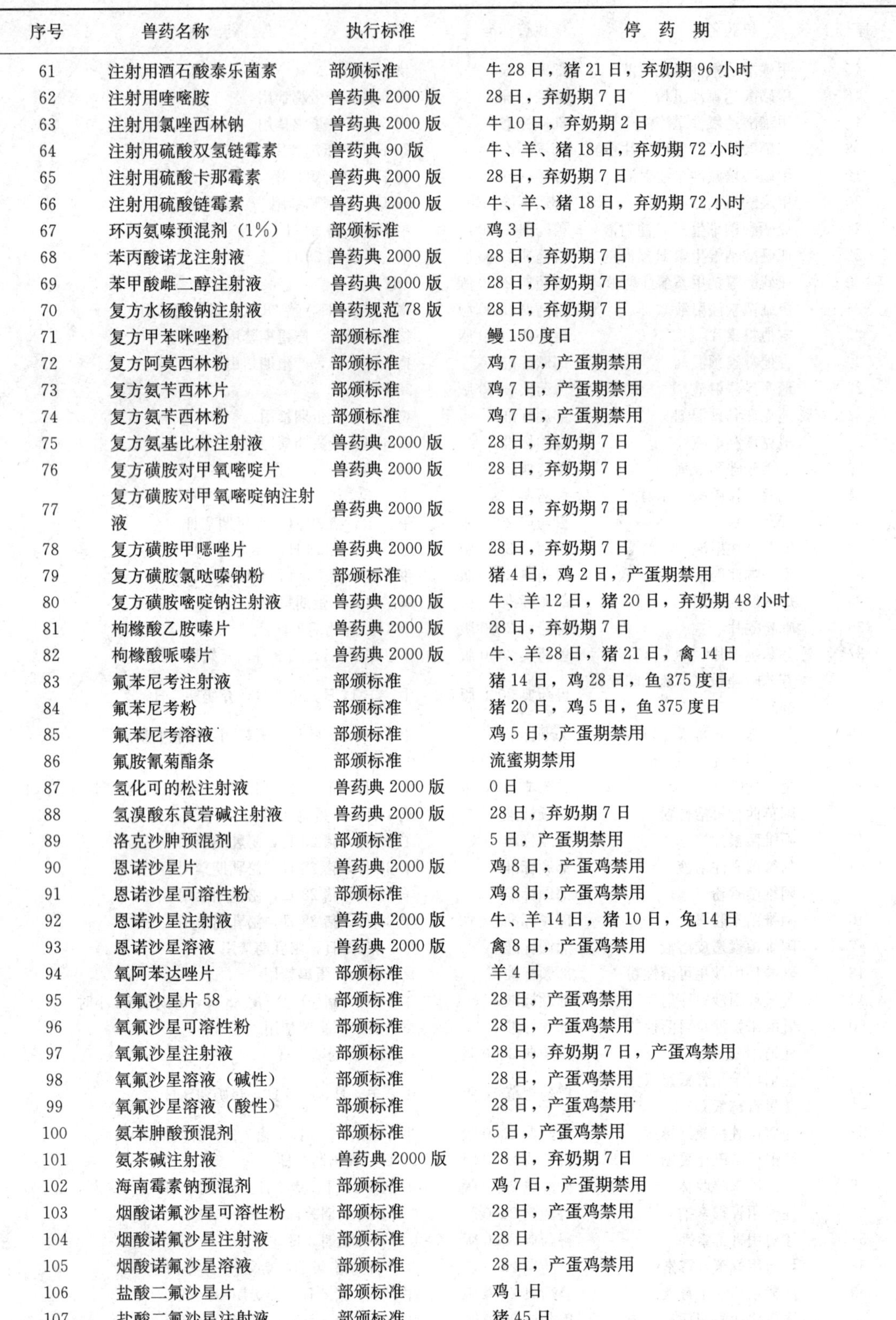

（续）

序号	兽药名称	执行标准	停 药 期
61	注射用酒石酸泰乐菌素	部颁标准	牛 28 日，猪 21 日，弃奶期 96 小时
62	注射用喹嘧胺	兽药典 2000 版	28 日，弃奶期 7 日
63	注射用氯唑西林钠	兽药典 2000 版	牛 10 日，弃奶期 2 日
64	注射用硫酸双氢链霉素	兽药典 90 版	牛、羊、猪 18 日，弃奶期 72 小时
65	注射用硫酸卡那霉素	兽药典 2000 版	28 日，弃奶期 7 日
66	注射用硫酸链霉素	兽药典 2000 版	牛、羊、猪 18 日，弃奶期 72 小时
67	环丙氨嗪预混剂（1%）	部颁标准	鸡 3 日
68	苯丙酸诺龙注射液	兽药典 2000 版	28 日，弃奶期 7 日
69	苯甲酸雌二醇注射液	兽药典 2000 版	28 日，弃奶期 7 日
70	复方水杨酸钠注射液	兽药规范 78 版	28 日，弃奶期 7 日
71	复方甲苯咪唑粉	部颁标准	鳗 150 度日
72	复方阿莫西林粉	部颁标准	鸡 7 日，产蛋期禁用
73	复方氨苄西林片	部颁标准	鸡 7 日，产蛋期禁用
74	复方氨苄西林粉	部颁标准	鸡 7 日，产蛋期禁用
75	复方氨基比林注射液	兽药典 2000 版	28 日，弃奶期 7 日
76	复方磺胺对甲氧嘧啶片	兽药典 2000 版	28 日，弃奶期 7 日
77	复方磺胺对甲氧嘧啶钠注射液	兽药典 2000 版	28 日，弃奶期 7 日
78	复方磺胺甲噁唑片	兽药典 2000 版	28 日，弃奶期 7 日
79	复方磺胺氯哒嗪钠粉	部颁标准	猪 4 日，鸡 2 日，产蛋期禁用
80	复方磺胺嘧啶钠注射液	兽药典 2000 版	牛、羊 12 日，猪 20 日，弃奶期 48 小时
81	枸橼酸乙胺嗪片	兽药典 2000 版	28 日，弃奶期 7 日
82	枸橼酸哌嗪片	兽药典 2000 版	牛、羊 28 日，猪 21 日，禽 14 日
83	氟苯尼考注射液	部颁标准	猪 14 日，鸡 28 日，鱼 375 度日
84	氟苯尼考粉	部颁标准	猪 20 日，鸡 5 日，鱼 375 度日
85	氟苯尼考溶液	部颁标准	鸡 5 日，产蛋期禁用
86	氟胺氰菊酯条	部颁标准	流蜜期禁用
87	氢化可的松注射液	兽药典 2000 版	0 日
88	氢溴酸东莨菪碱注射液	兽药典 2000 版	28 日，弃奶期 7 日
89	洛克沙胂预混剂	部颁标准	5 日，产蛋期禁用
90	恩诺沙星片	兽药典 2000 版	鸡 8 日，产蛋鸡禁用
91	恩诺沙星可溶性粉	部颁标准	鸡 8 日，产蛋鸡禁用
92	恩诺沙星注射液	兽药典 2000 版	牛、羊 14 日，猪 10 日，兔 14 日
93	恩诺沙星溶液	兽药典 2000 版	禽 8 日，产蛋鸡禁用
94	氧阿苯达唑片	部颁标准	羊 4 日
95	氧氟沙星片 58	部颁标准	28 日，产蛋鸡禁用
96	氧氟沙星可溶性粉	部颁标准	28 日，产蛋鸡禁用
97	氧氟沙星注射液	部颁标准	28 日，弃奶期 7 日，产蛋鸡禁用
98	氧氟沙星溶液（碱性）	部颁标准	28 日，产蛋鸡禁用
99	氧氟沙星溶液（酸性）	部颁标准	28 日，产蛋鸡禁用
100	氨苯胂酸预混剂	部颁标准	5 日，产蛋鸡禁用
101	氨茶碱注射液	兽药典 2000 版	28 日，弃奶期 7 日
102	海南霉素钠预混剂	部颁标准	鸡 7 日，产蛋期禁用
103	烟酸诺氟沙星可溶性粉	部颁标准	28 日，产蛋鸡禁用
104	烟酸诺氟沙星注射液	部颁标准	28 日
105	烟酸诺氟沙星溶液	部颁标准	28 日，产蛋鸡禁用
106	盐酸二氟沙星片	部颁标准	鸡 1 日
107	盐酸二氟沙星注射液	部颁标准	猪 45 日

（续）

序号	兽药名称	执行标准	停 药 期
108	盐酸二氟沙星粉	部颁标准	鸡 1 日
109	盐酸二氟沙星溶液	部颁标准	鸡 1 日
110	盐酸大观霉素可溶性粉	兽药典 2000 版	鸡 5 日，产蛋期禁用
111	盐酸左旋咪唑	兽药典 2000 版	牛 2 日，羊 3 日，猪 3 日，禽 28 日，泌乳期禁用
112	盐酸左旋咪唑注射液	兽药典 2000 版	牛 14 日，羊 28 日，猪 28 日，泌乳期禁用
113	盐酸多西环素片	兽药典 2000 版	28 日
114	盐酸异丙嗪片	兽药典 2000 版	28 日
115	盐酸异丙嗪注射液	兽药典 2000 版	28 日，弃奶期 7 日
116	盐酸沙拉沙星可溶性粉	部颁标准	鸡 0 日，产蛋期禁用
117	盐酸沙拉沙星注射液	部颁标准	猪 0 日，鸡 0 日，产蛋期禁用
118	盐酸沙拉沙星溶液	部颁标准	鸡 0 日，产蛋期禁用
119	盐酸沙拉沙星片	部颁标准	鸡 0 日，产蛋期禁用
120	盐酸林可霉素片	兽药典 2000 版	猪 6 日
121	盐酸林可霉素注射液	兽药典 2000 版	猪 2 日
122	盐酸环丙沙星、盐酸小檗碱预混剂	部颁标准	500 度日
123	盐酸环丙沙星可溶性粉	部颁标准	28 日，产蛋鸡禁用
124	盐酸环丙沙星注射液	部颁标准	28 日，产蛋鸡禁用
125	盐酸苯海拉明注射液	兽药典 2000 版	28 日，弃奶期 7 日
126	盐酸洛美沙星片	部颁标准	28 日，弃奶期 7 日，产蛋鸡禁用
127	盐酸洛美沙星可溶性粉	部颁标准	28 日，产蛋鸡禁用
128	盐酸洛美沙星注射液	部颁标准	28 日，弃奶期 7 日
129	盐酸氨丙啉、乙氧酰胺苯甲酯、磺胺喹噁啉预混剂	兽药典 2000 版	鸡 10 日，产蛋鸡禁用
130	盐酸氨丙啉、乙氧酰胺苯甲酯预混剂	兽药典 2000 版	鸡 3 日，产蛋期禁用
131	盐酸氯丙嗪片	兽药典 2000 版	28 日，弃奶期 7 日
132	盐酸氯丙嗪注射液	兽药典 2000 版	28 日，弃奶期 7 日
133	盐酸氯苯胍片	兽药典 2000 版	鸡 5 日，兔 7 日，产蛋期禁用
134	盐酸氯苯胍预混剂	兽药典 2000 版	鸡 5 日，兔 7 日，产蛋期禁用
135	盐酸氯胺酮注射液	兽药典 2000 版	28 日，弃奶期 7 日
136	盐酸赛拉唑注射液	兽药典 2000 版	28 日，弃奶期 7 日
137	盐酸赛拉嗪注射液	兽药典 2000 版	牛、羊 14 日，鹿 15 日
138	盐霉素钠预混剂	兽药典 2000 版	鸡 5 日，产蛋期禁用
139	诺氟沙星、盐酸小檗碱预混剂	部颁标准	500 度日
140	酒石酸吉他霉素可溶性粉	兽药典 2000 版	鸡 7 日，产蛋期禁用
141	酒石酸泰乐菌素可溶性粉	兽药典 2000 版	鸡 1 日，产蛋期禁用
142	维生素 B_{12} 注射液	兽药典 2000 版	0 日
143	维生素 B_1 片	兽药典 2000 版	0 日
144	维生素 B_1 注射液	兽药典 2000 版	0 日
145	维生素 B_2 片	兽药典 2000 版	0 日
146	维生素 B_2 注射液	兽药典 2000 版	0 日
147	维生素 B_6 片	兽药典 2000 版	0 日
148	维生素 B_6 注射液	兽药典 2000 版	0 日
149	维生素 C 片	兽药典 2000 版	0 日
150	维生素 C 注射液	兽药典 2000 版	0 日

（续）

序号	兽药名称	执行标准	停药期
151	维生素C磷酸酯镁、盐酸环丙沙星预混剂	部颁标准	500度日
152	维生素D_3注射液	兽药典2000版	28日，弃奶期7日
153	维生素E注射液	兽药典2000版	牛、羊、猪28日
154	维生素K_1注射液	兽药典2000版	0日
155	喹乙醇预混剂	兽药典2000版	猪35日，禁用于禽、鱼、35千克以上的猪
156	奥芬达唑片（苯亚砜哒唑）	兽药典2000版	牛、羊、猪7日，产奶期禁用
157	普鲁卡因青霉素注射液	兽药典2000版	牛10日，羊9日，猪7日，弃奶期48小时
158	氯羟吡啶预混剂	兽药典2000版	鸡5日，兔5日，产蛋期禁用
159	氯氰碘柳胺钠注射液	部颁标准	28日，弃奶期28日
160	氯硝柳胺片	兽药典2000版	牛、羊28日
161	氰戊菊酯溶液	部颁标准	28日
162	硝氯酚片	兽药典2000版	28日
163	硝碘酚腈注射液（克虫清）	部颁标准	羊30日，弃奶期5日
164	硫氰酸红霉素可溶性粉	兽药典2000版	鸡3日，产蛋期禁用
165	硫酸卡那霉素注射液（单硫酸盐）	兽药典2000版	28日
166	硫酸安普霉素可溶性粉	部颁标准	猪21日，鸡7日，产蛋期禁用
167	硫酸安普霉素预混剂	部颁标准	猪21日
168	硫酸庆大—小诺霉素注射液	部颁标准	猪、鸡40日
169	硫酸庆大霉素注射液	兽药典2000版	猪40日
170	硫酸黏菌素可溶性粉	部颁标准	7日，产蛋期禁用
171	硫酸黏菌素预混剂	部颁标准	7日，产蛋期禁用
172	硫酸新霉素可溶性粉	兽药典2000版	鸡5日，火鸡14日，产蛋期禁用
173	越霉素A预混剂	部颁标准	猪15日，鸡3日，产蛋期禁用
174	碘硝酚注射液	部颁标准	羊90日，弃奶期90日
175	碘醚柳胺混悬液	兽药典2000版	牛、羊60日，泌乳期禁用
176	精制马拉硫磷溶液	部颁标准	28日
177	精制敌百虫片	兽药规范92版	28日
178	蝇毒磷溶液	部颁标准	28日
179	醋酸地塞米松片	兽药典2000版	马、牛0日
180	醋酸泼尼松片	兽药典2000版	0日
181	醋酸氟孕酮阴道海绵	部颁标准	羊30日，泌乳期禁用
182	醋酸氢化可的松注射液	兽药典2000版	0日
183	磺胺二甲嘧啶片	兽药典2000版	牛10日，猪15日，禽10日
184	磺胺二甲嘧啶钠注射液	兽药典2000版	28日
185	磺胺对甲氧嘧啶，二甲氧苄氨嘧啶片	兽药规范92版	28日
186	磺胺对甲氧嘧啶、二甲氧苄氨嘧啶预混剂	兽药典90版	28日，产蛋期禁用
187	磺胺对甲氧嘧啶片	兽药典2000版	28日
188	磺胺甲噁唑片	兽药典2000版	28日
189	磺胺间甲氧嘧啶片	兽药典2000版	28日
190	磺胺间甲氧嘧啶钠注射液	兽药典2000版	28日
191	磺胺脒片	兽药典2000版	28日
192	磺胺喹噁啉、二甲氧苄氨嘧啶预混剂	兽药典2000版	鸡10日，产蛋期禁用
193	磺胺喹噁啉钠可溶性粉	兽药典2000版	鸡10日，产蛋期禁用

（续）

序号	兽药名称	执行标准	停　药　期
194	磺胺氯吡嗪钠可溶性粉	部颁标准	火鸡 4 日、肉鸡 1 日，产蛋期禁用
195	磺胺嘧啶片	兽药典 2000 版	牛 28 日
196	磺胺嘧啶钠注射液	兽药典 2000 版	牛 10 日，羊 18 日，猪 10 日，弃奶期 3 日
197	磺胺噻唑片	兽药典 2000 版	28 日
198	磺胺噻唑钠注射液	兽药典 2000 版	28 日
199	磷酸左旋咪唑片	兽药典 90 版	牛 2 日，羊 3 日，猪 3 日，禽 28 日，泌乳期禁用
200	磷酸左旋咪唑注射液	兽药典 90 版	牛 14 日，羊 28 日，猪 28 日，泌乳期禁用
201	磷酸哌嗪片（驱蛔灵片）	兽药典 2000 版	牛、羊 28 日、猪 21 日，禽 14 日
202	磷酸泰乐菌素预混剂	部颁标准	鸡、猪 5 日

附录五　不需要制订停药期的兽药品种

序号	兽 药 名 称	标准来源
1	乙酰胺注射液	兽药典 2000 版
2	二甲硅油	兽药典 2000 版
3	二巯丙磺钠注射液	兽药典 2000 版
4	三氯异氰脲酸粉	部颁标准
5	大黄碳酸氢钠片	兽药规范 92 版
6	山梨醇注射液	兽药典 2000 版
7	马来酸麦角新碱注射液	兽药典 2000 版
8	马来酸氯苯那敏片	兽药典 2000 版
9	马来酸氯苯那敏注射液	兽药典 2000 版
10	双氢氯噻嗪片	兽药规范 78 版
11	月苄三甲氯铵溶液	部颁标准
12	止血敏注射液	兽药规范 78 版
13	水杨酸软膏	兽药规范 65 版
14	丙酸睾酮注射液	兽药典 2000 版
15	右旋糖酐铁钴液射液（铁钴针注射液）	兽药规范 78 版
16	右旋糖酐 40 氯化钠注射液	兽药典 2000 版
17	右旋糖酐 40 葡萄糖注射液	兽药典 2000 版
18	右旋糖酐 70 氯化钠注射液	兽药典 2000 版
19	叶酸片	兽药典 2000 版
20	四环素醋酸可的松眼膏	兽药规范 78 版
21	对乙酰氨基酚片	兽药典 2000 版
22	对乙酰氨基酚注射液	兽药典 2000 版
23	尼可刹米注射液	兽药典 2000 版
24	甘露醇注射液	兽药典 2000 版
25	甲基硫酸新斯的明注射液	兽药规范 65 版
26	亚硝酸钠注射液	兽药典 2000 版
28	安络血注射液	兽药规范 92 版
29	次硝酸铋（碱式硝酸铋）	兽药典 2000 版
30	次碳酸铋（碱式碳酸铋）	兽药典 2000 版

（续）

序号	兽药名称	标准来源
31	呋塞米片	兽药典 2000 版
32	呋塞米注射液	兽药典 2000 版
33	辛氨乙甘酸溶液	部颁标准
34	乳酸钠注射液	兽药典 2000 版
35	注射用异戊巴比妥钠	兽药典 2000 版
36	注射用血促性素	兽药规范 92 版
37	注射用抗血促性素血清	部颁标准
38	注射用垂体促黄体素	兽药规范 78 版
39	注射用促黄体素释放激素 A2	部颁标准
40	注射用促黄体素释放激素 A3	部颁标准
41	注射用绒促性素	兽药典 2000 版
42	注射用硫代硫酸钠	兽药规范 65 版
43	注射用解磷定	兽药规范 65 版
44	苯扎溴铵溶液	兽药典 2000 版
45	青蒿琥酯片	部颁标准
46	鱼石脂软膏	兽药规范 78 版
47	复方氯化钠注射液	兽药典 2000 版
48	复方氯胺酮注射液	部颁标准
49	复方磺胺噻唑软膏	兽药规范 78 版
50	复合维生素 B 注射液	兽药规范 78 版
51	宫炎清溶液	部颁标准
52	枸橼酸钠注射液	兽药规范 92 版
53	毒毛花苷 K 注射液	兽药典 2000 版
54	氢氯噻嗪片	兽药典 2000 版
55	洋地黄毒甙注射液	兽药规范 78 版
56	浓氯化钠注射液	兽药典 2000 版
57	重酒石酸去甲肾上腺素注射液	兽药典 2000 版
58	烟酰胺片	兽药典 2000 版
59	烟酰胺注射液	兽药典 2000 版
60	烟酸片	兽药典 2000 版
61	盐酸大观霉素、盐酸林可霉素可溶性粉	兽药典 2000 版
62	盐酸利多卡因注射液	兽药典 2000 版
63	盐酸肾上腺素注射液	兽药规范 78 版
64	盐酸甜菜碱预混剂	部颁标准
65	盐酸麻黄碱注射液	兽药规范 78 版
66	萘普生注射液	兽药典 2000 版
67	酚磺乙胺注射液	兽药典 2000 版
68	黄体酮注射液	兽药典 2000 版
69	氯化胆碱溶液	部颁标准
70	氯化钙注射液	兽药典 2000 版
71	氯化钙葡萄糖注射液	兽药典 2000 版
72	氯化氨甲酰甲胆碱注射液	兽药典 2000 版
73	氯化钾注射液	兽药典 2000 版
74	氯化琥珀胆碱注射液	兽药典 2000 版
75	氯甲酚溶液	部颁标准
76	硫代硫酸钠注射液	兽药典 2000 版
77	硫酸新霉素软膏	兽药规范 78 版
78	硫酸镁注射液	兽药典 2000 版

（续）

序号	兽 药 名 称	标准来源
79	葡萄糖酸钙注射液	兽药典 2000 版
80	溴化钙注射液	兽药规范 78 版
81	碘化钾片	兽药典 2000 版
82	碱式碳酸铋片	兽药典 2000 版
83	碳酸氢钠片	兽药典 2000 版
84	碳酸氢钠注射液	兽药典 2000 版
85	醋酸泼尼松眼膏	兽药典 2000 版
86	醋酸氟轻松软膏	兽药典 2000 版
87	硼葡萄糖酸钙注射液	部颁标准
88	输血用枸橼酸钠注射液	兽药规范 78 版
89	硝酸士的宁注射液	兽药典 2000 版
90	醋酸可的松注射液	兽药典 2000 版
91	碘解磷定注射液	兽药典 2000 版
92	中药及中药成分制剂、维生素类、微量元素类、兽用消毒剂、生物制品类等五类产品（产品质量标准中有除外）	

附录六　常见动物疫苗

一、禽常用疫苗

1. 鸡新城疫中等毒力活疫苗

【物理性状】冻干苗为微黄色海绵状疏松团块，易与瓶壁脱离，加入稀释液后即迅速溶解。

【作用与用途】用于预防鸡新城疫。专供已经鸡新城疫低毒力活疫苗免疫过的鸡使用。免疫期 1 年。

【用法与用量】按瓶签注明的羽份，用灭菌生理盐水或适宜的稀释液稀释，皮下或胸部肌肉注射 1 毫升，点眼为 0.05～0.1 毫升，也可刺种和饮水免疫。

【注意事项】

（1）本疫苗系用中等毒力毒株制成，专供已经鸡新城疫低毒力活苗免疫过的 2 月龄以上的鸡使用，不得用于初生雏鸡。

（2）本疫苗对纯种鸡反应较强，产蛋鸡在接种后 2 周内产蛋可能减少或产软壳蛋，因此，最好在产蛋前或休产期进行免疫。

（3）对未经低毒力活疫苗免疫过的 2 月龄以上的土种鸡可以使用，但有时也可引起少数鸡减食和个别鸡神经麻痹或死亡。

（4）在有成鸡和雏鸡的饲养场使用本疫苗时，应注意消毒隔离，避免疫苗毒的传播引起雏鸡死亡。

（5）疫苗加水稀释后，应放于冷暗处，必须在 4 小时内用完。

【贮藏】冻干细胞苗，−15℃以下保存，有效期为2年；2～8℃为3个月；10～15℃不超过1个月；25～30℃不超过5天。

2. 鸡新城疫低毒力活疫苗

【物理性状】冻干苗为微黄色海绵状疏松团块，易与瓶壁脱离，加入稀释液后即迅速溶解。

【作用与用途】用于预防鸡新城疫。

【用法与用量】滴鼻、点眼、饮水或气雾免疫均可。按瓶签注明羽份，用生理盐水或适宜的稀释液稀释。滴鼻或点眼免疫，每只0.05毫升；饮水或喷雾免疫，剂量加倍。

【注意事项】

（1）有鸡支原体感染的鸡群，禁用喷雾免疫。

（2）疫苗加水稀释后，应放于冷暗处，必须在4小时内用完。

【贮藏】冻干疫苗在−15℃以下，有效期为2年。

3. 鸡新城疫灭活疫苗

【物理性状】本品为乳白色乳剂。

【作用与用途】用于预防鸡新城疫。免疫期为4个月。

【用法与用量】颈部皮下注射。14日龄以内雏鸡0.2毫升，同时以Lasota或Ⅱ系等弱毒疫苗按瓶注明羽份稀释滴鼻或滴眼（也可以Ⅱ系气雾免疫）。肉鸡用上述方法免疫1次即可。60日龄以上鸡，注射0.5毫升，免疫期可达10个月。用弱毒活疫苗免疫过的母鸡，在开产前14～21日注射0.5毫升灭活疫苗，可保护整个产蛋期。

【贮藏】在2～8℃，有效期为1年。

4. 鸡新城疫、鸡传染性支气管炎二联活疫苗

【物理性状】本品为微黄或微红色海绵状疏松团块，易与瓶壁脱离，加稀释液后即迅速溶解。

【作用与用途】用于预防鸡新城疫和鸡传染性支气管炎。

【用法与用量】滴鼻或饮水免疫。

（1）HB_1-H_{120}二联苗适用于1日龄以上的鸡；Lasota-H_{120}二联苗适用于7日龄以上的鸡；Lasota（或HB_1）-H_{52}二联苗适用于21日龄以上的鸡。

（2）疫苗按瓶签注明羽份用生理盐水、蒸馏水或水质良好的冷开水稀释。滴鼻免疫，每只鸡滴鼻1滴（0.03毫升）。饮水免疫，剂量加倍，其饮水量根据鸡龄大小而定。一般5～10日龄每只5～10毫升，20～30日龄每只10～20毫升，成鸡每只20～30毫升。

（3）Ⅰ系-H_{52}二联苗，系用中等毒力病毒株制成，适用于经低毒力活疫苗免疫后2个月龄以上的鸡饮水免疫。不能用于雏鸡。

【贮藏】在−15℃以下，有效期为1年6个月。

5. 鸡传染性支气管炎活疫苗

【物理性状】本品为微黄或微红色海绵状疏松团块，易与瓶壁脱离，加稀释液后即迅速溶解。

【作用与用途】用于预防鸡传染性支气管炎。免疫后5～8天产生免疫力，H_{120}疫苗免疫期为2个月；H_{52}疫苗为6个月。

【用法与用量】滴鼻或饮水免疫。

(1) H_{120}疫苗用于初生雏鸡，不同品种鸡均可使用，雏鸡用 H_{120} 疫苗免疫后，至 1～2 月龄时，须用 H_{52} 疫苗进行加强免疫。H_{52} 疫苗专供 1 月龄以上的鸡应用，初生雏鸡不能使用。

(2) 按瓶签注明羽份，用生理盐水、蒸馏水或水质良好的冷开水稀释。滴鼻免疫，用滴管吸取疫苗，每只鸡滴鼻 1 滴 (0.03 毫升)。饮水免疫，剂量加倍，其饮用水量根据鸡龄大小而定。一般 5～10 日龄，每只 5～10 毫升；20～30 日龄，每只 10～20 毫升；成鸡，每只 20～30 毫升。

【注意事项】

(1) 疫苗稀释后，应放冷暗处，必须当天用完。

(2) 饮水免疫，忌用金属容器，饮水前至少停水 4 小时。

【贮藏】在－15℃以下，有效期为 1 年。

6. 鸡马立克病火鸡疱疹病毒活疫苗

【物理性状】本品为乳白色疏松团块，易与瓶壁脱离，加稀释液后即迅速溶解。

【作用与用途】用于预防马立克病，适用于各品种的 1 日龄雏鸡。

【用法与用量】肌肉或皮下注射。按瓶签注明羽份，加专门的稀释液 (SPG) 稀释，每只 0.2 毫升 (含2 000蚀斑单位)。

【注意事项】

(1) 已发生过马立克病的鸡场，雏鸡应在出壳后立即进行预防接种。

(2) 疫苗应随配随用，用专用稀释液稀释疫苗。稀释后放入盛有冰块的容器中，必须在 1 小时内用完。

【贮藏】在－15℃以下，有效期为 1 年 6 个月。

7. 鸡马立克病双价活疫苗

【物理性状】本品为淡红色细胞悬液。

【作用与用途】用于预防鸡马立克病。1 日龄接种后可终生免疫。

【用法与用量】皮下或肌肉注射。从液氮罐中取出疫苗，立即放 37℃温水中摇动，使疫苗迅速溶解，快溶完时，立即取出。消毒瓶颈，开瓶后用消毒过的配有 16～18 号针头注射器，从安瓿中吸出疫苗，按瓶签注明的羽份注入专用的稀释液中，稀释疫苗。每只雏鸡皮下或肌肉注射 0.2 毫升 (含1 500蚀斑单位)。

【注意事项】

(1) 本疫苗注射 7 日后产生免疫力，应采取有效措施防止雏鸡在孵化室和育雏室内早期感染强毒。

(2) 在疫苗运输或保存过程中，如液氮容器中的液氮意外蒸发完，则疫苗失效，应予废弃。疫苗生产厂家和使用单位应指定专人检验补充液氮，以防意外事故。

(3) 从液氮瓶中取出本品时应戴手套，以防冻伤。取出的疫苗应立即放入 37℃温水中速溶 (不超过 30 分钟)。

(4) 疫苗现配现用，稀释后应在 1 小时内用完，注射过程中应经常轻摇稀释的疫苗，使细胞悬浮均匀。

【贮藏】在液氮中保存，有效期 1 年。

8. 鸡痘活疫苗 (Ⅰ)

【物理性状】本品为微黄色（细胞苗）或微红色（鸡胚苗）海绵状疏松团块，易与瓶壁脱离，加入稀释液后即迅速溶解。

【作用与用途】用于预防鸡痘。成鸡免疫期为5个月，初生雏鸡为2个月。

【用法与用量】翅膀内侧无血管处皮下刺种。按瓶签注明羽份，用生理盐水稀释，用鸡痘刺种针蘸取稀释的疫苗给20～30日龄雏鸡刺1针，30日龄以上鸡刺2针，6～20日龄雏鸡用稀释1倍的疫苗刺种1针。接种后3～4天，刺种部位出现轻微红肿、结痂，14～21日痂块脱落。后备种鸡可于雏鸡免疫60天后再免疫1次。

【注意事项】

（1）疫苗稀释后应放冷暗处，必须在4小时内用完。

（2）用过的疫苗瓶、器具和剩余的疫苗等污物必须消毒处理。

（3）鸡群刺种后7日应逐个检查，刺种部位无反应者，应重新补刺。

【贮藏】在－15℃以下，有效期为1年6个月；在2～8℃为1年。

9. 鸡传染性喉气管炎活疫苗

【物理性状】本品为淡红色海绵状疏松团块，易与瓶壁脱离，加稀释液后即迅速溶解。

【作用与用途】用于预防鸡传染性喉气管炎。适用于35日龄以上的鸡。免疫期为6个月。

【用法与用量】滴眼免疫。按瓶签注明羽份用灭菌生理盐水稀释，充分摇匀后，再用滴管，每只鸡滴眼1滴（约0.03毫升）。蛋鸡在35日龄第1次接种后，在产蛋前再接种1次。

【注意事项】

（1）疫苗稀释后应放冷暗处，并在3小时内用完。

（2）对35日龄以下的鸡接种时，应先作小群试验，无重反应时，再扩大使用。35日龄以下的鸡用苗后效果较差，21日后需做第2次接种。

（3）只限于在疫区使用。鸡群中发生严重呼吸道病，如传染性鼻炎、支原体感染等不宜使用疫苗。

（4）鸡群免疫接种前后要做好鸡舍环境卫生管理和消毒工作，降低空气中细菌密度，可减轻眼部感染。

【贮藏】在－15℃以下，有效期为1年。

10. 鸡传染性法氏囊病中等毒力活疫苗（Ⅱ）

【物理性状】本品为类白色或黄褐色海绵状疏松团块，易与瓶壁脱离，加稀释液后即迅速溶解。

【作用与用途】用于预防雏鸡传染性法氏囊病。

【用法与用量】点眼或饮水口服免疫，可供各品种雏鸡使用。

（1）点眼、口服接种剂量，每羽份鸡胚苗不能低于1 000ELD_{50}（半数鸡胚致死量），细胞苗不能低于5 000$TCID_{50}$（半数细胞培养物感染量），饮水免疫剂量均应加倍。

（2）对有母源抗体雏鸡，当琼脂扩散试验（AGP）阳性率在50％以下时，首次免疫时间应在7～14日龄内进行，间隔7～14日龄后进行第2次免疫；当琼脂扩散试验抗体阳性率在50％以上时，首免时间应在21日龄时进行，间隔7～14日后，进行第2次免疫。

【注意事项】本疫苗仅供有母源抗体的雏鸡免疫用。

【贮藏】在－10℃下保存，有效期1年；在2～8℃为30天。

11. 鸡传染性法氏囊病低毒力活疫苗

【物理性状】本品为粉红色海绵状疏松团块，易与瓶壁脱离，加稀释液后即迅速溶解。

【作用与用途】用于预防雏鸡传染性法氏囊病。

【用法与用量】可采用点眼、滴鼻、肌肉注射或饮水免疫。疫苗稀释后，用于无母源抗体雏鸡首次免疫，每只鸡免疫剂量不应低于1 000ELD_{50}（半数鸡胚致死量）。饮水免疫，剂量加倍。

【注意事项】

（1）免疫鸡必须健康无病。对有鸡传染性法氏囊病抗体鸡免疫效果差。

（2）饮水免疫时，水中不能含有氯等消毒剂，饮水器要清洁，忌用金属饮水器。

（3）饮水前，应视地区气候、季节、饲料等情况，停水4～8小时，饮水器应置于不受日光照射的阴凉处，应在1小时内饮完。

（4）严防散毒，用过的疫苗瓶、器具等应及时做消毒处理，不要将疫苗污染到其他地方或人身上。

【贮藏】在－18℃有效期为1年6个月，在2～8℃为1年。

12. 鸭瘟活疫苗

【物理性状】组织苗呈淡红色，细胞苗呈淡黄色，均为海绵状疏松团块，易与瓶壁脱离，加稀释液后即迅速溶解。

【作用与用途】用于预防鸭瘟。注射后3～4天产生免疫力，2月龄以上鸭免疫期为9个月。对初生鸭也可应用，但免疫期为1个月。

【用法与用量】肌肉注射。按瓶签注明的羽份，用生理盐水稀释，成鸭每只1毫升，雏鸭腿部肌肉注射0.25毫升，均含1羽份。

【注意事项】疫苗稀释后，应放冷暗处，必须在4小时内用完。

【贮藏】在－15℃以下，有效期为2年。

13. 小鹅瘟活疫苗（Ⅰ）

【物理性状】本品为微黄或微红色海绵状疏松团块，易与瓶壁脱离，加稀释液后即迅速溶解。

【作用与用途】供产蛋前的母鹅注射，用于预防小鹅瘟。母鹅免疫后在21～270天内所产的种蛋孵出的小鹅具有抵抗小鹅瘟的免疫力。

【用法与用量】肌肉注射。在母鹅产蛋前20～30天，按瓶签注明羽份，用灭菌生理盐水稀释，每只1毫升。

【注意事项】疫苗稀释后应放冷暗处保存，4小时内用完；本疫苗雏鹅禁用。

【贮藏】在－15℃以下，有效期为1年。

二、猪常用疫苗

1. 猪瘟活疫苗（Ⅱ）

【物理性状】本品为乳白色海绵状疏松团块，易与瓶壁脱离，加入稀释液后即迅速溶解。

【作用与用途】用于预防猪瘟，注射疫苗4天后，即可产生免疫力。断奶后无母源抗体仔猪的免疫期为1年。

【用法与用量】肌肉或皮下注射。

（1）按瓶签注明头份加生理盐水稀释，大小猪均1毫升。

（2）在没有猪瘟流行的地区，断奶后无母源抗体的仔猪，注射1次即可。有疫情威胁时，仔猪可在21～30日龄和65日龄左右时各注射1次。

（3）断奶前仔猪可接种4头剂量疫苗，以防母源抗体干扰。

【注意事项】

（1）注苗后应注意观察，如出现过敏反应，应及时注射抗过敏药物。

（2）疫苗应在8℃以下冷藏的条件下运输。

（3）如气温在8～25℃时，使用单位从接到疫苗时算起，要在10天内用完，如气温在25℃以上时，应用冰瓶领取疫苗，随领随用。

（4）疫苗稀释后，如气温在15℃以下，6小时内用完；如气温在15～27℃，则应在3小时内用完。

【贮藏】在－15℃以下，有效期为1年6个月。

2. 猪丹毒、猪多杀性巴杆菌病二联灭活疫苗

【物理性状】本品静置后，上层为橙黄色澄明液体，下层为灰褐色沉淀，振摇后呈均匀混悬液。

【作用与用途】用于预防猪丹毒和猪多杀性巴氏杆菌病。免疫期为6个月。

【用法与用量】皮下或肌肉注射。体重在10千克以上的断奶猪5毫升；未断奶的猪3毫升，间隔1个月后，再注射3毫升。

【注意事项】

（1）瘦弱、体温或食欲不正常的猪不宜注射。

（2）注射后一般无不良反应，但可能于注射处出现硬结，以后会逐渐消失。

【贮藏】在2～8℃，有效期为1年。

3. 仔猪副伤寒活疫苗

【物理性状】本品为灰白色海绵状疏松团块，易与瓶壁脱离，加入稀释液后即迅速溶解。

【作用与用途】用于预防仔猪副伤寒。适用于1月龄以上的哺乳或断乳健康仔猪。

【用法与用量】口服或耳后浅层肌肉注射。按瓶签注明头份口服或注射，但瓶签注明口服者不得注射。

（1）注射法按瓶签注明头份，用20%氢氧化铝胶生理盐水稀释，每头1毫升。

（2）口服法按瓶签注明的头份，临用前用冷开水稀释，每头份5～10毫升，给猪口服，或稀释后均匀地拌入少量新鲜冷饲料中，让猪自由采食。

【注意事项】

（1）稀释后的疫苗限在4小时内用完。用时要随时振摇均匀。

（2）对经常发生仔猪副伤寒的猪场和地区，为了加强免疫力，可在断奶前后各免疫1次，间隔21～28天。

（3）体弱有病的猪不宜使用。

（4）注射后，有些猪反应较大，有的仔猪会出现体温升高、发抖、呕吐和食欲减退等反应，一般1～2天后即可恢复正常。反应严重的仔猪，可注射肾上腺素。口服后无上述反应或反应轻微。

（5）口服时，应在喂食前服，以使每头猪都能吃到。

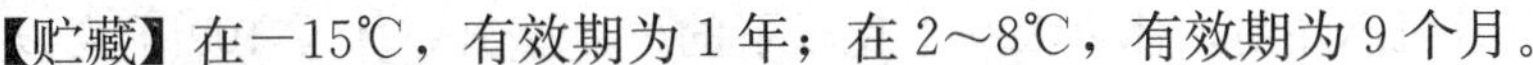

【贮藏】在－15℃，有效期为1年；在2～8℃，有效期为9个月。

4. 仔猪大肠埃希氏菌病三价灭活疫苗

【物理性状】本品静置后，上层为白色澄明液体；下层为乳白色沉淀物，振摇后呈均匀混悬液。

【作用与用途】用于免疫妊娠母猪，新生仔猪通过吮吸母猪的初乳而获得被动免疫，预防仔猪大肠埃希氏菌病（即仔猪黄痢）。

【用法与用量】肌肉注射。妊娠母猪在产仔前40天和15天，各注射1次，每次5毫升。

【贮藏】在2～8℃，有效期为1年。

5. 猪支原体肺炎活疫苗

【物理性状】鸡胚苗为淡黄色，肌肉苗为微红色，海绵状疏松团块，易与瓶壁脱离，加入稀释液后即迅速溶解。

【作用与用途】用于预防猪支原体肺炎（猪喘气病）。

【用法与用量】右侧胸腔内注射，肩胛骨后缘33～67厘米处两肋间进针。按瓶签注明头份，每头份用5毫升灭菌生理盐水稀释。每头5毫升。

【贮藏】在－15℃以下，有效期为11个月，在2～8℃为30日。

【注意事项】疫苗应在冷藏条件下运输，稀释后在当天用完。注射疫苗前3天和后30天内禁用土霉素、卡那霉素等对猪肺炎支原体有抑制性的药物。

6. 猪口蹄疫O型灭活疫苗（Ⅰ）

【物理性状】本品为乳白色或淡红色黏滞性乳状液，久置后，上层有少量油析出、瓶底有微量水（分别不得超过1/10），摇之即呈均匀乳状液。

【作用与用途】用于预防猪O型口蹄疫，免疫期6个月。

【用法与用量】猪耳根后肌肉注射。体重10～25千克，每头2毫升；25千克以上，每头3毫升 。

【注意事项】疫苗应在2～8℃以下冷藏包装运送；使用前应充分摇匀。

【贮藏】在2～8℃，有效期为1年。

7. 猪乙型脑炎灭活疫苗

【物理性状】本品为白色均匀乳剂，在37℃下放置21天，应无破乳现象。

【作用与用途】用于预防猪乙型脑炎，免疫期为10个月。

【用法与用量】肌肉注射。种猪于6～7月龄（配种前）或蚊虫出现前20～30天注射疫苗两次（间隔10～15天）；经产母猪及成年公猪每年注射1次，每次2毫升。在乙型脑炎重疫区，为了提高防疫密度，切断传染锁链，对其他类型猪群也应预防接种。

【注意事项】疫苗用前摇匀，启封后须当天用完。

【贮藏】在2～8℃，有效期为1年。

三、牛常用疫苗

1. 牛多杀性巴氏杆菌病灭活疫苗

【物理性状】本品静置后，上层为淡黄色澄明液体，下层为灰白色沉淀，振摇后呈均匀混悬液。

【作用与用途】用于预防牛多杀性巴氏杆菌病（即牛出血性败血症），免疫期为9个月。

【用法与用量】皮下或肌肉注射。体重100千克以下的牛4毫升；体重100千克以上的牛6毫升。

【注意事项】注射后，个别牛可能出现过敏反应，应注意观察并采取脱敏措施抢救。

【贮藏】在2～8℃，有效期为1年。

2. 牛口蹄疫O型灭活疫苗

【物理性状】本品为略带粉红色或乳白色的黏滞性液体。

【作用与用途】用于预防各种年龄的黄牛、水牛、奶牛、牦牛O型口蹄疫，免疫期为6个月。

【用法与用量】肌肉注射。成年牛3毫升，1岁以下犊牛2毫升。

【注意事项】本品应防止冻结。

【贮藏】在2～8℃，有效期为10个月。

3. 牛口蹄疫O型灭活疫苗

【物理性状】乳白色或淡红色黏滞性均匀乳状液。

【作用与用途】预防牛、羊O型口蹄疫。

【用法与用量】肌肉注射。6月龄以上牛，每头2毫升；6月龄以下牛和1岁以上羊，每头（只）1毫升；1岁以下羊，每只0.5毫升。

【注意事项】一般反应：注射部位肿胀，体温升高、减食1～2天。随着时间延长，反应逐渐减轻，直到消失。严重反应：因品种、个体的差别，少数牛、羊可能出现急性过敏反应，如焦躁不安、呼吸加快、肌肉震颤、口角出现白沫、鼻腔出血等，甚至因抢救不及时而死亡，部分妊娠母畜可能出现流产。建议及时使用肾上腺素等药物治疗，同时采用适当的辅助治疗措施，以减少损失。

【贮藏】在2～8℃避光保存，有效期为1年。

4. 口蹄疫O型、亚洲Ⅰ型二价灭活疫苗

【物理性状】乳白色或淡红色黏滞性均匀乳状液。

【作用与用途】预防家畜O型和亚洲Ⅰ型口蹄疫。

【用法与用量】牛颈部肌肉注射，猪耳要后肌肉注射，羊后肢肌肉注射。成年牛，每头2毫升；一岁以下犊牛，每头1毫升；个体较大的牛可增加注射剂量，最多每头不超过3毫升；成年猪，每头2毫升；仔猪，每头1毫升；成年羊，每只1毫升；羔羊，每只0.5毫升。

【注意事项】一般情况下，注射部位肿胀、体温升高、减食或停食1～2天。严重情况下少数动物出现急性过敏性反应，甚至因抢救不及时而死亡，个别妊娠母畜流产。建议使用肾上腺素等药物治疗。

【贮藏】在2～8℃避光保存，有效期为1年。

四、羊常用疫苗

1. 羊梭菌病多联干粉灭活疫苗

【物理性状】本品为灰褐色或淡黄色粉末，加稀释液后，经振摇迅速溶解，并呈均匀混悬液。

【作用与用途】用于预防羊快疫、羔羊痢疾、猝疽、肠毒血症、黑疫、肉毒中毒和破伤风。免疫期为1年。

【用法与用量】肌肉或皮下注射。按瓶签注明头份，临用时以20%氢氧化铝胶生理盐水稀释液溶解，充分摇匀后，不论羊只年龄大小用量均为1毫升。

【贮藏】在2～8℃，有效期为5年。

2. 羊梭菌病四联灭活疫苗

【物理性状】本品静置后，上层为黄褐色透明液体，下层为灰白色沉淀，经振摇后呈均匀的混悬液。

【作用与用途】用于预防羊快疫、猝疽、肠毒血症、羔羊痢疾四种羊梭菌病。

【用法与用量】肌肉或皮下注射。不论羊只年龄大小，均注射5毫升。肠毒血症免疫期为6个月，羊快疫、羔羊痢疾和猝疽免疫期为1年。

【贮藏】在2～8℃，有效期为2年。

3. 山羊痘活疫苗

【物理性状】本品为微黄色海绵状疏松团块，易与瓶壁脱离，加生理盐水后即迅速溶解。

【作用与用途】用于预防绵羊痘及山羊痘。注苗后4～5天产生免疫力，免疫期为1年。

【用法与用量】尾根内侧或股内侧皮内注射。按瓶签注明头份，用生理盐水（或注射用水）稀释为每头份0.5毫升，不论羊只大小，用量为每只0.5毫升。

【注意事项】

（1）稀释后的疫苗须当天用完。

（2）在羊痘流行的羊群中，可用本疫苗对未发痘的健康羊进行紧急接种。

（3）本疫苗可用于不同品系和不同年龄的山羊及绵羊，也可用于孕羊。但给孕羊注射时，应避免抓羊引起机械性流产。

【贮藏】在－15℃以下，有效期为2年；在2～8℃为1年6个月。

4. 羊大肠埃希氏菌病灭活疫苗

【物理性状】非铝胶苗静置后，上层为浅棕色澄明液体，底部有少量沉淀；铝胶苗静置后，上层为淡黄色的澄明液体，下层为灰白色沉淀。振摇后呈均匀混悬液。

【作用与用途】用于预防羊大肠埃希氏菌病，免疫期为5个月。

【用法与用量】皮下注射。3月龄以上的绵羊或山羊，每只2毫升；3月龄以下，如需注射，每只0.5～1.0毫升。怀孕羊禁用。

【贮藏】在2～8℃，有效期为1年半。

5. 败血性羊链球菌病灭活疫苗

【物理性状】本品静置后，上部为茶褐色或淡黄色澄明液体，下部为黄白色沉淀，振摇后呈均匀混悬液。

【作用与用途】用于预防绵羊和山羊败血性链球菌病，免疫期为6个月。

【用法与用量】皮下注射。绵羊和山羊不论大小，一律5毫升。

【注意事项】使用时应充分摇匀，严防冻结。

【贮藏】在2～8℃，有效期为1年半。

6. 山羊传染性胸膜肺炎灭活疫苗

【物理性状】本品静置后，上层为淡棕色澄明液体，下层为灰白色沉淀，振摇后呈均匀混悬液。

【作用与用途】用于预防山羊传染性胸膜肺炎，免疫期为1年。

【用法与用量】皮下或肌肉注射。成年羊5毫升，6个月以下羔羊3毫升。

【注意事项】疫苗切忌冻结，用时须充分摇匀。

【贮藏】在2～8℃保存，有效期为1年半。

7. 羊衣原体病灭活疫苗

【物理性状】本品为乳白色黏滞性均匀乳状液，久置后，上层有少量油质，底部有少量水沁出（约1/5），振摇后呈均匀乳状液。

【作用与用途】用于预防山羊和绵羊衣原体病。免疫期，绵羊为2年；山羊为7个月。

【用法与用量】皮下注射。每只3毫升。

【注意事项】在注射前应充分摇匀，保存和运输应防冻结；本苗在配种前或配种后1个月均可注射。

【贮藏】在2～8℃，有效期为2年。

8. 布鲁氏菌病活疫苗（Ⅱ）

【物理性状】本品为微黄色海绵状疏松团块，易与瓶壁脱离，加稀释液后即迅速溶解。

【作用与用途】用于预防山羊、绵羊、猪和牛布鲁氏菌病。免疫期，羊为3年，牛为2年，猪为1年。

【用法与用量】本疫苗适于口服免疫，亦可肌肉注射。畜群每年免疫一次。

（1）口服免疫　山羊和绵羊不论年龄大小，一律每只100亿菌；牛500亿菌；猪200亿菌，间隔1个月，再口服1次。

（2）注射免疫　皮下或肌肉注射。山羊25亿菌，绵羊50亿菌，猪200亿菌，间隔1个月，再注射1次。

【注意事项】

1. 注射法不能用于孕畜、牛和小尾寒羊。

2. 疫苗稀释后应当天用完。

3. 拌水饮服或灌服时，应用凉水，若拌入饲料中，应避免使用添加有抗生素的饲料、发酵饲料或热饲料。免疫家畜在服苗的前后3天，应停止使用添加抗生素的饲料和发酵饲料。

4. 本疫苗对人有一定的致病力，工作人员大量接触可引起感染，使用疫苗时，应注意个人防护，用过的用具须煮沸消毒，木槽可以用日光消毒。

【贮藏】在2～8℃，有效期为1年。

五、犬用疫苗

犬狂犬病、犬瘟热、犬副流感、犬腺病毒病和犬细小病毒病五联活疫苗。

【物理性状】本品为微黄白色海绵状疏松团块，易与瓶壁脱离，加入稀释液后即迅速溶解成粉红色澄清液体。

【作用与用途】用于预防犬狂犬病、犬瘟热、犬副流感、犬腺病毒病和犬细小病毒病。免疫期为1年。

【用法与用量】肌肉注射。用注射用水稀释成2毫升（含1头份），断奶幼犬以21天的间隔，连续免疫3次，每次2毫升；成犬每年免疫2次，间隔21天，每次2毫升。

【注意事项】

1. 本品只能用于非食用犬的预防注射，不能用于已发生疫情时的紧急预防与治疗。孕犬禁用。

2. 使用过免疫血清的犬，需隔7～14天后再使用本疫苗。

3. 注射器具需经煮沸消毒。本品溶解后，应立即注射。

4. 注苗期间应避免调动、运输和饲养管理条件骤变，并禁止与病犬接触。

5. 注射本疫苗后如发生过敏反应，应立即肌肉注射盐酸肾上腺素注射液0.5～1毫升。

【贮藏】在－20℃以下，有效期为1年；在2～8℃为9个月。

六、兔常用疫苗

1. 兔病毒性出血症灭活疫苗

【物理性状】本品为灰褐色均匀悬浮液，静置后瓶底有部分沉淀。

【作用与用途】用于预防兔病毒性出血症。免疫期6个月。

【用法与用量】皮下注射。45日龄以上家兔，每只1毫升。必要时，未断奶乳兔亦可使用，每只1毫升，但断奶后应再注射1次。

【贮藏】在2～8℃，有效期为1年半。

2. 家兔多杀性巴氏杆菌病活疫苗

【物理性状】本品为乳白色海绵状疏松团块，易与瓶壁脱离，加稀释液后即迅速溶解。

【作用与用途】用于预防家兔多杀性巴氏杆菌病。免疫期为5个月。

【用法与用量】股内侧皮下注射。将疫苗用20％灭菌铝胶盐水稀释并摇匀，每只注射0.2毫升（含1头份）。

【注射事项】

（1）病兔、怀孕兔、哺乳母兔和仔兔不宜注射。

（2）免疫注射后绝大部分反应轻微，少数兔可见精神稍差，减食，一般于2～3天内恢复正常。

【贮藏】在2～8℃保存，有效期为1年。

3. 家兔产气荚膜梭菌病A型灭活疫苗

【物理性状】本品静置后，上层为黄褐色澄明液体，下层为灰白色沉淀，振摇后呈均匀混悬液。

【作用与用途】用于预防家兔A型产气荚膜梭菌病，免疫期为6个月。

【用法与用量】皮下注射。不论家兔大小，一律2毫升。

【贮藏】在2～8℃，有效期为1年。

4. 家兔多杀性巴氏杆菌病和支气管败血博代氏菌感染二联灭活疫苗

本品系用家兔荚膜A型多杀性巴氏杆菌菌液和家兔Ⅰ相支气管败血博代氏菌菌液混合后，经用甲醛溶液灭活后，加油佐剂混合乳化制成。

【物理性状】本品为乳白色均匀乳剂。

【作用与用途】用于预防家兔多杀性巴氏杆菌病和家兔支气管败血博代氏菌感染。免疫期为6个月。

【用法与用量】颈部肌肉注射。用12～16号注射针头，成年兔，每只1.0毫升。初次使用本品的兔场，首免后 14 天，再用相同剂量注射一次。

【注意事项】

1. 疫苗要避免阳光直射与高温。

2. 注射前应将疫苗振摇均匀。

3. 注射用具与注射部位必须认真消毒。

4. 注射时，每只兔换个针头，防止疫病通过针头传播。

【贮藏】在 2～8℃，有效期为 1 年。